Anne Kolb (Hrsg.)
Infrastruktur und Herrschaftsorganisation im Imperium Romanum

Infrastruktur und Herrschaftsorganisation im Imperium Romanum

Herrschaftsstrukturen und Herrschaftspraxis III
Akten der Tagung in Zürich 19.–20. 10. 2012

Herausgegeben von
Anne Kolb

DE GRUYTER

ISBN 978-3-05-006031-6
eISBN 978-3-05-009469-4

Library of Congress Cataloging-in-Publication Data
A CIP catalog record for this book has been applied for at the Library of Congress.

Bibliografische Information der Deutschen Nationalbibliothek
Die Deutsche Nationalbibliothek verzeichnet diese Publikation in der Deutschen
Nationalbibliografie; detaillierte bibliografische Daten sind im Internet
über http://dnb.dnb.de abrufbar.

© 2014 Akademie Verlag GmbH, Berlin
Ein Unternehmen von De Gruyter

Gesamtherstellung: Beltz Bad Langensalza GmbH, Bad Langensalza

♾ Gedruckt auf säurefreiem Papier
Printed in Germany

www.degruyter.com

Inhalt

Vorwort

In dem vorliegenden Band werden die Beiträge der internationalen Tagung vorgelegt, die vom 19.–20. Oktober 2012 am Historischen Seminar der Universität Zürich unter dem Titel „Infrastruktur als Herrschaftsorganisation? Interaktion von Staat und Gemeinden im Imperium Romanum" stattgefunden hat. Im Anschluss an die Tagung konnten erfreulicherweise noch von zwei Teilnehmern Beiträge, die das Thema grundlegend thematisieren und ergänzen, in diesen Band aufgenommen werden.

Für die Finanzierung der Tagung und Drucklegúng des Bandes habe ich die angenehme Pflicht einer Reihe von Sponsoren zu danken: dem Schweizerischen Nationalfonds, der Hochschulstiftung der Universität Zürich, dem Zürcher Universitätsverein, dem Historischen Seminar der Universität Zürich sowie der Georg Fischer AG (Schaffhausen).

Mein herzlicher Dank geht zunächst an meine Mitarbeiter und Kollegen in Zürich, Dr. Jens Bartels und Anna Willi lic. phil., die beide aktiv an der Redaktion der Beiträge für die Drucklegung mitgearbeitet und mich dabei hervorragend unterstützt haben; ebenso hat Monika Pfau mit ihrem engagierten und unermüdlichen Einsatz wesentlich zum Abschluss der Arbeiten beigetragen. Außerdem danke ich im Hinblick auf die Arbeiten am Tagungsband Dr. Joachim Fugmann (Konstanz) und Dr. Christina Kokkinia (Athen) sowie Benjamin Hartmann lic. phil. und Nikolas Hächler lic. phil., die auch zum Gelingen der Tagung beigetragen haben.

Schließlich gilt mein Dank auch Kerstin Protz und Dr. Mirko Vonderstein vom Verlag de Gruyter für die produktive Zusammenarbeit.

Zürich, September 2013   Anne Kolb

Einführung

Infrastruktur und Herrschaftsorganisation im Imperium Romanum

„In the History of Rome under the Caesars as in Rome of the Republic, the rhythm of development is slow and steady. It creates a kind of pattern that may tempt the unwary to discern design or policy when none is there. The change in the composition of the hierarchy over several centuries can be recovered in outline: and in outline it is harmonious and intelligible. About details, there is obscurity and debate."[1]

Mit diesen Worten legt Sir Ronald SYME die Erforschung der historischen Entwicklung des Imperium Romanum als eine Art Minenfeld offen. Dennoch bleibt es in der Geschichtswissenschaft unbestritten, dass dieses Reich unter den Staatswesen der antiken Welt das bedeutendste Beispiel eines *Imperium* bildet, ein Phänomen, dem die Forschung in den vergangenen Jahren verstärkt Aufmerksamkeit gewidmet hat.[2] Antike Historiographen wie Dionysios von Halikarnassos resümierten am Ende des ersten Jahrhunderts v. Chr. oder auch Appian im 2. Jahrhundert n. Chr., dass es bis in ihre Gegenwart noch kein Reich zu solcher Größe und Dauer gebracht habe.[3] Tatsächlich hatte dieser ausgedehnte Territorialstaat mit ca. 50–80 Millionen Bewohnern auf einem Gebiet von rund 6 Millionen Quadratkilometern durch seine viele Jahrhunderte dauernde Geschichte eine bis dahin unbekannte Kontinuität und Stabilität erlangt, die angesichts der Größe des Reiches sowie der erheblichen gesellschaftlichen, wirtschaftlichen und kulturellen Heterogenität seiner Bewohner erstaunen muss.[4]

Aus der historischen Entwicklung lässt sich resümieren, dass die außergewöhnliche Stabilität des Imperium Romanum einerseits auf charakteristischen politischen, mili-

---

[1] SYME 1999, 6 (Zitat aus seinem Manuskript der Jahre 1934–36).

[2] Zur Diskussion von Imperien bzw. ihrem Konzept von der Antike bis zur Moderne DOYLE 1986; HARDT/NEGRI 2000; MÜNKLER 2005. Zum Forschungsstand von antiken Imperien und ihrer Ausprägung siehe jüngst HARRISON 2009; MORRIS/SCHEIDEL 2009; SCHEIDEL 2009; BANG/BAYLY 2011; BANG/SCHEIDEL 2013.

[3] App. pr. 8 etc.; siehe ebenso Dion. Hal. ant. 1,2,1.

[4] Die grundsätzliche Frage nach den Ursachen der „Größe Roms" behandeln schon MONTESQUIEU 1734 und GIBBON 1781: „(...) [I]nstead of inquiring why the Roman empire was destroyed, we should rather be surprised that it had subsisted so long." (Zitat nach der Gibbon-Ausgabe Bd. 4, 1925⁶, 161).

tärischen und sozialen Strukturen, andererseits auf religiös und rechtlich fundierten Merkmalen beruhte, welche die enorme Integrationsfähigkeit der römischen Zivilisation ermöglichten. Nach der Eroberung und Befriedung des Herrschaftsraumes, in dem ein globales Netzwerk von Gemeinden als administrative Basis etabliert und juristische Diversitäten nach und nach beigelegt wurden, entstand ein einheitlicher Wirtschaftsraum mit einer Gesellschaftsordnung, die sich am römischen Modell orientierte. Dadurch war es möglich, die Führungsschichten zahlreicher Ethnien und Kulturen der unterschiedlichen geographischen und klimatischen Regionen an der Politik und Verwaltung des Reiches zu beteiligen. In der Administrationspraxis verhalfen sowohl pragmatische Ziele und Vorgehensweisen als auch spezifische Strukturen zu einem hohen Grad an Durchsetzung der römischen Politik.[5] Diese Herrschaftspraxis erkannten antike Autoren als eine spezifische Eigenart der Römer – im Gegensatz zu anderen Reichen – und bezeichneten sie als „Kunst zu herrschen"[6]. Ihre Ausprägung und Funktionsweise findet seit einigen Jahren verstärkt neues Interesse in der althistorischen Forschung.[7]

Im Rahmen der Diskussion über die Organisation der römischen Herrschaft bildet die materielle Infrastruktur in den Provinzen des Reiches einen bisher wenig berücksichtigten Faktor. Zu verstehen sind unter „materieller Infrastruktur" im antiken Kontext Bauten und Anlagen, die prinzipiell den Austauschprozessen der Gesellschaft, d. h. Produktion und Verteilung von Gütern sowie Kommunikation, aber auch der allgemeinen Verbesserung der Lebensumstände dienten.[8] Dazu zählten in besonderem Maße Verkehrswege und zugehörige Einrichtungen (Brücken, Häfen etc.) sowie Bauten der Wasserversorgung, Entsorgung und Bewässerung. In augusteischer Zeit betrachtete der aus dem pontischen Amaseia stammende Strabon die Errichtung solcher Anlagen als Besonderheit, die die Römer von den Griechen unterschieden habe. So berichtet er über die Stadt Rom:[9]

„Diese Glücksgaben schenkt die Natur des Landes der Stadt. Ihnen haben die Römer noch die Gaben der Vorsorge hinzugefügt. Während nämlich den Griechen vor allem eine glückliche Hand bei ihren Gründungen nachgesagt wurde, weil sie ihr Augenmerk auf Schönheit, natürliche Befestigung, Häfen und wohlbeschaffenes Land richteten, waren sie vor allem bedacht auf die Dinge, um die jene sich wenig kümmerten: Anlage von gepflasterten Straßen, Herbeileitung von Wasser und unterirdische Gänge, die imstande waren

---

[5]   Für Bewertungen und Perspektiven der jüngeren Forschung siehe bes. ECK 1999; ANDO 2000; HÖLKESKAMP 2007.

[6]   Aristeid. 26,51. 58.

[7]   Nach den grundlegenden Arbeiten von MOMMSEN 1888 und HIRSCHFELD 1905 sind für die neuere Forschung im Hinblick auf Herrschaftspraxis und Strukturen die Studie von MILLAR 1992 und zahlreiche Beiträge von ECK von Relevanz, gesammelt in ECK 1995–1998; s. jüngst ECK 2010, zuletzt mit allgemeinerer Perspektive in Bezug auf Augustus ECK 2012. Weiterhin sind aus der Fülle der Forschung hier nur einige jüngere Sammelbände und wichtige Einzelstudien zu nennen wie EICH 2005; KOLB 2006; KOLB 2010; BARONI 2007; HAENSCH/HEINRICHS 2007; SCHMIDT-HOFNER 2011.

[8]   Zur Definition SCHNEIDER 1986, 44 Anm. 3; SCHNEIDER 1992, 171; WALTER 1998, 993–994; SCHNEIDER 2011, 60 und passim; ferner SCHNEIDER in diesem Band als erster Beitrag.

[9]   Strabo 5,3,8 in Übersetzung von RADT 2007. Vgl. dazu SCHNEIDER 2011, 61–62, ferner 63–65 zu den vermutlich in den unterschiedlichen naturräumlichen Gegebenheiten liegenden Gründen.

den Schmutz der Stadt in den Tiber zu spülen (sie haben auch die gepflasterten Straßen im Lande angelegt, wobei sie auch Hügel aushieben und Höhlungen zuschütteten, so dass die Lastwagen ganze Bootsladungen aufnehmen können). Die unterirdischen Gänge, die aus regelmäßigen Steinen herabgebogen sind, lassen manchmal Straßen übrig, die für Heuwagen befahrbar wären. Und das durch die Aquädukte hereingeleitete Wasser ist von einer solchen Menge, dass Flüsse durch die Stadt und die unterirdischen Gänge fließen und nahezu jedes Haus Wasserbehälter, Rohrleitungen und reichlich fließende Brunnen hat (…)."

Seine Formulierungen zeigen, dass Provinziale die Errichtung solcher Anlagen wegen ihrer technischen Leistung, aber vor allem wegen ihres Nutzens für die Allgemeinheit schätzten. Die Errichtung von Infrastruktur-Bauten genoss auch in Rom hohes gesellschaftliches Ansehen, wie der Nachruhm des Appius Claudius Caecus zeigt, der während seiner Zensur eine gepflasterte Straße in Auftrag gegeben und eine Wasserleitung in die Hauptstadt geführt hatte.[10] Von Anlagen wie Häfen oder Wasserleitungen betonten Angehörige der römischen Elite die Zweckdienlichkeit für die Gemeinschaft.[11] Frontin grenzt letztere programmatisch von „nutzlosen" Bauten wie den immerhin als ‚Weltwunder' geltenden Pyramiden ab, da diese keinen praktischen Nutzen gehabt hätten.[12] Die großartigen technischen Leistungen der Römer bzw. ihrer Kaiser besonders im Bereich von Verkehrsinfrastruktur und Wasserversorgung wurden bewundert[13] und zu Symbolen für die Macht und Größe des Imperium stilisiert: *magnitudinis imperii Romani.*[14] So kam der Errichtung und dem Unterhalt von Infrastruktur-Bauten eine hohe politische Bedeutung zu, da deren Planung, Bau und Instandhaltung zudem ein kostenintensives und hohe Kompetenz voraussetzendes Tätigkeitsspektrum erforderten.[15] Daher wurden

---

[10] Liv. 9,29,5–8; Frontin. aqu. 5; CIL XI 1827 (Arretium): *Appius Claudius / C(ai) f(ilius) Caecus / censor co(n)s(ul) bis dict(ator) interrex III / pr(aetor) II aed(ilis) cur(ulis) II q(uaestor) tr(ibunus) mil(itum) III com/plura oppida de Samnitibus cepit / Sabinorum et Tuscorum exerci/tum fudit pacem fieri cum [P]yrrho / rege prohibuit in censura viam / Appiam stravit et aquam in / urbem adduxit aedem Bellonae fecit;* CIL VI 40943 (Rom).

[11] Cic. off. 2,60: *Atque etiam illae impensae meliores, muri, navalia, portus, aquarum ductus omniaque quae ad usum rei publicae pertinent (…);* Frontin. aqu. 1: *(…) aquarum iniunctum officium ad usum, tum ad salubritatem atque etiam securitatem urbis pertinens (…);* zum politischen Charakter der Schrift Frontins siehe PEACHIN 2004, vgl. aber die Kritik von BRUUN 2007.

[12] Frontin. aqu. 16: *Tot aquarum tam multis necessariis molibus pyramidas videlicet otiosas compares aut cetera inertia sed fama celebrata opera Graecorum.*

[13] Plin. nat. 36,123–125.

[14] Frontin. aqu. 119: *(…) ad tutelam ductuum sicut promiseram divertemus, rem enixiore cura dignam, cum magnitudinis Romani imperii vel praecipuum sit indicium;* vgl. Plin. nat. 36,123: *quod si quis diligentius aestumaverit abundantiam aquarum in publico, balineis, piscinis, euripis, domibus, hortis, suburbanis villis, spatia aquae venientis, exstructos arcus, montes perfossos, convalles aequatas, fatebitur nil magis mirandum fuisse in toto orbe terrarum.*

[15] Dazu u. a. SCHNEIDER 2011, 65.

Abb. 1 Druckleitung von Aspendos (Türkei). Foto A. Kolb.

diese zumeist von Gemeinwesen, seit Augustus aber auch durch die Herrscher und ihren Stab initiiert und finanziert.[16] *(Abb. 1)*.

Besondere Relevanz besaß die Verkehrsinfrastruktur in einem zivilisatorisch wie technisch hoch entwickelten Staat wie dem Imperium Romanum, weil das Reich aufgrund seiner enormen territorialen Größe und der zentralen Herrschaftslenkung in besonderem Maße auf Kommunikation und Transport wie auf wirtschaftliche Leistungsfähigkeit angewiesen war. Berührungs-, aber auch Konfliktpunkte zwischen lokalen, regionalen und imperialen Interessen zeigen sich gerade in Bezug auf diejenigen Infrastrukturanlagen, die nicht nur für eine Stadt, sondern für eine größere Region oder sogar das ganze Imperium eine wichtige Rolle einnahmen. Angesichts der großen Bedeutung, welche sowohl die kaiserliche Reichszentrale als auch Provinziale wie Strabon oder Dionysios von Halikarnassos der materiellen Infrastruktur beimaßen,[17] erscheint es lohnend, diese in Hinblick auf die Praxis und die Wirksamkeit der staatlichen Strukturen zu betrachten, um das Ineinandergreifen imperialer und lokaler Herrschaftsorganisation und die Integrationsfähigkeit des Imperium Romanum zu analysieren.

[16] Z. B. R. Gest. div. Aug. 20,2 und 20,5.

[17] S. o. sowie Dion. Hal. ant. 3,67,5: „*Nach meiner Meinung sind Aquädukte, gepflasterte Straßen und Kloaken die drei glanzvollsten Leistungen der Römer, in denen sich die Größe ihrer Herrschaft spiegelt.*"

Mit dieser Zielsetzung wurde im Rahmen der Zürcher Tagung die Infrastruktur des Provinzialreiches erstmals fokussiert in den Blick genommen. Im Zentrum standen die jeweiligen Handlungsstrategien der verschiedenen Angehörigen der kaiserlichen Verwaltung sowie der lokalen Funktionsträger, um einerseits die organisatorischen Abläufe und Motive der Handelnden, andererseits die möglichen Konfliktpunkte zu eruieren. Welche Bedeutung die Infrastrukturanlagen für die politische, juristische und administrative Durchdringung des kaiserzeitlichen Provinzialreiches der Römer hatten und welche Mechanismen und Verwaltungsstrategien sich im Rahmen der Reichsorganisation erkennen lassen, zeigen die Beiträge der Tagung und leisten folglich einen wichtigen Beitrag zum Verständnis der inneren Funktionsstruktur des Reiches als solches: sowohl aus der Perspektive des Staates – durch Kaiser, Statthalter oder andere Beauftragte – als auch aus der Sicht der provinzialen Gemeinden.

Im ersten Teil des vorliegenden Bandes fokussieren vier Beiträge die prinzipiellen politischen, administrativen und wirtschaftliche Strukturen des Reiches: Den Ausgangspunkt für eine Beurteilung der Rolle der Infrastruktur im Rahmen der römischen Politik definierte *Helmuth Schneider* (S. 21–51) bereits im Jahr 1986, indem er die Infrastruktur als einen zentralen Faktor politischer Legitimation der römischen Kaiser erwies. Aufgrund ihrer forschungsgeschichtlichen Bedeutung wird die Studie in diesem Band in einer aktualisierten Form vorgelegt. *Christopher Jones* (S. 52–65) untersucht, wie die Kaiser im 1. Jh. n. Chr. von großen Naturkatastrophen wie Erdbeben Kenntnis nahmen und in welchen Fällen sie eine tatkräftige und oder finanzielle Unterstützung der betroffenen Gemeinden unternahmen. Deutlich wird das subjektive Vorgehen der Kaiser und die Bedeutung von Netzwerken für Kommunikation und Organisation der Hilfe.

Die Rolle der Salzgewinnung an der nordatlantischen Küste beleuchtet *Isabella Tsigarida* (S. 66–79), indem sie zeigt, wie diese durchgeführt wurde und welcher Bedarf an Salzprodukten nach der römischen Eroberung durch die in Germanien stationierten Soldaten entstanden war. Sie kann damit die gezielte Gestaltung des Naturraums dieser Salzmarschen und deren organisatorische Ausgestaltung belegen. *Michael Speidel* (S. 80–99) befasst sich mit der Infrastruktur des römischen Heeres, die sich im Reichsinneren aus den logistischen Bedürfnissen der durchziehenden und lagernden Soldaten entwickelte. Insbesondere weist er auf die zentrale Rolle der Sammellager im Osten und Westen des Reiches hin. Sie boten Unterkunft und Verpflegung für tausende von Soldaten, weshalb ihre Einrichtung auch Auswirkungen auf die urbane Entwicklung des Imperium Romanum hatte.

Der zweite Teil des Bandes behandelt Systeme der Wasserdistribution: Am Beispiel der überregional bedeutenden Fernwasserleitung von Patara in Lykien geht *Christoph Schuler* (S. 103–120) der Frage nach der Implementierung einer kaiserlichen Baupolitik nach. Im Ergebnis zeigt er, dass gerade im Hinblick auf solche Großprojekte in der Tat von einer Baupolitik der Kaiser gesprochen werden kann, da klare Ziele, die kontinuierlich und an diversen Orten verfolgt wurden, festzustellen sind. Zudem macht er deutlich, dass gezielte Investitionen in die Infrastruktur besonders nach der Einrichtung einer Provinz ein wichtiges Mittel politischer Strategie der römischen Kaiser waren.

Die Organisation der landwirtschaftlichen Bewässerung im Römischen Reich untersucht *Francisco Beltrán Lloris* (S. 121–136) und kann dabei zwischen rein privaten Strukturen der Bodeneigentümer, kollektiven Bewässerungssystemen auf städtischer Ebene sowie der häufigsten Form, den gemeinschaftlichen Systemen mehrerer Städte, die von „Bewässerungsgemeinschaften" organisiert wurden, unterscheiden. Desgleichen verweist er auf disparat bezeugte Arten des Bewässerungsmanagement wie im Falle von Oasen. Trotz der Autonomie der Bewässerungsgemeinschaften und der bedeutenden Rolle der Lokalverwaltung ist eine staatliche bzw. imperiale Intervention und Unterstützung vor allem in der Einrichtung grundlegender Strukturen wie Damm- und Kanalbauten, die später von den Bewässerungsgemeinschaften zu unterhalten waren, zu erkennen; Konflikte wurden auch durch Entscheidungen des Kaisers beigelegt.

Anhand des *Corpus Agrimensorum Romanorum* und archäologischer Befunde analysiert *Anna Willi* (S. 137–157), in welcher Weise der römische Staat im Rahmen der Landeinteilung von Siedlungsterritorien auf die Ausgestaltung und Nutzung des Stadtgebiets Einfluss nahm. Deutlich wird die gezielte Optimierung der Landnutzung. Die konkreten hydrologischen Bedingungen allerdings wurden jeweils im lokalen Kontext evaluiert und einbezogen.

Der dritte Teil des Bandes beleuchtet die Verkehrsinfrastruktur: Zunächst illustriert *Pascal Arnaud* (S. 161–179) in einem Überblick die bauliche Zusammensetzung römischer Hafenanlagen entlang der heutigen französischen Mittelmeerküste. Er verweist vor allem auf deren Kleinteiligkeit und prozessuale Entstehung (überwiegend durch Aktivitäten der Gemeinden oder des Kaisers) sowie ihren Nutzen für die Öffentlichkeit, der durch staatliche Regelungen aufrecht erhalten wurde. Derartige Vorschriften zur Nutzung eines Hafens führt *Christina Kokkinia* (S. 180–196) am Beispiel des überregional bedeutenden Hafens der Stadt Ephesos vor. Dessen Verlandung versuchten mehrere Statthalter durch Edikte zu verhindern. Die daraus resultierende administrative Kommunikation macht transparent, welche Ebenen der Verwaltungsträger an den Entscheidungen beteiligt waren und welche Motive zur öffentlichen Publikation führten. Nicht zuletzt zeigt sich darin das Begehren der Provinzialbevölkerung, ihrem Wunsch nach staatlicher Unterstützung von Bau und Instandhaltung der Infrastruktur Ausdruck zu verleihen.

Michael Rathmann (S. 197–221) formuliert deutliche Zweifel an der seit dem 17. Jh. in der Forschung häufig vertretenen These einer von den Kaisern gezielt verfolgten globalen Straßenbaupolitik, indem er zeigt, dass sich die Eingriffe der einzelnen Kaiser immer wieder auf Kriegszüge und Reisen, persönliche Kenntnisse und familiäre Beziehungen zurückführen lassen und großräumige Karten bei den politischen Entscheidungen keine Verwendung fanden. Ein Fallbeispiel zum Straßenbau präsentiert *Jens Bartels* (S. 222–245) für die Provinz *Moesia Inferior*, indem er zeigt, dass sich in der Dobrudscha in den 230er Jahren von der Reichszentrale initiierte Straßenbaumaßnahmen nachweisen lassen: Dort wurden Schäden, die durch die Invasionen entstanden waren, repariert und die Verbindungen, die für die Nachschublinien der Grenztruppen Relevanz hatten, instand gesetzt. *Stephen Mitchell* (S. 246–261) schließlich vertritt die These, dass sich kaiserliches Engagement für die Infrastruktur darin zeige, dass der römische Staat eigene Pferdezuchten unterhielt, um den *cursus publicus* mit einer ausreichenden Anzahl an Transporttieren gleicher Qualität ausstatten zu können.

Aus diesen hier nur kurz umrissenen Perspektiven und Ergebnissen lassen sich in der Gesamtschau einige Erkenntnisse von allgemeiner Relevanz gewinnen. Gezeigt haben sich als zentrale Perspektiven einerseits „top down" die Frage nach einer prinzipiellen Strategie oder Politik der Kaiser, andererseits „bottom up" die lokalen Verhältnisse und Interessen. Die imperiale Politik ist dabei im Sinne einer systematischen Planung und Umsetzung von Zielen zu verstehen, die über eine kurzfristige situationsbedingte Reaktion auf besondere Ereignisse, Notstände oder Wünsche hinausgehen. Daher kann das von Fergus MILLAR für die römischen Kaiser entworfene grundsätzliche Herrschafts-modell („petition and response") durch solche politischen Strategien ergänzt werden.[18] Insbesondere im Bereich der Infrastruktur lässt sich diese Vorgehensweise besonders gut erkennen, da die Errichtung von Straßen, Wasserleitungen oder Bewässerungsanla-gen groß angelegte, zeitaufwändige sowie kosten- und organisationsintensive Vorhaben waren. Solche Projekte bedurften oft einer über lokale Zuständigkeiten hinausgehenden Initiative und Leitung durch Statthalter und Kaiser bzw. deren Stab und damit ein Zusam-menwirken von Reichsverwaltung und lokaler Politik. Denn nach der Unterwerfung und Provinzialisierung einer Region waren die Herrscher besonders an deren Anschluss und Eingliederung in das Reichsgefüge, die Ausweitung des Städtewesens – als Selbstverwal-tungseinheiten – und an deren Prosperität interessiert, wozu der Ausbau der Infrastruk-tur maßgeblich beitragen konnte.[19]

Eine finanzielle Unterstützung von dieser Seite konnte bei einzelnen großen Anla-gen – wie der Wasserleitung von Patara, Damm- und Kanalbauten in Spanien oder Hafen-anlagen – hinzukommen.[20] Das bevorzugte Interesse des Herrschers an der logistischen Infrastruktur des Heeres, den Straßen in Aufmarschgebieten, der politischen Legitima-tion sowie seiner Fürsorge für bestimmte, oft prominente Städte konnte ausschlaggebend für direkte Investitionen in die Infrastruktur bilden.[21] Die genannten Motive waren aber weder eine zwingende Vorbedingung noch hatten sie in jedem Fall eine Förderung zur Folge. Die Herkunft und Allokation imperialer Mittel konnte außerdem unterschiedliche Formen annehmen.[22]

Aus Sicht der Reichsbewohner stellten der Neubau sowie der Unterhalt der Infra-strukturbauten freilich eine starke finanzielle Belastung dar, da sie über Jahre hinweg eine

---

[18] MILLAR 1992.

[19] Vgl. zu diversen Motiven kaiserlicher Bautätigkeit HORSTER 2001, 222–247.

[20] Siehe bes. die Beiträge von C. Schuler, F. Beltrán Lloris und P. Arnaud.

[21] Siehe bes. die Beiträge von M.A. Speidel und C.P. Jones.

[22] Unter den diversen Möglichkeiten, die neben direkten Finanzmitteln auch im Einsatz von Arbeits-kräften aus dem Heer, Kriegsgefangener oder Technikern sowie Materialien bestehen konnten (dazu z. B. KOLB 2000, 136–138; HORSTER 2001, 208–221; RATHMANN 2003, 136–142), bildet die lokale Re-Investition römischer Steuern eine selten explizit bezeugte Form der finanziellen Unterstützung wie sie aus Patara für die Wasserleitung und die Thermenanlage und aus Kadyanda ebenfalls für ein Bad bekannt ist; siehe unten im Beitrag von C. Schuler (auch mit weiterer Literatur).

zusätzliche Bürde zu den bereits zu leistenden Verpflichtungen für Reich und Gemeinde bildeten. Dennoch scheinen auch auf dieser Ebene die positiven Effekte für den Lebensalltag, den beispielsweise die Wasserversorgung verbesserte, sowie für die wirtschaftliche Produktions- und Handelstätigkeit, die durch die Existenz bzw. den guten Zustand von Bewässerungsanlagen, Straßen, Kanälen oder eines Hafenbeckens sichergestellt wurde, den Ausschlag dafür gegeben zu haben, solche Vorhaben zu unterstützen. Denn insbesondere Inschriften offenbaren die Dankbarkeit der Reichsbewohner oder dokumentieren den Wunsch nach staatlicher Unterstützung von Infrastruktur-Bauten in den Provinzen wie dies exemplarisch die Aufzeichnung der Amtsdokumente über den Hafen in Ephesos eröffnet.[23] Damit illustrieren unsere Quellen die Kommunikation und die Interaktion von Gemeinden und römischen Amtsträgern bzw. dem Kaiser in einem Bereich, der für beide Ebenen des Reichsgefüges von großer Bedeutung war. Bildete doch die Infrastruktur einen entscheidenden Schnittpunkt von imperialen und lokalen Interessen, die den Alltag im Imperium Romanum in maßgeblicher Weise bestimmten.[24]

Bibliographie

ANDO 2000 = C. ANDO, Imperial Ideology and Provincial Loyalty in the Roman Empire, Berkeley 2000.

BANG/BAYLY 2011 = P. F. BANG/C.A. BAYLY (Hg.), Tributary empires in global history. Basingstoke 2011.

BANG/SCHEIDEL 2013 = The Oxford Handbook of the State in the Ancient Near East and Mediterranean, Oxford 2013.

BARONI 2007 = A. BARONI (Hg.), Amministrare un impero. Roma e le sue province, Trento 2007.

BRUUN 2007 = C. BRUUN, Why did Frontinus write *De Aqueductu*?, JRA 20 2007, 460–466.

DOYLE 1986 = M.W. DOYLE, Empires, Ithaca N.Y. 1986.

ECK 1995–1998 = W. ECK, Die Verwaltung des Römischen Reiches in der hohen Kaiserzeit I–II, in: R. FREI-STOLBA/M.A. SPEIDEL (Hg.), Arbeiten zur römischen Epigraphik und Altertumskunde 1, Basel 1995–1998.

ECK 1999 = W. ECK, Zur Einleitung. Römische Provinzialadministration und die Erkenntnismöglichkeiten der epigraphischen Überlieferung, in: W. ECK (Hg.), Lokale Autonomie und römische Ordnungsmacht in den kaiserlichen Provinzen vom 1. Bis 3. Jahrhundert, München 1999.

ECK 2010 = W. ECK, Ämter und Verwaltungsstrukturen in Selbstverwaltungseinheiten der frühen römischen Kaiserzeit, in: TH. SCHMELLER/M. EBNER/R. HOPPE (Hg.) Neutestamentliche Ämtermodelle im Kontext, Freiburg 2010, 9–33.

ECK 2012 = W. ECK, Herrschaft durch Administration? Die Veränderung in der administrativen Organisation des *imperium Romanum* unter Augustus, in: Y. RIVIÈRE (Hg.), Des réformes augustéennes, Rom 2012, 151–169.

EICH 2005 = P. EICH, Zur Metamorphose des politischen Systems in der römischen Kaiserzeit. Die Entstehung einer „personalen Bürokratie" im langen dritten Jahrhundert, Berlin 2005.

---

[23] Siehe Beitrag C. Kokkinia.

[24] Die Zitierweise der literarischen Quellen orientiert sich am Abkürzungsverzeichnis des DNP 13, 1999, XLIX–LVI, für die inschriftlichen, papyrologischen und numismatischen Quellen siehe DNP 13, 1999, XXIV–XLIX bzw. Clauss/Slaby im Internet http://www.manfredclauss.de/abkuerz. html sowie J.D. Sosin et al. (ed.), Checklist of Greek, Latin, Demotic and Coptic Papyri, Ostraca and Tablets unter http://library.duke.edu/rubenstein/scriptorium/papyrus/texts/clist.html.

GIBBON 1781 = E. GIBBON, The History of the Decline and the Fall of the Roman Empire, London, 1. Bd. 1776, 2.–3. Bd. 1781, 4.–6. Bd. 1788. = E. GIBBON, The history of the decline and fall of the Roman Empire. Ed. in 7 vols with introduction, notes, appendices and index by J.B. Bury, London 1920–1925[6].

HAENSCH/HEINRICHS 2007 = R. HAENSCH/J. HEINRICHS (Hg.), Herrschen und Verwalten. Der Alltag der römischen Administration in der Hohen Kaiserzeit, Köln 2007.

HARDT/NEGRI 2000 = M. HARDT/A. NEGRI, Empire, London 2000 HARRISON 2009 = T. HARRISON (Hg.), Great Empires of the Ancient World, London 2009; dt. Übersetzung Mainz 2010.

HIRSCHFELD 1905 = O. HIRSCHFELD, Die kaiserlichen Verwaltungsbeamten bis auf Diocletian, Berlin 1905[2].

HÖLKESKAMP 2007 = K.-J. HÖLKESKAMP, Herrschaft, Verwaltung und Verwandtes. Prologomena zu Konzepten und Kategorien, in: HAENSCH/HEINRICHS 2007, 1–18.

HORSTER 2001 = M. HORSTER, Bauinschriften römischer Kaiser. Untersuchungen zu Inschriftenpraxis und Bautätigkeit in Städten des westlichen Imperium Romanum in der Zeit des Prinzipats, Stuttgart 2001.

KOLB 2006 = A. KOLB (Hg.), Herrschaftsstrukturen und Herrschaftspraxis. Konzepte, Prinzipien und Strategien der Administration im römischen Kaiserreich. Akten der Tagung an der Universität Zürich 18.–20. 10. 2004, Berlin 2006.

KOLB 2010 = A. KOLB (Hg.), Augustae – Machtbewusste Frauen am römischen Kaiserhof? Herrschaftsstrukturen und Herrschaftspraxis II. Akten der Tagung in Zürich 18.–20. 9. 2008, Berlin 2010.

MILLAR 1992 = F. MILLAR, The Emperor in the Roman World, 31 BC – AD 337, London 1992[2].

MOMMSEN 1888 = Th. MOMMSEN, Das römische Staatsrecht I–III, Leipzig 1887–1888[3] (ND Darmstadt 1963).

MONTESQUIEU 1734 = C.-L. MONTESQUIEU, Considérations sur les causes de la grandeur des Romains et de leur décadence, Amsterdam 1734.

MORRIS/SCHEIDEL 2009 = I. MORRIS/W. SCHEIDEL (Hg.), The Dynamics of Ancient Empires. State Power from Assyria to Byzantium, Oxford 2009.

MÜNKLER 2005 = H. MÜNKLER, Imperium. Die Logik der Weltherrschaft – vom Alten Rom bis zu den Vereinigten Staaten, Berlin 2005.

PEACHIN 2004 = M. PEACHIN, Frontinus and the curae of the curator aquarum, Stuttgart 2004.

RADT 2007 = S. RADT, Strabons Geographika. Bd. 6: Buch V–VIII: Kommentar, Göttingen 2007.

SCHEIDEL 2009 = W. SCHEIDEL (Hg.), Rome and China. Comparative Perspectives on Ancient World Empires. Oxford Studies in Early Empires, Oxford/New York 2009.

SCHMIDT-HOFNER 2011 = S. SCHMIDT-HOFNER, Staatswerdung von unten. Justiznutzung und Strukturgenese im Gerichtswesen der römischen Kaiserzeit (1.–6. Jh. n. Chr.), in: P. EICH/S. SCHMIDT-HOFNER/C. WIELAND, Der wiederkehrende Leviathan. Staatlichkeit und Staatswerdung in Spätantike und Früher Neuzeit, Heidelberg 2011, 139–180.

SCHNEIDER 1986 = H. SCHNEIDER, Infrastruktur und politische Legitimation im Imperium Romanum, Opus 5, 1986, 23–51.

SCHNEIDER 1992 = H. SCHNEIDER, Einführung in die antike Technikgeschichte, Darmstadt 1992.

SCHNEIDER 2011 = H. SCHNEIDER, Infrastruktur und Naturraum im Imperium Romanum, in: B. HERRMANN (Hg.), Beiträge zum Göttinger Umwelthistorischen Kolloquium 2010–2011, Göttingen 2011, 59–77.

SYME 1999 = R. SYME, The Provincial at Rome and Rome and the Balkans 80 BC – AD 14. Edited by Anthony Birley, Exeter 1999.

WALTER 1998 = U. WALTER, Infrastruktur, in: DNP 5, 1998, 993–998.

Administrative und wirtschaftliche Strukturen

Infrastruktur und politische Legitimation im frühen Principat[1]

Helmuth Schneider

Abstract

■ Bereits im Tatenbericht des Augustus wird durch den Verweis auf die Erneuerung von Wasserleitungen und Straßen ein enger Zusammenhang zwischen Infrastruktur und und politischem System hergestellt. In der Zeit von Augustus bis Traianus wurde der Ausbau der Infrastruktur des Imperium Romanum entschieden vorangetrieben, wobei dem Straßenbau und der Wasserversorgung die größte Bedeutung zukam. Gleichzeitig entstand eine durch Gesetze und Edikte geregelte Verwaltung, die für die Aufsicht bestimmter Infrastrukturanlagen zuständig war. Neben der Beschreibung dieser Entwicklungen werden die mit der Planung von Infrastrukturanlagen verbundenen Motive und Vorstellungen der *principes* und der römischen Magistrate untersucht; ferner wird die Frage diskutiert, auf welche Weise die *principes* ihre Leistungen bei dem Ausbau der Infrastruktur darstellten. Sowohl römische als auch griechische Autoren haben den Ausbau der Infrastruktur positiv bewertet und dadurch zum Erfolg der Legitimationsstrategien der *principes* wesentlich beigetragen.

■ When he mentions the renovation of aqueducts and roads in his *Res Gestae*, Augustus establishes a close connection between infrastructure and politics. Beginning with the reign of Augustus and up to Traianus the development of infrastructure throughout the empire was promoted decidedly, especially through the construction of roads and water supply systems. At the same time the administration of certain infrastructural facilities was regulated through laws and edicts. Apart from describing this development, the present article discusses the *principes'* and Roman magistrates' motivation and conceptions in the planning of infrastructure. It further analyzes the way in which the *principes* represented their infrastructural achievements. Roman as well as Greek authors praised these achievements and thereby substantially contributed to the success of the *principes'* legitimation strategies.

Augustus erwähnt in den *res gestae* unter seinen Baumaßnahmen auch die Erneuerung solcher Anlagen, die zur Infrastruktur Roms und Italiens gehörten: *Rivos aquarum compluribus locis vetustate labentes refeci, et aquam quae Marcia appellatur duplicavi fonte novo in rivum eius inmisso. (...) Consul septimum viam Flaminiam ab urbe Ariminum*

---

[1] Dieser Beitrag ist eine aktualisierte Version des Artikels „Infrastruktur und politische Legitimation im frühen Prinzipat", *Opus* 5, 1986, 23–51, welcher wiederum auf der Überarbeitung eines am 9. 7. 1986 an der FU Berlin gehaltenen Vortrags beruht.

refeci pontesque omnes praeter Mulvium et Minucium.[2] Diese kurzen Sätze, deren Aussage zunächst wenig signifikant zu sein scheint, zeigen immerhin, dass die Ausbesserung von Wasserleitungen und Straßen vom Princeps selbst als wichtige Leistungen für den römischen Staat bewertet wurden, die es verdienten, in den Tatenbericht aufgenommen zu werden. Da die *res gestae* die Funktion besaßen, nicht allein die persönliche Stellung des Augustus, sondern überhaupt das politische System des Principats zu rechtfertigen,[3] war auf diese Weise ein Zusammenhang zwischen der Schaffung und Instandhaltung von Infrastruktureinrichtungen einerseits und politischer Legitimation andererseits hergestellt.[4]

Das entscheidende Legitimationsproblem, mit dem Augustus konfrontiert war, bestand darin, dass die neue politische Ordnung aus den Bürgerkriegen zwischen 49 und 31 vor Chr. hervorgegangen war, wesentlich durch militärische Gewalt gesichert wurde und wegen der Ähnlichkeit mit monarchischen Regierungsformen auf die Ablehnung der traditionellen politischen Eliten Roms stieß. In dieser Situation gebrauchte Augustus verschiedene Strategien zur Legitimierung seiner Herrschaft; zuerst ist hier die nachdrückliche Legalisierung seiner Stellung im Jahre 27 v. Chr. zu nennen. Der Akt der Rückgabe

---

[2]   R. Gest. div. Aug. 20. Zu den *res gestae* vgl. KIENAST 2009, 208–212; YAVETZ 1984; BRUNT/MOORE 1967. Zur Baupolitik des Augustus vgl. KIENAST 2009, 408–449.

[3]   Vgl. dazu KIENAST 2009, 211: Die *res gestae* „waren nicht ein etwas lang geratenes Elogium, sondern die Darstellung der neuen Monarchie in der Form eines Leistungsberichts".

[4]   Als Infrastruktur werden in den Wirtschaftswissenschaften solche Einrichtungen bezeichnet, die eine wesentliche Voraussetzung für die Produktion und die Verteilung von Gütern darstellen und somit weitgehend das Entwicklungsniveau einer Volkswirtschaft bestimmen. Darüber hinaus besitzen Infrastruktureinrichtungen wie etwa Wasserleitungen auch direkte Wohlfahrtseffekte. Man spricht von einer materiellen Infrastruktur, die etwa Anlagen für den Verkehr oder für die Nutzung natürlicher Ressourcen umfasst, sowie von einer institutionellen und personellen Infrastruktur; vgl. hierzu FREY 1978, 200–215, bes. 202. Eine derart weit gefasste Definition des Begriffs Infrastruktur erweist sich für die Arbeit des Historikers als wenig zweckmäßig; in den folgenden Ausführungen werden daher exemplarisch solche Anlagen der materiellen Infrastruktur behandelt, die dem Verkehr oder der Wasserversorgung dienten. Der moderne Begriff Infrastruktur kann einer Untersuchung römischer Baumaßnahmen deswegen zugrunde gelegt werden, weil die mit diesem Begriff verbundenen Vorstellungen weitgehende Übereinstimmungen mit der Konzeption von Vitruvius aufweisen. In *de architectura* werden öffentlichen Bauten unterteilt in Verteidigungsanlagen, Tempel und Gebäude sowie Anlagen für den allgemeinen Nutzen, wozu Häfen, Marktplätze, Säulenhallen, Bäder und Theater gerechnet werden: Vitr. 1,3,1. Vgl. auch 5 praef. 5; 5,12,7. An diesen Stellen werden die öffentlichen Bauten von den Tempeln einerseits und den Privathäusern andererseits unterschieden. Zur Infrastruktur in vorindustriellen Gesellschaften vgl. auch SMITH 1976, 723ff. Mit dem Begriff Legitimation ist hier der Versuch gemeint, ein politisches System zu rechtfertigen, um ihm auf diese Weise eine weite Zustimmung innerhalb der relevanten sozialen Gruppen zu sichern; dabei ist zu beachten, dass verschiedene Typen politischer Herrschaft auch unterschiedliche Strategien der Legitimation oder der Bewältigung von Legitimitätskrisen verwenden. Vielen Systemen ist gemeinsam, dass sie nicht nur auf Tradition und Gesetzmäßigkeit bzw. Legalität verweisen, um sich als legitim zu qualifizieren, sondern auch auf die Leistungen der herrschenden Schicht oder Persönlichkeit. Vgl. WEBER 2002; HONDRICH 1973, 84ff. und ferner GEHRKE 1982, 249ff. mit weiteren Literaturhinweisen und wichtigen Überlegungen zur Anwendung des Begriffs Legitimität in der Alten Geschichte.

aller außerordentlichen Kompetenzen an den Senat und das Volk sollte als Wiederherstellung der *res publica* aufgefasst werden. Indem betont wurde, dass das neue System die staatsrechtlichen Traditionen der Republik fortsetzte, wurde der Kontinuitätsbruch in der Verfassungsentwicklung verhüllt.[5] Die restaurative Tendenz der augusteischen Politik fand auch in anderen Bereichen ihren Ausdruck: So diente der Bau oder die Wiederherstellung zahlreicher Tempel der demonstrativen Wiederbelebung der tradierten römischen Kulte.[6] Augustus hat in dem Tatenbericht den Versuch unternommen, der politischen Ordnung des Principats durch Hinweis auf die vom *princeps* für die römische Gesellschaft erbrachten Leistungen Zustimmung in Rom, in Italien und auch in den Provinzen zu verschaffen.[7] Dementsprechend wurden die *res gestae* aus dem Zusammenhang mit der Grabanlage des Augustus gelöst und als Inschrift in den Provinzen aufgestellt.[8] Angesichts der Tatsache, dass Augustus in einem zentralen Text über seine Regierung die Wasserversorgung und den Straßenbau hervorhebt, ist zu fragen, welche Bedeutung die Infrastruktur für die Legitimation des Principats besessen hat. Zur Klärung dieses Problems ist es zunächst notwendig, den Ausbau der römischen Infrastruktur in der Zeit von Augustus bis Traianus sowie die Entstehung einer geregelten Verwaltung, die für die Aufsicht bestimmter Infrastrukturanlagen zuständig war, umrisshaft darzustellen (I); die mit der Planung von Infrastrukturanlagen verbundenen Motive und Vorstellungen der *principes* und der römischen Magistrate werden im folgenden Abschnitt behandelt (II). Anschließend soll dann die Frage diskutiert werden, auf welche Weise die *principes* die Infrastruktur nutzten, um ihre Herrschaft zu legitimieren (III). Da der Erfolg politischer Rechtfertigungsstrategien wesentlich davon abhängt, inwieweit die von einem System und seinen Trägern erbrachten Leistungen von der Gesellschaft als solche anerkannt werden, wird im letzten Abschnitt (IV) untersucht, wie die Schaffung von Infrastrukturanlagen von den Zeitgenossen bewertet wurde.

I

Der forcierte Ausbau der Infrastruktur Roms, Italiens und der Provinzen unter Augustus muss vor dem Hintergrund der Situation in der späten Republik gesehen werden;[9] die Jahrzehnte zwischen dem Italikerkrieg 90/89 und der Überschreitung des Rubicon durch Caesar im Jahre 49 waren von Bürgerkriegen, Proskriptionen, inneren Unruhen, Aufstandsbewegungen und einem tiefen Dissens innerhalb der Nobilität geprägt. Die durch ständige Kriegführung extrem belastete Republik verfügte in diesem Zeitraum nur über

---

[5] Cass. Dio 53,17,1–3. Vgl. Kienast 2009, 83ff.
[6] Kienast 2009, 221–227; Ogilvie 1969. Der Tempelbau im Tatenbericht des Augustus: R. Gest. div. Aug. 19–21.
[7] Kienast 2009, 210ff.; Kloft 1970, 181.
[8] Kienast 2009, 212.
[9] Vgl. Kienast 2009, 408f. Vgl. außerdem Strong 1968.

geringe finanzielle Spielräume und konnte daher neben dem Wiederaufbau des Kapitols und dem Bau des Tabulariums nur wenige größere Bauprojekte realisieren, zu denen etwa der im Jahre 62 errichtete *pons Fabricius* gehört.[10] Die reichen Nobiles wiederum waren nicht bereit, Bauten zu finanzieren, die der Öffentlichkeit dienen sollten; sie verwendeten ihre Vermögen vielmehr dazu, immer größere und besser ausgestattete Privathäuser in Rom und Villen auf dem Lande zu bauen.[11] Die politisch motivierten Ausgaben der Senatoren – etwa für Spiele oder Wahlkämpfe – entsprachen weniger allgemeinen Nützlichkeitserwägungen, sie dienten vielmehr dem Bestreben, ihre politische Machtposition zu verbessern. Erst in den Jahren nach Caesars Consulat 59 v. Chr. versuchten einzelne Politiker wie Pompeius, Caesar und L. Aemilius Paullus ihr Ansehen bei der stadtrömischen Bevölkerung durch finanzielle Aufwendungen für Großbauten zu stärken.[12] In Italien oder in den Provinzen gab es in der nachsullanischen Zeit fast keine römische Bautätigkeit, sieht man vom Straßenbau ab.[13]

Unter diesen Voraussetzungen müssen im Rom der späten Republik geradezu katastrophale Lebensbedingungen geherrscht haben.[14] Obgleich die Bevölkerung der Stadt vor allem durch Zuwanderung weiter anwuchs,[15] wurden die Anlagen zur Wasserversorgung nicht erweitert, wie dies zuletzt zwischen 144 und 125 v. Chr. (*aqua Marcia* und *aqua Tepula*) geschehen war;[16] gleichzeitig unterblieben notwendige Arbeiten zur Instandhaltung der vorhandenen Wasserleitungen. Aus einer Bemerkung Ciceros geht hervor, dass auch der Zustand der Straßen in Rom als unbefriedigend empfunden wurde.[17] Es gibt Anzeichen dafür, dass in den letzten Jahren der Republik das Interesse einzelner Senatoren an Problemen der Infrastruktur zunahm; so hielt M. Caelius Rufus als Aedil eine Rede über die Wasserleitungen, in der er kritisierte, dass Privatleute den Leitungen illegal erhebliche Wassermengen entnahmen, und C. Scribonius Curio brachte als Volkstribun im Jahre 50 eine *lex viaria* ein.[18]

Eine grundsätzlich positive Bewertung von Infrastrukturanlagen findet sich zuerst bei Cicero, der in *de officiis*, seiner letzten philosophischen Schrift, die Ausgaben römischer Senatoren für ihre politische Karriere diskutiert und dabei folgende Feststellung trifft: *Atque etiam illae impensae meliores, muri, navalia, portus, aquarum ductus omniaque, quae ad usum rei publicae pertinent, quamquam, quod praesens tamquam in manum datur,*

---

[10] Cass. Dio 37,45,3; CIL I² 751 (ILS 5892; GORDON 1983, Nr. 18); STRONG 1968, 101.

[11] Plin. nat. 36,109ff.

[12] STRONG 1968, 101f. Theater des Pompeius: Cass. Dio 39,38. Caesarforum: Suet. Iul. 26; Cic. Att. 4,16,8. Basilica Aemilia: Cic. Att. 4,16,8; Plut. Caesar 29.

[13] MACMULLEN 1959.

[14] YAVETZ 1958; BRUNT 1966A.

[15] Sall. Catil. 37,7. Vgl. BRUNT 1971, 383f.

[16] Frontin. aqu. 7f.

[17] Cic. leg. agr. 2,96.

[18] Frontin. aqu. 76; Cic. fam. 8,6,4; *lex viaria* des Curio: Cic. fam. 8,6,5. Auf einem Denar des L. Marcius Philippus aus der Zeit um 58 v. Chr. ist die *aqua Marcia* abgebildet. Vgl. KENT/OVERBECK/STYLOW 1973, Nr. 69.

iucundius est, tamen haec in posterum gratiora. Theatra, porticus, nova templa verecundius reprehendo propter Pompeium, sed doctissimi non probant.[19] Diese Äußerung ist deswegen bemerkenswert, weil Cicero hier nicht allgemein die Finanzierung von Bauten für die Öffentlichkeit, sondern von typischen städtischen Infrastrukturanlagen empfiehlt. Das entscheidende Merkmal dieser Bauten ist nach Cicero ihr langfristiger Nutzen für die *res publica*. Ähnliche Gedankengänge begegnen wenig später bei Vitruvius, der ebenfalls den Nutzen öffentlicher Bauwerke betont und prägnant von *necessaria ad utilitatem in civitatibus* spricht.[20]

Unter den Politikern im Umkreis des Augustus besaß vor allem M. Agrippa ein besonderes Verständnis für Infrastrukturprobleme; fast alle wichtigen Maßnahmen zum Ausbau der Infrastruktur gehen während der augusteischen Zeit auf diesen *eques* aus Dalmatien zurück, der als Anhänger des jungen Caesar Octavianus rasch Karriere machte und bereits im Jahre 37, nicht einmal dreißig Jahre alt, Consul wurde.[21] Vier Jahre später, 33 v. Chr., übernahm er entgegen den Regeln der Ämterlaufbahn das Amt eines *aedilis*, um ein großangelegtes Programm der Sanierung der stadtrömischen Infrastruktur durchführen zu können. Dazu gehörte die Reinigung der Abwasserkanäle, die Reparatur von Straßen und öffentlichen Gebäuden und vor allem die Verbesserung der Wasserversorgung. Der Historiker Cassius Dio, der die Amtsführung Agrippas eingehend behandelt, hebt hervor, dass dieser alle seine Maßnahmen aus eigenen Mitteln finanzierte.[22] Durch Frontinus sind wir relativ gut über Agrippas Tätigkeit auf dem Gebiet der Wasserversorgung informiert; zunächst erwähnt Frontinus den Bau einer neuen Wasserleitung, für die Agrippa auf einer längeren Strecke vor Rom die bereits vorhandene Bogenkonstruktion der *Tepula* und *Marcia* nutzte.[23] Drei Leitungen, die *Appia*, der *Anio Vetus* und die *Marcia*, die nach Frontinus fast völlig verfallen waren, wurden wieder instandgesetzt;[24] außerdem ließ Agrippa im Stadtgebiet eine große Anzahl von Laufbrunnen installieren.[25] Seine Fürsorge für die Wasserversorgung Roms blieb nicht auf sein Amtsjahr als Aedil beschränkt: im Jahre 19 v. Chr. ließ er durch den Bau einer weiteren Leitung, der *aqua Virgo*, neu entdeckte Wasservorräte im Osten von Rom erschließen.[26] In Übereinstimmung mit den *res gestae* berichtet Frontinus ferner, dass Augustus über einen unterirdischen Kanal zusätz-

---

[19] Cic. off. 2,60.

[20] Vitr. 5,12,7. Vgl. auch 5,11,4.

[21] Zu Agrippa vgl. Reinhold 1933; Strong 1968, 103; Roddaz 1984. Zum ersten Consulat vgl. Cass. Dio 48,49,2ff. und Reinhold 1933, 28ff.

[22] Cass. Dio 49,42,2–43,5. Zur Bautätigkeit des Agrippa vgl. Reinhold 1933, 48ff.; Syme 1960, 241f.; Millar 1977, 192; Kienast 2009, 411ff.; Roddaz 1984, 145ff.

[23] Frontin. aqu. 9. Vgl. auch 19; Cass. Dio 48,32,3. Vgl. allgemein zur römischen Wasserversorgung Ashby 1935 und Pisani/Liberati 1986, 62–79.

[24] Frontin. aqu. 9. Vgl. Cass. Dio 49,42,2.

[25] Frontin. aqu. 9. Vgl. Strab. 5,3,8; Plin. nat. 36,121. Das Urteil des Augustus über Agrippas Maßnahmen: Suet. Aug. 42,1.

[26] Frontin. aqu. 10. Vgl. Cass. Dio 54,11,7.

lich Wasser in die *aqua Marcia* einleiten ließ.[27] Nach modernen Berechnungen wurde das Wasserdargebot in Rom durch diese Maßnahmen um ca. 75 % erhöht.[28]

Die Bautätigkeit des Augustus erstreckte sich über Rom hinaus auch auf das Imperium Romanum;[29] da eine Vielzahl von römischen Baukomplexen der Kaiserzeit bislang nicht überzeugend datiert werden konnte,[30] herrscht in diesem Bereich einige Unsicherheit, aber allein die gesicherten Fakten machen deutlich, dass in verschiedenen Regionen Italiens und der Provinzen der Ausbau der Infrastruktur bewusst vorangetrieben wurde.

Als Beispiel hierfür kann Campania gelten, das in der augusteischen Zeit eine Vielzahl neuer Infrastrukturanlagen erhielt, wodurch die Landschaft zum Teil in gravierender Weise umgestaltet wurde.[31] Einige Maßnahmen, die Agrippa in dieser Region durchführen ließ, dienten zunächst den Vorbereitungen für den Krieg gegen Sextus Pompeius. Die Wälder um den Lacus Avernus wurden abgeholzt, um Schiffbauholz zu gewinnen, der See selbst wurde durch einen Kanal mit dem Meer verbunden und so zur Basis der Kriegsflotte gemacht. Gleichzeitig ließ Agrippa die Landzunge, die den Lacus Lucrinus vom Meer trennte, weiter aufschütten, um sie sicher passierbar zu machen.[32] Nicht mehr allein mit militärischen Notwendigkeiten ist die Anlage mehrerer Straßentunnel in diesem Gebiet zu erklären, von denen die zwischen Cumae und dem Lacus Avernus sowie zwischen Puteoli und Neapolis besonders erwähnenswert sind. Die Bauarbeiten wurden von dem Freigelassenen L. Cocceius geleitet, der auf einer Inschrift aus Puteoli als *architectus* bezeichnet wird.[33] Durch diese Tunnelbauten sind die Verkehrsverbindungen von Puteoli, das als Hafenstadt im frühen Principat eine eminente wirtschaftliche Bedeutung für Mittelitalien besaß, entscheidend verbessert worden. Außerdem erhielt Puteoli in dieser Zeit eine monumentale Hafenmole, durch die die Position der Stadt im Überseehandel weiter gefestigt wurde.[34] Der Bau solcher Hafenanlagen war, wie Strabon betont, erst durch die Verwendung eines neuen Baustoffs, des Gussmörtels, möglich geworden.[35]

Da die größeren Städte in Campania ebenso wenig wie Rom ihren Wasserbedarf allein mit Hilfe von Brunnen oder Zisternen zu decken vermochten, ließ Augustus in dieser Region mehrere Wasserleitungen anlegen. Die Serino-Leitung, deren Anfänge wahrscheinlich in die Zeit vor Actium zurückreichen, versorgte in der Mitte des 1. Jh. n. Chr.

---

[27] Frontin. aqu. 12. Zur *aqua Alsietina* vgl. Frontin. aqu. 11.

[28] BRUNT/MOORE 1967, 61.

[29] Vgl. den Überblick bei KIENAST 2009, 417ff.

[30] So ist etwa unklar, wann die Wasserleitung, die Nemausus (Nîmes) versorgte, und der Pont du Gard gebaut wurden. Dasselbe gilt für die Aquädukte von Lyon.

[31] D'ARMS 1970, 73–84; FREDERIKSEN 1984, 333f.; RODDAZ 1984, 95ff.

[32] Strab. 5,4,5f.; Cass. Dio 48,50; Suet. Aug. 16. Vgl. auch REINHOLD 1933, 30ff. und KIENAST 2009, 422 Anm. 148.

[33] Strab. 5,4,5; 5,4,7; CIL X 1614 (ILS 7731a). Vgl. auch Sen. epist. 57,1f. FREDERIKSEN 1984, 334; RODDAZ 1984, 110ff.

[34] Strab. 5,4,6. Vgl. auch Anth. Gr. 7,379; 9,708. D'ARMS 1970, 81f.; FREDERIKSEN 1984, 334, 347 A. 156. Zur Bedeutung des Hafens von Puteoli vgl. FREDERIKSEN 1984, 324ff.

[35] Strab. 5,4,6. Vgl. Vitr. 2,6,1; 2,6,6. Zum Hafenbau vgl. 5,12. Vgl ferner Cass. Dio 48,51,4; WARD-PERKINS 1975, 97ff.

die am Golf von Neapel gelegenen Städte Puteoli, Neapolis, Pompeii, Nola, Cumae, Baiae und Misenum mit Wasser; ihre Länge von mehr als 96 km übertraf die der stadtrömischen *aquae*.[36] Augustus veranlasste ferner den Bau einer Wasserleitung nach Capua, nachdem er Veteranen seiner Legionen in dieser Stadt angesiedelt hatte;[37] eine weitere Leitung ist durch das inschriftlich erhaltene Edikt des Augustus für das nördlich von Capua in Samnium gelegene Venafrum bezeugt.[38]

Besondere Aufmerksamkeit widmete Augustus auch der Wiederherstellung des italischen Straßennetzes; im Zuge der Vorbereitungen für die Feldzüge gegen die Alpenvölker wurde die *via Flaminia* zwischen Rom und Ariminum repariert.[39] Mit der Instandsetzung anderer Straßen in Italien wurden die Senatoren beauftragt, die einen Triumph gefeiert hatten und somit über große Beutegelder verfügten. Nach Dio waren diese Magistrate aber nicht bereit, den Straßenbau aus diesen Mitteln zu finanzieren, so dass Augustus später diese Aufgabe selbst übernahm.[40] Wie planmäßig das Straßennetz in den Provinzen erweitert wurde, zeigt besonders die Erschließung Galliens. Nach Strabon machte Agrippa Lugdunum zum Zentrum des gallischen Verkehrssystems; von dieser Stadt ausgehend wurden drei Straßen angelegt, die nach Westen in das Gebiet der Santoni sowie nach Norden zum Kanal und zum Rhein führten; eine vierte Straße verband Lugdunum mit Massilia und der Provinz Narbonensis.[41] Ohne Zweifel hatte die Erweiterung des Straßennetzes in den Provinzen zunächst primär die Funktion, die militärische und politische Durchdringung großer Räume zu ermöglichen; es darf dabei aber nicht übersehen werden, dass gerade in den westlichen Provinzen mit den neuen Verkehrswegen eine wesentliche Voraussetzung für Urbanisation und Romanisation geschaffen wurde. Aus diesem Grund wurde auch in der Zeit nach Augustus bei der Einrichtung einer neuen Provinz der Straßenbau forciert. Ein Beispiel hierfür bietet die Provinz Dalmatia, in der unter Tiberius Straßen über lange Strecken gepflastert und so die Verkehrsverbindungen erheblich verbessert wurden.[42]

---

[36] D'ARMS 1970, 79f.; FREDERIKSEN 1984, 43, 52 A. 74, 331; ESCHEBACH 1983, bes. 85f.

[37] Cass. Dio 49,14,5; Vell. 2,81,2.

[38] *Edictum Augusti de aquaeductu Venafrano*: CIL X 4842 (ILS 5743; dt. Übersetzung bei FREIS 1984, Nr. 27). Andere Regionen Italiens: CIL IX 4209 (ILS 163; Amiternum); XI 3594 (Caere). Vgl. LIEBENAM 1900, 158 A1; KIENAST 2009, 421. Zu den Maßnahmen municipaler Magistrate im Bereich der Wasserversorgung vgl. die glänzende Studie von CORBIER 1984.

[39] Zum Straßenbau allgemein vgl. CHEVALLIER 1976, bes. 131ff.; PEKÁRY 1968, 71ff.; HERZIG 1974, bes. 626ff.; ECK 1979, 27ff.; KIENAST 2009, 504ff.; LAURENCE 1999; RATHMANN 2003. Die *via Flaminia*: Suet. Aug. 30; Cass. Dio 53,22,1f. In Rom wurde nach 12. v. Chr. der *pons Aemilius* (ponte rotto) durch Augustus wiederhergestellt: CIL VI 878.

[40] Suet. Aug. 30. Vgl. auch Cass. Dio 53,22,2 und 54,8,4.

[41] Strab. 4,6,11. Vgl. RATHMANN 2003, 20ff. Einen Überblick über den Straßenbau in den Provinzen bietet KIENAST 2009, 506ff. Zu Gallien vgl. CHEVALLIER 1976, 160ff.; DRINKWATER 1983, 93, 126, 238; KÖNIG 1970, 50f., 110f. Spanien: CHEVALLIER 1976, 156f.; NÜNNERICH–ASMUS 1993.

[42] So auch KIENAST 2009, 508. Dalmatia: CIL III 3198. 3201 (ILS 5829. 5829a); CIL XVII 4/2 p. 130–133; KOLB 2007, 178.

Der Ausbau der Infrastruktur in den Provinzen blieb keineswegs auf die Erweiterung des Verkehrssystems beschränkt; eine Reihe von Städten außerhalb Italiens erhielt unter Augustus oder seinen Nachfolgern Wasserleitungen, wobei die Initiative allerdings nicht immer vom Princeps ausgegangen zu sein scheint.[43] Die Wasserleitung, die Straße und der Hafen sind drei deutlich erkennbare Schwerpunkte des augusteischen Bauprogramms;[44] die *principes* bis Traianus sind dem Vorbild des Augustus weitgehend gefolgt: Maßnahmen im Bereich der Infrastruktur zielten vor allem auf die Verbesserung der Verkehrswege und der Wasserversorgung ab. Obgleich Rom und Italien auch weiterhin im Zentrum der kaiserlichen Fürsorge standen, bemühte sich die römische Verwaltung stets auch um eine Erweiterung der Infrastruktur in den Provinzen.

Nach dem Tod Agrippas im Jahre 12 v. Chr. wurden in Italien zunächst keine größeren Bauvorhaben im Infrastrukturbereich mehr begonnen,[45] lediglich die Instandsetzungsarbeiten an den städtischen Wasserleitungen wurden fortgeführt.[46] Unter Tiberius kam die öffentliche Bautätigkeit – abgesehen vom Straßenbau in den Provinzen – dann fast vollständig zum Erliegen, dieser Princeps war mehr an der Konsolidierung der Staatsfinanzen als an Neubauten interessiert.[47] Erst unter Claudius konnten wieder mehrere aufwendige Projekte vollendet werden;[48] so wurden zwei neue Wasserleitungen, deren Bau noch von Gaius begonnen worden war, während der Regierungszeit des Claudius vollendet und in Betrieb genommen; außerdem wurden die Bögen der *aqua Virgo* wieder hergestellt.[49] Beeindruckende Aktivitäten entfaltete Claudius gerade auch im Straßenbau; besonders zu erwähnen ist der Bau der *via Claudia Nova*, durch die eine Straßenverbindung über die Alpen zwischen Oberitalien und der Provinz Raetia geschaffen wurde.[50]

---

[43]   Ephesos: CIL III 7117 (ILS 111). Vgl. KIENAST 2009, 442; ELLIGER 1985, 66f. Nikopolis: CIL III 6703 (Tiberius). Sardes: CIL III 409 (Claudius). Jerusalem: Ios. bell. Iud. 2,175f.; Ios. ant. Iud. 18,60. Vgl. dazu jetzt ECK 2008.

[44]   Vgl. auch die erhellenden Bemerkungen von WARD-PERKINS 1975, 264ff.

[45]   THORNTON 1986, bes. 36.

[46]   CIL VI 1244 (ILS 98; GORDON 1983, Nr. 29; *porta Tiburtina*). Die Inschrift ist durch die Erwähnung der trib. pot. XIX des Augustus auf das Jahr 5/4 v. Chr. zu datieren.

[47]   Tiberius hinterließ 2,7 Milliarden HS (Suet. Cal. 37,3), während sich die Finanzreserven bei seinem Regierungsantritt auf nur 100 Mio. HS beliefen (Suet. Aug. 101,2). Vgl. FRANK 1940, 36ff.; THORNTON 1986, 36f. Zur Bautätigkeit des Tiberius vgl. Suet. Tib. 47,1 und dagegen Vell. 2,130,1. Zu diesem Widerspruch vgl. KLOFT 1970, 115, 157. Zum Straßenbau in den Provinzen vgl. RATHMANN 2003, 215ff.

[48]   Eine Übersicht über die wichtigsten Bauten findet sich bei Suet. Claud. 20. Vgl. GARZETTI 1974, 128, 138f.; THORNTON 1986, 37f. Vgl. außerdem WALSER 1980.

[49]   Frontin. aqu. 13ff.; Suet. Cal. 21; Suet. Claud. 20; CIL VI 1256 (ILS 218; GORDON 1983, Nr. 44). PISANI/LIBERATI 1986, 79ff.; LEVICK 1990, 111. *Aqua Virgo*: CIL VI 1252 (ILS 205).

[50]   CIL V 8002. 8003 (ILS 208); IX 5959 (ILS 209); XVII 4/1, 1–30. Vgl. WALSER 1980, 451–454. Eine Übersicht über die Meilensteine des Claudius bietet RATHMANN 2003, 218f.

Wachsende Probleme mit der Getreideversorgung Roms veranlassten Claudius dazu, den Bau eines Hafens in der Nähe der Stadt in Angriff zu nehmen.[51] An der Küste vor Ostia existierten keine natürlichen Ankerplätze, so dass bis zu Claudius Puteoli das eigentliche *emporium* von Rom geblieben war; um für die großen Getreideschiffe die Möglichkeit zu schaffen, ihre Ladung bis in die Nähe von Rom zu transportieren, ließ Claudius gegen den Widerstand seiner Architekten, die den Plan für undurchführbar hielten, ein Hafenbecken nördlich der Tibermündung anlegen. Der Bau dieses Hafens verlangte einen eminenten technischen Aufwand: Zwei lange Molen schlossen das Hafenbecken vom Meer ab; nach dem Vorbild des Pharos in Alexandria wurde auf der linken Mole ein Leuchtturm errichtet. Ein festes Fundament für dieses Bauwerk wurde geschaffen, indem ein riesiges Frachtschiff, das zum Transport eines Obelisken von Ägypten nach Rom gedient hatte, an der betreffenden Stelle versenkt wurde.[52]

Die Fertigstellung dieses Hafens unter Nero konnte aber nicht verhindern, dass extrem ungünstige Witterungsbedingungen die Getreideversorgung Roms auch weiterhin gefährdeten: Während eines schweren Sturmes versanken wahrscheinlich im Jahre 62 n. Chr. etwa zweihundert im Hafen vor Anker liegende Schiffe.[53] Unter diesen Umständen machten die Architekten Severus und Celer, die auch den Bau der *domus aurea* leiteten, den Vorschlag, einen Kanal zwischen Puteoli und Ostia in Küstennähe anzulegen. Mit diesem Plan wurde der Tatsache Rechnung getragen, dass Puteoli ein wichtiger Hafen für den Getreideimport geblieben war;[54] durch den Bau eines Kanals durch Campanien und Latium sollte der nicht ganz ungefährliche Seeweg[55] für den Getreidetransport deutlich verkürzt werden, ohne dass es nötig war, auf den teuren Landtransport auszuweichen. Im Gebiet des Lacus Avernus wurde mit den Bauarbeiten begonnen; da es aber nicht gelang, die nördlich des Sees gelegenen Berge zu durchstechen, wurde das Vorhaben aufgegeben.[56] Das Projekt, den Korinthischen Golf durch einen Kanal am Isthmos mit der Ägäis zu verbinden, konnte ebenfalls nicht verwirklicht werden, denn nur kurze Zeit nach Beginn der Bauarbeiten brach in Gallien jene Revolte aus, die das Ende der Regierung Neros einleitete. Die wirtschaftliche Bedeutung des geplanten Schifffahrtsweges wurde bereits in der Antike reflektiert: In dem Dialog über Nero äußert Lukian die Auffassung, dieser Kanal wäre nach seiner Vollendung von erheblichem Nutzen für den Handel der Küstenstädte wie auch der Ortschaften im Binnenland gewesen.[57]

---

[51] Suet. Claud. 20; Cass. Dio 60,11,1–5; MEIGGS 1973, 54ff., 153ff., zu den Ergebnissen der neueren Grabungen: 591f. und TESTAGUZZA 1970; RICKMAN 1980, 75; LEVICK 1990, 110. Zu den Krisen der Getreideversorgung Roms vgl. Suet. Claud. 18; Tac. ann. 12,43; Oros. 7,6,17.

[52] Suet. Claud. 20,3; Cass. Dio 60,11,4; Plin. nat. 16,201f.; 36,70, zu dem Leuchtturm vgl. 36,83. Ostia in augusteischer Zeit: Strab. 5,3,5, der betont, dass an der Tibermündung keine Anlegeplätze existieren.

[53] Tac. ann. 15,18.

[54] Sen. epist. 77,1f.

[55] Tac. ann. 15,46,3.

[56] Tac. ann. 15,42; Suet. Nero 31; MEIGGS 1973, 57f.; D'ARMS 1970, 98.

[57] Suet. Nero 19. 37; Cass. Dio 62,16; Lukian. Nero 1. Eine Übersicht über römische Kanalbauten: WHITE 1984, 227–229.

Die Bautätigkeit des Vespasianus und seiner Söhne war in dem Jahrzehnt nach 69 zunächst von dem Bestreben geprägt, die in Rom durch den Bürgerkrieg verursachten Schäden wieder zu beheben; im Zentrum der Stadt wurden der Capitolinische Tempel, das Tabularium und der Vestatempel wiederhergestellt. Durch den Bau des Amphitheaters auf dem Gelände der *domus aurea* sollte die Bindung zwischen dem Princeps und der stadtrömischen Bevölkerung gefestigt werden.[58] Daneben berücksichtigte das Bauprogramm der Flavier aber auch die Infrastruktur Roms; mehrere Wasserleitungen wurden unter Vespasianus und Titus repariert.[59] Wie Inschriften auf Meilensteinen zeigen, wurde gleichzeitig das Straßennetz in Italien und in den Provinzen in großem Umfang erweitert;[60] Domitianus schließlich schuf durch den Bau einer küstennahen Straße von Sinuessa nach Puteoli eine direkte Verbindung zwischen Rom und den Städten am Golf von Neapel, die wesentlich kürzer war als der bis dahin üblicherweise benutzte Weg durch das Binnenland.[61]

Während der Regierungszeit des Traianus bestimmten die Gesichtspunkte des Nutzens und der Funktionalität in einem selbst für römische Verhältnisse ungewöhnlichen Ausmaß das imperiale Bauprogramm, dessen Akzent deutlich auf dem Ausbau der Infrastruktur lag.[62] In Italien wurden nicht allein mehrere wichtige Straßen wie etwa die *via Appia*, die im Gebiet der Pomptinischen Sümpfe mit Hilfe eines Steinpflasters befestigt wurde, oder die *via Aemilia* ausgebessert, sondern zusätzlich auch neue Verkehrswege erstellt. So ließ Traianus die von Domitianus in Campania angelegte Straße über Puteoli hinaus bis nach Neapolis verlängern und gleichzeitig neben der *via Appia* eine zweite, weiter östlich in der Küstenebene verlaufende Straße nach Brundisium bauen; die Reisedauer zwischen Rom und dem bedeutendsten Hafen der Ostküste Unteritalien konnte auf diese Weise beträchtlich verkürzt werden.[63] Die Errichtung von Brücken außerhalb Italiens dokumentiert darüber hinaus das Interesse des Princeps an einer verkehrstechnischen Erschließung der Provinzen;[64] das größte unter diesen Bauwerken war die von dem Architekten Apollodoros entworfene Donaubrücke, die Dacia mit den südlich der Donau

---

[58] Suet. Vesp. 8; GARZETTI 1974, 244f.; HANNESTAD 1988, 122f.

[59] CIL VI 1246 (ILS 98; *porta Tiburtina*). 1257. 1258 (ILS 218; *porta Praenestina*).

[60] Vgl. GARZETTI 1974, 245; RATHMANN 2003, 222–226. Besonders eindrucksvoll ist der Meilenstein CIL III 318 (ILS 263; FREIS 1984, Nr. 58); aus der Inschrift geht hervor, dass ein einziger *legatus pro praetore* mit der Planung und dem Bau von Straßen in sieben kleinasiatischen Provinzen beauftragt war. Die Planung erfolgte also für große geographische Räume und war nicht an Provinzgrenzen gebunden.

[61] Cass. Dio 67,14,1; Stat. silv. 4,3; D'ARMS 1970, 102f. Zu den Bauarbeiten vgl. CHEVALLIER 1976, 83.

[62] LONGDEN 1936, 206–210; GARZETTI 1974, 329ff.; HESBERG 2002; STROBEL 2010, 326–328; Cass. Dio 68,7,1.

[63] Zum Straßenbau unter Traianus vgl. GARZETTI 1974, 334f.; ECK 1979, 33ff.; D'ARMS 1970, 103; CHEVALLIER 1976, 133; HESBERG 2002, 85ff.; RATHMANN 2003, 229f.; STROBEL 2010, 326f. Die Straße zwischen Puteoli und Neapolis: CIL X 6926–6928 (ILS 285). 6931. *Via Traiana*: CIL IX 6003–6005 (ILS 291. 5866). Zu den Straßen nach Brundisium in augusteischer Zeit vgl. Strab. 6,3,7. Eine zusammenfassende Würdigung findet sich überraschenderweise bei Gal. 10,632f. (FRANK 1940, 278 n. 29).

[64] CIL II 759 (ILS 287). 2478 (ILS 5898); CIL VIII 10117 (ILS 293).

gelegenen Provinzen verband und vor allem der militärischen Sicherung der von Traianus eroberten Gebiete diente.[65]

Um die Versorgung Italiens mit notwendigen Importgütern weiter zu erleichtern, wurden bestehende Häfen vergrößert oder neue Häfen geschaffen; an der Tibermündung wurde neben dem Hafen des Claudius ein zweites, sechseckiges Bassin ausgehoben, das bei einer Seitenlänge von über 350 Metern eine Längsausdehnung von über 700 Metern besaß und damit mehr als einhundert Schiffen Anlegeplätze bot.[66] Außerdem erhielten Centumcellae in Südetrurien und Ancona an der Adriaküste Häfen, die den Handel fördern sollten.[67]

Wie die Darstellung des Frontinus zeigt, zielten die Maßnahmen des Traianus im Bereich der Wasserversorgung nicht mehr allein auf eine Erhöhung der nach Rom geleiteten Wassermenge, sondern vor allem auf eine Verbesserung der Wasserqualität ab;[68] um zu verhindern, dass das normalerweise trübe Wasser des *Anio Novus* auch die anderen Leitungen verunreinigte, wurden die Kanäle der einzelnen *aquae* voneinander getrennt; auf diese Weise wurde es möglich, das Wasser der verschiedenen Leitungen einem bestimmten Verwendungszweck zuzuführen.[69] Durch die Verlegung der Fassung des *Anio Novus* an einen See oberhalb der Villa des Nero sollte zudem erreicht werden, dass nur noch klares Wasser in den Kanal dieser *aqua* eingeleitet wurde.[70] Die im Jahre 109 fertiggestellte *aqua Traiana*, die Wasser vom Lacus Sabatinus in Südetrurien zum Ianiculum führte, verbesserte schließlich entscheidend die Wasserversorgung der jenseits des Tibers gelegenen Stadtviertel Roms.[71]

Welche Bedeutung die *principes* von Augustus bis Traianus dem Ausbau der Infrastruktur beigemessen haben, geht auch aus der Höhe der für diesen Zweck bereitgestellten Geldbeträge hervor. Obwohl der römische Staatshaushalt nicht exakt rekonstruiert werden kann, ist es immerhin möglich, die wenigen uns bekannten Angaben über die Kosten von Infrastrukturanlagen mit den von T. FRANK vorgelegten Schätzungen der Einnahmen und Ausgaben des römischen Staates zu konfrontieren; auf diese Weise kann der Anteil der Aufwendungen für die Infrastruktur an den Staatsausgaben wenigstens annähernd bestimmt werden.[72] Hierbei ist allerdings zu beachten, dass viele Infrastrukturanlagen in Italien und in den Provinzen nicht vom römischen Staat, sondern von den Gemeinden oder einzelnen Mitgliedern der provinzialen Oberschichten bezahlt wurden.[73] Die *prin-*

---

[65] Cass. Dio 68,13; Prok. aed. 4,6,11ff. Vgl. HANNESTAD 1988, 149; O'CONNOR 1993, 142ff.

[66] MEIGGS 1973, 58ff., 162ff.; HESBERG 2002, 88ff.; STROBEL 2010, 327.

[67] Centumcellae: Plin. epist. 6,31,15ff. Der Hafen wird beschrieben von Rut. Nam. 1,237ff. Vgl. auch MEIGGS 1973, 59f. Ancona: CIL IX 5894 (ILS 298); STROBEL 2010, 327f.

[68] Frontin. aqu. 87–93.

[69] Frontin. aqu. 90ff. Zum *Anio Novus* vgl. auch 15.

[70] Frontin. aqu. 93.

[71] CIL VI 1260 (ILS 290).

[72] Zu diesen Überlegungen vgl. auch PEKÁRY 1968, 93ff.

[73] Zur Finanzierung der Straßen vgl. PEKÁRY 1968, 91ff.; KÖNIG 1970, 114ff.; HERZIG 1974, 640f.; ECK 1979, 69ff.; RATHMANN 2003, 136–142. Vgl. etwa CIL III 7117 (ILS 111) zur Wasserleitung des Sex-

cipes haben aber in einigen Fällen die Kosten für den Bau von Straßen, Brücken und Wasserleitungen teilweise oder ganz übernommen. Da eine solche Großzügigkeit des Princeps auf den Inschriften durch Wendungen wie *sua impensa* oder *sua pecunia* hervorgehoben wurde,[74] sind wir über die Finanzierung zumindest einiger Großbauprojekte unterrichtet. Für die Bezahlung von Baumaßnahmen im Bereich der Infrastruktur stand den *principes* der *fiscus* zur Verfügung, die zweite neben, dem *aerarium* existierende Staatskasse.[75]

T. FRANK nimmt an, dass die Einnahmen des römischen Staates sich unter Augustus auf etwa 450 Mio. HS und unter den Flaviern auf über 1,2 Milliarden HS beliefen.[76] Der größte Teil der Ausgaben wurde vom Militär beansprucht, wobei hier wiederum die Soldzahlungen die höchsten Aufwendungen erforderten; zur Zeit des Augustus musste nach Auffassung von T. FRANK für die Armee einschließlich der Praetorianer ein Betrag von etwa 275 Mio. HS aufgebracht werden;[77] Domitianus erhöhte dann den Sold der Truppen um ein Drittel; zwar wurde die Zahl der Soldaten in der Folgezeit reduziert, aber es ist wahrscheinlich, dass die Ausgaben für das Heer in der zweiten Hälfte des 1. Jh. n. Chr. insgesamt beträchtlich anstiegen.[78]

Es existiert nur eine einzige präzise Angabe über die Baukosten einer Infrastrukturanlage: Plinius erwähnt, dass für die beiden unter Claudius fertiggestellten *aquae* 350 Mio. HS ausgegeben wurden.[79] Angesichts der langen Bauzeit, der bautechnischen Schwierigkeiten und der Größe der Anlage ist zu vermuten, dass für die Finanzierung des Hafens an der Tibermündung ebenfalls ein Betrag in dieser Größenordnung notwendig gewesen ist.[80] In diesem Zusammenhang sind außerdem noch die Arbeiten für die Trockenlegung des Lacus Fucinus erwähnenswert, deren Kosten Plinius als *inenarrabilis* bezeichnet und T. FRANK auf 400 Mio. HS schätzt.[81] Für die Realisierung von insgesamt drei Projekten sind in der dreizehnjährigen Regierungszeit des Claudius mit großer Wahrscheinlichkeit mehr als 1 Milliarde HS aufgewendet worden, ein Betrag also, der etwa den gesamten regelmäßigen Staatseinkünften eines Zeitraums von zwei Jahren entspricht. Aus einer Vielzahl von Inschriften geht hervor, dass die Reparatur einer *via publica* pro römische Meile etwa 100.000 HS kostete; nach Meinung von PEKÁRY war der Neubau einer Straße wegen der hohen Kosten für die Trassierung, für Brücken und andere notwendige Bauwerke wesent-

---

tilius Pollio. Zur Finanzierung des Baus und der Instandhaltung von Wasserleitungen in Italien vgl. CORBIER 1984, 269ff. Zur Aktivität des Dion von Prusa vgl. 45,12f.

[74] Nerva: CIL X 6820. 6824 (ILS 280). Traian: CIL IX 6003. X 6835 (ILS 5821). 6839. 6846. 6853. Wasserleitungen: CIL VI 1256–1258 (ILS 218). 1260 (ILS 290). Zum Straßenbau vgl. HERZIG 1974, 641 und ECK 1979, 72ff.

[75] Zur Entwicklung des Fiscus vgl. BRUNT 1966b; MILLAR 1977, 189ff.

[76] FRANK 1940, 6f., 47–53.

[77] FRANK 1940, 4f.

[78] Cass. Dio 67,3,5; FRANK 1940, 56 n. 54.

[79] Plin. nat. 36,122. Aus der Zeit der Republik sind die Baukosten der *aqua Marcia* überliefert; sie sollen nach Fenestella 180 Mio. HS betragen haben: Frontin. aqu. 7.

[80] Die außergewöhnlich hohen Kosten des Hafenbaus wurden bereits von den Architekten des Claudius betont: Cass. Dio 60,11,3.

[81] FRANK 1940, 42.

lich teurer.[82] PEKÁRY selbst hält eine Schätzung von 500.000 HS für jede Meile neuerrichteter Straße für durchaus vertretbar. Unter dieser Voraussetzung hätte die *via Traiana*, die eine Länge von 204 Meilen (etwa 306 km) besaß, circa 100 Mio. HS gekostet.[83] Während die *principes* den Straßenbau in Italien finanzierten, beschränkten sie sich in den Provinzen auf die Übernahme der Kosten für einzelne Bauwerke im Verlauf einer Straße. Die *principes* waren also durchaus bereit, öffentliche Mittel in erheblichem Umfang für den Bau von Infrastrukturanlagen zur Verfügung zu stellen. Es spiegelt die große Bedeutung dieser Ausgaben für die öffentlichen Finanzen wider, wenn Statius in seiner prägnanten Charakteristik der römischen Finanzpolitik neben den Aufwendungen für die Armee, die stadtrömische Bevölkerung *(tribus)* und die Tempel die Ausgaben für Wasserleitungen, Häfen und Straßen anführt.[84]

Gleichzeitig mit dem Ausbau der Infrastruktur entstand im frühen Principat eine staatliche Verwaltung, zu deren Aufgaben die Planung neuer Infrastruktureinrichtungen und die Aufsicht über die bestehenden Anlagen gehörten; für diese Verwaltung wurde unter Augustus und Tiberius mit den verschiedenen *curae* ein institutioneller Rahmen geschaffen. Die Einrichtung der *cura aquarum* geht auf Agrippa zurück, der auch nach seiner Aedilität die Aufsicht über die Wasserversorgung ausübte. Agrippa besaß eine große *familia* von Sklaven, die zum Schutz der Wasserleitungen und Wasserverteiler eingesetzt wurden; nach seinem Tod fiel diese *familia* an Augustus, der sie als staatliches Personal den von ihm ernannten *curatores* unterstellte.[85] Das Amt des leitenden *curator aquarum* erhielten in der Folgezeit nur Consulare, die eine umfassende Verwaltungserfahrung besaßen.[86] Die Amtszeit war im Gegensatz zu den meisten anderen senatorischen Positionen nicht begrenzt; die Notwendigkeit einer kompetenten, auf umfassender Sachkenntnis beruhenden Amtsführung schloss einen schnellen Wechsel in der Besetzung dieser Stelle aus.[87]

Die Aufsicht und Verwaltung von Infrastrukturanlagen wurde von den *principes* und dem Senat in minutiöser Weise geregelt; Frontinus zitiert sechs Senatsconsulte aus dem Jahre 11 v. Chr., in denen nach dem Tod Agrippas genaue Bestimmungen über die Amts-

---

[82]   PEKÁRY 1968, 94f. Vgl. außerdem DUNCAN-JONES 1974, 124f., 157ff. Zur Finanzierung des Straßenbaus in den Provinzen vgl. jetzt RATHMANN 2003, 136–142.

[83]   PEKÁRY 1968, 96. Die Höhe dieses Betrages ist durchaus glaubhaft, wenn man bedenkt, dass die *aqua Claudia* und der *Anio Novus* bei einer Länge von insgesamt etwa 100 km 350 Mio. HS kosteten.

[84]   Finanzierung einer Brücke in Africa: CIL VIII 10117 (ILS 293); Stat. silv. 3,3,98ff. Vgl. auch ECK 1979, 73f.

[85]   Frontin. aqu. 98. Vgl. ASHBY 1935, 17ff.; HAINZMANN 1975 und ECK 1995a, 164–167; ECK 1995b, 205f. Claudius ließ während der Bauarbeiten an der *aqua Claudia* und dem *Anio Novus* neben der *familia publica* noch eine *familia Caesaris* aufstellen; vgl. Frontin. aqu. 116. Zu den *duumviri aquae perducendae* der Republik (Frontin. aqu. 6) vgl. STRONG 1968, 98.

[86]   Eine Liste der *curatores aquarum* bietet Frontin. aqu. 102. Vgl. dazu HAINZMANN 1975, 40ff. und RODGERS 1982; ECK 1995, 167ff.

[87]   Zur Tätigkeit des *curator aquarum* vgl. Frontin. aqu. 1f. 17. 119. Das Engagement Agrippas geht auch aus der Tatsache hervor, dass er wie später Frontinus *commentarii* zur Wasserversorgung Roms verfasste; vgl. Frontin. aqu. 98f.; REINHOLD 1933, 141 und RODDAZ 1984, 572.

diener der *curatores aquarum,* die Laufbrunnen in Rom, die Ableitung des Wassers durch Privatpersonen, die Reparaturarbeiten und schließlich die Schutzzonen entlang der Leitungen getroffen wurden.[88] Ein Gesetz des Jahres 9 v. Chr. setzte außerdem das Strafmaß für eine unberechtigte Wasserentnahme, Beschädigung der Leitungen oder Verletzung der Schutzzonen fest.[89] Das Auslaufwasser der Brunnen ist schließlich Gegenstand eines kaiserlichen Ediktes, dessen Text ebenfalls von Frontinus wiedergegeben wird.[90] Solche Verwaltungsvorschriften wurden nicht nur für die Stadt Rom erlassen; so ist etwa ein ausführliches Edikt des Augustus über die Wasserversorgung der Stadt Venafrum inschriftlich erhalten.[91] Das Stadtrecht der in Spanien gelegenen colonia Genetiva Iulia von 44 v. Chr. enthält ausführliche Rechtsvorschriften für den Bau von Aquädukten.[92] In den Provinzen sorgten die römischen Magistrate für die Erhaltung von Infrastrukturanlagen, wie zwei Edikte der Proconsuln von Asia zum Schutz der Wasserleitungen von Ephesos zeigen.[93]

Eine ähnliche Entwicklung ist auch für die Verwaltung der Straßen zu konstatieren; die Rechtsvorschriften für die Aufsicht und den Bau von Straßen in den Municipien waren bereits von Caesar in der *lex Iulia municipalis* zusammengefasst worden.[94] Als Augustus im Jahre 20 v. Chr. die Aufsicht über die Straßen übernahm, delegierte er die dadurch erworbenen Kompetenzen an *curatores.*[95] Die Befreiung dieser Beamten von der Richtertätigkeit war Vorbild für die entsprechende Bestimmung des Senatsconsults über die Verwaltung der Wasserversorgung,[96] sie war demnach bereits vor 11 v. Chr. festgelegt worden. Die Straßenverwaltung besaß wahrscheinlich zunächst nur eine geringe Effizienz; vor allem scheinen die Bauarbeiten wegen mangelhafter Überwachung nicht immer sorgfältig ausgeführt worden zu sein. Jedenfalls kritisierte Domitius Corbulo unter Tiberius im Senat scharf den schlechten Zustand der Straßen Italiens; daraufhin erhielt er den Auftrag, für eine Verbesserung der Situation zu sorgen.[97] Es kann aber angenommen werden, dass erst mit der Schaffung einer leistungsfähigen Straßenverwaltung die Voraussetzungen für die systematische Erweiterung des Straßennetzes Italiens und der Provinzen in der Zeit des frühen Principats gegeben waren.

Charakteristisch für die Entwicklung der Verwaltung unter Augustus war daneben die Tendenz zu einer deutlichen Zentralisierung der Entscheidungsprozesse. Wie im Militärwesen, in dem der Herrscher das Imperium über die Legionen übernahm und daher alle militärischen Siege als eigene Leistungen deklarieren konnte, wurde auch im Bereich der

---

[88] Frontin. aqu. 100. 104. 106. 108. 125. 127.
[89] Frontin. aqu. 129.
[90] Frontin. aqu. 111.
[91] CIL X 4842 (ILS 5743; Freis 1984, Nr. 27).
[92] CIL II 5439,99 (ILS 6087; Freis 1984, Nr. 42).
[93] IK 17.1 Nr. 3217 (Freis 1984 Nr. 71).
[94] CIL I² 593,20–67 (ILS 6085; Freis 1984, Nr. 41).
[95] Cass. Dio 54,8,4; Suet. Aug. 37. Vgl. König 1970, 115 und Eck 1979, 25ff. Zu den *curatores viarum* in republikanischer Zeit vgl. Herzig 1974, 643f.
[96] Frontin. aqu. 101. Vgl. Eck 1979, 39.
[97] Tac. ann. 3,31; Cass. Dio 59,15,3. Vgl. Eck 1979, 57, 65.

Infrastruktur die Kompetenz selbstständiger Entscheidung den untergeordneten Magistraten weitgehend entzogen und gleichzeitig vom Princeps beansprucht. Dessen Position wurde noch dadurch gestärkt, dass er zur Finanzierung einzelner Maßnahmen auf den *fiscus* zurückgreifen konnte.

Für die Verrechtlichung der Infrastruktur gibt es in der späten römischen Republik schon Ansätze; die Institutionalisierung und Professionalisierung der Verwaltung von Infrastrukturanlagen kann hingegen als wichtiges Merkmal des Principats gelten.

II

Angesichts des gezielten Ausbaus der römischen Infrastruktur stellt sich die Frage, welche Motive die *principes* und die Magistrate dazu veranlassten, in diesem Bereich aktiv zu werden und welche Wertvorstellungen mit der Errichtung einzelner Infrastrukturanlagen verbunden waren.[98] Das wichtigste zeitgenössische Dokument, das hierüber Aufschluss zu geben vermag, ist der Briefwechsel zwischen Plinius und Traianus aus den Jahren 111–113, in denen der Senator die Provinz Bithynia verwaltete;[99] in diesen amtlichen Schriftstücken werden wiederholt Bauprojekte behandelt, deren Realisierung Plinius für sinnvoll hält, weswegen er den Princeps um eine Baugenehmigung bittet. Von besonderem Interesse ist für den Historiker die Art und Weise, wie Plinius seine Empfehlungen begründet.

Der Brief, in dem Plinius den Vorschlag unterbreitet, durch den Bau eines Aquäduktes die Wasserversorgung von Nikomedia zu verbessern, endet mit der Bemerkung: *ego illud unum adfirmo, et utilitatem operis et pulchritudinem saeculo tuo esse dignissimam.*[100] Eine ähnliche Beurteilung findet sich in einem Schreiben des Plinius über eine geplante Wasserleitung für die Stadt Sinope; hier heißt es: *Pecunia curantibus nobis contracta non deerit, si tu, domine, hoc genus operis et salubritati et amoenitati valde sitientis coloniae indulseris.*[101] In der Antwort wird diese Formulierung von Traianus aufgegriffen: *neque enim dubitandum puto, quin aqua perducenda sit in coloniam Sinopensem, si modo et viribus suis adsequi potest, eum plurimum ea res et salubritati et voluptati eius collatura sit.*[102]

Der Begriff *salubritas* erscheint auch in zwei weiteren Briefen, in denen Plinius zunächst die Abdeckung eines verschmutzten Flusses in Amastris anregt und Traianus

---

[98] Grundlegend zu diesem Themenkomplex ist DEMANDT 1982.

[99] CIL V 5262 (ILS 2927). Vgl. dazu SHERWIN-WHITE 1966, 525ff.; MILLAR 1977, 325ff.; MAC MULLEN 1959, 209f.; MAREK 2003, 21, 49.

[100] Plin. epist. 10,37,3. *Pulchritudo* und *utilitas* werden auch 10,41,1 zusammen genannt. Die Wendung *saeculo tuo (…) dignissima* besitzt eine Entsprechung in 10,61,5: *est enim res digna et magnitudine tua et cura.* Vgl. außerdem 10,23,2: *quod alioqui et dignitas civitatis et saeculi tui nitor postulat.*

[101] Plin. epist. 10,90.

[102] Plin. epist. 10,91. Inschriftlich ist eine ähnliche Wendung überliefert: *aqu[am usi]bus et salub[ritati publi]cae neccessa[riam]* (CIL XI 3309). Zu Nikomedia und Sinope vgl. MAREK 2003, 91.

dann diesem Vorhaben zustimmt.[103] Wirtschaftliche Gesichtspunkte stehen allein in der Erörterung eines Kanalbaus bei Nikomedia im Vordergrund; Plinius konstatiert, dass Marmor, landwirtschaftliche Produkte und Holz leicht über den bei der Stadt gelegenen See transportiert werden können, dann aber unter großem Aufwand auf Wagen zum Meer befördert werden. Um den Gütertransport zu erleichtern, hält Plinius es für sinnvoll, eine direkte, für Schiffe befahrbare Verbindung zwischen dem See und dem Meer herzustellen.[104] Mit dem Bau von Infrastrukturanlagen sind zwei deutlich erkennbare Zielvorstellungen verbunden, die kurz mit den beiden Begriffen *pulchritudo* und *utilitas* gekennzeichnet werden. Neben dem Aspekt der Ästhetik stehen Nützlichkeitserwägungen, wobei an die Stelle von *utilitas* sehr häufig der Begriff *salubritas* tritt, der in diesem Zusammenhang für das römische Denken grundlegend ist. Die Verbindung der Gesichtspunkte von Ästhetik und Nutzen in der Beurteilung von Infrastruktureinrichtungen ist nicht erst für die Zeit des Traianus belegt, sie begegnet vielmehr schon bei Velleius Paterculus, der von der *aqua Iulia* der Stadt Capua sagt, sie sei *singulare et salubritatis instrumentum et amoenitatis ornamentum*.[105]

Der Begriff *salubritas* gehört in augusteischer Zeit zur Fachterminologie der Architekten; für Vitruvius ist *salubritas* ein eminent wichtiges Kriterium, das ein Architekt zu berücksichtigen hat. Dies gilt zunächst für die Stadtplanung; nach Ansicht von Vitruvius ist es notwendig, für eine Stadt einen sehr gesunden Platz *(locus saluberrimus)* zu wählen.[106] Bei der Anlage der Straßen soll darauf geachtet werden, dass die Winde aus den Nebenstraßen ausgeschlossen bleiben; auf diese Weise können Erkrankungen vermieden werden.[107] In Privathäusern schließlich werden die einzelnen Räume so nach den Himmelsrichtungen ausgerichtet, dass bei der Nutzung *salubritas* und *voluptas* gewährleistet sind.[108] Ähnliche Vorstellungen haben auch für den Bereich der Infrastruktur Gültigkeit: Das einzige von Vitruvius genannte Kriterium für die Auswahl von Quellen, deren Wasser in eine Stadt geleitet werden soll, ist ihre Zuträglichkeit für die Gesundheit des Menschen;[109] außerdem wird darauf hingewiesen, dass es gesünder ist, Wasser durch Tonröhren als durch Bleirohre zu leiten.[110] Diese Ausführungen belegen, dass die im Brief-

---

[103] Plin. epist. 10,98,2: *quibus ex causis non minus salubritatis quam decoris interest eam contegi*; 10,99: *Rationis est, mi Secunde carissime, contegi aquam istam, quae per civitatem Amastrianorum fluit, si intecta salubritati obest.* Zu Amastris vgl. MAREK 2003, 93.

[104] Plin. epist. 10,41f. 61f. vgl. SHERWIN-WHITE 1966, 621ff., 646ff.; MAREK 2003, 167. Auch der von L. Antistius Vetus geplante Kanal zwischen Saône und Mosel sollte die Transportbedingungen verbessern; vgl. Tac. ann. 13,53.

[105] Vell. 2,81,2. In der Architekturtheorie werden Zweckmäßigkeit und Schönheit neben der Festigkeit als notwendige Eigenschaften von Gebäuden genannt: *Haec autem ita fieri debent, ut habeatur ratio firmitatis, utilitatis, venustatis* (Vitr. 1,3,2).

[106] Vitr. 1,4,1. Vgl. 4,9; 5,1. Horaz verwendet das Adjektiv *salubris* in Bezug auf ein Stadtviertel: Hor. sat. 1,8,14.

[107] Vitr. 1,6,3.

[108] Vitr. 6,4,2.

[109] Vitr. 8,3,27; 8,4,2. Vgl. auch 8,1,6; 8,2,1 (zum Regenwasser).

[110] Vitr. 8,6,10f.

wechsel zwischen Plinius und Traianus erkennbare Argumentationsstruktur bereits im Werk des Vitruvius vorliegt.

Plinius begründet seine Vorschläge dem Princeps gegenüber aber nicht allein mit dem Hinweis auf *utilitas* und *pulchritudo;* daneben spielt auch die Demonstration der technischen Überlegenheit der Römer in seinen Erwägungen eine Rolle: In dem Brief über das Projekt eines Kanalbaus bei Nikomedia erwähnt er ausdrücklich einen früheren, allerdings nicht vollendeten Kanal, den ein hellenistischer König ausheben ließ; Plinius äußert hier den Wunsch, der Princeps möge beenden, was Könige nur begonnen haben, und er deutet gleichzeitig an, dies werde den Ruhm des Princeps mehren.[111]

Die Aussagen von Traianus und Plinius stimmen im wesentlichen mit der Sicht des Frontinus überein.[112] In der Einleitung der Schrift *de aquis urbis Romae* charakterisiert Frontinus das kurz zuvor übernommene Amt des *curator aquarum,* indem er dessen Funktion mit den drei Begriffen *usus, salubritas* und *securitas* umschreibt.[113] *Salubritas*[114] und *utilitas*[115] hält Frontinus für die wichtigsten Effekte der Bemühungen um eine Verbesserung der Wasserversorgung Roms unter Traianus, und in dem historischen Überblick zu Beginn der Schrift betont er, dass die *aqua Marcia* gesünderes Wasser als die älteren Leitungen nach Rom brachte.[116] Dasselbe Verständnis der Infrastruktur begegnet uns außerdem in einem von Frontinus zitierten Edikt, in dem der Princeps die Nutzung des Auslaufwassers der Brunnen einschränkt, weil dieses Wasser der *salubritas urbis nostrae* und der *utilitas cloacarum abluendarum* dient.[117]

Die Einstellung des Frontinus findet ihren Ausdruck nicht nur in der positiven Bewertung der Anlagen für die Wasserversorgung Roms, sondern gerade auch in seiner Kritik an nichtrömischer Monumentalarchitektur. Die Bauten der Ägypter und Griechen werden mit den römischen Infrastrukturanlagen verglichen und dabei als nutzlos abqualifiziert: *Tot aquarum tam multis necessariis molibus pyramidas videlicet otiosas compares aut cetera inertia sed fama celebrata opera Graecorum.*[118] Dieses Verdikt über die ägyptische Architektur ist in der römischen Literatur nicht ohne Vorbild; Plinius der Ältere beginnt das Kapitel über die Pyramiden in der *naturalis historia* mit der kritischen Bemerkung, bei diesen Bauwerken handele es sich um eine *regum pecuniae otiosa ac stulta ostentatio.*[119] Nach Ansicht des Frontinus besteht die Überlegenheit der römischen Wasserleitungen

---

[111] Plin. epist. 10,41,4f. Ein ähnliches Motiv soll nach Ansicht Lukians Nero zu seinem Projekt, den Isthmos von Korinth zu durchstechen, veranlasst haben. Vgl. Lukian. Nero 2.

[112] Zur Persönlichkeit des Frontinus vgl. Ashby 1935, 26ff.; Eck 1982; Christ 1996. Die Schrift: Rodgers 2004, 5–29. Zur Mentalität des Frontinus ist aufschlussreich Plin. epist. 9,19. Vgl. außerdem Mart. 10,58.

[113] Frontin. aqu. 1: *officium ad usum, tum ad salubritatem atque etiam securitatem urbis pertinens.*

[114] Frontin. aqu. 88.

[115] Frontin. aqu. 89.

[116] Frontin. aqu. 7. Zur Qualität des Wassers der *aqua Marcia* vgl. 91. Das Wasser des *Anio Vetus* wird hingegen als *minus salubris* eingestuft; vgl. 92.

[117] Frontin. aqu. 111. Zum Auslaufwasser vgl. auch 88.

[118] Frontin. aqu. 16.

[119] Plin. nat. 36,75.

den ägyptischen und griechischen Großbauten gegenüber darin, dass sie für die Versorgung der Stadt notwendig sind; gleichzeitig sind die *aquae* für Frontinus auch ein sichtbarer Ausdruck der Bedeutung des römischen Staates, ein *magnitudinis Romani imperii vel praecipuum (…) indicium.*[120]

Bei Plinius und Frontinus existiert nicht einmal ansatzweise eine ökonomische Analyse der Kosten und Leistungen von Infrastruktureinrichtungen;[121] die wirtschaftlichen Wirkungen der Infrastruktur werden nicht gesehen. Im Fall des von Plinius empfohlenen Kanalbaus wird nur mit der Möglichkeit gerechnet, den Gütertransport zu erleichtern, die wirtschaftlichen Folgen des Projekts für die Region werden hingegen nicht reflektiert. Ebenso wenig wird die wirtschaftliche Bedeutung der Versorgung von Gewerbe und Landwirtschaft mit Wasser erfasst.[122] Für die positive Bewertung der Infrastruktur bei Plinius und Frontinus sind ohne Zweifel die Wohlfahrtseffekte entscheidend, die mit den Begriffen *utilitas* und *salubritas* umschrieben werden.

III

Der Ausbau der Infrastruktur allein vermag einem politischen System keine Legitimität zu verleihen. Es kommt vielmehr darauf an, die für die Bevölkerung erbrachten Leistungen zunächst deutlich sichtbar zu machen und sie dem Inhaber der politischen Macht zuzuordnen. In einem System mit unübersichtlichen Entscheidungsprozessen und einer Verwaltung, die sich fortlaufend weiter differenziert, ist es nur schwer möglich, Leistungen eindeutig zu qualifizieren und einer bestimmten politischen Instanz zuzuweisen; dies trifft durchaus auch für den frühen Principat zu. Es war daher für die *principes* notwendig, ihre Kompetenzen im Infrastrukturbereich der Öffentlichkeit gegenüber zu betonen und ihre Maßnahmen als positive Leistungen darzustellen.

Diese Problematik kann gut am Beispiel der Wasserversorgung Roms erläutert werden: In republikanischer Zeit wurden zwei der insgesamt vier Wasserleitungen (*aqua Appia* und *aqua Marcia*) nach den Magistraten benannt, die für die Durchführung der Bauarbeiten verantwortlich waren; dabei machte es keinen Unterschied, dass Appius Claudius als Censor tätig war, während Q. Marcius Rex die Praetur bekleidete, als er vom Senat mit der Reparatur der bestehenden Leitungen und dann mit der Erschließung neuer Wasservorräte beauftragt wurde.[123] Die Tatsache, dass ein Magistrat einer Wasserleitung seinen eigenen Namen geben konnte, wird von Frontinus als *honor* gewertet, und er deutet an, dass es Appius Claudius darauf ankam, aus diesem Grund den Bau der *via Appia* und der

---

[120] Frontin. aqu. 119.
[121] Zu den Ausgaben für die Aufsicht über die Anlagen zur Wasserversorgung und den Einnahmen aufgrund des *ius aquarum* vgl. Frontin. aqu. 118. Zu den Schwierigkeiten der Messung und Bewertung im Infrastrukturbereich vgl. FREY 1978, 203.
[122] Wasserbedarf der Landwirtschaft: Frontin. aqu. 9. 75f. Zum Gewerbe: 91. 94.
[123] Frontin. aqu. 5. 7. Vgl. Plin. nat. 36,121.

Wasserleitung nach der Amtsniederlegung seines Kollegen unter seiner alleinigen Regie zu Ende zu führen.[124] Unter diesen Voraussetzungen musste es als demonstrativer Akt gelten, dass Agrippa die Wasserleitung, die er während seiner Ädilität zu bauen begonnen hatte, nach dem Gentilnomen des jungen Caesar *aqua Iulia* nannte.[125] An diesem Prinzip der Namensgebung wurde auch in nachaugusteischer Zeit festgehalten, wie die *aqua Claudia* und die *aqua Traiana* zeigen.[126] Wasserleitungen außerhalb Roms erhielten ihren Namen ebenfalls nach dem Princeps; sowohl in Capua als auch in Ephesos ist eine *aqua Iulia* belegt. Die Gewohnheit, Infrastrukturanlagen und öffentliche Bauten nach Senatoren zu benennen, wurde demgegenüber im frühen Principat aufgegeben.[127] Augustus beanspruchte der Öffentlichkeit gegenüber das Verdienst, die Wasserversorgung Roms erneuert zu haben, ohne Einschränkungen für sich, obgleich Frontinus, der als gut informiert gelten kann, diese Leistung im wesentlichen Agrippa zuschreibt.[128] Die Feststellung der Inschrift an der Porta Tiburtina: *rivos aquarum omnium refecit* wiederholt Augustus fast wörtlich in den *Res gestae: rivos aquarum compluribus locis vetustate labentes refeci*.[129] Die Inschrift am Bogen der *aqua Marcia* stammt aus den Jahren 5/4 v. Chr., also aus der Zeit, in der das Amt des *curator aquarum* bereits bestand und von dem Consular M. Valerius Messalla Corvinus ausgeübt wurde; Agrippa und der *curator aquarum* werden hier von Augustus in signifikanter Weise übergangen. Auch in der Folgezeit blieben die *curatores* auf den monumentalen Inschriften an den Wasserleitungen unerwähnt, ihre Namen erscheinen allenfalls auf den Begrenzungssteinen, die den freibleibenden Landstreifen an den Seiten einer Wasserleitung markieren sollen.[130] Während man also die *curatores aquarum* als untere Verwaltungsinstanz ohne größere eigene Entscheidungsbefugnis behandelte, wurde gleichzeitig die Verantwortlichkeit des Princeps für die Infrastruktur deutlich betont. Im Straßenbau ist eine ähnliche Entwicklung zu beobachten: Auf den Meilensteinen der *viae publicae* wird seit der augusteischen Zeit stets der Princeps genannt. In Italien fehlt auf Meilensteinen oder auf Inschriften an Brücken jeglicher Hinweis auf die *curatores viarum,* in den Provinzen werden die untergeordneten Beamten nach dem Princeps aufgeführt.[131] Die Meilensteine des Augustus, die aus den Jahren zwischen 17 und 11 v. Chr. stammen,

---

[124] Frontin. aqu. 5.

[125] Frontin. aqu. 9. Mit anderer Datierung Cass. Dio 48,32,3.

[126] Frontin. aqu. 13; CIL VI 1256 (ILS 218). 1260 (ILS 290).

[127] Capua: Cass. Dio 49,14,5. Ephesos: BROUGHTON 1938, 719. Wasserleitungen mit der Bezeichnung *aqua Augusta* sind ebenfalls mehrfach belegt: CIL V 47 (ILS 5755; Pola); IX 4209 (ILS 163; Amiternum); III 6703 (Nikopolis). Zur Benennung öffentlicher Bauten in Rom unter Augustus vgl. ECK 1984, bes. 140. Zur Republik vgl. STRONG 1968, 99f.

[128] Frontin. aqu. 9.

[129] CIL VI 1244 (ILS 98); R. Gest. div. Aug. 20,2.

[130] Vgl. CIL VI 1248 (ILS 5745); ECK 1995a, 169. In augusteischer Zeit finden sich aber auch *cippi* mit der Inschrift: *Mar(cia) Tep(ula) Iul(ia) Imp(erator) Caesar Divi f(ilius) Augustus ex S(enatus) C(onsulto).* Vgl. ASHBY 1935, 129.

[131] Meilensteine: CHEVALLIER 1976, 39ff.; PEKÁRY 1968, 73ff., 77ff.; HERZIG 1974, 638ff.; ECK 1979, 26f., 58f.; RATHMANN 2003, 58–61. Zum *curator viarum* auf republikanischen Inschriften vgl. HERZIG 1974, 643f. und besonders CIL I² 751 (ILS 5892; GORDON 1983, Nr. 18).

weisen noch die Formel *ex s(enatus) c(onsulto)* auf, die in späteren Regierungsjahren aber wegfiel;[132] der Princeps demonstrierte damit seine Unabhängigkeit vom Senat.

Die für Augustus charakteristischen Formen der Selbstdarstellung wurden von den nachfolgenden *principes* übernommen und weiterentwickelt. Monumentale Inschriften an Infrastrukturanlagen gehörten während des 1. Jh. zu den bevorzugten Mitteln, um auf bestimmte Leistungen des Princeps aufmerksam zu machen. Ein frühes Beispiel hierfür ist die schon erwähnte Inschrift des Augustus an der Porta Tiburtina;[133] dem Namen vorangestellt ist der Titel *Imp(erator)*, dem Cognomen Augustus folgen Angaben über die Ämter *(pontifex maximus, co(n)s(ul) XII)*, über die *tribunicia potestas* und die Zahl der Imperatorentitel. Die letzte Zeile schließlich stellt die Verbindung zu dem Bauwerk her, an dem sich die Inschrift befindet, zu dem *Bogen,* der die drei *aquae Marcia, Tepula* und *Iulia* über die *via Tiburtina* hinwegführt: *rivos aquarum omnium refecit.* Durch das nachgestellte *omnium* wird betont, dass die Reparaturarbeiten die Wasserleitungen in ihrer ganzen Länge erfassten. Die Inschrift bezieht sich also nicht allein auf die Porta Tiburtina, sondern sie erfasst eine Leistung, die als solche unanschaulich war und daher der Verdeutlichung bedurfte.

Die Inschrift des Claudius an der monumentalen Porta Praenestina (Porta Maggiore) lehnt sich eng an das augusteische Vorbild an;[134] sie erstreckt sich über die ganze Breite des Mauerwerks oberhalb der zwei großen Bögen, auf denen die unter Claudius fertiggestellten Wasserleitungen die *viae Labicana* und *Praenestina* überqueren. Auf der Inschrift tragen beide Leitungen bereits einen Namen, wobei die *aqua,* die das Wasser der Quellen *Caeruleius* und *Curtius* nach Rom leitete,[135] nach dem Princeps als *aqua Claudia* bezeichnet wird; hieraus wird ersichtlich, welche Bedeutung dem Akt der Namensgebung beigemessen wurde. Darüber hinaus wird die Länge der neuerrichteten Leitungen genau angegeben (*Abb. 1*).

Im Unterschied zur Inschrift des Augustus an der Porta Tiburtina wird mit der Wendung *sua impensa* auf die Finanzierung durch Claudius hingewiesen. Die Fürsorge des Princeps wird ferner durch die Verwendung des Verbs *curare* unterstrichen, das mit dem für die Principatsideologie zentralen Begriff *cura* eng verwandt ist.[136]

---

[132] PEKÁRY 1968, 74f. Zu den Meilensteinen des Augustus in der Gallia Narbonensis vgl. KÖNIG 1970, 72ff. und die Bemerkungen 115ff.

[133] CIL VI 1244 (ILS 98; GORDON 1983, Nr. 29). Solche Inschriften erfüllten ihren Zweck allerdings nur dann, wenn sie tatsächlich gelesen werden konnten. Nun sind optimistische Annahmen über die Verbreitung der Lesefähigkeit im Imperium Romanum sicher verfehlt; vgl. HARRIS 1983; dabei kann allerdings ein starkes Stadt-Land-Gefälle angenommen werden; immerhin gilt aber auch für Pompeji, dass „very few of the really poor" lesen konnten (HARRIS 1983, 110). Es zeigt sich also, dass die Inschriften der *principes* sich einerseits an die lokalen Oberschichten, die auch Anteil an der städtischen Verwaltung hatten, und andererseits an die Bürger, die Träger der römischen Zivilisation waren, richteten.

[134] CIL VI 1256 (ILS 218; GORDON 1983, Nr. 44). Zum Bauwerk selbst vgl. HESBERG 1994, 248, 256.

[135] Zur Wasserqualität der *aqua Claudia* vgl. Frontin. aqu. 13.

[136] Zum Begriff *cura* vgl. BÉRANGER 1953, 186ff. Eine weitere Inschrift des Claudius: CIL VI 1252 (ILS 205; *aqua Virgo*). Eine Photographie dieser Inschrift: PISANI/LIBERATI 1986, 69.

Abb. 1 Porta Maggiore. Bild aus J. WILTON-ELY, Giovanni Battista Piranesi. Vision und Werk, München/London 1978, Tafel 119. Die Porta Praenestina (h. Porta Maggiore) mit den monumentalen, 28–30 Meter langen Inschriften von Claudius, Vespasianus und Titus (CIL VI 1256–1258; ILS 218). Radierung aus den *Vedute di Roma* von Giovanni Battista Piranesi (1720–1778, Hind 119). Die Radierung zeigt die Inschriften besser als moderne Photographien, auf denen die Buchstaben nur schwer zu erkennen sind.

Den von Vespasianus und Titus veranlassten Maßnahmen zur Wiederherstellung der stadtrömischen Wasserversorgung sind drei weitere Inschriften an der Porta Praenestina und der Porta Tiburtina gewidmet;[137] der Zustand der während der letzten Regierungsjahre Neros und der Bürgerkriege des Jahres 69 verfallenen Wasserleitungen[138] wird ebenso wie der Umfang der durchgeführten Arbeiten knapp, aber präzise beschrieben. Claudius wird auf den beiden Inschriften an der Porta Praenestina zwar erwähnt, aber es ist auffallend, dass die *aqua Claudia* als *aquae Curtia et Caerulea* bezeichnet wird. Die flavischen *principes,* die in Rom um ihre eigene Legitimation bemüht waren, lehnten demnach für diese Leitung eine Benennung ab, die zum Ruhm der claudischen Familie hätte beitragen können. Wie der Katalog der stadtrömischen Wasserleitungen bei Frontinus

---

[137] CIL VI 1257. 1258 (ILS 218). 1246 (ILS 98).
[138] Zu den Zerstörungen in Rom vgl. etwa Suet. Vesp. 8.

zeigt, konnten die Flavier allerdings den ursprünglichen Namen der Leitung auf Dauer nicht verdrängen.[139]

Der Wert, den die römische Verwaltung solchen Inschriften beilegte, geht aus einer kurzen Bemerkung bei Frontinus hervor; das Kapitel über die geplanten Maßnahmen des Traianus zur Verbesserung der Wasserqualität des *Anio Novus* schließt mit dem Hinweis auf die Inschrift, die die Leistung des Traianus dokumentieren sollte: *novum auctorem imperatorem Caesarem Nervam Traianum Augustum praescribente titulo.*[140] Mit der Erstellung von Infrastrukturanlagen war unabdingbar die inschriftliche Darstellung der Verdienste des Princeps verbunden.[141] Einige von diesen Inschriften bringen durch Wendungen wie *urbi* oder *in urbem perducere*[142] deutlich zum Ausdruck, dass der Princeps die Infrastrukturanlagen zum Nutzen der Stadt Rom errichten ließ. Dies gilt besonders für eine monumentale Inschrift des Claudius, die den Effekt eines Kanalbaus an der Tibermündung für die Stadt näher bestimmt: *urbem inundationis periculo liberavit.*[143]

Außerhalb Roms stehen Inschriften, die sich auf die Tätigkeit der *principes* im Infrastrukturbereich beziehen,[144] häufig im Zusammenhang mit Straßenbauten. Hier sind an erster Stelle die Meilensteine zu erwähnen, die Titel und Namen des Herrschers angeben, der die betreffende Straße bauen oder ausbessern ließ. Wenn es sich um einen Neubau handelte, erscheint nicht selten auch der vom Namen des Princeps abgeleitete Straßenname.[145] Die Länge und Bedeutung einer *via publica* wurden bisweilen verdeutlicht, indem die Städte genannt werden, die diese Straße miteinander verband.[146] Monumentale Inschriften befinden sich vor allem an den Brücken der *viae publicae*. In Ariminum werden Titulatur und Namen von Augustus und Tiberius genannt, der einzige Zusatz

---

[139] Frontin. aqu. 13f. Die Sprachregelung der Flavier wird signifikanter Weise von Plin. nat. 36,122 beachtet.

[140] Frontin. aqu. 93.

[141] Zur Bautätigkeit allgemein vgl. DEMANDT 1982, 53: „Zum Baumonument gehört wieder die Bauinschrift, in der sich der Magistrat mit Ämtern und Ehren verewigt."

[142] CIL VI 1256. 1257 (ILS 218). Vgl. 1260 (ILS 290).

[143] CIL XIV 85 (ILS 207); MEIGGS 1973, 159. Eine ähnliche Inschrift des Traianus: CIL XIV 88 (ILS 5797a). Vgl. auch LE GALL 1953, 131ff.

[144] Die Inschriften an Wasserleitungen in den Provinzen unterscheiden sich nicht wesentlich von denen Roms; vgl. etwa CIL III 6703 (Nikopolis in Syrien, unter Tiberius); III 49 (Sardes, unter Claudius). Es ist bemerkenswert, dass auf der Inschrift des Sextilius Pollio (CIL III 7117; ILS 111) auch Augustus und Tiberius genannt werden.

[145] Vgl. etwa CIL V 8003; IX 5959 (ILS 209). 5973; XI 8104. Straßenreparaturen werden in der Zeit des Tiberius und des Claudius durch die Formel *viam refecit* oder *restituit* gekennzeichnet. Vgl. CIL XII 5441 (KÖNIG 1970, Nr. 23). 5468. 5469. 5471 (ILS 228). 5473. 5475 (KÖNIG 1970, Nr. 44. 45. 48. 49. 50). Zur Nennung des Princeps auf Meilensteinen vgl. RATHMANN 2003, 58–61. Zur Benennung der Straßen nach dem Princeps vgl. ebenfalls RATHMANN 2003, 61–67. Zur Titulatur des *princeps* auf Meilensteinen der Gallia Narbonensis vgl. KÖNIG 1970, 67ff. Meilensteine der Zeit zwischen Augustus und Antoninus Pius: KÖNIG 1970, 76–79. Vgl. außerdem KÖNIG 1973.

[146] *A Benevento Brundisium*: CIL IX 6003 (ILS 291). Vgl. auch CIL V 8003; IX 5959 (ILS 209); X 6824; XI 8104.

besteht hier aus dem Verb *dedere*.[147] Wesentlich ausführlicher sind einige Texte aus der Zeit des Traianus, die eine deutliche Aussage darüber treffen, ob es sich um die Wiederherstellung einer eingestürzten Brücke oder um einen Neubau handelt.[148] Es finden sich Angaben über das Baumaterial, die Finanzierung und auch über die Provinz, die durch den Bau begünstigt wurde. Selbst wenn eine wichtige Brücke von Provinzstädten errichtet und finanziert worden war, steht auf der zugehörigen Inschrift der Name des regierenden Princeps demonstrativ am Anfang, allerdings nicht im Nominativ, sondern im Dativ.[149] Monumentale Inschriften, die auf Baumaßnahmen eines Princeps hinweisen, existierten auch in Häfen. So betont die Inschrift aus Bronzelettern am Leuchtturm von Patara, dass Nero das Bauwerk für die Sicherheit der Seeleute errichten ließ.[150]

Nach Cassius Dio wurde an den beiden Endpunkten der von Augustus wieder hergestellten *via Flaminia*, an der Tiberbrücke vor Rom und in Ariminum jeweils ein Ehrenbogen errichtet.[151] Der bis in unsere Zeit erhaltene Bogen in Ariminum, dessen Inschrift auf das Jahr 27 v. Chr. zu datieren ist, hatte noch als Teil der Stadtmauer die Funktion eines Tores; wesentlich ist hier, dass der Bautypus des Triumphbogens, dessen Aufgabe traditionell in der Verherrlichung militärischer Siege bestand, nun dazu verwendet wurde, um eine zivile Leistung zu würdigen. Der Bogen war vom Senat und dem römischen Volk Augustus gewidmet worden, wobei die Inschrift ausdrücklich auf die Befestigung der *via Flaminia* und anderer *celeberrimae Italiae viae* Bezug nimmt.[152] Der Trajansbogen in Beneventum steht ebenfalls am Ausgangspunkt einer vom Princeps gebauten Straße, an der *via Traiana*. Gegenüber der Inschrift in Ariminum sind nun die Gewichte zwischen Princeps und Senat deutlich zuungunsten des letzteren verschoben: Während der Titulatur, dem Namen und den Beinamen des Princeps die ersten vier Zeilen der Inschrift gewidmet sind, wird dem Senat und dem Volk nur noch eine halbe Zeile eingeräumt.[153] Die Reliefs am Trajansbogen können geradezu als Tatenbericht in Bildern angesehen werden; das Bildprogramm konzentriert sich auf zivile Handlungen des Herrschers; die

---

[147] CIL XI 367 (ILS 113). Die Brücke wurde unter Augustus begonnen und 22 n. Chr. fertig gestellt.

[148] CIL X 6853: *pontem vetustate collapsum restituit*. CIL VIII 10117 (ILS 293): *[pon]tem novum a fundamentis ... fecit*.

[149] CIL II 2478 (ILS 5898): *pontem lapideum*; CIL VIII 10117 (ILS 293): *pecunia sua [p]rovinciae Africae*; CIL II 759 (ILS 287; Brücke bei Alcántara über den Tagus). Vgl. auch die Inschrift des Lacer: CIL II 761 (ILS 287b).

[150] Die Inschrift am Leuchtturm von Patara: Işkan-Işık/Eck/Engelmann 2008, 108. Die Inschrift ist auch deswegen bemerkenswert, weil Nero hier wie auf Meilensteinen (vgl. ILS 227; 228) seine Vorfahren nennt und sich als Sohn des vergöttlichten Claudius, als Enkel des Tiberius und des Germanicus und als Urenkel des Augustus bezeichnet und sich so dezidiert in die Tradition des Augustus stellt.

[151] Cass. Dio 53,22,2. Auf jedem dieser Ehrenbögen stand eine Statue des *princeps*. Zu den Ehrenbögen in den Provinzen vgl. Paar 1979, bes. 224ff.

[152] CIL XI 365 (ILS 84); Chevallier 1983, 114ff.

[153] CIL IX 1558 (ILS 296).

Darstellung der Alimentarversorgung im Durchgang setzt dabei einen unübersehbaren Akzent.[154]

Ein weiterer Ehrenbogen für Traianus befindet sich in erhöhter Position am Ende der Hafenmole von Ancona; anders als in Beneventum erwähnt die Inschrift die Leistung, derentwegen Senat und Volk den Princeps ehren: *quod accessum Italiae hoc etiam addito ex pecunia sua portu tutiorem navigantibus reddiderit.* Die in Ancona gewählte Bezeichnung *providentissimus princeps* für Traianus ist im Zusammenhang mit dem Bau eines Hafens keineswegs zufällig; sowohl Frontinus als auch Plinius gebrauchen *providens* bzw. *providentia,* um die Tätigkeit des Princeps im Infrastrukturbereich zu qualifizieren. Die Bögen in Ariminum, Beneventum und Ancona haben eine klare Funktion: Sie verbinden eine Infrastrukturanlage, eine Straße oder eine Hafenmole mit der Person des Princeps, der ihren Bau veranlasst hat; darüber hinaus findet der Dank des Senats und des Volkes in diesen Bögen einen normativen Ausdruck.[155]

Wie in Italien wurden auch in den Provinzen Monumente errichtet, um nachdrücklich auf die Leistungen des Princeps für die Bevölkerung hinzuweisen. Ein großes Denkmal mit einer Reiterstatue des Claudius stand im Hafenbereich von Patara in Kleinasien; an den Seiten des hohen Sockels waren die auf Initiative des Claudius gebauten Straßen der neu eingerichteten Provinz Lycia verzeichnet; damit wurden der Bevölkerung die Vorteile einer Zugehörigkeit zum Imperium Romanum demonstriert.[156]

Die *principes* bedienten sich außerdem der Münzprägung, um auf ihre Bautätigkeit hinzuweisen. Unter Augustus wurden mehrere Serien von Denaren emittiert, die auf ihrem Revers Bezug auf den Straßenbau nehmen; sie zeigen entweder einen Meilenstein oder einen Ehrenbogen auf einer Brückenkonstruktion und tragen die Aufschrift *quod v(iae) m(unitae) s(unt)* bzw. *quod viae mun(itae) sunt.*[157] Der Hafen an der Tibermündung ist auf zwei Sesterzen abgebildet, die unter Nero und Traianus geprägt wurden; Anlass dieser Emissionen war die Fertigstellung des von Claudius begonnen Hafens Anfang der 60er Jahre und der Bau des zweiten Hafenbeckens durch Traianus. Das Münzbild auf dem älteren Sesterz stellt die Hafenbecken aus der Vogelperspektive dar, mit den beiden Molen rechts und links und der Einfahrt am oberen Rand der Münze; durch die Abbildung mehrerer Frachtschiffe, die mit gerefften Segeln im Hafen vor Anker liegen, wird die Funktion Ostias als Handelshafen betont; die Aufschrift stellt schließlich eine enge Beziehung zwischen Hafen und Princeps her: *por(tus) Ost(iensis) Augusti* **(Abb. 2)**. Auf dem Sesterz des Traianus sind das sechseckige Hafenbecken mit drei Frachtschiffen und die Gebäude an den Seiten gut zu erkennen; der

---

[154] Zum Bildprogramm des Trajansbogen vgl. HASSEL 1966, 9ff.; ANDREAE 1974, Abb. 406–420; HANNESTADT 1988, 177–186.

[155] Ancona: CIL IX 5894 (ILS 298) ; HESBERG 2002, 89, 95; STROBEL 2010, 327f. Ein Ehrenbogen mit einer Elefantenquadriga stand im Hafen von Ostia; dargestellt ist dieser Bogen auf einem Relief im Museo Torlonia; vgl. MEIGGS 1973, plate XX. MEIGGS 1973, 158f. nimmt an, dass es sich um ein unter Domitianus errichtetes Monument handelt. Zur Statue des Traianus vgl. MEIGGS 1973, 165f. Frontin. aqu. 11. 87: *providentia diligentissimi principis;* Plin. epist. 10,61,1.

[156] KOLB 2007, 179f.

[157] PEKÁRY 1968, 105ff.; HERZIG 1974, 628ff.

Abb. 2

Sesterz des Nero
(RIC2 182). Bild von
romanatic.com

Hafen wird auf dieser Münze nach dem princeps als *portus Traiani* bezeichnet.[158] Andere unter Traianus geprägte Münzen verweisen auf weitere von diesem Princeps errichteten Infrastrukturanlagen, auf die *via Traiana* und die *aqua Traiana*; als Bildmotive sind eine Göttin, die als Symbol für den Straßenverkehr ein Rad in der Rechten hält, und ein Flussgott mit einem Krug, dem Wasser entströmt, gewählt.[159]

IV

In augusteischer Zeit bestand ein ausgeprägtes Interesse an den stadtrömischen Infrastrukturanlagen; dies gilt besonders für jene griechischen Intellektuellen, die sich in Rom aufhielten. So äußert Dionysios von Halikarnassos in seinem Geschichtswerk die Ansicht, die Wasserleitungen, die gepflasterten Straßen und die Abwasserkanäle seien die großartigsten Bauten Roms; dieses Urteil wird mit ihrer Nützlichkeit und mit der Höhe der Baukosten begründet.[160] Strabon wiederum charakterisiert die römische Stadtplanung, indem er die besondere Aufmerksamkeit betont, die die Römer dem Bau von Straßen, Aquädukten und Abwasserkanälen gewidmet haben.[161] Der unter Augustus einsetzende Ausbau der Infrastruktur fand in der römischen Gesellschaft eine weite positive Resonanz; auf Vitruvius machte das augusteische Bauprogramm einen solchen Eindruck, dass er mit der Niederschrift von *de architectura* begann.[162] In der zeitgenössischen Literatur werden mehrfach einzelne Infrastrukturanlagen erwähnt, die auf Initiative des Augustus oder ihm nahestehender Senatoren errichtet worden waren; bei Strabon finden ver-

---

[158] Beide Münzen sind abgebildet in MEIGGS 1973, plate XVIII. Vgl. außerdem KENT/OVERBECK/STYLOW 1973, Nr. 193 (RIC 74). Zur Namensgebung eines Hafens (Centumcellae) vgl. Plin. epist. 6,31,17: *habebit hic portus et iam habet nomen auctoris.*

[159] KENT/OVERBECK/STYLOW 1973, Nr. 270. 271 (RIC 266. 607). Zur *aqua Marcia* auf einer republikanischen Münze vgl. oben Anm. 18.

[160] Dion. Hal. ant. 3,67,5. Zum folgenden vgl. DRERUP 1966.

[161] Strab. 5,3,8.

[162] Vitr.1 praef. 2f.

schiedene Aktivitäten Agrippas wie die Erweiterung des Straßennetzes in Gallien, der Bau von Laufbrunnen in Rom und die Erhöhung des Dammes, der den Lucriner See vom Meer abschloss, ebenso Beachtung wie die Tunnelbauten des Cocceius oder der Bau der Hafenmole von Puteoli.[163] Die Bauten am Golf von Neapel wurden auch in der Dichtung gerühmt; Vergilius gedenkt ihrer in seinem Lobpreis Italiens:

> *an memorem portus Lucrinoque addita claustra*
> *atque indignatum magnis stridoribus aequor,*
> *Iulia qua ponto longe sonat unda refuso*
> *Tyrrhenusque fretis inmittitur aestus Avernis?*[164]

Die Mole von Puteoli ist außerdem Thema von zwei Epigrammen der Anthologia Graeca, die die Zurückdrängung der Meeresfluten als singuläre technische Leistung feiern.[165] Zu den Verdiensten des Messalla Corvinus rechnet Tibullus neben den militärischen Erfolgen auch die Pflasterung der Straßen nach Tusculum und Alba;[166] den Nutzen dieser Maßnahme sieht Tibullus darin, dass den Bauern der abendliche Rückweg aus Rom zu ihren Höfen erleichtert wird:

> *te canit agricola, a magna cum venerit Urbe*
> *serus inoffensum rettuleritque pedem.*[167]

Aus diesen Versen geht hervor, dass nach römischer Auffassung die Verbesserung der Infrastruktur gerade auch der Bevölkerung diente.

Charakteristisch für die Bewertung der Infrastruktur im frühen Principat sind die Ausführungen des älteren Plinius über die Stadt Rom in der *naturalis historia*. Die Darstellung legt den Akzent auf die bewundernswerten Großbauten, auf die *miracula*.[168] Relativ kurz werden in diesem Abschnitt der Circus Maximus, die Basilica Aemilia, das Templum Pacis und das Caesarforum behandelt; am Ausstattungsluxus der Privathäuser und an den Theaterbauten wird eine moralphilosophischen Positionen verpflichtete Kritik geübt.[169] Als Bauwerke, die in republikanischer Zeit bewundert wurden, führt Plinius den *agger*, die große Verteidigungsanlage im Osten der Stadt, die Substruktionen des Capitols und die Abwasserkanäle an;[170] die *cloacae* werden genau beschrieben, wobei auch ihre Baugeschichte berücksichtigt wird.[171] In der Passage, die auf die Kritik an den Theaterbau-

---

[163] Strab. 4,6,11; 5,3,8; 5,4,5f.
[164] Verg. georg. 2,161ff. Vgl. FREDERIKSEN 1984, 333f.
[165] Anth. Gr. 7,379; 9,708.
[166] Tib. 1,7,57ff.
[167] Tib. 1,7,61f.
[168] Plin. nat. 36,101–125. Vgl. dazu DRERUP 1966, 184f.; CLASSEN 1980, 12.
[169] Vgl. besonders 36, 109–120. Vgl. auch die Kritik an den ägyptischen Pyramiden: Plin. nat. 36,75.
[170] Plin. nat. 36, 104. Zum *agger* vgl. RICHARDSON JR. 1992, 262 s. v. Murus Servii Tullii.
[171] Plin. nat. 36, 104–108.

ten folgt, werden die Wasserleitungen als *vera aestimatione invecta miracula* gewürdigt;[172] Plinius zählt die wichtigsten *aquae* auf und nennt die Magistrate, die für ihren Bau verantwortlich waren. Die Menge des nach Rom geleiteten Wassers, mit dem eine große Zahl von öffentlichen und privaten Gebäuden versorgt wurde, sowie der technische Aufwand bei dem Bau der Aquädukte, die Bewältigung der großen Distanz, die Bogenkonstruktionen, die Durchstechung von Bergen und die Überbrückung von Tälern, veranlassen Plinius zu dem abschließenden Urteil, dass auf der ganzen Erde nichts mehr zu bewundern sei als diese Anlagen: *nil magis mirandum fuisse in toto orbe terrarum.*[173]

Die Legitimationsstrategien der *principes* hatten insofern Erfolg, als gegen Ende des 1. Jahrhunderts die Erwähnung von Baumaßnahmen im Infrastrukturbereich ein fester Bestandteil der panegyrischen Literatur wurde. Wie Tibull macht auch Statius den Straßenbau zum Gegenstand der Lyrik; anders als der augusteische Dichter beschränkt Statius sich aber nicht auf einige wenige Verse, sondern er widmet der *via Domitiana* ein ganzes Gedicht der *Silvae*.[174] Hier wird ebenfalls der Nutzeffekt der Straße betont: Durch die Pflasterung der Straße, die teilweise durch sandiges Gelände führte, wurde die Reise von Rom nach Baiae erheblich erleichtert und beschleunigt.[175] Die Überbrückung des Volturnus wird als grandioser Sieg über die Natur gefeiert; Domitianus, der gleichzeitig den Flusslauf begradigte, erscheint in dem Gedicht als *natura melior potentiorque*.[176] Die genaue Beschreibung der Bauarbeiten an der *via Domitiana*[177] zeigt ein Interesse an technischen Vorgängen, das auch in den Briefen des jüngeren Plinius, etwa in der Schilderung des Hafenbaus von Centumcellae, sichtbar wird.[178] Bemerkenswert ist daneben auch der an den Dichter Caninius gerichtete Brief, in dem Plinius die einzelnen Themen umreißt, die in einem Epos über den Dakerkrieg zu behandeln wären: *dices immissa terris nova flumina, novos pontes fluminibus iniectos, insessa castris montium abrupta, pulsum regia, pulsum etiam vita regem nihil desperantem.*[179] Die Darstellung der für den Feldzug notwendigen Infrastrukturanlagen tritt fast gleichwertig neben den Bericht über die militärischen Aktionen, eine Sichtweise, die sich auch in den Reliefs der Trajanssäule widerspiegelt. Solche Szenen wie der Bau eines Lagers, die Überschreitung eines Flusses auf einer Brücke oder der Transport der Truppen oder des Proviants auf Schiffen sind auf der Säule mehrfach abgebildet; darüber hinaus findet sich hier eine exakte bildliche Darstellung der

---

[172] Plin. nat. 36, 121.
[173] Plin. nat. 36, 123.
[174] Stat. silv. 4,3.
[175] Stat. silv. 4,3,20ff.
[176] Stat. silv. 4,3,67ff.; 135. Vgl. auch DRERUP 1966, 188f.
[177] Stat. silv. 4,3,40ff. Vgl. dazu auch CHEVALLIER 1976, 82f.
[178] Plin. epist. 6,31,15ff. Plinius betont dabei den Nutzen des Hafens an einer sonst hafenlosen Küste.
[179] Plin. epist. 8,4,2.

berühmten, von Apollodoros errichteten Donaubrücke, die Hadrianus später abbrechen ließ.[180]

In dem Panegyricus, den Plinius wenige Jahre nach dem Regierungsantritt des Traianus publiziert hat, wird der Ausbau der Infrastruktur vor allem unter dem Aspekt der Getreideversorgung gesehen; der Bau von Straßen und Häfen verfolgt den Zweck, den Gütertransport zu sichern: *Instar ego perpetui congiarii reor adfluentiam annonae (…) parens noster auctoritate consilio fide reclusit vias portus patefecit, itinera terris litoribus mare litora mari reddidit, diversasque gentes ita commercio miscuit, ut quod genitum esset usquam, id apud omnes natum videretur.*[181] Diese Äußerungen besitzen trotz ihrer Kürze ein großes Gewicht, denn Plinius selbst verstand diese Rede, wie aus einem Brief an Severus hervorgeht, als politisches Programm, das auch für spätere *principes* verpflichtend sein sollte.[182]

Das Lob auf den Princeps wandelt sich bei Aelius Aristides zur Rechtfertigung des Imperium Romanum und überhaupt zur Verherrlichung der römischen Zivilisation,[183] das Niveau der Infrastruktur ist dabei wiederum ein wichtiges Argument, wie ein Abschnitt der Romrede zeigt: „Was Homer sagte, ‚aber die Erde ist allen Menschen gemeinsam‘, wurde von euch tatsächlich wahr gemacht. Ihr habt den ganzen Erdkreis vermessen, Flüsse überspannt mit Brücken verschiedener Art, Berge durchstochen, um Fahrwege anzulegen, in menschenleeren Gegenden Poststationen eingerichtet und überall eine kultivierte und geordnete Lebensweise eingeführt. Deshalb meine ich, dass das Leben vor Triptolemos, wie man es annimmt, dem Leben vor eurer Zeit entsprach, ‚hart, ländlich und wenig verschieden von dem, welches ein Bergbewohner führt, dass aber das gesittete Leben in unserer Zeit von der Stadt der Athener seinen Ausgang nahm, jedoch von euch erst dauerhaft begründet wurde; denn als die zweiten seid ihr die Besseren, wie man so sagt.‘"[184]

Bibliographie

ANDREAE 1974 = B. ANDREAE, Römische Kunst, Freiburg 1974².

ASHBY 1935 = TH. ASHBY, The Aqueducts of Ancient Rome, Oxford 1935.

BÉRANGER 1953 = J. BÉRANGER, Recherches sur l'aspect idéologique du principat, Basel 1953.

BROUGHTON 1938 = T.R.S. BROUGHTON, Roman Asia Minor, in: T. FRANK (Hg.), An Economic Survey of Ancient Rome, vol. 4, Baltimore 1938, 499–950.

BRUNT 1966A = P.A. BRUNT, The Roman Mob, *P&P* 35, 1966, 3–27.

---

[180] Die Abbildungen der Trajanssäule: COARELLI 2000, 128ff., die Brücke des Apollodoros: 136 Bild 74. Vgl. auch ROSSI 1971, 183 Abb. 89; HANNESTAD 1988, 165; O'CONNOR 1993, 143 fig. 117; STROBEL 2010, 320–323.

[181] Plin. paneg. 29,1f.

[182] Plin. epist. 3,18,1ff.

[183] Tendenzen zu einer Rechtfertigung der römischen Herrschaft finden sich auch deutlich im Panegyricus des Plinius, wobei die Möglichkeiten des Gütertransports und -austausches zwischen den Provinzen als positive Folge des Imperium Romanum betont werden. Vgl. Plin. paneg. 32,1ff.

[184] Aristeid. 26,101 (Übersetzung von KLEIN 1983).

BRUNT 1966b = P.A. BRUNT, The 'Fiscus' and its Development, *JRS* 56, 1966, 75–91.

BRUNT 1971 = P.A. BRUNT, Italian Manpower, Oxford 1971.

BRUNT/MOORE 1967 = P.A. BRUNT/J.M. MOORE, *Res Gestae divi Augusti*, Oxford 1967.

CHEVALLIER 1976 = R. CHEVALLIER, Roman Roads, London 1976.

CHEVALLIER 1983 = R. CHEVALLIER, La romanisation de la celtique du Pô, Rom 1983.

CHRIST 1996 = K. CHRIST, Sextus Iulius Frontinus, *princeps vir*, in: DERS., Von Caesar zu Konstantin. Beiträge zur römischen Geschichte und ihrer Rezeption, München 1996, 115–125.

CLASSEN 1980 = C.J. CLASSEN, Die Stadt im Spiegel der *descriptiones* und *Laudes urbium*, Hildesheim 1980.

COARELLI 2000 = F. COARELLI, Rom. Ein archäologischer Führer, Mainz 2000.

CORBIER 1984 = M. CORBIER, De Volsinii à Sestinum: *Cura aquae* et évergétisme municipal de l'eau en Italie, REL 62, 1984, 236–274.

D'ARMS 1970 = J.H. D'ARMS, Romans on the Bay at Naples, Cambridge Mass. 1970.

DEMANDT 1982 = A. DEMANDT, Symbolfunktionen antiker Baukunst, in: D. PAPENFUSS/V.M. STROCKA (Hg.), Palast und Hütte. Beiträge zum Bauen und Wohnen im Altertum, Mainz 1982, 49–62.

DRERUP 1966 = H. DRERUP, Architektur als Symbol. Zur zeitgenössischen Bewertung der römischen Architektur, *Gymnasium* 73, 1966, 181–196.

DRINKWATER 1983 = J.F. DRINKWATER, Roman Gaul: The Three Provinces 58 BC-AD 260, London 1983.

DUNCAN-JONES 1974 = R. DUNCAN-JONES, The Economy of the Roman Empire, Cambridge 1974.

ECK 1979 = W. ECK, Die staatliche Organisation Italiens in der hohen Kaiserzeit, München 1979.

ECK 1982 = W. ECK, Die Gestalt Frontins in ihrer politischen und sozialen Umwelt, in: FRONTINUS-GESELLSCHAFT e.V. (Hg.): Sextus Iulius Frontinus. Wasserversorgung im antiken Rom, München/Wien 1982, 47–62.

ECK 1984 = W. ECK, Senatorial Selfrepresentation. Developments in the Augustan Period, in: F. MILLAR/E. SEGAL (Hg.), *Caesar Augustus*, Oxford 1984, 129–167.

ECK 1995a = W. ECK, Organisation und Administration der Wasserversorgung Roms, in: DERS., Die Verwaltung des Römischen Reiches in der Hohen Kaiserzeit. Ausgewählte und erweiterte Beiträge, hg. von R. FREI-STOLBA und M.A. SPEIDEL, 1. Band, Basel 1995, 161–178.

ECK 1995b = W. ECK, Die Wasserversorgung im römischen Reich: Sozio-politische Bedingungen, Recht und Administration, in: DERS., Die Verwaltung des Römischen Reiches in der Hohen Kaiserzeit. Ausgewählte und erweiterte Beiträge, hg. von R. FREI-STOLBA und M.A. SPEIDEL, 1. Band, Basel 1995, 179–252.

ECK 2008 = W. ECK, Roms Wassermanagement im Osten. Staatliche Steuerung des öffentlichen Lebens in den römischen Provinzen?, Kassel 2008.

ELLIGER 1985 = W. ELLIGER, Ephesos, Stuttgart 1985.

ESCHEBACH 1983 = H. ESCHEBACH, Die innerstädtische Gebrauchswasserversorgung dargestellt am Beispiel Pompejis, in: J.-P. BOUCHER (Hg.), Journées d'études sur les aqueducs romains, Paris 1983, 81–132.

FRANK 1940 = T. FRANK, An Economic Survey of Ancient Rome, vol. 5: Rome and Italy of the Empire, Baltimore 1940.

FREDERIKSEN 1984 = M. FREDERIKSEN, Campania, Rom 1984.

FREIS 1984 = H. FREIS, Historische Inschriften zur römischen Kaiserzeit, Darmstadt 1984.

FREY 1978 = R.L. FREY, Infrastruktur, Handwörterbuch der Wirtschaftswissenschaft IV, Stuttgart/New York 1978, 200–215.

GARZETTI 1974 = A. GARZETTI, From Tiberius to the Antonines, London 1974.

GEHRKE 1982 = H.-J. GEHRKE, Der siegreiche König, *AKG* 64, 1982, 247–277.

GORDON 1983 = A.E. GORDON, Illustrated Introduction to Latin Epigraphy, Berkeley 1983.

HAINZMANN 1975 = M. HAINZMANN, Untersuchungen zur Geschichte und Verwaltung der stadtrömischen Wasserleitungen, Diss. Graz, Wien 1975.

HANNESTAD 1988 = N. HANNESTAD, Roman Art and Imperial Policy, Aarhus 1988.

HARRIS 1983 = W.V. HARRIS, Literacy and Epigraphy, *ZPE* 52, 1983, 87–111.

HASSEL 1966 = F.J. HASSEL, Der Trajansbogen in Benevent. Ein Bauwerk des römischen Senates, Mainz 1966.

HERZIG 1974 = H.E. HERZIG, Probleme des römischen Straßenwesens: Untersuchungen zu Geschichte und Recht, ANRW II 1, 1974, 593–648.

HESBERG 1994 = H. VON HESBERG, Bogenmonumente und Stadttore in claudischer Zeit, in: V.M. STROCKA (Hg.), Die Regierungszeit des Kaisers Claudius (41–54 n. Chr.), Mainz 1994.

HESBERG 2002 = H. VON HESBERG, Die Bautätigkeit Traians in Italien, in: A. NÜNNERICH-ASMUS (Hg.), Traian. Ein Kaiser der Superlative am Beginn einer Umbruchzeit?, Mainz 2002, 85–96.

HONDRICH 1973 = K.O. HONDRICH, THEORIE DER HERRSCHAFT, FRANKFURT 1973.

IŞKAN-IŞIK/ECK/ENGELMANN 2008 = H. IŞKAN-IŞIK/W. ECK/H. ENGELMANN, Der Leuchtturm von Patara und Sex. Marcius Priscus als Statthalter der Provinz Lycia von Nero bis Vespasian, *ZPE* 164, 2008, 91–121.

KENT/OVERBECK/STYLOW 1973 = J.P.C. KENT/B. OVERBECK/A.U. STYLOW, Die römische Münze, München 1973.

KIENAST 2009 = D. KIENAST, Augustus, Darmstadt 2009[4].

KLEIN 1983 = R. KLEIN (Hg.), Die Romrede des Aelius Aristides, Darmstadt 1983.

KLOFT 1970 = H. KLOFT, *Liberalitas principis*, Köln/Wien 1970.

KÖNIG 1970 = I. KÖNIG, Die Meilensteine der Gallia Narbonensis, Bern 1970.

KÖNIG 1973 = I. KÖNIG, Zur Dedikation römischer Meilensteine, *Chiron* 3, 1973, 419–427.

KOLB 2007 = A. KOLB, Raumwahrnehmung und Raumerschließung durch römische Straßen, in: M. RATHMANN (Hg.), Wahrnehmung und Erfassung geographischer Räume in der Antike, Mainz 2007, 169–180.

LAURENCE 1999 = R. LAURENCE, The Roads of Roman Italy. Mobility and Cultural Change, London 1999.

LE GALL 1953 = J. LE GALL, Le Tibre, fleuve de Rome dans l'antiquité, Paris 1953.

LEVICK 1990 = B. LEVICK, Claudius, London 1990.

LIEBENAM 1900 = W. LIEBENAM, Städteverwaltung im römischen Kaiserreiche, Leipzig 1900.

LONGDEN 1936 = R.P. LONGDEN, Nerva and Trajan, in: S.A. COOK/F.E. ADCOCK/M.P. CHARLESWORTH (Hg.), The Cambridge Ancient History XI: The Imperial Peace A.D. 70–192, Cambridge 1936, 188–222.

MACMULLEN 1959 = R. MACMULLEN, Roman Imperial Building in the Provinces, *HSCPh* 64, 1959, 207–235.

MEIGGS 1973 = R. MEIGGS, Roman Ostia, Oxford 1973[2].

MAREK 2003 = CHR. MAREK, Pontus et Bithynia. Die römischen Provinzen im Norden Kleinasiens, Mainz 2003.

MILLAR 1977 = F. MILLAR, The Emperor in the Roman World (31 BC–AD 337), London 1977.

NÜNNERICH-ASMUS 1993 = A. NÜNNERICH-ASMUS, Straßen, Brücken und Bögen als Zeichen römischen Herrschaftsanspruchs, in: W. TRILLMICH et al. (Hg.), Hispania Antiqua. Denkmäler der Römerzeit, Mainz 1993, 121–157.

O'CONNOR 1993 = C. O'CONNOR, Roman Bridges, Cambridge 1993.

OGILVIE 1969 = R.M. OGILVIE, The Romans and their Gods in the Age of Augustus, London 1969.

PAAR 1979 = I. PAAR, Der Bogen von Orange und der gallische Aufstand unter der Führung des Iulius Sacrovir 21 n. Chr., *Chiron* 9, 1979, 215–236.

PEKÁRY 1968 = Th. PEKÁRY, Untersuchungen zu den römischen Reichsstraßen, Bonn 1968.

PISANI/LIBERATI 1986 = S.G. PISANI/S.A. LIBERATI (Hg.), Il Trionfo dell'Aqua. Acque e Acquedotti a Roma, Rom 1986 (Ausstellungskatalog).

RATHMANN 2003 = M. RATHMANN, Untersuchungen zu den Reichsstraßen in den westlichen Provinzen des Imperium Romanum, Mainz 2003.

RATHMANN 2007 = M. RATHMANN (Hg.), Wahrnehmung und Erfassung geographischer Räume in der Antike, Mainz 2007.

REINHOLD 1933 = M. REINHOLD, Marcus Agrippa. A Biography, New York 1933 (ND Rom 1965).

RICHARDSON JR. 1992 = L. RICHARDSON JR., A New Topographical Dictionary of Ancient Rome, Baltimore 1992.

RICKMAN 1980 = G. RICKMAN, The Corn Supply of Ancient Rome, Oxford 1980.

RODDAZ 1984 = I.-M. RODDAZ, Marcus Agrippa, Rom 1984.

RODGERS 1982 = R.H. RODGERS, *Curatores aquarum, HSCPh* 86, 1982, 171–180.

RODGERS 2004 = R.H. RODGERS (Hg.), Frontinus. De aquaeductu urbis Romae, Cambridge 2004.

ROSSI 1971 = L. ROSSI, Trajan's Column and the Dacian Wars, London 1971.

SHERWIN-WHITE 1966 = A.N. SHERWIN-WHITE, The Letters of Pliny, Oxford 1966.

SMITH 1976 = A. SMITH, An Inquiry into the Nature and Causes of the Wealth of Nations, ed. by R.H. CAMPBELL/A.S. SKINNER, Oxford 1976.

STROBEL 2010 = K. STROBEL, Kaiser Traian. Eine Epoche der Weltgeschichte, Regensburg 2010.

STRONG 1968 = D.E. STRONG, The Administration of Public Building in Rome during the Late Republic and Early Empire, *BICS* 15, 1968, 97–109.

SYME 1960 = R. SYME, The Roman Revolution, Oxford 1939 (ND 1960).

TESTAGUZZA 1970 = D. TESTAGUZZA, Portus, Rom 1970.

THORNTON 1986 = M.K. THORNTON, Julio-Claudian Building Programs: Eat, Drink, and be Merry, *Historia* 35, 1986, 28–44.

YAVETZ 1958 = Z. YAVETZ, The Living Conditions of the Urban Plebs in Republican Rome, *Latomus* 17, 1958, 500–517.

YAVETZ 1984 = Z. YAVETZ, The *Res Gestae* and Augustus' Public Image, in: F. MILLAR/E. SEGAL (Hg.), *Caesar Augustus*, Oxford 1984, 1–36.

WALSER 1980 = G. WALSER, Die Straßenbau-Tätigkeit von Kaiser Claudius, *Historia* 29, 1980, 438–462.

WARD-PERKINS 1975 = J.B. WARD-PERKINS, Architektur der Römer, Stuttgart 1975.

WEBER 1964 = M. WEBER, Die drei reinen Typen der legitimen Herrschaft. Eine soziologische Studie, in: DERS., Schriften 1894–1922, hg. von D. KAESLER, Stuttgart 2002, 717–733.

WHITE 1984 = K.D. WHITE, Greek and Roman Technology, London 1984.

Earthquakes and Emperors

Christopher P. Jones

Abstract

▬ Although emperors often came to the help of communities stricken by earthquakes, their help was not unlimited, but was constrained by many factors, including the availability of funds. Even under the early and high Empire, emperors tended to favor better-known cities that had personal claims on them, or whose prosperity enhanced their own prestige. In later centuries, cities and regions that had suffered heavily from natural disasters, such as Antioch in the reign of Justinian, were allowed to lose their populations and fall into irreversible decline.

▬ Auch wenn römische Kaiser oft von Erdbeben getroffenen Gemeinden zur Hilfe kamen, war ihre Hilfe doch nicht grenzenlos, sondern von vielen Faktoren abhängig wie z. B. den zur Verfügung stehenden Mitteln. Auch in der frühen und hohen Kaiserzeit tendierten die Kaiser dazu, besser bekannte Städte zu bevorzugen, die persönliche Ansprüche an sie geltend machen konnten, oder deren Wohlstand ihr Prestige erhöhte. In späteren Jahrhunderten ließ man zu, dass Städte wie Antiocheia zur Zeit Justinians in der Folge von Naturkatastrophen ihre Bevölkerung verloren und verfielen.

In the twenty-first century, natural and man-made disasters have become familiar events. Not to mention hurricanes, oil-spills, or wildfires, but only disasters caused by seismic activity, the past ten years have seen the Indian Ocean tsunami that caused over a quarter of a million deaths in 2004, the Haitian earthquake of 2010, the Japanese tsunami of 2011, the Italian earthquake of May 2012. We have witnessed the powerful effect that such disasters can have not only on economies and physical structures, but also on politics, as Hurricane Katrina and Hurricane Sandy have shown all too clearly in the United States.

The present paper considers earthquakes mainly in the first two centuries of the empire, with some glances forward to later centuries. How effective was imperial help? Was it more forthcoming in some times and places than in others? Why and when were cities and provinces obliged to turn for help elsewhere than to the emperors, not least to their own members, either individually or collectively? My general argument is that we are liable to be misled by our sources, with their emphasis on imperial assistance, and correspondingly liable to overlook those occasions on which emperors either did not or could not give such assistance.

In support of this thesis, I will first consider certain constants such as the prevalence of tidal waves in the Mediterranean, and contrast the abundance of modern information with the paucity of our information about antiquity. I will then survey the evidence for imperial help under the Julio-Claudians and Flavians, before briefly considering the later centuries for which our knowledge is much more sparse.

There are certain constants of seismic activity that applied as much in antiquity as they do now; at the same time, as is usual in ancient history, the nature of our information is extremely varied, sometimes deep and sometimes shallow or non-existent. Earthquakes and tidal waves are not uncommon in the enclosed region of the Mediterranean: July, 1956, witnessed the largest and most destructive earthquake to hit Greece in the twentieth century, causing a tidal wave about 25 meters high on the island of Amorgos.[1] Moreover, earthquakes can come in series that stretch over months or years: as Seneca observed, "Fate travels around, and returns to any place it has long passed by; some places it troubles rarely, others frequently" (nat. 6,1,13, *circumit fatum et si quid diu praeterit repetit. Quaedam rarius sollicitat, saepius quaedam*). In the United States, the New Madrid Earthquakes of 1811 and 1812 are an instance of a catastrophic earthquake following months of early warnings. The last of the series, on February 7, 1812, completely destroyed the city of New Madrid, Missouri, which at that time was the largest settlement on the Mississippi between St. Louis, Missouri and Natchez, Mississippi; so also in 373 BCE an earthquake and tsunami permanently destroyed the cities of Helice and Bura in Achaea.[2] A contrary feature of earthquakes is that they can occur after a dormancy of many years. No serious seismic event had occurred in the Naples region for centuries before the one of 62 (some favor the date of 63);[3] the recent earthquake in Emilia-Romagna is said to have been the first major one since the sixteenth century. All these features of seismicity were known to the Greeks and Romans, but they were comparatively defenseless against them. There was no method of earthquake prediction (unless one had a holy man available like Apollonius of Tyana), and though theories abounded as to their causes they were seen as signs of divine wrath, by pagans no less than by Christians.[4] Equally, there was no system of constructing buildings to make them earthquake-proof: recent times have shown the difference made by proper construction when we contrast the 20,000 persons lost in the Japanese tsunami of 2011 with the figure ten or more times larger for the tsunami of 2004. We have very few death-tolls from antiquity, but with due allowance for population-size they would surely have resembled 2004 rather than 2011. Malalas reports that 240,000 died in Antioch in the earthquake of 526: death-tolls would probably have been

---

[1] Dominey-Howes 2002.

[2] Diod. 15,48–49, cf. Strab. 1,3,18.

[3] Tac. ann. 15,22,2 gives the dates as 62, Sen. nat. 6,1,1 as 63. For recent discussion, Hine 2006, especially 68–72 on the date; Williams 2006.

[4] E.g. Diod. 15,49,4 (cf. 49,3): Ποσειδῶνος (...) μῆνιν; Philostr. Ap. 6,41: μηνίματα.

at least over a hundred thousand in a widespread event such as the world-wide earthquake (κοσ[μι]κοῦ σεισμοῦ) in the reign of Antoninus Pius.[5]

We cannot expect the fullness of information about ancient earthquakes that we have about contemporary disasters, or even about the New Madrid event of 1811–1812. After the first century, the quality of our literary information declines: between Tacitus and Ammianus, there is no full historical narrative in Latin, and the situation is hardly better in Greek, with only Cassius Dio and Herodian before the historians of Late Antiquity such as Zosimus. For the mid-second century, Aelius Aristides is a rich source for the Rhodian earthquake of the early 140's, for further ones about 160, and above all for the earthquake that severely damaged Smyrna in 178. The *Historia Augusta*, which for all its faults gives a continuous account from the first quarter of the second century down to the last quarter of the third (with a gap in the middle of the third), mentions earthquakes only under Hadrian, Pius and Gordian III; the Life of Marcus Aurelius, one of the supposedly "good" lives, has nothing on the seismic events of his reign.[6]

Similarly, when coins and inscriptions refer to earthquakes, they do so usually in connection with the beneficent activity of emperors. The first such inscription is from the reign of Augustus, the first coins from the reign of Tiberius. The last coins referring to imperial assistance date from the reign of Pius: epigraphic references to earthquakes are very few after the same reign until the beginning of Late Antiquity.[7] This silence is surely not due to a cessation of seismic activity, but to the preoccupation of the state with other crises, especially the civil wars of the third century, which also drained away resources and deprived the empire of a strong central authority.

In addition to this limitation in time, there is a limitation in space. Literature and documents alike give very sparse information about places outside the provinces of western Asia Minor. A second-century inscription mentioning an earthquake survives from Syria, but is a rare exception. It is from Dura-Europos on the Euphrates, and is dated to 160, when the city was still under Parthian rule: "In the year 472 (= 160 CE), an earthquake having occurred throughout the territory on the ninth day of the month of Dios about the fourth hour of the day, the city set up this altar to the greatest Zeus."[8] Similarly, it has been observed that earthquakes are more frequently mentioned in funerary inscriptions of the Greek-speaking eastern Mediterranean than in the Latin-speaking west; this is in part because of different habits of recording in the two zones.[9]

---

[5] Malalas 17,16, p. 347, 38–39 (THURN). Earthquake of ca. 140: TAM II 905, XIII D 2–3; JONES 1990, 514–515; DELRIEUX 2008, Annexe 4, "La Refondation de Néapolis de l'Harpasos sous Antonin le Pieux."

[6] On literary references to earthquakes in classical authors, from Herodotus to Ammianus, WALDHERR 1997.

[7] Coins: DELRIEUX 2008. Inscriptions: TAM II 905 XIII D 2–3 and IK 22/1 no. 1029 (Carian Stratonicea).

[8] HOPKINS 1931, 86–87 no. 2 = AE 1931, 114 (I understand the date to refer to the occurrence of the earthquake, not to the setting up of the altar).

[9] EHMIG 2012.

Whether literary or documentary, all our sources tend to emphasize the short-term effects of disasters, and the positive rather than the negative ones. A literary exception is Tacitus on the Bay of Naples, when he observes that what had been a beautiful view from Capri in the time of Tiberius was still disfigured some thirty or forty years after the eruption of 79.[10] We hear about emperors responding to requests for help, rebuilding stricken cities, and being celebrated as "new founders."[11] The other side of the picture has received less attention. Were cities always rebuilt? Were show-case cities like Naples and Smyrna privileged over lesser ones? What of small communities, the hundreds of minor cities and villages that barely enter the record? What of the territory (*territorium, chora*) on which ancient cities depended for much of their foodstuffs and economic life?

To take this last question first, the territory of ancient cities formed an essential part of their identity, and was also essential to their economic well-being. Yet the effects on territorial space of earthquakes and tsunamis is very hard to recover archaeologically. Their effects on built-up spaces can be seen by any visitor to Olympia or Claros, but the effects on the countryside are almost always invisible, except occasionally from stratigraphy. According to Seneca, a flock of six hundred sheep perished in the earthquake of 62, presumably swallowed up in a crevasse or driven by panic over a cliff. Such a flock would presumably have been the property of a wealthy landowner, and Seneca reports that many people renounced Campania (the California or Côte d'Azur of ancient Rome), declaring that they would never live there again; the philosopher is presumably thinking above all of the wealthy who had several estates, and could simply decide to live in safer regions. Ammianus in his description of the earthquake of 365 observes that a tidal wave had come two miles inland in the western Peloponnese. Two centuries later Agathias gives an eye-witness account of a tidal wave that affected Cos in 551. "The sea rose to a great height and swept away the houses near the shore, destroying them with their property and their inhabitants, and the extent of the tremor, being so immense, brought down and destroyed everything in those places to which the water could not climb."[12]

In the classical era of Greece, communities seem to have had no expectation of outside help if struck by a calamity such as an earthquake: Helice in Achaea was destroyed and never rebuilt. With the concentration of power in the hands of rulers, beginning with the Macedonian kingdom in the late fourth century, there came about a concentration of wealth to which communities could and did direct their diplomacy. Polybius gives a famous account of Rhodes after the devastating earthquake in 227 BCE, when the city got so much assistance from kingdoms from Sicily to Syria that it ended with a surplus. A late example of this regal munificence is Mithridates Euergetes, who gave a hundred talents to

---

[10]   Tac. ann. 4,67,2: see further below.

[11]   IG XII 6, 1, 413 (IGR IV 1711: Samos, Claudius).

[12]   Agathias, Histories 2,15–16, especially 16,2; earthquake of 62: Sen. nat. 6,1,3 (sheep); 6,1,10 (abandonment). Earthquake of 365: Amm. 26,10,15–19, on which see KELLY 2004.

rebuild Phrygian Apamea. Seleucus I had founded the city and named it after his Iranian wife, Apame, so that it embodied Mithridates' Seleucid and Iranian origins.[13]

To my knowledge, we do not hear of any such help given by the generals of the Late Republic to cities of the empire; such benefactions begin with the first emperor, Augustus. After his final victory, power and wealth were again concentrated in one person and a small ruling class, and a city could obtain help after a major disaster by adroit use of the right arguments. Early in his reign, probably in 26 BCE, an earthquake severely damaged Tralles in Caria. Agathias reaches back to this incident in commenting on the earthquake of 551, giving a vivid account of a peasant (*agroikos*) named Chaeremon who traveled to Augustus in Spain and successfully pleaded for assistance. "He so moved the emperor," says the historian, "that he immediately despatched seven of Rome's noblest and most distinguished consulars and sent them with their retinues to the spot. [There] they diligently supervised the rebuilding of the city, spending huge sums of money on the project and giving [the city] the form it has retained to the present day." Though a recently published inscription has revealed that Chaeremon was no peasant, but the scion of a rich and influential family of his city and of the neighboring Nysa, the inscription confirms the essence of the historian's account.[14]

Yet Augustus' help to Tralles could not restore it to its former strength. Tralles lost its position as the *conventus*-center for this part of Caria, and was succeeded by Halicarnassus.[15] The economic advantages of hosting a *conventus* are well known from a speech of Dio Chrysostom to Phrygian Apamea, and this loss affected the fortunes of Tralles. When the Roman senate debated in the year 26 where to build a provincial temple in honor of Tiberius and Livia (Tac. ann. 4,55), it passed over Tralles and other cities as being "too weak" (*parum validi*); in this same debate Halicarnassus argued that "for twelve hundred years its site had never been shaken by an earthquake, and the foundations of the temple would be in living rock." It might seem surprising that the competition was won by Smyrna, which later suffered several earthquakes, one in the reign of Claudius, and the best known under Marcus Aurelius in 177 or 178. But like Pompeii in 63 Smyrna seems to have enjoyed several centuries of seismic calm: according to the legendary history of the city, it had stood on the site ever since the original settlement on Mount Sipylos disappeared into the earth.[16]

The same series of earthquakes that struck Tralles also struck Chios. An inscription from Olympia, very badly worn, contains a decree that the first editors attributed to Cos because of a supposed reference to the legendary founder of Cos, Merops. On inspection, the supposed reference to Merops turns out to have been a false reading. When

---

[13] Helice: see above n. 2; Rhodes: Pol. 5,88–90; WALBANK 1957, 616–620. Phrygian Apamea: Strab. 12,8,18, cf. Athen. 8,332 F = Nicolaos of Damascus FGrH 90 F 74.

[14] Agathias 2,17, especially 2,17,4; JONES 2011.

[15] HABICHT 1975, 71.

[16] Debate of 26 BCE: Tac. ann. 4,55. Earthquake under Claudius: CADOUX 1938, 242. Earthquake of 177 or 178: CADOUX 1938, 279–283 (with 279 n. 3 on the date); PONT 2010, 704, Index s. v. Séisme à Smyrne en 177; THONEMANN 2012, 265–272. Legend of city on Mount Sipylos: CADOUX 1938, 35–38.

the city passing the decree was damaged by "the misfortune of the earthquakes" (ἡ τῶν σεισμῶν περίστασις), Augustus came to its rescue, one of his motives being to do honor to "the man of much learning who proclaimed the deeds (?) of demi-gods and gods," τῷ πολυίστορι καὶ τὰς τῶν ἰσοθέων καὶ θεῶν κηρύσσο[ντι πράξεις (?)]. This is evidently Homer, who according to a very old tradition was a native of Chios. Chios was one of three cities, the other two being Laodicea in Phrygia and Thyatira in Lydia, on whose behalf Tiberius pleaded before the senate early in his career (Suet. Tib. 8). Just as Mithridates had personal reasons for rebuilding Phrygian Apamea, so Augustus, who presided over the creation of a new epic that would rival Homer, had personal reasons for rebuilding the poet's birthplace.[17]

The favor that Augustus showed to Chios, Laodicea and Thyatira in the shocks of the mid-20's BCE raises the further question whether it was chiefly the larger centers, those with bigger populations and greater prestige, that tended to receive help. Chios, it seems, appealed to its status as the reputed birthplace of Homer: what of cities that had no historical or cultural claims? Events of Tiberius' reign provide a partial answer. Like his predecessor, Tiberius had to deal with a severe earthquake within a few years of coming to power. The Elder Pliny considered the earthquake of 17 as "the greatest in human memory, when twelve cities of Asia were laid low in a single night." On this occasion Tiberius applied a remedy already used by Augustus and destined to be repeated many times later, that of remitting the direct taxes (*tributum*), which he combined with direct subventions. Again like Augustus, Tiberius sent senators to help with the reconstruction, this time three and not seven, and of praetorian rank, not consular.[18] In gratitude for his generosity as emperor Sardis took the name of Caesarea, as did other of the stricken cities; coins of Sardis and Magnesia by Sipylus show Tiberius raising the local Tyche from her knees.[19]

In this event Sardis was the city mainly affected, and here, as later with Pompeii, archaeology supplies details that were too minute to be noticed by historians. An inscription of Claudian date honors Tiberius as the city's founder and as Claudius' uncle, from which the excavators have inferred that construction of the main street began soon after the event and ended only some thirty years later.[20] The aqueduct was also completed in 53/54, but the beginning date is unknown. Tacitus calls the twelve cities that were affected "celebrated" (*celebres*), though the list that survives on a well-known monument of Puteoli includes some such as Tmolus that rarely enter into history. If we accord Tacitus' adjective its value, however (and having been proconsul of Asia, he was in a position to weigh the relative importance of the cities under his jurisdiction), it will follow that here too it was the leading ones that received compensation. Even if Asia did not contain the five hundred cities with which it is sometimes credited, there were many cities very much more

---

[17] Chios: IvOl 53; cf. JONES forthcoming. Compare Augustus' help to Paphos in Cyprus (Cass. Dio 54,23,7), perhaps motivated by Paphos' position as a cult-center of Aphrodite.

[18] Plin. nat. 2,200, cf. Sen. nat. 6,1,13.

[19] Tiberius with kneeling city: RPC I 2451 (Magnesia by Sipylus). 2991 (Sardis).

[20] SEG 36, 1986, 1092 (LLEWELLYN 2002, no. 10).

obscure than Tmolus.[21] Suetonius cites this as Tiberius' only notable act of public munificence in the provinces (Tib. 48,2), and while it is not easy to discern his motive, it must be connected with his well-known philhellenism; already as a young man he had pleaded for Chios and other cities after the earthquakes of the 20's (see above).

Cities might not be so lucky if they had no claim on the favor of an emperor, or were too minor to enhance his prestige. Pompeii, archaeologically the best known of cities ruined by seismicity, suffered a preliminary earthquake in 62 before the eruption of 79 obliterated it for ever. The first shock gave Seneca the occasion for a long meditation on the causes of earthquakes and on the philosophic way to face them, topics that occupy the whole of Book 6 of the Natural Questions. Although he claims that Pompeii had collapsed (*consedisse*: Sen. nat. 6.1,1), the eruption of 79 shows that it had at least been badly damaged, as is depicted by a well-known relief from the house of the businessman Caecilius Iucundus, and was still undergoing repairs: a modern analogy is the slow pace of repairs in certain European cities after World War II.[22] Jacques ANDREAU, in his excellent analysis of these repairs, observes: "In Campania, a region dear to Nero, a city that seems to have acquired from him the title of *colonia Neroniana* receives no subsidy after a catastrophic earthquake."[23]

The question again arises of imperial motives: not, as in the case of Tiberius, why the emperor acted but why he failed to do so. The answer may lie partly in the financial situation. In this same year, 62, the emperor appointed a triumvirate of three consulars to regulate the indirect taxes, "with much criticism," says Tacitus, "of previous emperors who by their heavy expenditure had anticipated the proper revenue," that is, who had engaged in what is now called "deficit spending." It has been argued that this measure does not betoken a financial crisis, but on the contrary represents a limited and sensible reform.[24] But Nero was just now facing a revolt in Britain and conducting a campaign in Armenia, and it is not surprising that Pompeii, comparatively a minor town in the less fashionable part of the Campanian coast, was left to look after itself. By contrast, after the Great Fire of Rome in 64 Nero "ravaged Italy and ruined the provinces," in the phrase of Tacitus (Tac. ann. 15,45,1), raising money by forced contributions and carrying off artworks to beautify the city.[25]

In the last year of Nero's reign there occurred another disaster about which we hear much less. Cassius Dio says of certain omens in this year that Nero ignored them, "even

---

[21] Tac. ann. 2,47; on the base at Pompeii ILS 156 with addendum 3.2, clxx; CONTI 2008, 376. A celebrated inscription of Ephesos has revealed many previously unknown cities of the province: HABICHT 1975 (SEG 37, 1987, 884).

[22] MAIURI 1942, 10–21, with Plates 1, 2.

[23] ANDREAU 1973, 393; similarly ZANKER 1987, 41, "Die Pompejaner blieben nach dem Erdbeben [of 62] sich selbst überlassen: es scheint ihnen keine wesentliche Unterstützung aus Rom zuteil geworden zu sein." For other instances of slow repair note MITFORD/NICOLAOU 1974, 26–28 no. 12, Trajan restored the roof of a swimming-bath in Salamis, Cyprus, possibly fallen in the earthquakes of 77–78; Malalas 11,30, p. 213, 73–76 (THURN), Marcus re-erected a public bath at Antioch that had collapsed in the *theomênia* under Trajan (DOWNEY 1961, 229).

[24] Tac. ann. 15,18,3; RATHBONE 2008.

[25] Besides Tacitus, Suet. Nero 38,3; Cass. Dio. 62,18,5. If Philostr. Ap. 4,42 (with JONES 2005, 411 n. 68) can be trusted, Nero rapidly rebuilt his gymnasium.

when the sea withdrew from Egypt and flooded a large part of Lycia" (Cass. Dio 63,26,5). This event is perhaps connected with a recently discovered inscription in Patara, situated on the Lycian coast directly opposite the coast of Egypt, with a clear stretch of sea in between.[26] This shows that Vespasian restored the supporting wall (ἀνάλημμα) of a local aqueduct early in his reign when it had been damaged by earthquakes, so that the water began to flow again after an interruption of four or thirty months, depending on whether the correct reading is delta or lambda. It is tempting to prefer the higher number, and to make the interruption begin in Nero's last years.[27]

Suetonius observes that the Flavian house "caught the empire and consolidated it when it was unstable, so to speak" (*quasi uagum imperium suscepit firmauitque*: Suet. Vesp. 1,1), and when applied to structures shaken by earthquakes the remark is literally true; as he observes elsewhere in the biography, Vespasian "restored to better shape many cities throughout the world afflicted by earthquakes or fires" (Suet. Vesp. 17). Pompeii was one of the beneficiaries, since the emperor employed a military officer to recover "public places occupied by private persons" (*loca publica a privatis possessa*): rather than squatters, these seem to be small tradesmen setting up their booths in derelict public spaces.[28] Though there are some traces of rebuilding, archaeology shows that much remained undone in 79. After the great eruption of that year, Vesuvius remained active, and in a famous passage Tacitus comments on how the landscape facing Capri was still desolate in his day, about thirty or forty years later (Tac. ann. 4,67,2). Galen writing in the second half of the second century observes that Vesuvius was world-famous for the fire belching from its depths, which must mean that it was still active (De methodo medendi 10, 364–65 (KÜHN)): another eruption occurred in 203 (Cass. Dio 77,2,1). It is not therefore surprising that the agricultural economy of Campania never recovered, unable to keep up with the competition from provinces such as Africa and Gaul.[29]

Just as Vespasian showed more concern for Pompeii than Nero had, so also the Patara inscription already mentioned shows him giving help there, though at the same time it reveals that his generosity had limits.[30] Using as his agent the legate Sex. Marcius Priscus, he repaired a local aqueduct "from the money preserved by (or possibly "for") the city from the poll-tax, while the province contributed -- *denarii* (the sum is left blank), with no personal assessment taking place" (ἐκ τῶν συντηρηθέντων τῇ πόλει χρημάτων ἀπὸ κεφαλαίων, καὶ τὸ ἔθνος συνήνεγκε (δηνάρια) -- , μηδεμιᾶς κατ᾽ ἄνδρα ἐπιγραφῆς γενομένης).[31] The first part of this phrase has stirred a debate as to whether it implies that

---

[26] Barrington Atlas 65 B5.

[27] AE 2007, 1519 = SEG 57, 2007, 1673.

[28] T. Suedius Clemens: ILS 5942; PIR² S 947.

[29] Cf. COLEMAN 1988, 153–155, especially 154: "the agricultural economy in Campania (...) did not recover."

[30] Above, n. 24. Note a building re-erected by Vespasian in Xanthos, probably also by the agency of Sex. Marcius Priscus, BALLAND 1981, 29–31 no. 12.

[31] AE 2007, 1519 = SEG 57, 2007, 1673.

the city was taxed to pay for the repairs.[32] Like Augustus and Tiberius in similar circumstances, I infer that Vespasian allowed the moneys usually paid in poll-tax (*tributum capitis*) to be diverted for the repair of the aqueduct, but unlike his predecessors he did not make any contribution from his own funds. It is left unstated whether the provincials still had to pay the other part of the tribute, the *tributum soli*. The phrase in the inscription, "with no personal assessment occurring," (μηδεμιᾶς κατ' ἄνδρα ἐπιγραφῆς γενομένης) refers to a practice better known in later centuries.[33] When a provincial council decided to help one or more cities, individual taxpayers throughout the province might be called upon to contribute, though such calls could meet with resistance.[34] The Patara inscription also serves as a reminder that imperial generosity could be limited when other texts show that an emperor "raised up" or "refounded" a city: despite the magniloquent claim, such acts of elevation or refoundation may mean no more than that he remitted a portion of the annual taxes, or spared the province from a special assessment.

Like his father, Titus receives praise from Suetonius for helping after the eruption of Vesuvius in 79, but the biographer's language shows that the emperor's generosity was not unbounded. He gave aid "as far as his means allowed" (*quatenus suppeteret facultas*). In the usual way he appointed commissioners (*curatores*) of consular rank for the restoration of Campania, and "when there were no extant heirs to those buried by Vesuvius, he applied their estates to the restoration of the afflicted cities," that is, he waived his imperial right to claim them as *bona vacantia* (Suet. Titus 8,3–4). An inscription from Naples dated to 79 shows that Titus repaired some buildings "fallen because of earthquakes" ([ὑπὸ σεισμῶν συμ]πεσόντα), among them perhaps the theater, which had collapsed in 64 (Tac. ann. 15,34,1; Suet. Nero 20,2). The inscription recalls that Titus had been three times agonothete of the local Sebasta, and a local gymnasiarch; that is, it emphasizes his personal connection with the city, presumably because this link helped the city gain his particular favor.[35] For Domitian, there seems to be no evidence of disaster assistance either in Italy or in the provinces, but much is probably lost to the hostility of the sources.[36]

Thus a survey of the Julio-Claudian and Flavian emperors, for whom our evidence is much more plentiful than for later ones, suggests that imperial aid after earthquakes was constrained by a number of factors, and not merely the personality of the emperor. These include the fame of the city receiving aid, and thus its ability to confer prestige on the donor, and financial constraints, which were no doubt greater under Nero than under his predecessors.

---

[32] ŞAHIN 2008, 12–17, with previous bibliography.

[33] Cf. GRENFELL/HUNT on P. Oxy 12,1445: "ἐπιγραφή in papyri of the Roman period is used in the wide sense of 'assessment' in connexion with many types of taxes upon land."

[34] See below.

[35] MIRANDA 1990, 37–39 no. 20, with her discussion.

[36] Cf. SYME 1930, 56 n. 4 = SYME 1979, 2 n. 5 (on p. 3): "It is more than pure chance that not a single one of Domitian's milestones in the whole of Italy has survived, when we possess so many from Nero's brief reign." Cf. now AE 1973,137, with the discussion of FLOWER 2001. For an earthquake in Syrian Antioch under Domitian: Philostr. Ap. 6,38.

For second-century emperors, there is abundant evidence of their aid to stricken cities, at least down to Marcus Aurelius. Hadrian rebuilt Nicomedia and Cyzicos; Pius aided many cities of Asia after the "worldwide earthquake" of the early 140's; Marcus rebuilt Smyrna after the earthquake of 178. For Commodus there is only the testimony of Malalas in the sixth century that he "raised up" Nicomedia when an earthquake ravaged Bithynia as far as the river Sangarios." Otherwise the sources are silent about him, but as with Domitian this may be due to his unfavorable memory.[37]

Literary references to earthquakes are very rare for the third century. There is one major exception, in the reign of Gordian III. According to the *Historia Augusta*, "there was so severe an earthquake [in his reign] that whole cities disappeared with their populations in cracks of the earth, and on this account huge sacrifices were performed through the whole city [of Rome] and the whole world" (HA Gord. 26,1, *fuit terrae motus eo usque gravis imperante Gordiano ut civitates etiam terrae hiatu cum populis deperirent. Ob quae sacrificia per totam urbem totumque orbem terrarum ingentia celebrata sunt*). Significantly, the author does not say anything about imperial assistance, but mentions only world-wide sacrifice, whereas when talking of Hadrian and Antoninus Pius he explicitly says that they gave help after earthquakes. This impression of a diminished response finds an echo in an inscription of Aphrodisias. This shows that the province had passed a resolution calling on the cities of Asia "to share in aiding those who have suffered," but the Aphrodisians had balked. The emperor now tries to coax them into generosity, saying that the provincial resolution was "not an order but a generous measure giving you participation in a friendly act… For free people, and you enjoy freedom to the utmost, the only law in such matters is free choice." The letter is called "a divine response concerning the Laodiceans" (θεῖα ἀντιγραφὴ κατὰ Λαοδικεῖς), so that the Aphrodisians would appear to have won the argument, and to have succeeded in refusing to help their neighbor. Certainly, the underlying issue may be that of the city's struggle to maintain its freedom in a time of increasing encroachment. Nonetheless, the inscription can also be read as a document of imperial weakness and civic impoverishment.[38]

While the ruler was the most prominent source of funds when cities needed disaster-assistance, he was not alone. Both Augustus and individual senators in his reign are said to have helped many cities after earthquakes and other disasters (Cass. Dio 54,23,8). Senators had large estates in Asia already in the early principate, as for instance Rubellius Plautus, a descendant of the first *princeps*, who had "ancestral lands" (*aviti agri*) there in the reign of Nero; such Roman landowners may well have intervened as *patroni* to help distressed communities.[39] As Greeks moved into the higher ranks of the *equites* and senate, or merely accumulated wealth that put them on a similar level, they too could

[37] Malalas 12,11, where "Moudoupolis" is perhaps Midum or Mygdum on the Sangarios, though that was only a *mansio*: RUGE 1932. Hadrian: BIRLEY 1997, 157 with n. 17 (Nicomedia, Nicaea), 162 (Cyzicos). Pius: above, n. 5.

[38] OLIVER 1989, no. 281.

[39] Tac. ann. 14,22,3; PIR R 115; in general: BROUGHTON 1934, especially 217–218.

become benefactors on a princely scale. After the "worldwide earthquake" in the reign of Pius, the magnate Opramoas of Rhodiapolis in Lycia gave generously to the coastal city of Myra, and when the money proved insufficient "erected the buildings himself"; he also helped many other cities of the province.[40] Opramoas was a smaller edition of his contemporary Herodes Atticus, whose benefactions reached across several provinces and into Italy. In enumerating them, Philostratus does not say that any were devoted to repair of earthquake-damage, but the "worldwide earthquake" occurred in the time of Herodes' maturity: his help to Oricum in Epirus, which Philostratus describes as "fallen," may well have been of this kind, and he also built or repaired the aqueduct of Canusium in Italy, perhaps for the same reason.[41] Moreover, a rich city could raise funds through voluntary contributions or special assessments on its own citizens: when Laodicea in Phrygia was destroyed by an earthquake in the year 60, it rebuilt itself, in Tacitus' words, "with no help from us, but with its own resources" (*nullo a nobis remedio, propriis uiribus*).[42]

Cities could also hope for assistance from the province or even from cities of other provinces. Patara received help from the province in the reign of Vespasian "with no personal assessment taking place"; this seems to imply that the province might have made a special assessment for the purpose, but chose not to do so. In the next century, Aristides assures the Rhodians after their disaster that they can expect the Greeks to help the city "as a common contribution to their nation." Smyrna after the earthquake of 178 received help not only from the emperor and the province, but from cities of Europe and Asia.[43] The inscription of mid-third century Aphrodisias discussed above reveals a changed mentality, and an era of comparative impoverishment.[44]

In some ways, the uncertainties of the third century recall the Hellenistic period before the *pax Romana*, and help to explain the renewed attention paid by cities to their walls. The maintenance of walls was a major concern of Hellenistic cities, and when these were weakened by earthquakes a community was in danger if it could not find the funds to rebuild them. A famous inscription from Xanthos reveals that an earthquake had weakened the walls of all the cities of Doris in central Greece, and in this way it had exposed them to attack from Antigonos Doson. The mother-city of the region, Cytenion, therefore mounted a huge diplomatic campaign to get funds from cities and kingdoms.[45] In the imperial period, very few cities maintained their walls, unless like Rhodes they did so as as a display of old-fashioned independence. In the later third century they began to rebuild their fortifications, and well-known examples include the Aurelian Wall of Rome and the post-Herulian Wall of Athens. But the number of cities able to afford such measures must have been constantly shrinking. Beginning in the fourth century, the evidence for

---

[40] KOKKINIA 2000, 233–235.
[41] Philostr. soph. 551 (Canusium). 562 (Oricum).
[42] Tac. ann. 14,27,1. Cf. Aphrodisias: SEG 30, 1980, 1254 B = AE 1980, 868b, the Aphrodisians restoring statues of the Cyclops after an earthquake. See now also CADWALLADER 2012 for Colossai.
[43] Patara: see above. Aristeid. 25,55 (Rhodes); 20,15–18 (Smyrna).
[44] OLIVER 1968, no. 281.
[45] SEG 38, 1988, 1476.

imperial and other activity starts to resume, but with the difference that all depended on the munificence of the emperor and on the energy of governors. In these altered circumstances, it was the major cities that profited. One such was Aphrodisias, the metropolis of Caria, whose walls, so apparent from a distance to approaching visitors, are dated to the mid-fourth century. They were constructed "from debris already available, most easily explained by earthquake damage."[46] Disasters in other cities tend to become known almost by accident, for instance when they illustrate the lives of Christian saints or pagan holy men. When an earthquake in the time of Gregory of Nyssa "had destroyed practically everything" in Neocaesarea of Pontus, only a church built by Gregory Thaumaturge was left.[47] Similarly Zosimus relates that, when an earthquake devastated all of Greece about 375, "Crete was badly shaken, as was the Peloponnese with the rest of Greece, so that many cities collapsed except the city of Athens and Attica." Athens was spared because the Neoplatonic philosopher Nestorius had been advised in a dream to sacrifice to Achilles (Zos. 4,18). Like Miss Thorne in Trollope's *Barchester Towers*, the Athenians could now look for help only from the dead.

In the sixth century, Antioch suffered two earthquakes in quick succession in 526 and 528. Malalas' account of the devastation wrought by the event of 526, which he had perhaps experienced personally, is one of the most vivid descriptions of such an event to survive from antiquity.[48] Despite the aid given by Justin I and Justinian to Antioch, it is perhaps no accident that in 529 an Arab chieftain led troops across the Euphrates and penetrated the city's boundaries. Eleven years later, the Persian king Chosroes invaded in person, and though Justinian had sent his relative Germanus to inspect the fortifications, Chosroes was able to capture the city and plunder it mercilessly. This event, and the realization that Antioch was becoming uninhabitable because of the repeated earthquakes, sent it into an irreversible decline. So also two centuries later, the so-called "Seventh Earthquake" of 749 forever ruined Scythopolis (Beth Shean) and other cities of Palestine.[49]

An observation of Louis ROBERT, much quoted in studies of ancient earthquakes, is that help from the emperor was "expected and normal."[50] It is of course true that much of what is known about earthquakes under the Principate concerns imperial intervention and benefaction. But in the present study I have tried to emphasize the limitations, not only on our knowledge, but on the actuality, of such help. Not all cities did receive imperial help: the contrast between Pompeii under Nero and Naples under Titus is illuminating. Emperors might not be interested in a minor town, or they might be impeded by financial or political constraints. Assembling the evidence of inscriptions and coins is the essential prerequisite for a realistic assessment, but such evidence has passed through many filters.

---

[46] ROUECHÉ 1989, 42–45 no. 22.
[47] Gregory of Nyssa, Life of Gregory Thaumaturgus, PG 46, 924 B–C.
[48] Malal. 17,16, pp. 346–350 (THURN); DOWNEY 1961, 521–525.
[49] Antioch: DOWNEY 1961, 530 (raid of al-Mundhir), 533–546 (Chosroes' invasion and capture of Antioch). Scythopolis: TSAFRIR/FOERSTER 1992; cf. McCORMICK 2011, 159–161, showing that the earthquake of 749 was still "that (famous) earthquake" (*ille terrae motus*) in the early 800's.
[50] ROBERT 1978, 401 = ROBERT 1987, 97.

Rare are the examples such as Pompeii to show what happened when cities did not get help. Still less is known about the countryside, on which many depended for their essential needs. Nor are the ancient sources likely to perceive the long-term effects of disaster, for example the decline in the agricultural economy of Campania, or the shift of habitation away from the Troad when a long period of seismic activity set in.[51] Even nowadays, long-term changes become evident only slowly, sometimes when it is too late to reverse them. In the short term, governments, especially highly centralized ones, are chary of issuing information unfavorable to themselves, and to give full and truthful accounts of their response to tsunamis, nuclear accidents, or hurricanes. The Roman state was no different.[52]

Bibliography

ANDREAU 1973 = J. ANDREAU, Histoire des Séismes et Histoire économique: Le Tremblement de Terre de Pompéi (62 ap. J.-C.), *Annales (ESC)* 28, 1973, 369–395.

BALLAND 1981= A. BALLAND, Fouilles de Xanthos VII: Inscriptions d'Époque impériale du Létôon, Paris 1981.

BIRLEY 1997 = A.R. BIRLEY, Hadrian: The Restless Emperor, London/New York 1997.

BROUGHTON 1934 = T.R.S. BROUGHTON, Roman Landholding in Asia Minor, *TAPhA* 65, 1934, 207–239.

CADOUX 1938 = C.J. CADOUX, Ancient Smyrna: A History of the City from the earliest Times to 324 A.D., Oxford 1938.

CADWALLADER 2012 = A. CADWALLADER, A New Inscription from Kolossai, *Antichthon* 46, 2012, 149–179.

COLEMAN 1988 = K.M. COLEMAN (ed.), Statius: Silvae IV, Oxford 1988.

CONTI 2008 = S. CONTI, Provvedimenti imperiali per Comunità colpite da Terremoti nel I–II d. C., *Klio* 90, 2008, 374–386.

DELRIEUX 2008 = F. DELRIEUX, Les Monnaies des Cités grecques de la basse Vallée de l'Harpasos en Carie: IIe siècle a. C.–IIIe p. C., Talence 2008.

DOMINEY-HOWES 2002 = D. DOMINEY-HOWES, Documentary and Geological Records of Tsunamis in the Aegean Sea Region of Greece, *Natural Hazards* 25, 2002, 195–224.

DOWNEY 1961 = G. DOWNEY, A History of Antioch in Syria from Seleucus to the Arab Conquest, Princeton, New Jersey 1961.

EHMIG 2012 = U. EHMIG, Auf unsicheren Boden: Zur epigraphischen Evidenz für Erdbeben, *Klio* 94, 2012, 291–299.

FLOWER 2001 = H. FLOWER, A Tale of two Monuments: Domitian, Trajan, and some Praetorians at Puteoli (*AE* 1973, 137), *AJA* 105, 2001, 625–648.

HABICHT 1975 = C. HABICHT, New Evidence on the Province of Asia, *JRS* 65, 1975, 64–91.

HINE 2006 = H.M. HINE, Rome, the Cosmos, and the Emperor in Seneca's Natural Questions, *JRS* 96, 2006, 42–72.

---

[51] ROSE 2011.

[52] Cf. SYME 1979, 60: "The legends on coins are certainly a valuable source of information. But what do they really have to tell us? All too often what the government wanted the people to believe. That is, not always the truth." I am grateful for the comments of those attending the colloquium and of audiences in Princeton, Erlangen and Erfurt, and to Rabun Taylor for showing me an advance copy of a paper of his own on the earthquakes of 62 and 79.

HOPKINS 1931 = C. HOPKINS, Report on Finds: Inscriptions, in: P.V.C. BAUR and M.I. ROSTOVTZEFF (ed.), The Excavations at Dura-Europos: Preliminary Report of Second Season of Work, New Haven 1931, 83–113.

JONES 1990 = C.P. JONES, The Rhodian Oration ascribed to Aelius Aristides, CQ 40, 1990, 514–522.

JONES 2005 = C.P. JONES (ed.), Philostratus: The Life of Apollonius of Tyana. Books I–IV, Cambridge Mass./London 2005.

JONES 2011 = C. P. JONES, An Inscription seen by Agathias, ZPE 179, 2011, 107–115.

JONES forthcoming = C.P. JONES, A Decree of Chios, Chiron.

KELLY 2004 = G. KELLY, Ammianus and the Great Tsunami, JRS 94, 2004, 141–167.

LLEWELYN 2002 = S.R. LLEWELYN (ed.), New Documents illustrating the History of Early Christianity 9, Grand Rapids Mich. 2002.

KOKKINIA 2000 = C. KOKKINIA, Die Opramoas-Inschrift von Rhodiapolis: Euergetismus und soziale Elite in Lykien, Bonn 2000.

McCORMICK 2011 = M. McCORMICK, Charlemagne's Survey of the Holy Land, Washington 2011.

MAIURI 1942 = A. MAIURI, L'Ultima Fase edilizia di Pompei, Spoleto 1942.

MIRANDA 1990 = E. MIRANDA, Iscrizioni greche d'Italia: Napoli 1, Rome 1990.

MITFORD/NICOLAOU 1974 = T.B. MITFORD/I. NICOLAOU, The Greek and Latin Inscriptions from Salamis, Nicosia 1974.

OLIVER 1989 = J.H. OLIVER, Greek constitutions of early Roman emporers from Inscriptions and Papyri, Philadelphia 1989.

PONT 2010 = A.-V. PONT, Orner la Cité: Enjeux culturels et politiques du Paysage urbain dans l'Asie gréco-romaine, Pessac 2010.

RATHBONE 2008 = D. RATHBONE, Nero's Reforms of Vectigalia and the Inscription of the Lex Portorii of Asia, in: M. COTTIER et al. (ed.), The Customs Law of Asia, Oxford/New York 2008, 251–278.

ROBERT 1978 = L. ROBERT, Documents d'Asie Mineure, BCH 102, 1978, 395–543 = DERS., Documents d'Asie Mineure, Paris 1987, 91–239.

ROSE 2011 = C.B. ROSE, Troy and the Granicus River Valley in Late Antiquity, in: O. DALLY/C. RATTÉ (ed.), Archaeology and the Cities of Asia Minor in Late Antiquity, Kelsey Museum of Archaeology, Ann Arbor Mich. 2011, 151–171.

ROUECHÉ 1989 = C. ROUECHÉ, Aphrodisias in Late Antiquity, London 1989.

RUGE 1932 = W. RUGE, Midum, RE XV, 1932, 1548.

ŞAHIN 2008 = S. ŞAHIN, Der Neronische Leuchturm und die vespasianischen Thermen von Patara, Gephyra 5, 2008, 1–32.

SYME 1930 = R. SYME, The Imperial Finances under Domitian, Nerva and Trajan, JRS 20, 1930, 55–70 = SYME 1979, 3–17.

SYME 1938 = R. SYME, review of W. Weber, Rom: Herrschertum und Reich, HZ 158, 1938, 554–561 = SYME 1979, 55–61 (English version).

SYME 1979 = R. SYME, Roman Papers I, edited by E. BADIAN, Oxford 1979.

THONEMANN 2012 = P. THONEMANN, Abercius of Hierapolis: Christianization and social Memory in Late Antique Asia, in: R.R.R. SMITH/B. DIGNAS (ed.), Historical and Religious Memory in the ancient World, Oxford 2012, 257–282.

TSAFRIR/FOERSTER 1992 = Y. TSAFRIR/G. FOERSTER, The Dating of the 'Earthquake of the Sabbatical Year' of 749 C. E. in Palestine, Bulletin of the School of Oriental and African Studies, London 55, 1992, 231–235.

WALBANK 1957 = F.W. WALBANK, A Historical Commentary on Polybius 1, Oxford 1957.

WALDHERR 1997 = G. WALDHERR, Erdbeben. Das aussergewöhnliche Normale: Zur Rezeption seismischer Aktivitäten in literarischen Quellen vom 4. Jahrhundert v. Chr. bis zum 4. Jahrhundert n. Chr., Stuttgart 1997.

WILLIAMS 2006 = G.D. WILLIAMS, Greco-Roman Seismology and Seneca on Earthquakes in Natural Questions 6, JRS 96, 2006, 124–146.

ZANKER 1987 = P. ZANKER, Pompeji: Stadtbilder als Spiegel von Gesellschaft und Herrschaftsform, Mainz 1987.

Nordatlantische Salzmarschen im Interesse römischer Politik*

Isabella Tsigarida

Abstract

▬ Küstennahe Feuchtgebiete stellen heute wie in der Antike wirtschaftlich attraktive Landstriche dar. Auf unterschiedliche Weise nutzbar, dienten sie zur Salzgewinnung, zum Fischfang, als Weidegebiet oder als anbaufähiges Land. Neben der agrarwirtschaftlichen Nutzung des Landes öffnete die Erschliessung der Feuchtgebiete durch infrastrukturelle Massnahmen – etwa durch den Ausbau von Strassen und Hafenanlagen – das Land für den Handel und andere wirtschaftliche Aktivitäten.
In diesem Zusammenhang soll hier am Beispiel des Rohstoffes Salz der Frage nachgegangen werden, ob mit dem Vordringen der Römer in die nördlichen Provinzen des Reiches eine Veränderung der Nutzbarmachung nordatlantischer Salzmarschen feststellbar ist, was als Hinweis auf wachsende wirtschaftliche Aktivitäten in der Region gedeutet werden könnte.

▬ Today as in ancient times, coastal wetland holds significant economic potential due to the various opportunities for use that they offer. In the past, they have been utilised in salt production, fishing, grazing or as arable land. Besides using the land for agriculture, the development of wetlands through infrastructure – for example, by building roads and harbours – opened them up for trade and other economic activities.
In this context, the natural resource salt will be used as an example to discuss whether any change in the utilisation of North Atlantic salt marshes can be identified following the Roman expansion into the northern provinces of the Empire. Any such change could be seen as suggesting growing economic activity in the region.

Küstennahe Salzmarschen stellen einen bedeutenden Landschaftsraum dar. Zum einen, weil sie einen einzigartigen Lebensraum für eine ihm angepasste Tier- und Pflanzenwelt bieten, zum anderen weil seit prähistorischer Zeit die dort ansässigen Menschen den Übergangsbereich zwischen Meer und Land auf vielfältigste Weise für sich zu nutzen wussten.

* Dem Schweizerischen Nationalfonds (SNF) sei an dieser Stelle herzlich für die Förderung meines Forschungsprojektes gedankt.

Auf den ersten Blick mögen die Salzmarschen wenig attraktiv erscheinen, da sie von sumpfigen, moorigen und teilweise schwer passierbaren Zonen geprägt sowie von feuchten Schlickböden und sich durch die Salzwiesen schlängelnden Prielen durchzogen sind. Zudem werden die Salzmarschen gelegentlich überflutet und ihre Küstenlinien unterliegen stetigen Änderungen aufgrund von Meeresspiegelschwankungen. Dennoch behaupten sich die Salzmarschen an den flachen Gezeitenküsten und passen sich in ihrer Funktion als natürlicher Übergang zwischen Land und Meer immer wieder dem stattfindenden Wandel an.

Die Küstenbewohner lernten diesen Landschaftsraum zu bearbeiten und zu bewirtschaften. Neben der Gewinnung von natürlichen Ressourcen wie Salz und Torf, boten sich die Küstenstreifen für den Fischfang, als Weidefläche und zur Viehzucht an. Es konnten sogar größere Flächen mittels Drainage oder Trockenlegung als Ackerfläche gewonnen werden.

Es hat den Anschein, dass die küstennahen Salzmarschen zu Beginn der römischen Expansion in die nördlichen Provinzen des Reiches aufgrund ihres sumpfigen und lebensfeindlichen Ambientes zunächst am Rand der Aufmerksamkeit der Römer standen.[1] Dies änderte sich mit der fortlaufenden Annexion nordwesteuropäischer Territorien, als durch das Aufeinandertreffen lokaler Stammesverbände mit der römisch-mediterranen Gesellschaft eine Phase der Wandlung und Anpassung an die neue Situation einsetzte, bei der auch verschiedene Methoden und Strategien der Landnutzung aufeinandertrafen.

Derartige Veränderungen könnten sich im landwirtschaftlichen Bereich niedergeschlagen haben, beispielsweise bei der Kultivierung und Ausbeutung von Küstenregionen und Flusslandschaften. Dies soll anhand küstennaher Salzmarschen exemplarisch für das Rhein-Maas-Delta im Nordwesten des europäischen Festlands an der südlichen Nordsee untersucht werden. Am Beispiel von Salz als elementarem Bestandteil von Salzmarschen soll aufgezeigt werden, ob und in welchem Rahmen sich durch die Präsenz der Römer die Nutzbarmachung des Landes sowie der Handel mit dem Rohstoff Salz veränderte.

Um die Zeit kurz vor Christi Geburt, als die Römer in das Rhein-Maas-Delta-Gebiet vordrangen, bot sich ihnen zunächst ein Bild miserabler Lebensumstände, was aus Plinius Darstellung bei der Beschreibung über das Land und Volk der Chauken hervorgeht:[2] Neben dem Naturphänomen der Ebbe und Flut schildert er das armselige Leben der Bewohner auf den Halligen und Warften (Siedlungshügel aus Erde), die Schwierigkeit des Fischfanges und die Lebensweise der Bewohner in dieser unbeständigen Landschaft. Tatsächlich war die Besiedelung der Marschen ein Wagnis aufgrund der Überflutungsgefahr. Die dort ansässige Bevölkerung wusste sich zu helfen, indem sie an den Küsten zum Schutz vor Sturmfluten Warften anlegten, die zu dieser Zeit den einzig wirksamen

---

[1] Strab. 4,3,4.
[2] Plin. nat. 16,2–4.

Hochwasserschutz darstellten.[3] Die Marschsiedlung Feddersen Wierde nördlich von Bremerhaven, deren Warftenbau ins späte 1. Jahrhundert n. Chr. datiert werden kann, ist ein gutes Beispiel hierfür.[4]

In den neu eroberten Territorien änderte sich die Siedlungsform allmählich von vormals ländlichen keltisch-germanischen Siedlungen zu städtischen Siedlungen. Einige von ihnen wurden Sitz römischer Herrschaftsorganisation, in denen sich wirtschaftliche Aktivitäten in größerem Rahmen ausbilden konnten. Während der ersten Entwicklungen einer wirtschaftlichen Marktstruktur in dem Deltagebiet etablierten die Römer beeindruckende infrastrukturelle Maßnahmen im Bereich der Land- und Wasserwege sowie Häfen, beispielhaft seien hier die *fossa Drusiana* und *fossa Corbulonis* erwähnt.[5] Vor allem die Wasserwege waren durch die zahlreichen Wasserläufe des Rhein-Maas-Deltas für den Gütertransport von Bedeutung, was der Bau dieser Kanäle belegt.

Die Ankunft der Römer brachte somit neue Möglichkeiten der Nutzbarmachung des Deltas mit sich, die allerdings in erster Linie militärischen Zwecken dienten. Neben Drainage-Arbeiten, Kanal- und Dammbauten wurde auch die Landwirtschaft intensiver genutzt, um die Versorgung des in der Region stationierten Heeres sicherzustellen. Inwiefern es auch bei der Salzgewinnung, die in der Antike in den Bereich der Landwirtschaft fiel, interessante Neuerungen gab, soll nun betrachtet werden.

Salz, ernährungsphysiologisch existentiell für Mensch und Tier, lässt als zentraler Bestandteil von Salzmarschen die Bedeutung der Schwemmgebiete bereits erkennen. In seiner Eigenschaft als Konservierungsmittel ermöglichte das Salz zudem, Gemüse und eiweißhaltige Lebensmittel wie Käse, Fisch und Fleisch haltbar und transportfähig zu machen und über den Winter zu bringen sowie über weite Strecken zu handeln.[6] Darüber hinaus wurde es in der Viehzucht, als Heilmittel und als technischer Hilfsstoff in der Gerberei, der Metallurgie und bei der Glasherstellung verwendet. Aus dem Genannten lässt sich rückschliessen, dass das Salz auch für das Militär nicht unbedeutend gewesen sein dürfte, vor allem bei einer längerfristigen Stationierung.[7] Keramische Behälter, die im Militärlager der in Nijmegen stationierten Soldaten auf dem Kops Plateau gefunden wurden, und welche für den Salzhandel verwendet wurden, belegen dies und lassen gewisse Handelsaktivitäten in der hier zu betrachtenden Region erkennen.[8]

---

[3]   Vgl. BEHRE 2008, 36 und 58–77.

[4]   Vgl. BEHRE 2008, 70f.

[5]   Tac. ann. 2,8,1 zur *fossa Drusiana* (12 v. Chr.); Tac. ann. 11,20,2 zur *fossa Corbulonis* (47 n. Chr.).

[6]   Zu den verschiedenen Verwendungsmöglichkeiten des Salzes vgl. TSIGARIDA 2012.

[7]   Dies lässt sich auch den Quellen entnehmen. So stellt beispielsweise Cäsar zufolge das Vorhandensein von Salz eine günstige Voraussetzung dar, um ein Lager aufzuschlagen. Als wichtiges Versorgungsgut für das Militär erwähnt es Vegetius, möglicherweise war es Teil der Standardration. Appian berichtet, dass das Weglassen von Salz beim Fleischverzehr bei den römischen Soldaten in Spanien zur Ruhr geführt habe. Vgl. Caes. civ. 2,37,5; Veg. mil. 3,3; App. Ib. 9,54.

[8]   Vgl. VAN ENCKEVORT 2001, 365; VAN DEN BROEKE 1996.

Die Salzgewinnung konnte an der Nordseeküste auf verschiedene Weise erfolgen:[9]

Entweder durch das Sieden von Meereswasser, durch Herausfiltern bzw. Auslaugen des Salzes aus Torf[10] oder salzdurchsetztem Sand[11] oder durch das Sammeln des Meereswassers in flachen Becken, in denen es durch Sonneneinstrahlung verdampfte. Obwohl die letztgenannte Salzgewinnungsmethode die gängige im mediterranen Raum war, eignete sie sich aufgrund der schlechteren Klimabedingungen für die nördlichen Küstenregionen weniger. Es gibt allerdings Hinweise aus dem Südosten Englands, die auf eine abgewandelte Form der solaren Gewinnungsmethode deuten. Bei dieser wurde das Meerwasser in Klärbecken gesammelt und nach überwiegender Verdunstung die verbleibende Sole in Briquetagebehältern erhitzt bis das Salz kristallisierte.[12] Als Brennmaterial diente an den Küsten neben Holz vorwiegend Torf. Dass für das Solesieden anstelle der Briquetagegefäße auch flache Pfannen aus Blei, Bronze oder Eisen verwendet wurden, belegen mehrere aus dem englischen County Cheshire stammende Bleipfannen aus römischer Zeit.[13]

Beendet wurde der Salzgewinnungsprozess durch die Trocknung des Salzes, was häufig in Briquetagegefäßen erfolgte. Als sogenannter „Formsalzblock" war das Salz unempfindlich gegen Feuchtigkeit und ließ sich mit oder ohne Briquetagegefäß transportieren.[14] Um an das Salz zu gelangen, konnte das Gefäß zerbrochen oder zerschlagen werden. Die Anwendung der Briquetagetechnik war vor allem in solereichen Gebieten weit verbreitet. Die Briquetagebehälter, meist rötlich gefärbte Keramik, unterschieden sich dabei je nach Region und Epoche in ihrer Form, so gab es becher-, kelch- und vasenförmige Behälter sowie stangen- und plattenförmige Stützelemente.[15]

Auch an der Nordsee-, Kanal- und Atlantikküste lassen sich Produktionsorte nachweisen, die die Briquetagetechnik im Salzgewinnungsprozess belegen. Interessanterweise befanden sich dabei eisenzeitliche und römische Produktionsstätten nicht an den gleichen Standorten, was möglicherweise auf veränderte Küstenverläufe zurückzuführen ist.[16] Mit Anwesenheit der Römer in den nördlichen Provinzen des Reiches lässt sich des Weiteren ein Wandel im Prozess der Salzherstellung in den küstennahen Salzmarschen feststellen. Bei diesem scheint es, dass die im mediterranen Raum gängige solare

---

[9] Rippon 2000, 42; Saile 2000, 136–138.
[10] Plin. nat. 16,4.
[11] Hocquet 1993, 39f.
[12] Vgl. Saile 2000, 144.
[13] Vgl. Hocquet 1993, 38; Jülich 2003, 39; Jülich 2005, 29; Jülich 2007, 128–130. Siehe ferner Lane 2005, 19–26 und De Brisay/Evans 1975.
[14] Vgl. Fries-Knoblach 2001, 5.
[15] Vgl. Fries-Knoblach 2001, 5–18.
[16] Vgl. Saile 2000, 171f. und 174; Thoen 1975, 58–60; Thoen 1981, 250f.; Thoen 1991, 41–43; Fries-Knoblach 2001, 22; Rothenhöfer 2005, 214.

Salzgewinnungsmethode mit der an den Küsten üblichen Briquetagetechnik kombiniert wurde, was das oben erwähnte Beispiel der Salzgewinnung aus Südostengland bereits andeutete. Auch Funde aus Belgien weisen in diese Richtung.[17] Neben natürlichen Buchten, die als Salzpfannen dienten, wurden zur Salzgewinnung zusätzlich hölzerne Konstruktionen im gezeitenbeeinflussten Marschland errichtet. Eingelassen in den Torfboden waren sie durch natürliche oder künstlich angelegte Gräben und Flussarme mit dem Meer verbunden. Das in den Holzbehältern gesammelte Meerwasser konnte durch Sonneneinstrahlung und Wind teilweise verdampfen, während sich die Sedimente am Boden absetzten. Die Salzlake wurde anschließend in Briquetagebehälter umgefüllt und (vermutlich in Öfen) erhitzt, bis das Salz kristallisierte.

Ein Ausbau derartiger römischer Salinenanlagen lässt sich entlang der kontinentalen Nordseeküste, der Bretagne und England vermehrt nachweisen[18] und deutet auf eine Intensivierung der Salzproduktion und Erhöhung der Produktionsvolumina hin.

Beispielhaft für solch eine Salinenbauweise seien in diesem Zusammenhang zwei aus hölzernen Solebecken bestehende kaiserzeitliche Salinenanlagen mit einer Fläche von jeweils 1.500 m² aus dem heutigen Belgien erwähnt, die nahe des Meeres bei Zeebrugge und Raversijde lagen (um 200 n. Chr.). Eine weitere in dieselbe Zeit zu datierende Saline aus Leffinge bezeugt das Sieden von Sole in Öfen. Ausgestattet mit einer doppelten Ofenreihe, gibt die sich auf dem Territorium der antiken Menapier befindliche Saline in Leffinge möglicherweise Hinweise auf einen rationelleren Siedeprozess. Auf dem Grabungsgelände wurden darüber hinaus beachtliche Mengen an Briquetage gefunden. Für eine weitere, sich auf dem Gebiet der antiken Moriner befindlichen Anlage in Ardres stehen Grabungsarbeiten noch aus, obwohl sie bereits seit dem 19. Jahrhundert bekannt ist. Möglicherweise steht auch die kaiserzeitliche Ofenanlage in 's Heer Abtskerke (Seeland) mit Salzgewinnungsaktivitäten an der Küste in Zusammenhang. Ebenfalls könnten auch die aus der Siedlung Rijswijk-„De Bult" (Südholland) stammenden Zylindergefäße einen Bezug zur römischen Salzgewinnung haben.[19]

Die genannten Salinenanlagen erfüllen gewisse Kriterien, die den Ausbau als strategisch geplant erscheinen lassen. Neben dem Zugang zu Meereswasser – durch die Lage am Meer oder durch Priele in den Salzmarschen – zählen das Vorhandensein von Torf zur Befeuerung, das Vorhandensein von Ton als Baumaterial für Siedeöfen und Briquetagebehälter und eine verkehrstechnisch günstige Lage für Handel und Distribution dazu. Anhand der archäologischen Befunde zu Errichtung und Ausbau der Salinen ist die Annahme, dass sie aus strategischen Gründen im Interessensbereich römischer Entscheidungsträger lagen, nicht abwegig. Nachvollziehbar wird dies vor dem Hintergrund der römischen Expansion in die nördlichen Provinzen. So entwickelte sich die hier betrach-

---

[17] Vgl. THOEN 1991, 40.
[18] Vgl. SAILE 2000, 173, Abb. 11 und 174.
[19] Vgl. THOEN 1975, 59f.; THOEN 1981, 250f.; THOEN 1991, 41–43; SAILE 2000, 174f.

tete Provinz Germania inferior, in der sich auch das Rhein-Maas-Delta befand, aufgrund des hohen Truppenaufkommens zu einem zentralen Raum militärischen Interesses. Zur Wahrung außenpolitischer Ziele und zur Unterstützung militärischer Operationen war die konstante Belieferung der stationierten Truppen unerlässlich. Logistische Vorbereitungen zur Lagererrichtung, ein verlässliches Nachschubwesen mit Importen aus dem mediterranen Raum sowie der Ausbau lokaler Versorgungslinien erwiesen sich als unverzichtbar,[20] weshalb infrastrukturelle Rahmenbedingungen geschaffen wurden, die die Belieferung der Truppen gewährleisteten. In diesem Zusammenhang ist auch die erhöhte Nachfrage an Salz zu erwähnen. Für das salzarme, südliche Niedergermanien beispielsweise waren im 1. Jahrhundert n. Chr. neben den dort ansässigen Einwohnern ca. 40.000 Soldaten sowie zusätzliche Auxiliartruppen, bestehend aus ebenfalls ca. 40.000 Mann, mit Salz zu versorgen.[21] Die konstante Belieferung der vom Salzimport abhängigen Region war somit strategisch bedeutsam, vor allem, wenn man sich die verschiedenen Verwendungsmöglichkeiten des Salzes in Erinnerung ruft.

Die Salzproduktion erfolgte im 1. Jahrhundert n. Chr. wohl hauptsächlich über die mediterranen Salinen, auch wenn dies zusätzliche Kosten für Transport und Distribution, die ein Fernhandel mit sich brachte, zur Folge hatte. Aufgrund dessen, dass die erhöhte Nachfrage durch die lokale Produktion in den nördlichen Provinzen noch nicht gewährleistet werden konnte, war der Import größerer Mengen an Salz zur Sicherstellung des Salzbedarfes notwendig.

Neben dem Salz konnten auch salzige Fischsaucen den Salzbedarf in der Ernährung decken. Viele der Fischsaucen-Produktionsanlagen befanden sich in der Nähe von Salinen, so dass der Handel von Fischsaucen teilweise mit dem Salzhandel einherging.[22] Etliche der Händler waren infolgedessen nicht nur auf ein Produkt spezialisiert, sondern handelten mit mehreren Produkten gleichzeitig (Fischsauce, Salz und/oder eingesalzenen Produkten).[23] Zudem ist denkbar, dass das Salz beim Transport von Fischsaucenampho-

---

[20] Vgl. Thomas 2008; Erdkamp 2006, 287f.
[21] Vgl. Rothenhöfer 2005, 213. Vgl. auch Verboven 2007, 303f., demzufolge im 1. Jahrhundert n. Chr. ca. 40.000 Soldaten in den germanischen Provinzen stationiert waren, im 2. Jahrhundert n. Chr. ca. 20.000 und ca.15.000 in Britannien (für beide Jahrhunderte). Daneben hatten auch die Auxiliar-Einheiten eine ähnliche Größe, so dass in den germanischen Provinzen für das 1. Jahrhundert n. Chr. von einem Truppenaufkommen von ca. 80.000 Mann ausgegangen werden kann, für das 2. Jahrhundert n. Chr. von ca. 40.000 Mann und von ca. 30.000 Mann für Britannien (für beide Jahrhunderte). Berücksichtigt man zudem, dass sich jährlich eine gewisse Anzahl von Veteranen in den Gebieten rund um die Militärlager niederließen, dann kommen für das 1. Jahrhundert n. Chr. ca. 28.800 Veteranen hinzu, für das 2. Jahrhundert n. Chr. ca. 14.400, für Britannien sind es ca. 10.800. Ferner sind die Verwandten, Sklaven und Freigelassenen einzubeziehen sowie der Tross an Händlern, Vertragspartnern etc., die das Heer begleiteten, so dass die Versorgung all dieser Personen – neben der dort ansässigen Bevölkerung (ca. 130–150.000 für das 2. Jahrhundert n. Chr.; vgl. Rothenhöfer, 2005, 213) – beachtliche Ausmaße annahm.
[22] Vgl. Tsigarida 2012, 378.
[23] Vgl. Curtis 1984, 147–158; Hassall 1978, 45.

ren mittransportiert oder beim Rücktransport als mögliche Ladung verwendet wurde, je nach Destination des Handelsschiffes und dem dortigen Vorkommen von Salz. Ein Teil der transportierten Amphoren konnte daher als Verpackung für lokale Produkte dienen, die zu den Absatzmärkten des Starthafens zurückkehrten.[24] Ein solcher Transport, bei dem Salz in Säcken zusammmen mit Fischsaucen von der Atlantikküste bis an den Rhein geliefert wurde, ist bezeugt.[25]

Entsprechend der erhöhten Nachfrage an Versorgungsgütern für die in den nördlichen Provinzen stationierten Truppen, lässt sich dann auch archäologisch für das 1. und 2. Jahrhundert n. Chr. ein intensiver Fischsaucenhandel aufzeigen, bei dem mit Importen aus dem spanischen Süden gehandelt wurde, die allmählich durch lokal produzierte sowie südgallische Fischsaucen ersetzt wurden.[26] Dies kann dem Fundkontext zahlreicher Militärlager im mitteleuropäischen Raum, ebenso den Militärlagern im südlichen Niedergermanien, entnommen werden.[27]

Die archäologischen Funde zu den römischen Salinenanlagen und den Fischsaucenamphoren zeigen somit, dass der durch die römische Expansion bedingten erhöhten Nachfrage an Salz insofern Rechnung getragen wurde, als die konstante Belieferung der Truppen mit Fischsauce und Salz sowohl durch die mediterranen Importe gewährleistet als auch die Salzgewinnung dem gestiegenen Bedarf allmählich angepasst wurde. Das heißt, dass der Handel mediterraner Salz- und Fischsaucenprodukte nach und nach durch die Produktion lokaler Fischsaucen sowie den Ausbau lokaler Salzgewinnungsanlagen ersetzt wurde.[28] Die Anlagen der nördlichen Küstenregionen sowie die Salzgewinnungsmethoden wurden auf die natürlichen und räumlichen Gegebenheiten abgestimmt, wodurch die lokal bestmögliche Salzernte erzielt werden konnte. Die technische Neuerung im Salzgewinnungsprozess bestand dabei aus der Erweiterung des technischen Know-hows mediterraner Salzgewinnung, und zwar durch Einbeziehen und Verschmelzen der in den nördlichen Küstenregionen üblichen Briquetagetechnik mit der mediterranen.

Neben den archäologischen Funden zu den Salinen und Briquetagebehältern, die auf eine Erhöhung des Produktionsvolumens hinweisen, belegen auch Inschriften vermehrte

---

[24] Von einem derartigen Salzhandel berichtet der nach Cherson verbannte Papst Martin in einem Brief (vor September 655). Diesem ist zu entnehmen, dass Schiffe Getreide nach Cherson lieferten, welche auf der Rückfahrt mit Salz beladen wurden. Vgl. dazu ROMANČUK 2005a, 100f. und 230 sowie ROMANČUK 2005b, 77. Zum Transport von Salz in Amphoren, ebenso aus Cherson, vgl. KADEEV 1970, 20f.

[25] Vgl. MARTIN-KILCHER 1994, 476.

[26] Vgl. CURTIS 1984, 151; JACOBSEN 1995, 163; MARTIN-KILCHER 1994, Abb. 261, 414, 482f., 547; EHMIG 2001; vgl. für Britannien auch MORRIS 2010, 75.

[27] Vgl. CURTIS 1983, 239. Den Import mediterraner Produkte belegen auch die Funde des Militärlagers auf dem Kops Plateau, vgl. VAN ENCKEVORT 2001, 365 sowie die Funde aus Xanten, die zudem auf die Verwendung südgallischer Fischsaucen-Imitationen hinweisen. Vgl. MILLET 2006, 22.

[28] Zur Produktion lokaler Fischsaucen vgl. ROTHENHÖFER 2005, 215f.; TAMERL 2010, 19 und 37f.

Salzhandelsaktivitäten für diese Zeit und Region, was mit dem bisher skizzierten Bild der erhöhten Nachfrage an Salz übereinstimmt.[29]

Aus dem heutigen Colijnsplaat (Niederlande) an der Rhein-Schelde-Mündung stammen vier kaiserzeitliche Inschriften (2./3. Jahrhundert), in denen *negotiatores salarii* erwähnt werden.[30] *Negotiatores salarii* bezeichnen wohl Großhändler; interessanterweise findet sich diese Bezeichnung aber nur für diese Region.[31]

Die genannten Inschriften waren der Göttin Dea Nehalennia geweiht, der Schutzgöttin von Händlern für ihre Überfahrt zur See.[32] Zwei der erwähnten Händler stammen aus Köln (Colonia Claudia Ara Agrippinensium), namentlich Gaius Iulius Florentinus und Gaius Iulius Ianuarius.[33] Es hat den Anschein, dass auch der dritte Salzhändler Marcus Exingius Agricola in Köln ansässig war, ursprünglich aber aus Trier kam.[34] Die Herkunft des vierten Salzhändlers Quintus Cornelius Superstis lässt sich nicht genau zurückverfolgen,[35] es ist aber nicht ausgeschlossen, dass auch er aus Köln kam oder wirtschaftliche Kontakte dorthin besaß. Auf einen weiteren Salzhändler könnte zudem eine fragmentarische Inschrift aus Köln deuten.[36]

Den obigen Ausführungen zufolge erwarben die Salzhändler das Salz aus den Salzgewinnungsanlagen entlang den nordatlantischen Küsten und handelten den Rohstoff über das ausgebaute Straßen- und Wassernetz in das Landesinnere sowie in die salzarmen Regionen und die Militärlager. Der Ausbau von Salzgewinnungsanlagen ermöglichte die

---

[29] Bereits während der Eisenzeit lassen sich Handelsverbindungen der Küsten mit dem Rheinland nachweisen, allerdings in wesentlich geringerem Ausmaß als zur Kaiserzeit. Vgl. SIMONS 1986.

[30] STUART/BOGAERS 2001: A1 = AE 1973, 362: *Deae / Nehaleniae / M(arcus) Exingius / Agricola / cives Trever / negotiator / salarius / c(oloniae) C(laudiae) A(rae) A(grippinensium) v(otum) s(olvit) l(ibens) m(erito)*; A26 = AE 1973, 364: *Deae Nehale/niae sacrum / C(aius) Iul(ius) Floren/tinus Agripp(inensis) negotiator / salarius pro s/e et sui[s v(otum)] s(olvit) l(ibens) m(erito)*; A49 = AE 2001, 1464 = AE 2003, 1228: *Deae Nehalenniae / C(aius) Iul(ius) Ianuarius / Agrip(pinensis) neg(otiator) salar(i)us l(ibens)*; B1 = AE 1973, 378: *Deae / Nehalenni(ae) / Q(uintus) Cornelius / Superstis / negotiator / salarius / v(otum) s(olvit) l(ibens) m(erito)*.

[31] STUART/BOGAERS 2001, 35. Als *negotiatores* werden seit dem Prinzipat häufig Händler bezeichnet, die einen Bezug zum Seehandel aufweisen. Sie sind auch im Britannienhandel inschriftlich bezeugt, was die Annahme, dass sie Großhändler waren, weiter stützt. Zur Terminologie römischer Händler vgl. KNEISSL 1983; JASCHKE 2010, 92f. Anhand ihrer Bezeichnungen konnten die *negotiatores* ihre Spezialisierungen auf Produkte oder Regionen erkennbar machen wie bei den *negotiatores salarii* ersichtlich. Anhand der Verbreitung der *negotiatores*-Inschriften lässt sich zudem eine Verbindung zum Militär herstellen, vgl. SCHMIDTS 2011, 95, Anm. 578 sowie 100–104, vgl. auch HASSALL 1978.

[32] Dem Namen der Meeresgottheit Dea Nehalennia zufolge scheint sie keltischer Herkunft gewesen zu sein. Vgl. DE BERNARDO-STEMPEL 2004 und SPICKERMANN 2010, 127–138, vor allem 129, Anm. 11.

[33] STUART/BOGAERS 2001, 70f., A26 = AE 1973, 364 und A49 = AE 2001, 1464 = AE 2003, 1228.

[34] STUART/BOGAERS 2001, A1 = AE 1973, 362; KRIER 1981, 115f., Nr. 41.

[35] STUART/BOGAERS 2001, B1 = AE 1973, 378.

[36] In dieser Inschrift (ID 668) aus dem 2./3. Jahrhundert (?) wird ein *(Lo?)llius Iustus* als *negotiator CCAA (---)ar(---)* erwähnt, vgl. ROTHENHÖFER 2005, 214 mit Anm. 130.

Intensivierung der Salzproduktion und begünstigte dadurch den Salzhandel. Ein wichtiges Handelszentrum in der Region war Köln, die Hauptstadt der Provinz Germania inferior und zugleich Hauptquartier des in Niedergermanien stationierten Heeres. Die Konzentration von Salzhändlern verwundert hier nicht, da sich Köln als Umschlagplatz und Verteilerzentrum für Salz wohl auch günstig für die Weiterverteilung in die ländlichen Regionen anbot. Möglicherweise wurden der Salzhandel und dessen Organisation in der Provinzhauptstadt abgewickelt, in der sich auch die für diese Region zuständige römische Administration und Logistik befand. Ob die inschriftlich überlieferte Anwesenheit der Salzhändler überwiegend wirtschaftliche Gründe hatte, ist nicht geklärt. Denkbar ist allerdings, dass den Salzhändlern in der Provinzmetropole die Pachtverträge zugesprochen wurden und der Handel von dort aus besser kontrolliert werden konnte.[37]

Die Distribution des Salzes erfolgte vermutlich von den Küsten rheinaufwärts zum Provinzzentrum, d. h. von den Produktionsstätten zu den Abnehmern. Wie die weitere Verteilung verlief und welche Personengruppen beteiligt waren, bleibt ungewiss. Es ist aber denkbar, dass Großhändler mit Hilfe von Sklaven oder angestellten Arbeitern in der regionalen Verteilung tätig waren, ebenso wie auch Subunternehmer (Kleinhändler) die Verteilung übernehmen konnten.

Anhand der treverischen Herkunft des Salzhändlers Marcus Exgingius Agricola lässt sich annehmen, dass es auch flussaufwärts weitere Verteilerzentren gab, wie Trier oder Mainz.

Zudem könnte ein in den Paulussentenzen der Digesten erwähntes Exportverbot aus dem 3. Jahrhundert n. Chr. für Salz und andere Güter darauf hindeuten, dass bis zu diesem Zeitpunkt auch Handelsverbindungen mit dem rechtsrheinischen Germanien bestanden.[38] Vermutlich waren diese Handelsbeschränkungen, die sich auf Angehörige fremder und sich außerhalb der Reichsgrenzen befindlicher Gemeinschaften bezogen, die Folge vermehrter barbarischer Einfälle.

Zwei weitere Inschriften weisen auf sogenannte *salinatores* hin (Ende des 1. bzw. Anfang des 2. Jahrhunderts n. Chr.).[39] Welche Personengruppen damit bezeichnet wurden, ist nicht eindeutig; denkbar sind allerdings Salzbauern oder Salinenarbeiter. Es scheint, dass

---

[37] Vgl. ROTHENHÖFER 2005, 215 mit Anm. 132. Ein weiteres Verteilerzentrum mit einer großen Anzahl von Salzbehälter-Scherben (140.000) aus der 1. Hälfte des 1. Jahrhunderts n. Chr. konnte nahe des *vicus* Tienen auf tungrischem Gebiet, ca. 35 km westlich von Tongern, nachgewiesen werden. Vgl. VANDERHOVEN 2003, 136–138.

[38] Dig. 39,4,11.

[39] CIL XI 390: *L(ucio) Lepidio L(uci) f(ilio) An(iensi) / Proculo / mil(iti) leg(ionis) V Macedon(icae) / |(centurioni) leg(ionis) eiusdem |(centurioni) leg(ionis) eiusdem II / |(centurioni) leg(ionis) VI Victricis / |(centurioni) leg(ionis) XV Apollinar(is) / prim(o pilo) leg(ionis) XII[I] Gemin(ae) / donis donato ab / Imp(eratore) Vespasiano Aug(usto) / bello Iudaico torquib(us) / armillis phaleris / corona vallari / salinatores civitatis / Menapiorum ob mer(ita) eius / Septimina f(ilia) reponend(um) / curavit* und CIL XI 391: *L(ucio) Lepidio L(uci) f(ilio) An(iensi) / Proculo / mil(iti) leg(ionis) V Macedonic(ae) / |(centurioni) leg(ionis) eiusdem |(centurioni) leg(ionis) eius[d]em II / |(centurioni) leg(ionis) VI Victricis / |(centurioni) leg(ionis) XV Apollinar(is) / prim(o pilo) leg(ionis) XIII Geminae / donis donato ab*

die *salinatores* mit der Salzgewinnung im weitesten Sinne sowie mit der Belieferung des Heeres in Verbindung standen; vielleicht waren sie als Pächter von Salinen und/oder auch als Händler im „Salz-Geschäft" tätig.[40]

Die aus Rimini (Italien) stammenden Ehreninschriften wurden beide von *salinatores* gestiftet, die an der Nordseeküste beheimatet waren. Sowohl die *salinatores civitatis Menaporium* als auch die *salinatores Morinorum* haben dem Centurio L. Lepidicus Proculus die Inschriften zum Dank geweiht. Dieser war während der Regierungszeit des Kaisers Vespasian (69–79) als Centurio der Legio Victrix in Novaesium (Neuss) tätig. Obwohl nicht nachweisbar ist, welche Aufgabe er auf dem Gebiet der Menapier und Moriner innehatte, ist möglich, dass er nach Beendigung des Bataveraufstandes mit einer Reorganisation der Salzversorgung für die stationierten Truppen beauftragt war.[41] Auch die Leitung für den Ausbau größerer Salzgewinnungsanlagen im Rahmen der Ausweitung der lokalen Produktion unter Anwendung technischen Know-hows im römischen Stil entlang der nordatlantischen Küste kommt in Betracht; zumal sich auf dem Gebiet der Menapier und Moriner die bereits erwähnten Salinenanlagen befanden. Ebenso ist aber auch die Erhebung von Naturalsteuern in Bezug auf das Salz vorstellbar.[42] Möglich ist aber auch, dass der Centurio die Sicherstellung der Salzproduktion zu verantworten hatte, er für den Salzhandel zuständig war oder das „Salz-Geschäft" in den Salinen kontrollierte.[43] Trotz aller Unsicherheiten über die Aufgabe des Centurios bleibt festzuhalten, dass er von römischer Seite entsandt wurde, um sich über die Belange rund um das Salz zu kümmern, wohl mit dem Ziel, die Belieferung des Heeres zu garantieren.

Zusammenfassung

Die Funktionsfähigkeit römischer Grenzwacht war nicht nur von den dazugehörigen Militäranlagen abhängig, sondern auch von der Versorgung der stationierten Truppen mit Agrarprodukten. Dafür wurden beeindruckende infrastrukturelle Maßnahmen ergriffen,

---

[40] *Imp(eratore) Vespasiano Aug(usto) bello / Iudaico torquib(us) armil(lis) / phaleris corona va[ll]ar(i) / salinatores civitatis / Morinorum ob mer(ita) eius / Septimina f(ilia) reponend(um) / curavit.*
   Einen Hinweis auf Verpachtung könnte möglicherweise auch die Weihinschrift eines menapischen Salzhändlers aus Tongern liefern (2. Hälfte 2. / Anfang 3. Jahrhundert n. Chr.), in der der Munizipalstatus von Tongern bezeugt wird, was eine durch die *civitas* erfolgte Pachtvergabe zwischen den Zeilen erkennen lassen könnte. Vgl. dazu AE 1994, 1279: *I(ovi) O(ptimo) M(aximo) / et Genio / Mun(icipii) Tung(rorum) / Cat(ius) Drousus / sal(inator?) Men(apiorum?) / v(otum) s(olvit) l(ibens) m(erito).* Vgl. auch WIERSCHOWSKI 2001, 56. Die Inschrift ist besonders für die territoriale Zuordnung der Tungrer von Bedeutung, denn während bislang vorwiegend von ihrer Zugehörigkeit zur Belgica ausgegangen wurde, kann dadurch, dass ihr Hauptort als *municipium* tituliert wird, eine Zugehörigkeit zur Germania inferior angenommen werden, zumal Munizipien in der Belgica, im Gegensatz zu Germanien, unbekannt sind. Vgl. RAEPSAET-CHARLIER 1995 und RAEPSAET-CHARLIER 1996.

[41] Tac. hist. 4,28,1.

[42] Tac. ann. 4,72.

[43] Vgl. VAN BEEK 1983, 7 und WILL 1962, 1650.

vor allem im Bereich des Straßen- und Wassernetzes, was nicht nur die Belieferung des Heeres mit Gütern und Ressourcen gewährleistete, sondern auch optimale Bedingungen für den Handel innerhalb der Provinz und mit anderen Provinzen schuf, unter anderem auch für die Ressource Salz. Die erhöhte Nachfrage nach Salz konnte nicht zuletzt aufgrund der Bildung neuer Versorgungslinien, Handelsstrukturen und verlässlicher Distributionswege gedeckt werden.

Die längerfristige Stationierung eines Heeres beeinflusste demnach maßgeblich die Produktions- und Verteilungsstrukturen.[44] Mit der Verlagerung der römischen Truppen in die nördlichen Provinzen entwickelte sich aus dem ursprünglich peripheren Randbereich des Imperiums ein militärischer Zentralraum, der durch die Präsenz des Heeres sowohl umfassende infrastrukturelle Maßnahmen als auch technische Innovationen und wirtschaftliche Entwicklungen nach sich zog, die den mitteleuropäischen Raum wirtschaftlich und kulturell umstrukturierten.

Die Gegebenheiten der Landschaft, ihre Form und Ressourcen wurden von den Römern durch Anpassung technischer Methoden zur landschaftlichen Nutzung optimiert. Daran lässt sich deren machtpolitische Bedeutung erkennen und vor diesem Hintergrund wird auch der Ausbau von Salinenanlagen zur Steigerung der Produktionsvolumina verständlich. Dabei sei vor allem auf die geschickte Transferleistung der Römer hingewiesen, zwei existierende Salzgewinnungstechniken zu einer neuen zu verbinden, indem sie die ihnen vertraute mediterrane Technik der Salzgewinnung in flachen Becken und unter Sonneneinstrahlung mit der in der Eisenzeit an der Nordseeküste praktizierten Technik der Verdampfung in Briquetagebehältern (z. T. auch in Siedeöfen) kombinierten. Dafür errichteten sie künstliche (hölzerne) Becken, in denen die Sedimentsablagerung des Meerwassers erfolgen konnte und die Salzlake anschließend in Briquetagebehältern oder metallene flache Pfannen umgefüllt wurde und schließlich durch Erhitzen kristallisierte. Mit dieser neuen Salzgewinnungsmethode war es möglich, den erhöhten Bedarf vor Ort zu decken und den Import aus dem Süden entbehrlich zu machen. Die Präsenz der Römer im Rhein-Maas-Delta bewirkte somit – wie sich im Bereich der Salzproduktion aufzeigen ließ – eine Veränderung der Landnutzungsmethoden und zugleich eine Intensivierung des Salzhandels.

Offensichtlich haben römische Entscheidungsträger den landwirtschaftlichen Raum für ihre strategischen Ziele genutzt, um machtpolitische Interessen sicherzustellen. Vor diesem Hintergrund erscheint die Beteiligung des römischen Staates an der Transformation von küstennahen Marschgebieten und Salzgewinnungsanlagen plausibel. Die nötigen Investitionen waren zur Unterstützung militärisch-strategischer Ziele gedacht und vermutlich auch lohnenswert. Anhand gezielter infrastruktureller Maßnahmen, wie des Ausbaus von Wasser- und Landstraßen, der Trockenlegung von Ackerland oder des Ausbaus von Produktionsstätten konnten Küstengebiete und Salzmarschen nutzbar gemacht

---

[44] JACOBSEN 1995, 183.

werden, auch wenn sie den stetigen Veränderungen durch litorale und klimatische Prozesse unterworfen waren.

Die Raumdurchdringung der nordatlantischen Salzmarschen wurde daher durch politisch-strategische Entscheidungen ermöglicht; ersichtlich durch die umfassenden infrastrukturellen Maßnahmen, die ein erfolgreiches Mittel zur Herrschaftsausübung und Herrschaftsorganisation darstellten.

Bibliographie

BEHRE 2008 = K.-E. BEHRE, Landschaftsgeschichte Norddeutschlands. Umwelt und Siedlung von der Steinzeit bis zur Gegenwart, Neumünster 2008.

CURTIS 1983 = R.I. CURTIS, In Defense of Garum, *CJ* 78, 1983, 232–240.

CURTIS 1984 = R.I. CURTIS, *Negotiatores Allecarii* and the Herring, *Phoenix* 38, 1984, 147–158.

DE BERNARDO-STEMPEL 2004 = P. DE BERNARDO-STEMPEL, *Nehalen(n)ia*, das Salz und das Meer, *AAWW* 139, 2004, 181–194.

DE BRISAY/EVANS 1975 = K.W. DE BRISAY/K.A. EVANS (Hg.), Salt. The Study of an Ancient Industry. Report on the Salt Weekend Held at the University of Essex, September 1974, Colchester 1975.

EHMIG 2001 = U. EHMIG, Hispanische Fischsaucen in Amphoren aus dem mittleren Rhônetal, *MBAH* 20.2, 2001, 62–71.

ERDKAMP 2006 = P. ERDKAMP, Army and Society, in: N. ROSENSTEIN/R. MORSTEIN-MARX (Hg.), A Companion to the Roman Republic, Malden 2006, 278–296.

FIELDING/FIELDING 2005 = A.M. FIELDING/A.P. FIELDING (Hg.), Salt works and Salinas. The Archeology, Conservation and Recovery of Salt Making Sites and their Processes, Lion Salt Works Trust Monograph Series, Research Report No. 2, Northwich 2005.

FRIES-KNOBLACH 2001 = J. FRIES-KNOBLACH, Gerätschaften, Verfahren und Bedeutung der eisenzeitlichen Salzsiederei in Mittel- und Nordwesteuropa, Leipzig 2001.

HASSALL 1978 = M. HASSALL, Britain and the Rhine Provinces. Epigraphic Evidence for Roman Trade, in: J. DU PLAT TAYLOR/H. CLEERE (Hg.), Roman Shipping and Trade. Britain and the Rhine Provinces, London 1978, 41–48.

HOCQUET 1993 = J.C. HOCQUET, Weißes Gold. Das Salz und die Macht in Europa von 800 bis 1800, Stuttgart 1993.

JACOBSEN 1995 = G. JACOBSEN, Primitiver Austausch oder freier Markt? Untersuchungen zum Handel in den gallisch-germanischen Provinzen während der römischen Kaiserzeit, St. Katharinen 1995.

JASCHKE 2010 = K. JASCHKE, Die Wirtschafts- und Sozialgeschichte des antiken Puteoli, Rahden (Westf.) 2010.

JÜLICH 2003 = S. JÜLICH, Blei und Salz, Gott erhalt's, *Archäologie in Deutschland* 2003, Heft 1, 38–39.

JÜLICH 2005 = S. JÜLICH, An Overview of Early Salt Making in Germany, in: FIELDING/FIELDING 2005, 27–32.

JÜLICH 2007 = S. JÜLICH, Römische Tradition in mittelalterlicher Siedetechnik?, in: W. MELZER/T. CAPELLE (Hg.), Bleibergbau und Bleiverarbeitung während der römischen Kaiserzeit im rechtsrheinischen Barbaricum, Soest 2007, 125–133.

KADEEV 1970 = V.I. KADEEV, Očerki istorii ėkonomiki Chersonesa Tavričeskogo v I–IV vekach n.ė., Charkov 1970.

KNEISSL 1983 = P. KNEISSL, *Mercator – negotiator*. Römische Geschäftsleute und die Terminologie ihrer Berufe, *MBAH* 2.1, 1983, 73–90.

KRIER 1981 = J. KRIER, Die Treverer außerhalb ihrer *Civitas*. Mobilität und Aufstieg, Trier 1981.

LANE 2005 = T. LANE, Roman and Pre-Roman Salt Making in the Fenland of England, in: FIELDING/ FIELDING 2005, 19–26.

MARTIN-KILCHER 1994 = S. MARTIN-KILCHER, Die römischen Amphoren aus Augst und Kaiseraugst. Ein Beitrag zur römischen Handels- und Kulturgeschichte, Bd. 2: Die Amphoren für Wein, Fischsauce, Südfrüchte (Gruppen 2–24) und Gesamtbewertung, Augst 1994.

MILLET 2006 = P.B. MILLET, Einige Aspekte des Handels mit römischen Amphoren in Xanten. Epigraphische Aspekte, Mainz 2006, 19–24.

MORRIS 2010 = F.M. MORRIS, North Sea and Channel Connectivity during the Late Iron Age and Roman Period (175/150 BC–AD 409), Oxford 2010.

RAEPSAET-CHARLIER 1995 = M.-T. RAEPSAET-CHARLIER, *Municipium Tungrorum, Latomus* 54, 1995, 361–369.

RAEPSAET-CHARLIER 1996 = M.-T. RAEPSAET-CHARLIER, Cité et municipe chez les Tongres, les Bataves (notamment au temps de Civilis) et les Canninéfates, *Ktèma* 21, 1996, 251–269.

RIPPON 2000 = S. RIPPON, The Transformation of Coastal Wetlands. Exploitation and Management of Marshland Landscapes in Northwest Europe during the Roman and Medieval Periods, Oxford 2000.

ROMANČUK 2005a = A.I. ROMANČUK, Studien zur Geschichte und Archäologie des byzantinischen Cherson, hg. von H. HEINEN, Leiden/Boston/Tokyo 2005.

ROMANČUK 2005b = A.I. ROMANČUK, Das byzantinische Cherson (Chersonesos), das Meer und die Barbaren – einige historische Aspekte, in: L.M. HOFFMANN/A. MONCHIZADEH (Hg.), Zwischen Polis, Provinz und Peripherie. Beiträge zur byzantinischen Kultur, Wiesbaden 2005, 75–92.

ROTHENHÖFER 2005 = P. ROTHENHÖFER, Die Wirtschaftsstrukturen im südlichen Niedergermanien. Untersuchungen zur Entwicklung eines Wirtschaftsraumes an der Peripherie des Imperium Romanum, Leidorf 2005.

SAILE 2000 = T. SAILE, Salz im ur- und frühgeschichtlichen Mitteleuropa – Eine Bestandsaufnahme, *BRGK* 81, 2000 [2001], 129–234.

SCHMIDTS 2011 = T. SCHMIDTS, Akteure und Organisation der Handelsschifffahrt in den nordwestlichen Provinzen des Römischen Reiches, Mainz 2011.

SIMONS 1986 = A. SIMONS, Eisenzeitlicher Salzhandel von der Nordsee ins Rheinland, *MBAH* 5.1, 1986, 27–33.

SPICKERMANN 2010 = W. SPICKERMANN, Religion an der Nordseeküste. Dea Nehalennia, in: K. RUFFING/ A. BECKER/G. RASBACH (Hg.), Kontaktzone Lahn. Studien zum Kulturkontakt zwischen Römern und germanischen Stämmen, Wiesbaden 2010, 127–138.

STUART/BOGAERS 2001 = P. STUART/J.E.A.T. BOGAERS, *Nehalennia*. Römische Steindenkmäler aus der Oosterschelde bei Colijnsplaat, Leiden 2001.

TAMERL 2010 = I. TAMERL, Das Holzfass in der römischen Antike, Innsbruck/Wien/ Bozen 2010.

THOEN 1975 = H. THOEN, Iron Age and Roman Salt-Making Sites on the Belgian Coast, in: DE BRISAY/ EVANS 1975, 56–60.

THOEN 1981 = H. THOEN, The Third Century Roman Occupation in Belgium. The Evidence of the Coastal Plain, in: A. KING/M. HENIG (Hg.), The Roman West in the Third Century. Contributions from Archaeology and History, Oxford 1981, 245–257.

THOEN 1991 = H. THOEN, Neue Ergebnisse über antike Salzgewinnung und -handel an den nordatlantischen Küsten (Nord-Frankreich, Belgien und Holland), *Mitteilungen Österreichischer Arbeitsgemeinschaft für Ur- und Frühgeschichte* 37, 1987 [1991], 39–49.

THOMAS 2008 = R. THOMAS, For Starters. Producing and Supplying Food to the Army in the Roman North-West Provinces, in: S. STALLIBRAS/R. THOMAS (Hg.), Feeding the Roman Army. The Archaeology of Production and Supply in NW Europe, Oxford 2008, 1–17.

TSIGARIDA 2012 = I. TSIGARIDA, Zur Bedeutung der Ressource Salz in der griechisch-römischen Antike. Eine Einführung, in: E. OLSHAUSEN/V. SAUER (Hg.), Die Schätze der Erde – Natürliche Ressourcen in der antiken Welt, Stuttgart 2012, 377–396.

VAN BEEK 1983 = B.L. VAN BEEK, *Salinatores* and *Sigillata*. The Coastal Areas of North Holland and Flanders and Their Economic Differences in the 1ˢᵗ Century AD, *Helinium* 23, 1983, 3–12.

VAN DEN BROEKE 1996 = P.W. VAN DEN BROEKE, Southern Sea Salt in the Low Countries. A Reconnaissance into the Land of the Morini, in: M. LODEWIJCKX (Hg.), Archaeological and Historical Aspects of West-European Societies. Album Amicorum André van Doorselaer, Leuven 1996, 193–206.

VANDERHOEVEN 2003 = A. VANDERHOEVEN, Aspekte der frühesten Romanisierung Tongerens und des zentralen Teiles der *civitas Tungrorum*, in: T. GRUENEWALD/S. SEIBEL (Hg.), Kontinuität und Diskontinuität. Germania inferior am Beginn und am Ende der römischen Herrschaft, Berlin/New York 2003, 119–144.

VERBOVEN 2007 = K.S. VERBOVEN, Good for Business. The Roman Army and the Emergence of a 'Business Class' in the Northwestern Provinces of the Roman Empire (1ˢᵗ Century BC–3rd Century CE), in: L. DE BLOIS/E. LO CASCIO (Hg.), The Impact of the Roman Army (200 BC–AD 476). Economic, Social, Political, Religious and Cultural Aspects. Proceedings of the sixth workshop of the international network Impact of Empire (Roman Empire, 200 B.C.–A.D. 476), Capri, March 29–April 2, 2005, Leiden/Boston 2007, 295–314.

VAN ENCKEVORT 2001 = H. VAN ENCKEVORT, Bemerkungen zum Besiedlungssystem in den südöstlichen Niederlanden während der vorrömischen Eisenzeit und der römischen Kaiserzeit, in: T. GRUENEWALD/H.-J. SCHALLES (Hg.), Germania inferior. Besiedlung, Gesellschaft und Wirtschaft an der Grenze der römisch-germanischen Welt (Beiträge des deutsch-niederländischen Kolloquiums im Regionalmuseum Xanten, 21.–24. September 1999), Berlin/New York 2001, 336–396.

WIERSCHOWSKI 2001 = L. WIERSCHOWSKI, Fremde in Gallien – „Gallier" in der Fremde. Die epigraphisch bezeugte Mobilität in, von und nach Gallien vom 1. bis 3. Jahrhundert n. Chr. (Texte – Übersetzungen – Kommentare), Stuttgart 2001.

WILL 1962 = E. WILL, Le sel des Morins et des Ménapiens, in: M. RENARD (Hg.), Hommages à Albert Grenier 3, Brüssel 1962, 1649–1657.

Herrschaft durch Vorsorge und Beweglichkeit. Zu den Infrastrukturanlagen des kaiserzeitlichen römischen Heeres im Reichsinneren

Michael A. Speidel

Abstract

▬ Das stehende Heer der römischen Kaiserzeit war trotz seiner Grösse zu klein, um bedeutendere Angriffe oder Gegenangriffe allein mit den Truppen eines bestimmten Grenzabschnittes erfolgreich ausführen zu können. Um seine Effizienz und Schlagkraft zu erhöhen, wurden Soldaten deshalb für grössere Kriegseinsätze von anderen Grenzabschnitten abgezogen, ins Aufmarschgebiet gesandt und dort zu einem Expeditionsheer zusammengestellt. Aus den logistischen Lösungen für den oft hunderte von Kilometern langen Marsch und dem zunächst vorübergehenden, später immer häufigeren Aufenthalten tausender Soldaten in Etappen und Sammellagern entwickelten sich, vor allem durch wiederholte Inanspruchnahme, feste Infrastrukturanlagen im Reichsinneren. Der Beitrag zeigt an einigen ausgewählten Beispielen sowohl aus dem Osten als auch aus dem Westen des Reiches, welche Spuren diese bisher kaum untersuchten Entwicklungen in den Quellen hinterlassen und welche Folgen sie für die urbane Welt des Imperium Romanum bis ins vierte Jahrhundert hinein haben konnten.

▬ Despite its size, the permanent army of the Roman Empire was too small to launch major attacks or counter attacks with the soldiers from only one particular frontier garrison. Rome's solution to increase its military strength in times of war (particularly since the late first century AD) was therefore to set up expeditionary armies. Such field armies were made up primarily from detachments drawn from individual units of provincial frontier armies and then sent across the empire into the combat zone. Mainly as a result of repeated warfare, the logistic support for the thousands of soldiers in the field armies and for those marching with their detachments across the Empire soon took on more institutionalized forms including the development of buildings and infrastructure in the interior of the Empire. The present contribution discusses a few selected cases both from the East and from the West that illuminate the traces this largely unexplored military infrastructure left in our sources, as well as its development and the impact it had on the urban landscape during the first four centuries AD.

Wer an die Bauten und Infrastrukturanlagen des römischen Heeres denkt, dem fallen vermutlich die großen Lager der Legionen in den Provinzen des Römischen Reiches ein (vielleicht auch die kleineren Hilfstruppenlager oder auch das große Lager der Prätorianer in Rom), sowie vor allem die riesigen Sperranlagen an weiten Abschnitten der Reichsgrenzen: der Hadrianswall im Norden Britanniens, der Limes in den Provinzen Germania Superior und Raetia oder das *fossatum Africae* im westlichen Nordafrika. Niemand wird bezweifeln, dass all diese Anlagen und ihr Betrieb von größter Bedeutung für die Funktion und das Selbstverständnis des Römischen Reiches sowie für die Sicherung der römischen Herrschaft waren. Denn Roms Militärmacht konzentrierte sich in den zahlreichen großen und kleinen Truppenlagern, deren Örtlichkeit auf Befehl des Kaisers bestimmt wurde und deren Errichtung eine Konsekration vorausging. Das zeigt etwa eine Inschrift des früheren dritten Jahrhunderts aus Gholaia / Bu Njem:[1]

> *Genio Gholaiae / pro salute Auggg(ustorum) / G(aius) Iuulius (!) Dignus / [(centurio)] leg(ionis) III Aug(ustae) p(iae) v(indicis) / qui [pr]imo die / quo ad locum / ventum est / ubi domini nnn(ostri) / castra fieri / iusserunt lo/cum consecravit / et ex p[---].*

Die kapitolinische Trias schützte die römischen Heerlager.[2] Als Schutzheilige unterstützte sie darin seit Mark Aurel offiziell auch die Augusta, die von den Soldaten als *mater castrorum* verehrt wurde.[3] So verbanden sowohl die Truppen als auch der Betrieb dieser Anlagen den Kaiser, die Welt der Götter, die Steuern zahlende und Militärdienst leistende Reichsbevölkerung, Handel treibende und Güter produzierende Kreise, sowie die Vertreter aller Gesellschaftsschichten und einer großen Mehrheit der im Reich ansässigen Völker miteinander. Eine im und durch das Heer verbreitete Doktrin lieferte zudem die offenbar auch weit über das Militär hinaus geteilte oder zumindest akzeptierte moralische und ideologische Grundlage für den militärischen Einsatz des römischen Heeres und mithin für die Existenz des Reiches. Danach war es die Aufgabe des Heeres, unter dem Schutz Iuppiters und der Führung des Kaisers die Integrität des Reiches zu erhalten, feindliche Eindringlinge fernzuhalten und die Herrschaft Roms und der gesamten *domus Augusta* zu sichern, um innerhalb des Reiches allen Glück, Friede und Wohlstand zu bringen.[4]

Der kleinasiatische Redner P. Aelius Aristides lobte das römische Heer mitten im zweiten Jahrhundert dafür, dass es in Lagern an weit entfernten Grenzen die Sicherheit des Reiches bewahrte und damit den Städten und den Reichsbewohnern im Inneren ein friedliches Leben ermöglichte.[5] Diese Sichtweise auf die römische Strategie der Kaiserzeit ist bis heute maßgebend und sicherlich im Wesentlichen auch zutreffend.[6] Allerdings ist sie nicht vollständig, da sie einen zentralen Bestandteil der Einsatzdoktrin außer Acht lässt, der für die Schlagkraft des römischen Heeres von entscheidender Bedeutung war. Denn das römische Heer war mit höchstens rund 400.000 oder 450.000 Soldaten zwar mit Abstand das größte stehende Heer der Antike, doch im Hinblick auf die Zahl der Reichsbewohner, die Länge der Grenzen und die Größe des Reiches war es im antiken Vergleich sogar außerordentlich klein.[7] So war die Zahl der Soldaten Roms zu gering, um größere Angriffe oder Gegenangriffe an einem Grenzabschnitt allein mit den dort stationierten

---

[1] AE 1976, 700.
[2] Tac. hist. 4,58,13; LE BOHEC 1989, 553; SPEIDEL, M.A. 2009, 522.
[3] SPEIDEL, M.A. 2012.
[4] Dazu SPEIDEL, M.A. 2009, 542; SPEIDEL, M.A. 2010; SPEIDEL, M.A. 2012a; ADAM 2013.
[5] Aristeid. or. Rom. 67. 69–89. 97.
[6] So zuletzt etwa FISCHER 2012, bes. 250ff.
[7] SPEIDEL, M.A. 2009, 474 und 478.

Einheiten erfolgreich ausführen zu können. Roms Lösung zur Behebung seiner Truppenknappheit bestand bekanntlich darin, bei Bedarf Expeditionsarmeen aufzustellen und in die Kriegsgebiete zu schicken. Dazu wurden Soldaten mehrerer, teils weit entfernter Provinzarmeen in das vorgesehene Aufmarschgebiet geführt und dort zu einem schlagkräftigen Kriegsheer zusammengestellt.[8] Seit dem Beginn des dritten Jahrhunderts diente (neben den Prätorianerkohorten, den Kaiserreitern und Abteilungen der *vigiles*) zudem die von Septimius Severus in den Albanerbergen bei Rom stationierte *legio II Parthica* als zusätzliche mobile Reserve und kaiserliche Begleittruppe, deren Soldaten von ihren Standlagern in Rom direkt in die Krisengebiete geschickt werden konnten. Militärische Erfolge verdankte das Römische Reich aber schon seit der frühen Kaiserzeit und in zunehmendem Ausmaß den bei Bedarf und nach bestimmten Vorgaben zusammengestellten Expeditionsheeren. Dabei hingen solche Erfolge aber ganz wesentlich von einer gut funktionierenden Organisation, einer gründlichen Vorbereitung, entsprechender Übung und vergleichsweise hohen Marschgeschwindigkeiten ab. Wie dies erreicht wurde, ist in vielen Einzelheiten noch weitgehend unbekannt.

Die wenigen vorhandenen Anhaltspunkte in den narrativen und juristischen Quellen weisen allerdings auf die schrittweise Entwicklung eines weit verzweigten und vielschichtig organisierten Versorgungsnetzes für das Reich durchquerende Abteilungen der Kriegsheere hin, zu dem dauerhafte Institutionen und zunehmend auch eigens errichtete Bauten im Reichsinneren gehörten.[9] Die Existenz einer solchen Infrastruktur wurde in der modernen Forschung bisher für die Zeit vor dem vierten Jahrhundert nur selten wahrgenommen,[10] doch ihre Entwicklung und Ausprägung hat in den Quellen durchaus deutliche Spuren hinterlassen. Tacitus berichtet, dass Neros General Cn. Domitius Corbulo noch im Jahre 62 n. Chr. die kürzeste „nicht verpflegungslose" (*non egenum*) Route von Syrien nach Armenien wählte.[11] Was das im Einzelnen bedeutete wird nicht ausgeführt, doch aus anderen literarischen, juristischen und epigraphischen Quellen ist bekannt, dass innerhalb des Reiches die Anrainergemeinden großer Überlandrouten verpflichtet waren, vorbeiziehenden Truppen aus öffentlichen Mitteln Proviant, Holz und

---

[8]   SAXER 1967. Zum folgenden siehe besonders SPEIDEL, M.A. 2009, 255–272; SPEIDEL, M.A. 2009a; SPEIDEL, M.A. 2012b.

[9]   Zur Versorgung der römischen Expeditionsheere siehe auch (jeweils mit weiterer Literatur) BÉRARD 1984; ROTH 1999; KEHNE 2007; SOUTHERN/DIXON 1996, 79ff. Allgemein zur Heeresversorgung (jeweils mit weiterer Literatur) etwa KISSEL 1995; GOLDSWORTHY 1996, 105, 287ff; ROTH 2000; MITTHOF 2001 sowie die Beiträge in ERDKAMP 2002; LE BOHEC 2006, 116ff. Zu den Institutionen und der Infrastruktur der militärischen Nachrichtenübermittlung siehe die entsprechenden Abschnitte bei KOLB 2000. Vgl. auch SPEIDEL, M.A. 2009, 501ff.

[10]   Siehe zuletzt nur FISCHER 2012.

[11]   Tac. ann. 15,12: *Ille* (sc. Corbulo) (…) *qua proximum et commeatibus non egenum, regionem Commagenem, exim Cappadociam, inde Armenios petivit.* Vgl. auch Tac. ann. 12,46: *castellum commeatu egenum.*

Stroh zu stellen und den Soldaten Unterkunft zu gewähren.[12] Eine systematischere und vorsorgende Lösung empfahl der spätrömische Militärschriftsteller Vegetius. Danach sollten für die römischen Feldheere bei militärischen Unternehmungen ausreichend Nahrungsmittel *ad castella idonea* gebracht werden, damit sie *in oportunis ad rem gerendam ac munitissimis locis* bereitstünden, wobei diese Versorgung durch Ankäufe und durch Requisitionen gesichert werden sollten.[13]

Vor allem das Geschichtswerk des Ammianus Marcellinus überliefert verschiedene Begebenheiten, die wichtige Informationen zur Bedeutung und zum Betrieb von Etappen und Sammellagern sowie zur Versorgung der Expeditionstruppen liefern. So schildert Ammian im Zusammenhang mit den Kriegen gegen Alamannen und Franken wie Constantius II. im Frühjahr 354 seine Truppen bei Cabillonum (Châlon-sur-Saone) zusammenzog, um dort die Soldaten mit Nahrungsmitteln aus Aquitanien zu versorgen. Als sich aber das Eintreffen der Versorgungslieferungen wegen des ungewöhnlich schlechten Wetters verzögerte, wurden die Soldaten unruhig. Der damalige Prätorianerpräfekt Rufinus, der in dieser Zeit höchste für die Logistik zuständige Funktionsträger, wurde daraufhin gezwungen, den Soldaten persönlich die Verspätung zu erklären, was ihn nach Ammian in unmittelbare Lebensgefahr brachte. Geldgeschenke und die gerade noch rechtzeitige Ankunft des Transports verhinderten jedoch das Schlimmste.[14]

Wenig später, im Frühjahr 356 und erneut im Frühjahr 357, versammelte und versorgte Julian die Truppen seines Feldheeres in Reims, während sie den dazwischen liegenden Winter auf verschiedene Städte (*municipia*) im nördlichen Zentralgallien verteilt verbrachten, um so die Versorgung der Soldaten zu erleichtern, zumal die Region durch wiederholte Plünderungszüge gelitten hatte.[15] Aus eigener Anschauung als Offizier berichtet Ammian wie Kaiser Julian dann wenige Jahre danach für seinen Perserfeldzug die verschiedenen Truppen und Abteilungen seines Feldheeres ebenfalls auf Sammellager im grenznahen Aufmarschgebiet verteilte, bevor er sie dann beim Aufbruch im Jahre 363

---

[12] Sic. Flacc., De divisis et assignatis 165 (Lachmann): *Nam et quotiens militi praetereunti aliive cui comitatui annona publica praestanda est, si ligna aut stramenta deportanda, quaerendum quae civitates quibus pagis huius modi munera praebere solitae sint.* Dig. 7,1,27,3 (Ulpian); Cod. Theod. 11,16,15 (382 n. Chr.). Siehe ferner: IK 27 (Prusias ad Hypium) Nr. 1. 8. 9. 12. 20; TAM V 2, 1143 sowie aus Ancyra: IAnkara I 72 und 81. Personengruppen und Gemeinden mit öffentlichen Unterkünften, die von der Beherbergungspflicht ausgenommen waren: IGR III 639 und 1119 = OGIS 609; AE 1992, 892. Siehe allgemein dazu CAGNAT 1900; ISAAC 1992, 297–302; KOLB 2000, 131–132, 135; SPEIDEL, M.A. 2009, 501–531; SPEIDEL, M.A. 2009a, 206ff.

[13] Veg. mil. 3,3; Dig. 16,2,20. Zur Bedeutung von Zivilisten bei der Heeresversorgung siehe nur die in der vorangehenden Fußnote zitierten Inschriften aus Prusias ad Hypium und Ankara sowie die Hinweise der Schreibtäfelchen aus Vindolanda (dazu etwa WHITTAKER 2002, 207ff.). Siehe ferner unten zu Anm. 48 zu P. Yale III 137.

[14] Amm. 14,10,1–5. Prätorianerpräfekt: siehe etwa SOUTHERN/DIXON 1996, 62ff.

[15] Reims: Amm. 16,2,8; 16,11,11–15. Winter 356/357: Amm. 16,4,1 und 16,4,4.

zu einem großen Heer zusammenzog.[16] Ähnliches überliefert schließlich auch Zosimus von den Maßnahmen Kaiser Valentinians I., als dieser vor dem Feldzug gegen die Alamannen seine Truppen auf die Städte Galliens und Germaniens verteilte.[17]

Ferner berichtet Ammian wie Kaiser Julian im Rahmen seines Perserkriegs Etappen- und Versorgungslager entlang seiner Marschroute anlegen ließ und bereits vor dem Aufbruch seines Feldheeres logistische Vorbereitungen für seine Rückreise nach Tarsos in Kilikien veranlasste.[18] In einem anderen Zusammenhang erwähnt der Historiker ein Netz von befestigten Versorgungslagern, das Julian an der Maas erneuerte.[19] Die Bedeutung, die man den *horrea* für die erfolgreiche Durchführung größerer Feldzüge beimaß, ist aber u. a. auch daran zu erkennen, dass Maximian im Jahre 297/298 solche Speicherbauten zur Versorgung seines Feldheeres während seines Krieges gegen die Mauren (etwa auf dem Gebiet der Nordafrikanischen Gemeine Tubusuctu) errichten ließ.[20] Ganz ähnlich hatte aber wohl bereits Antoninus Pius um die Mitte des zweiten Jahrhunderts bei der Niederschlagung eines Maurenaufstandes (ca. 144–150) Speicherbauten für seine Expeditionstruppen errichten lassen und schon seit Augustus scheinen solche Anlagen nach Ausweis der Bodenforschung eine wichtige Rolle bei der Erringung und der Sicherung der römischen Herrschaft gespielt zu haben.[21] Für den geographischen Abstand solcher Anlagen entlang der großen Überlandrouten war es vermutlich von Bedeutung, dass der römische Soldat sowohl der späten Republik als auch noch des vierten Jahrhunderts n. Chr. auf dem Marsch während der Kriegszüge Verpflegung für siebzehn oder zwanzig Tage erhielt.[22] Diese Verpflegung wurde den Soldaten, wie es etwa in einer im Codex Theodosianus festgehaltenen Bestimmung heißt, *ex horrea* ausgeben.[23] Die *horrea* für die Versorgung der marschierenden Soldaten mussten deshalb instand gehalten und bei Bedarf nachgefüllt

---

[16] Amm. 23,2,3. Zu den Bürden, die der Bevölkerung Antiochias durch die Anwesenheit so vieler Soldaten in den nahe gelegenen Sammellagern entstanden siehe Iul. mis. 368 C ff.; Amm. 22,14; Lib. or. 18,195f.; Sokr. 3,17. Vgl. auch die Polemik bei Zos. 2,34 und siehe ferner: SPEIDEL, M.A. 2009b, 490.

[17] Zos. 4,3,5.

[18] Amm. 23,2,7f.; 23,3,6. Tarsos: Amm. 23,3,4f. Siehe ferner: HA Alex. 45: *deinde per ordinem mansiones, deinde stativae, deinde ubi annona esset accipienda, et id quidem eo usque quamdiu ad fines barbaricos veniretur*; HA Alex. 47. Zur umfangreichen Planung und Logistik der Kaiserreisen siehe HALFMANN 1986, 70ff.

[19] Amm. 17,9,2.

[20] CIL VIII 8836: … *feliciter / [comprimens turbas Quinquege]ntaneorum ex Tubusuctitana / [regione copiis iuva]retur horrea in Tubusuctitana / [civitate fieri] praeceperunt.*

[21] Antoninus Pius: AE 1957, 176: … *[horrea fru]/mentaria (?) [per vexilla]/tiones mil[itum] / fieri iussit [---].* Vgl. auch RIB 1738. 1909. Augustus: Siehe FISCHER 2012, 284f. Zu diesen Bauten besonders auch BORHY 1996; HIRT 2005a.

[22] 17 Tage: Cic. Tusc. 2,37; HA Alex. 47; Amm. 17,9,2. 20 Tage: Amm. 17,8,2 (358 n. Chr.); Cod. Theod. 7,4,5 (359 n. Chr.). Dazu auch MITTHOF 2001, 180f., 189f. Die Zusammensetzung wird in Cod. Theod. 7,4,11 (360 n. Chr.) beschrieben: Zwieback, Brot, Wein, Essig, Pökel- und Schaffleisch. Dazu etwa SOUTHERN/DIXON 1996, 80.

[23] Cod. Theod. 7,4,5 (359 n. Chr.).

werden. Wie Ammian bezeugt, ließ Julian solche Bauten in Gallien wieder herrichten, damit sie wieder für die Lagerung des regelmäßig aus Britannien gesandten Getreides für die Truppenversorgung bereit standen.[24]

Trotz der großen Lückenhaftigkeit der Überlieferung werfen die aufgeführten Beispiele und Episoden etwas Licht auf den Bestand und den Betrieb einer militärischen Infrastruktur des vierten Jahrhunderts im Hinterland der Grenzregionen und im Reichsinneren. Für die Zeit vor dem vierten Jahrhundert enthalten die narrativen Quellen nur vergleichsweise wenige Hinweise auf solche Infrastrukturanlagen zur Verbesserung und Erhöhung der militärischen Mobilität und Schlagkraft. Dazu gehört zweifellos Strabos Hinweis auf Agrippas Ausbau des Fernstraßennetzes in Gallien (vermutlich erst während seines zweiten Aufenthalts in Gallien 20/19 v. Chr.), der zunächst sicherlich vor allem einer schnelleren Nachrichtenübermittlung und Truppenverschiebung dienen sollte und der später wesentlich zu einer verlässlichen Truppenversorgung beitrug.[25] Auch die Unterbringung von Expeditionstruppen bei Städten im Aufmarschgebiet ist bereits lange vor dem vierten Jahrhundert bezeugt. So erwähnt etwa Cassius Dio ein großes Sammellager bei Apamea am Orontes in Syrien, in dem Truppen von Caracallas Kriegsheer im Winter 217/218 lagerten.[26] Neben Brückenbauten fanden besonders auch Kanalbauten zu militärischen Zwecken das Interesse der antiken Autoren. So etwa jene des Marius (*fossa Mariana*), die Arelate (Arles) mit Massilia (Marseilles) verbanden, jene des Drusus (*fossa Drusiana*) zwischen Niederrhein und der Nordsee oder auch jene des Cn. Domitius Corbulo (*fossa Corbulonis*) zwischen Maasmündung und Rhein.[27] Mit wenigen Ausnahmen wird in den historiographischen Texten der ersten drei Jahrhunderte, so wie auch bei Ammianus Marcellinus, die Errichtung und Nutzung solcher Bauwerke als taktische Maßnahme während eines Kriegszuges geschildert.

Dennoch bleiben zahlreiche Fragen offen, wie etwa jene nach dem Beginn, dem Ausbau, der äußeren Erscheinung und dem Betrieb dieser strategischen Infrastruktur in der Zeit vor dem vierten Jahrhundert. Zur Beantwortung solcher Fragen bleiben vor allem die dokumentarischen Quellen, besonders Inschriften und Papyri. Wie diese zu unserem Bild der historischen Entwicklungen in diesen Fragen beitragen können, lässt sich

---

[24] Amm. 18,2,3f.; Iul. epist. 270 A. Siehe zum Thema auch ASAL 2005; HIRT 2005.
[25] Agrippa: Strab. 4,6,11; ECK 2004, 47f.
[26] Cass. Dio 78,34,1ff. In diesem Zusammenhang ist auch das Lager der *castra peregrina* in Rom für Soldaten verschiedener Einheiten aus den Provinzen zu nennen: dazu etwa RANKOV 1990; LISSI CARONNA 1993; COSME/FAURE 2004.
[27] Brücken: siehe z. B. O'CONNOR 1993; GALLIAZZO 1994 und GALLIAZZO 1995. *Fossa Mariana*: Plut. Marius 15,2 u. 5; Plin. nat. 3,4,34; Strab. 4,1,8. *Fossa Drusiana*: Suet. Claud. 1,2; Tac. ann. 2,8. *Fossa Corbulonis*: Tac. ann. 11,20. Der Schiffahrtskanal zur Verbindung von Rhein und Rhone (Tac. ann. 13,53) blieb ebenso Projekt wie jener, der Euphrat und Tigris hätte verbinden sollen (Cass. Dio 68,28,1ff.). Siehe zum Straßenbau allgemein auch RATHMANN 2006, 206–212. Kanäle: v. PETRIKOVITS 1984, 217 und 220f.; HANEL 1985.

in einigen wichtigen Bereichen an den folgenden Beispielen aufzeigen. So weisen etwa einige Inschriften durch ihren Text oder durch ihre Fundorte bei aufgelassenen Lagern darauf hin, dass *dispensatores*, d. h. in der Finanzverwaltung tätige kaiserliche Sklaven oder deren Sklaven öfter Getreidespeicher (*horrea*) für die Heeresversorgung verwalteten. Andere kaiserliche *dispensatores* waren für bestimmte Einheiten oder während gewisser Feldzüge logistisch tätig.[28] Ihre Aufgaben bei der Heeresversorgung sind im Einzelnen nur unzureichend bekannt, doch als Kassenverwalter waren sie offenbar auch für Einkäufe zuständig. Das beinhaltete die Auszahlung großer Geldsummen, was ihnen offenbar zahlreiche Gelegenheiten zur persönlichen Bereicherung bot.[29] Deutlich zeigt sich das auch an einem mächtigen Rundbau von zehn Metern Höhe, den ein *dispensator Augusti*, der unter Augustus und Tiberius tätig war, als Grabbau beim heutigen Köln für sich errichten konnte.[30] Weshalb solche Aufgaben Mitgliedern der *familia Caesaris* und nicht den Soldaten selbst anvertraut wurden, ist nicht überliefert, doch vom spätantiken römischen Staat berichten die Rechtsquellen ausdrücklich, dass verhindert werden sollte, dass die Soldaten ihre Versorgungsgüter direkt bei der steuerpflichtigen Bevölkerung eintrieben.[31] Die Gründe dafür sind offensichtlich und galten zweifellos auch schon zu Beginn der Kaiserzeit.

Während viele *horrea* in erster Linie zur regelmäßigen Versorgung des Grenzheeres betrieben wurden, dienten sie doch während Feldzügen auch der Versorgung mobiler Expeditionsverbände. Dabei scheinen im zweiten Jahrhundert dann vor allem Offiziere aus dem Ritterstand übergeordnete und koordinierende Aufgaben im Zusammenhang mit diesen Speicheranlagen übernommen zu haben.[32] Das zeigt u. a. die Inschrift auf einem Altar für eine unbekannte Gottheit, der wenig südlich des Hadrianswalls beim heutigen Corbridge gefunden wurde. Denn der Stifter dieses Altars, von dem nur der untere Teil erhalten ist, war ein *[pr]aep(ositus) cu/[ram] agens / horr(eorum) tempo/[r]e expeditio/nis felicissi(mae) / Brittannic(ae)*.[33] Vermutlich stiftete er den Stein in Erfüllung eines Gelübdes, das er unmittelbar vor oder während des severischen Feldzugs der Jahre

---

[28] *Dispensatores, horrea* und Legionen: AE 1973, 83; CIL VIII 3288. 3289. 3291; IKöln 270; ITebessa 2; IMS II 40. 58. Siehe auch ROTH 1999, 104, 238, 266ff. Aufgelassene Lager: ALFÖLDY 1986; HARTMANN/ SPEIDEL 1992, 18f. Siehe HORVATH 2008 zu *horrea* in Nauportus und deren Rolle bei der Versorgung römischer Truppen an der Donau. Mehrere *dispensatores*, obwohl selbst kaiserliche Sklaven, besaßen eigene Sklaven, die sie als Gehilfen (etwa als Kassenwart oder Stellvertreter) einsetzten: AE 2004, 1014; AE 2005, 1107; CIL XIII 5194; vgl. ILS 1514.

[29] Aufgaben: Varro ling. 5,183; Gai. inst. 1,122; Plin. nat. 33,13,43. Bereicherung: Plin. nat. 7,39,129; Tert. De pallio 5.

[30] IKöln 267 = AE 2004, 969a mit ECK/v. HESBERG 2003.

[31] Siehe etwa Cod. Theod. 7,4,20 (393 n. Chr.); 4,7,22 (396 n. Chr.); 7,5,1 (399 n. Chr.) und dazu besonders JONES 1964, 627f. und 1260f. Anm. 40.

[32] Siehe etwa BÉRARD 1984 zu den *praepositi copiarum* oder *annonae* etc. sowie die folgende Anmerkung.

[33] RIB 1143, vgl. auch CIL VIII 619 = 11780: *proc(urator) ad solamina / et horrea*; AE 1934, 2: *copiarum / curam adiuvit secunda expedition[e] / qua universa Dacia devicta est*.

209 bis 211 bis weit ins Landesinnere des heutigen Schottland abgelegt hatte. Gefunden wurde der Altar beim Eingang zu einem der bei Corbridge archäologisch nachgewiesenen Getreidespeicher *(Abb. 1)*.[34] Die Getreidemengen, die hier zusammen mit den entsprechenden *horrea* in South Shields aufbewahrt werden konnten, hätten, nach einer modernen Schätzung, wohl gereicht 40.000 Soldaten drei Monate lang zu ernähren.[35]

Abb. 1　Horrea in Corbridge (UK). Foto A. Willi.

Inschriftenfunde vom Osten des Römischen Reiches haben besonders in jüngster Zeit nicht nur die Existenz einer weitverzweigten Infrastruktur bereits seit dem späteren ersten Jahrhundert für die Versorgung und den Marsch der Truppen zu den Schlachtfeldern im Osten und zurück erwiesen sondern auch Licht auf wichtige Aspekte ihrer äußeren Merkmale und ihres Betriebs geworfen. So bestätigte in den achtziger Jahren des vergangenen Jahrhunderts der Fund von über 110 Grabsteinen von Soldaten der *legio II Parthica* und einiger weiterer Einheiten die von Cassius Dio überlieferte Nachricht, dass beim syrischen Apamea am Orontes im Winter 217/218 ein großes Sammellager bestand, in dem die Expeditionstruppen Caracallas während des Aufmarsches und nach dem Feld-

---

[34]　Vgl. RIB 1151 (Corbridge). 1909 (Birdoswald).
[35]　HERZ 1985, 433.

zug lagern konnten.[36] Die überwiegende Mehrzahl der Inschriften ist freilich bis heute unveröffentlicht. Dennoch bezeugen die bisher bekannt gewordenen Inschriften deutlich, dass das Lager im dritten Jahrhundert auch bei mehreren weiteren Feldzügen genutzt wurde.[37] Die Soldatengrabsteine von Apamea beleuchten aber noch eine weitere, wichtige Erscheinung: Grabsteine gefallener oder auf dem Marsch verstorbener Soldaten römischer Expeditionsheere wurden nicht etwa (wie man vielleicht erwarten würde) unmittelbar am Todesort errichtet oder in der Nähe eines Schlachtfeldes, sondern entweder in den Nekropolen ihrer Heimatstädte oder der Standlager oder aber auf den Friedhöfen größerer Sammel- und Etappenlager.[38] Diese Sitte erkennt man nicht allein an der Masse der in Apamea geborgenen Grabsteine (und dem Fehlen von römischen Soldatenfriedhöfen bei Schlachtfeldern), sie wird in einem der bei Apamea entdeckten Texte auch sehr deutlich zum Ausdruck gebracht:[39]

> [--- V]ivio Bataoni / mil(iti) leg(ionis) II Part(h)ic(a)e Anto/ninianae Piae F(idelis) F(elicis) Aet(ernae) / coh(orte) VI princ(ip)is prioris / qui vixit an(n)is XXXX mi/litavit an(n)es (!) XVIII (h)oris / noctis II defu(n)ctus / Aegeas cuius corpus / conditum Catabolo / titulum positum Apam(e)ae / ab Aurelio Mucazano h/erede b(e)ne merenti fecit.

Obwohl dieser Soldat schon im Hafen von Aigeai in Kilikien (Yumurtalık am Nordufer des heutigen Golfs von Iskenderun) in der zweiten Nachtstunde starb, wurde sein Leichnam noch bis nach Katabolos (Muttalip Hüyük) gebracht, das einen ganzen Tagesmarsch auf dem Weg über Antiochia nach Apamea entfernt lag. Erst hier wurde er begraben. Es war aber offenbar wichtig, dass dem Verstorbenen in der Nekropole des rund 300 km

---

[36] Cass. Dio 78,34,1ff.; BALTY 1988; BALTY/VAN RENGEN 1993; AE 2008, 1523. Drei anderweitig unveröffentlichte Texte finden sich jetzt in der Epigraphik-Datenbank CLAUSS/SLABY (http://db.edcs.eu) mit den Belegnummern: Neu-0082, Neu-0083 und Neu-0084.

[37] *Legio XIII Gemina, legio XIV Gemina, legio IV Flavia, cohors XIV urbana.* Ferner einige Soldaten der syrischen Legionen *III Gallica* und *IV Scythica.* Siehe Cass. Dio 78,34,5 zum Jahr 218 n. Chr.

[38] Siehe z. B. AE 2001, 243 (Rom); CIL X 7257 (Eryx). 216 (Grumentum); CIL XI 2113 (Clusium); CIL V 893 (Aquileia); CIL III 5218 = 11691 (Celeia). 11700 (Celeia); CIL V 3372 (Verona); CIL XI 705 (Bologna); CIL XIII 3496 (Amiens); AE 1998, 835 (Vindolanda); CIL XIII 6104 (Noviomagus). 8648 (Bonn). 8274 (Köln); CIL III 4835 (Virunum). 4857 (Virunum); AE 1936, 84 (Virunum); CIL III 4480 (Carnuntum). 4581 (Vindobona). 5661 = 11811 (Ober-Grafendorf). 3628 = 10572 (Aquincum). 3553 (Aquincum). 15159 (Aquincum); AE 2004, 1143 (Aquincum); AE 1909, 144 (Brigetio); AE 1909, 147 (Brigetio); CIL III 4184 (Savaria). 10317 (Intercisa); RIU 5, 1183 (Intercisa). 1228 (Intercisa); AE 1941, 10 (Gorsium); AE 1905, 163 (Ravna); CIL III 9835 (Promona); AE 1998, 1139 (Sacidava); CIL III 6189 (Troesmis); CIL VIII 2975 (Lambaesis). 1359 = 25870 (Tichilla). 23295 (Talah); AE 1976, 746 (Caesarea, Mauretania); IAM-S 876 (Sala); AE 1941, 166 (Ankara). Zu AE 1980, 890 (Baraqish) siehe SPEIDEL, M.A. in Druckvorbereitung. Zu großen, kollektiven Denkmälern für gefallene Soldaten siehe Cic. Phil. 14, 31–35; Suet. Aug. 12; CIL III 14214 mit SPEIDEL, M.A. 2010, 144.

[39] AE 1993, 1572.

von seinem Todesort entfernten großen Sammellagers von Apamea am Orontes gedacht wurde, denn dort erhielt er schließlich ein Grabmal. Der wichtigste Grund für dafür lag zweifellos im militärischen „Publikum" dieser Nekropole, von dem sicherlich erwartet wurde, dass es auch nach dem Ende des Feldzuges weiterhin (wenigstens zeitweise) vorhanden sein würde. So können an bestimmten Orten konzentrierte Gruppen von Grabsteinen für Soldaten fremder Herkunft und verschiedener, oft weit entfernt stationierter Einheiten auf die ehemalige Existenz eines Etappen- oder Sammellagers hinweisen. Im kleinasiatischen Raum deuten Grabsteine von Expeditionssoldaten des zweiten und dritten Jahrhunderts auf solche Lager etwa bei Perinthus,[40] Kyzikus, Byzantium, Prusa ad Olympum, Stratonikeia, Ancyra, Amasia, Aulutrene und Tyana.[41] In Kilikien finden sich entsprechende epigraphische Hinweise oder Inschriftengruppen für den Hafen von Aigeai und für Anazarbos, in Syrien für Cyrrhos, Zeugma, Beroia und die Hafenstädte Laodikeia und Seleuceia Pieria.[42] Es mag noch viele weitere gegeben haben.

Die äußere Erscheinung und die Ausstattung solcher Etappen- oder Sammellager der Hohen Kaiserzeit im Reichsinnern sind bisher weitgehend unbekannt. Selbst das Lager bei Apamea blieb bis heute unerforscht. Allein das vermutlich von der lokalen *legio IV Scythica* errichtete Sammellager bei Zeugma konnte bisher teilweise archäologisch untersucht werden.[43] Dieses Lager war durch einen schmalen Hügelzug vom besiedelten Stadtgebiet der *polis* getrennt und wies, wie auch jenes in Aulutrene, das die Bezeichnung *kastellum* trug (siehe unten), im Inneren feste Bauten auf. Darauf weisen jedenfalls die beiderorts gefundenen militärischen Ziegelstempel sowie die in Zeugma entdeckten Überbauungsspuren.[44] Auch standen im Inneren des Lagers bei Zeugma zahlreiche Statuen (hauptsächlich von Kaisern) auf Sockeln mit lateinischen Inschriften, während in Aulutrene ein lateinisch beschriebener Altar für Iuppiter Optimus Maximus, Iuno Regina und das Severische Kaiserhaus gefunden wurde. Griechische Inschriften fehlen bisher. Für beide Lager ist die mehrfache, vorübergehende Anwesenheit von Abteilungen mehrerer Einheiten durch lateinische Grabinschriften und Ziegelstempel bezeugt, wobei die Streuung der gestempelten Ziegel in Zeugma die Vermutung nahelegt, dass einzelne „Quartiere" innerhalb des Lagers bestimmten Einheiten zugeordnet waren. Das Lager in Aulutrene verfügte zudem über größere freie, nicht ummauerte Flächen, wie ein dort gefundener Grenzstein vermuten lässt (falls dessen Inschrift ὅρ(ος) / π(αρεμβολῆς) richtig gelesen und gedeutet wurde).[45] Noch für die zweite Hälfte des vierten Jahrhunderts bezeugt eine Inschrift die Anwesenheit einer Eliteeinheit des spätrömischen Feldheeres

---

[40] Siehe bes. CIL VI 1408 und AE 1926, 79: *praeposito vexillatio/nib[us] Illyricianis Perinthi / tendentibus.*

[41] Dazu mit den Quellen SPEIDEL, M.A. 2009, 259f; SPEIDEL, M.A. 2009a, 205ff.

[42] VAN BERCHEM 1985; REY-COQUAIS 1994; GEBHARDT 2002, 134ff. und 157ff; FACELLA/SPEIDEL, M.A. 2011; SPEIDEL, M.A. 2012b.

[43] HARTMANN/SPEIDEL 2003; SPEIDEL, M.A. 2009, 262ff; SPEIDEL, M.A. 2012b.

[44] Aulutrene: CHRISTOL/DREW-BEAR 1995; SPEIDEL, M.A. 2009a, 205ff.

[45] SEG 45, 1995, 1724; CHRISTOL/DREW-BEAR 1995, 77: "limite du camp".

(*equites scutarii Aureliaci*) bei Zeugma. Ähnlich ist auch der Grabstein eines Unteroffiziers (*magister*) vom späten dritten oder frühen vierten Jahrhundert aus Aulutrene zu beurteilen, der ebenfalls die Anwesenheit einer Einheit (*Hemeseni*) des spätrömischen Bewegungsheeres erkennen lässt.[46]

War der bevorstehende Durchzug oder vorübergehende Aufenthalt von Expeditionssoldaten in solchen Etappen- oder Sammellagern zu erwarten, mussten dort natürlich ausreichend Nahrungsmittel und Versorgungsgüter bereit stehen. In diesen Zusammenhang gehört zweifellos der bereits erwähnte Altar von Aulutrene, der die Anwesenheit im dortigen *kastellum* von einigen wenigen Soldaten der beiden niedermösischen Legionen'*I Italica* und *XI Claudia* unter einem *p(rimus)p(ilus)* und *praepo(situs) vex(illationis) Aulutre(nensis)* im Zeitraum zwischen 198 und 209 n. Chr. bezeugt. Diese Soldaten werden als *mil(ites) conducto(res) kastelli* bezeichnet und waren somit zweifellos im Bereich der Truppenversorgung im Rahmen des severischen Partherkrieges von 198 n. Chr. tätig.[47] Ferner macht ein in der Beinecke Rare Book and Manuscript Library in Yale aufbewahrter Papyrus aus der Zeit zwischen dem 29. August 216 und dem 8. April 217 deutlich, welche Auswirkungen die Versorgung eines Expeditionsheeres auf die Bewohner selbst weit entfernter Gebiete haben konnte. Denn diese Urkunde zeigt, dass alle Landbesitzer im ägyptischen Philadelphia eine Sonderabgabe in Naturalien oder Geld zu leisten hatten, die für die kaiserlichen Heere Caracallas nach Syrien zu senden waren.[48] Philadelphia war aber damals nicht der einzige Ort in Ägypten, in dem eine besondere Kriegsabgabe gefordert wurde. Vielmehr zeigen weitere Papyri, dass seit dem Jahr 216 auch an anderen Orten in Ägypten für Caracallas Expeditionstruppen in Syrien Getreide, Packtiere und Geld requiriert wurden.[49] Diese und andere Güter wurden dann von Alexandria vor allem zu den syrischen Hafenstädten Seleuceia und Laodiceia gebracht.[50] Als das Getreide im ägyptischen Philadelphia gesammelt wurde, hatte Caracallas Feldzug ins Gebiet jenseits des Tigris jedoch bereits begonnen. Die Sendung musste deshalb nach ihrer Ankunft in Syrien ins Kriegsgebiet weitergeleitet oder für den Rückweg der Soldaten auf die Speicher der Etappen und Sammellager verteilt werden. Nach dem Abbruch der Operationen

---

[46] Zeugma: AE 1977, 818 mit Speidel, M.P. 1984, 401–403. Aulutrene: AE 1987, 943 mit Speidel, M.P. 1992, 194f.

[47] AE 1987, 941. Zur Rolle der *conductores* und der *primipili* bei der Heeresversorgung siehe etwa Wierschowski 1984, 276; Mócsy 1992, 106ff; Mitthof 2001, 38f., 192ff. und 305f.; Hirt 2005, 126f.; Speidel, M.A. 2009, 258f.

[48] P.Yale III 137 vom 25. Regierungsjahr Caracallas. Zu diesem Text Schubert 2001; Speidel, M.A. 2009, 256ff. Vgl. auch die logistischen Vorbereitungen zur Schlacht bei Actium: Plut. Antonius 62. 68; Cass. Dio 50,10,4–6.

[49] BGU I 266; P.Oxy. XLIII 3091; P.Stras. VII 688. Siehe auch Mitthof 2001, 53ff.

[50] Alexandria: P.Oxy. XLIII 3091. Reichsflotte etc.: siehe etwa van Berchem 1985; Reddé 1986, 372ff; Rey-Coquais 1994; Gebhardt 2002, 134ff., 157ff.; Speidel, M.A. 2009, 257. Siehe zum Einsatz der Flotten ferner: AE 1956, 124 (Diana Veteranorum) mit Alföldy 1987, 331.

lag das Heer jedenfalls wieder einige Zeit in Nordsyrien (ein bedeutender Teil davon in Apamea).[51]

Nachschub für die Expeditionsheere des dritten Jahrhunderts gegen Roms Feinde im Osten wurde aber etwa auch aus Kilikien nach Syrien geliefert, und auch die Gemeinden Syriens und Mesopotamiens hatten jeweils ihren Beitrag zu leisten.[52] In Kleinasien führte im zweiten und vor allem im dritten Jahrhundert der im Zusammenhang mit den Feldzügen im Osten deutlich erhöhte militärische Verkehr auf den großen Durchgangsstraßen zu zahlreichen legalen und illegalen Requisitionen. Epigraphische Hinweise machen wahrscheinlich, dass der Betrieb wenigstens einiger Etappenlager in Kleinasien (darunter jenes von Aulutrene) auch in Friedenszeiten fortgesetzt wurde.[53] So entstand in verschiedenen Landschaften Kleinasiens vor allem entlang der Hauptachsen und während der vielen Kriege im Osten seit dem späteren zweiten Jahrhundert über lange Zeiten hinweg eine erhöhte Belastung der ansässigen Bevölkerung. Ihre Klagen über die Missbräuche vorbeiziehender Soldaten und staatlicher Funktionsträger kommen deshalb in der reichen epigraphischen Hinterlassenschaft der Provinz *Asia Minor* in dieser Zeit auch deutlich zum Ausdruck.[54] Insgesamt zeigen diese wenigen Hinweise zahlreiche Gemeinsamkeiten mit der von Ammian beschriebenen Verteilung und Versorgung der römischen Truppen während der Kriege des vierten Jahrhunderts am Rhein.

Den massiven Ausbau einer militärischen Infrastruktur in Kleinasien und in Nordsyrien hat Dennis van Berchem wohl zu Recht als Reaktion Vespasians auf die Schwierigkeiten gedeutet, die Cn. Domitius Corbulo bei der Versorgung seiner Truppen während Neros Partherkrieg zu überwinden hatte. Jedenfalls führten unter Vespasian Soldaten des Syrischen Heeres Erweiterungsarbeiten am Hafen von Seleuceia Pieria aus, verbesserten die Schiffbarkeit des Orontes vom Meer bis nach Antiochia durch zusätzliche Kanalbauten und errichteten schließlich ein Kanalsystem mit Brücken im Norden der syrischen Metropole.[55] Die Arbeiten am Kanal nördlich von Antiochia bezeugt der Text einer Bauinschrift auf einem Meilenstein des Jahres 75 n. Chr.:[56]

[51] Zum Beginn des Feldzuges, wohl im Sommer 216, und zum Expeditionsheer in Nordsyrien: SPEIDEL, M.A. 2009, 257 Anm. 10 und 14.
[52] Kilikien: AE 1972, 626 und 628. Syrien und Mesopotamien: Amm. 23,2,7f.; Lib. or. 49,2; Lib. epist. 21,5. Dazu MITTHOF 2001, 130f. und 189. Siehe auch oben Anm. 16.
[53] Das legt die sehr wahrscheinliche Annahme nahe, dass in IGR IV 786 und in SEG 48, 1998, 1514 derselbe Offizier Iulius Ligys (ein *primus pilus*) genannt war. Dazu ausführlich SPEIDEL, M.A. 2009, 259 und SPEIDEL, M.A. 2009a, 204ff. Siehe auch MITCHELL 1993, 121 Anm. 27.
[54] Siehe dazu SPEIDEL, M.A. 2009a; SPEIDEL, M.A. 2009b. Dennoch ist es verfehlt, das *kastellum* von Aulutrene mit GIVEN 2004, 58 als: „a characteristic node of Roman control, the arena of a variety of oppressions, intimidations, negotiations and evasions" zu beschreiben, denn gerade „control" usw. gehörte kaum zu den Aufgaben der neun *mil(ites) conducto(res) kastelli* von Aulutrene.
[55] Corbulo: Tac. ann. 13,39; 15,12. Vespasian: VAN BERCHEM 1985, 76. Bauarbeiten: MILLAR 1993, 86ff. mit den Zeugnissen.
[56] AE 1983, 927 mit dem Kommentar von VAN BERCHEM 1985.

Imp(erator) / Vespasianus Caesar / Augustus pontif(ex) max(imus) / trib(unicia) pot(estate) VI imp(erator) XII p(ater) p(atriae) co(n)s(ul) VI / desig(natus) VII censor / Imp(erator) Titus Caesar Augusti f(ilius) / pontif(ex) max(imus) trib(unicia) pot(estate) IV / [co(n)s(ul) II]II desig(natus) V censor / [[Domitianus]] Caesar / Augusti f(ilius) co(n)s(ul) III / M(arco) Ulpio Traiano leg(ato) / Aug(usti) pro pr(aetore) dipotamiae / fluminis ductum millia (!) / passus tria cum pontibus / [pe]r milites legionum IIII: / [III Gal]l(icae), IV Scyt(hicae), VI Ferr(atae), XVI Flaviae / [ite]m cohortium XX / [item?] Antiochensium / [facien]da(?) curaverunt / m(ille) p(assus) I.

Der Einsatz des gesamten *exercitus Syriacus* für diese Infrastrukturmaßnahmen dürfte einem Zweck gedient haben, der weit über die lokalen Bedürfnisse Antiochias hinausging und der sicherlich die verbesserte Versorgung des römischen Heeres im Osten zum Ziel hatte. Gleichzeitig wurden Flotten am Schwarzen Meer und der Syrischen Küste eingerichtet und schließlich feierte A. Caesennius Gallus, der Statthalter von Galatia – Cappadocia in den Jahren 80–82, die Fertigstellung von Arbeiten an einem ausgedehnten Straßensystem. Auch das wird durch den Text mehrerer Bauinschriften auf Meilensteinen überliefert:[57]

[I]mp(erator) T(itus) C[ae]sar divi Ves/pasiani f(ilius) Aug(ustus) pont(ifex) max(imus) / trib(unicia) potest(ate) X imp(erator) XV co(n)s(ul) / VI[II] censor p(ater) p(atriae) [et] / Caes(ar) [[divi f(ilius) Domitianus]] / co(n)s(ul) VII princ(eps) iuventutis / [per] / A(ulum) Caesennium Gallum / leg(atum) pro pr(aetore) vias provinci/aru[m] G[ala]tiae, Cappad[o]/ciae, Ponti, Pisidiae, Pa/phlagoniae, Lycaoniae, / Armeniae minoris / straverunt. / LXXI.

Nimmt man die Aussage dieser Inschrift ernst, so weist die geographische Ausdehnung auf ein großes, mehrjähriges Projekt hin, welches A. Caesennius Gallus in den Jahren seiner Statthalterschaft zum Abschluss brachte, und das wohl ebenfalls bereits unter Vespasian begonnen wurde. Es ist jedenfalls kaum zu bezweifeln, dass der Ausbau des Straßensystems den militärische Erfordernissen einer schnellen und zuverlässigen Nachrichtenübermittlung, Versorgung und Truppenverschiebung entsprach, zeitlich mit der massiven Aufrüstung an der Ostgrenze von Cappadocia und der östlichen Schwarzmeerküste zusammenfiel und deshalb mit ihr in direktem Zusammenhang stand. Auch auf dem Gebiet des ehemaligen späthellenistischen Königreichs Commagene berichten verschiedene römische Inschriften davon, wie nahezu zur selben Zeit, d. h. unmittelbar

---

[57] Gallus: PIR² C 170. Bauinschrift: ILS 263 = FRENCH 2012, Nr. 8. Die weiteren Meilensteine mit diesem und ähnlich lautenden Texten jetzt bei FRENCH 2012, Nrn. 7. 8 (ILS 263). 38. 67. 103. 117. 122. 128 und FRENCH 2013, Nr. 66. Dazu etwa MITCHELL 1993, 124f; MAREK 2010, 467. Flotte: FRENCH 1984; VAN BERCHEM 1985; MAREK 2003, 59f.; KONEN 2003, 26 und 44f. Zu den Auswirkungen des dadurch entstandenen Verkehrs entlang der großen Verbindungsrouten durch Kleinasien siehe SPEIDEL, M.A. 2009a; SPEIDEL, M.A. 2009b.

nach der endgültigen Provinzialisierung und der Stationierung einer Legion bei Samosata, das Straßennetz u. a. durch den Bau mehrerer Brücken über westliche Euphratzuflüße ausgebaut wurde und der neue Legionsstandort somit verkehrstechnisch erschlossen wurde.[58] Wollte man die Fernversorgung sowie den schnellen Transport von Nachrichten und Expeditionssoldaten im Kriegsfall sicherstellen, so konnte man jedenfalls mit dem Ausbau der Straßenverbindungen nicht warten, bis die Kriegshandlungen erst ausgebrochen waren. Da der unmittelbare Zusammenhang mit einem Kriegszug fehlt dürfte hier tatsächlich in vorausschauender Planung eine Infrastruktur vor allem in Kleinasien und Nordsyrien errichtet worden sein, die zunächst vor allem der Truppenversorgung und der Steigerung militärischer Effizienz dienen sollte.

Allerdings kann der Ausbau der beschriebenen militärischen Infrastruktur nicht allein mit Blick auf künftige Partherkriege gedeutet werden. Denn auch wenn aus den meisten Provinzen des Westens deutlich weniger Inschriften erhalten sind als aus jenen im Osten, so lassen sich dennoch dieselben epigraphischen Phänomene beobachten. Auch hier finden sich Inschriften, in denen der Einsatz von Soldaten im Straßenbau, im Brückenbau oder im Kanalbau aufgeführt wird.[59] Zudem lassen sich in der epigraphischen Hinterlassenschaft westlicher Provinzen ebenfalls Hinweise auf Sammellager finden.[60] So weist etwa ein in Bordeaux gefundener Grabaltar eines thrakischen Legionssoldaten, der dort von seinen *conm(ilitones)* oder *conm(anipuli)* errichtet wurde, auf den zeitweiligen Aufenthalt einer Legionsvexillation von der unteren Donau in oder bei Burdigala vermutlich in der zweiten Hälfte des dritten Jahrhunderts.[61] Ein weiterer Grabstein, der wohl ebenfalls ins dritte Jahrhundert gehört, wurde hier für einen im Dienst verstorbenen Soldaten der *legio II Parthica* von seiner Tochter und Erbin errichtet.[62] Da Aquitanien nicht zu den üblichen Rekrutierungsgebieten der *legio II Parthica* gehörte, ist es möglich, dass auch dieser Soldat als Mitglied eines Expeditionsheers sein Grabdenkmal bei Burdigala erhalten hat.[63] Ähnliches dürfte aus dem bei Bordeaux gefundenen Grabstein des Christen Fla(v)inus zu schließen sein, denn Flavinus starb in der zweiten Hälfte des vierten

---

[58] SPEIDEL, M.A. 2009, 250.

[59] Straßenbau: AE 2006, 1670 (Gafsa); BCTH 1902, 176 (Djebel Djaffa); BCTH 1908, 161 (Qalat-as-Sanan); BCTH 1928/1928, 666 (Zezia). 675 (Henchir el Baghla). 676 (Guettar); ILS 2478 = 5829 (Salona); CIL III 11326 (Brigetio); AE 1994, 1395 (Brigetio). Brückenbau: AE 1995, 1652 (Ammaedara); IlJug 2,647 (Kosijerevo). Kanalbau: AE 1973, 473 = AE 2003, 1533 (siehe dazu auch ŠAŠEL 1973).

[60] Zu den spätrömischen Soldatenquartieren im gallisch-germanischen Raum allgemein siehe etwa BRULET 1996, 248ff.; BRULET 2004.

[61] CIL XIII 595. Dazu demnächst mit verbesserter Lesung des Textes DANA, im Druck. In welcher Legion (*V Macedonica*? *XIII Gemina*?) der Verstorbene diente, ist wegen des fehlerhaften Textes nicht sicher zu ermitteln. Dan Dana möchte ich auch an dieser Stelle für die Zusendung seines zum Zeitpunkt der Abfassung dieses Beitrags noch unveröffentlichten Manuskripts herzlich danken!

[62] CIL XIII 594: *[---] / mil(es) leg(ionis) II Part(hicae) / qui vix(it) ann(os) p(lus) m(inus) XXXVII mil(itavit) an(nos) [---] / Ant(onia) Severiane fil(ia) et heres pa[tri ---]*.

[63] FORNI 1992, 120f.; MANN 1983, 49, 157, table 31; BALTY/VAN RENGEN 1993.

Jahrhunderts als Soldat des *numerus <M>attiacorum Seniorum*, einer Einheit des spätrömischen Bewegungsheeres.[64] Da aber der Grabstein von Flavinus' Frau und Kindern errichtet wurde, dürfte er längere Zeit bei Burdigala stationiert gewesen sein (falls er nicht hier beheimatet war).

Von besonderem Interesse ist in diesem Zusammenhang auch das Bild, das die Soldatengrabsteine von Samarobriva Ambianorum / Ambiani (Amiens) vor dem Hintergrund der übrigen Überlieferung ergibt.[65] Denn zunächst bezeugt der Grabstein eines Soldaten einer unbekannten Legion ausdrücklich, dass einige Expeditionssoldaten (*vexillarii*) dieser Einheit, die zu einem nicht näher bestimmbaren Feldzug des zweiten oder dritten Jahrhunderts nach Britannien unterwegs waren (*euntes expedi(tionem) Britan(n)icam*) ihrem verstorbenen Kameraden hier einen Grabstein errichteten.[66] Dann finden sich in der epigraphischen Hinterlassenschaft von Amiens aber auch Grabsteine von Soldaten, die während ihres Dienstes im späten dritten oder frühen vierten Jahrhundert gestorben waren. Zwei von ihnen, Valerius Durio, ein *circitor*, und der Thraker Valerius Zurdiginu[s] gehörten einer Einheit von Panzerreitern (*equites catafractarii*) an.[67] Ihren Gentilnamen Valerius erhielten sie vermutlich beim Eintritt ins Heer unter den Tetrarchen (284–303) und jedenfalls nicht nach dem Jahre 312.[68] Ihre Einheit wurde allem Anschein nach spätestens in den frühen 20er Jahren des vierten Jahrhunderts in den Osten verlegt, wo sie dann sogar unter dem Namen *equites catafractarii Ambianenses* bekannt war.[69] Das weist nicht nur auf ihren ehemaligen Standort bei Ambiani, sondern macht zugleich wahrscheinlich, dass die Truppe unmittelbar vor ihrer Verlegung in den Osten einige Jahre bei Ambiani gelegen hatte. Die geographische Lage der Stadt zeigt deutlich, dass die militärische Funktion dieses Standortes nicht unmittelbar mit der Verhinderung feindlicher Einbrüche über die Reichsgrenzen zusammenhing, sondern dass die Panzerreiter, die hier lagerten, vielmehr bei Bedarf mit anderen Truppen zu einem Heer vereinigt und in den Kampf geschickt wurden, ganz ähnlich wie in den eingangs aufgeführten, von Ammianus Marcellinus überlieferten Beispielen. Als eine der teuersten und schlagkräftigsten Einheiten des römischen Heeres dürften die *equites catafractarii* von Ambiani deshalb während ihrer Zeit im Westen zweifellos an praktisch allen dortigen Kriegseinsätzen teilgenommen haben.[70] Die Stadt Ambiani diente ihnen somit wohl vor allem als Versorgungsbasis und Etappe während der Wintermonate und erfüllte ähnliche Funktionen im Bereich der Logistik, wie sie dies zweifellos bereits für die erwähnten *vexillarii* der *expeditio Britan*-

---

[64] CIL XIII 11032: *(H)ic iac ⌐e⌐t Fla(v)inus de numero Mat/tiacorum seniorum qui vixs(i)t / annus(!) qua(d)raginta et qui/nque et dismisit(!) grande(m) / crudeli(ta)te(m) uxori et fili(i)s {I} (s)uis.*

[65] Siehe allgemein dazu WILL 1954; BAYARD/MASSY 1983; ESMONDE CLEARY 2013, 70ff.

[66] CIL XIII 3496.

[67] CIL XIII 3492 (Durio). 3495 (Zurdiginu[s]) mit SPEIDEL, M.P. 2005, 207 Anm. 17. Thraker: DANA, im Druck.

[68] KEENAN 1973, 46f. und 49f.

[69] Verlegung: SCHARF 2005, 19. *Ambianenses*: Not. dign. or. 6,36.

[70] Teuer und schlagkräftig: SCHARF 2005, 18.

nica im zweiten oder dritten Jahrhundert getan hatte. Es ist in diesem Zusammenhang deshalb vielleicht ebenfalls bedeutsam, dass die Notitia Dignitatum die Existenz einer Waffenfabrik für Schwerter und Schilde in Ambiani bezeugt.[71]

Im Verlaufe des vierten Jahrhunderts wurde Ambiani Garnisonsort und Etappe auch verschiedener weiterer Truppen und Verbände.[72] Immer häufiger und immer länger übte die Stadt somit für das römische Heer viele jener logistischen Funktionen aus, die sie den mobilen Expeditionstruppen schon des zweiten oder dritten Jahrhunderts als Etappe zur Verfügung gestellt hatte. So scheint im vierten Jahrhundert die Entwicklung der Stadtgeschichte von Ambiani (und wohl auch jener von Burdigala) unmittelbar dadurch geprägt worden zu sein, dass diese Gemeinde, ähnlich wie Apamea, Zeugma oder Aulutrene, bereits in der Hohen Kaiserzeit Teil eines reichsweiten militärischen Infrastrukturnetzwerks geworden war. Wie die Beispiele aus Zeugma und Aulutrene zeigen waren mit der Funktion als Etappe nicht nur rechtliche Institutionen verbunden, sondern diese konnte auch schon im zweiten und dritten Jahrhundert (wohl hauptsächlich durch wiederholte und längere Aufenthalte) bauliche Maßnahmen zur Folge haben, die sowohl der besseren Versorgung der Soldaten und ihrer schnelleren Passage zu den Einsatzgebieten dienten, als gleichzeitig auch der Verringerung der harten Belastung, die der Durchzug und der Aufenthalt größerer Soldatenverbände für die Zivilbevölkerung stets bedeutete.[73] Ob oder wann solche Bauten auch bei Burdigala und Ambiani errichtet wurden ist bisher nicht bekannt.

Die wenigen hier zusammengetragenen Hinweise sind kein Ersatz für eine systematische Sammlung und Untersuchung aller Zeugnisse, die Licht auf die militärischen Infrastrukturanlagen der Hohen Kaiserzeit im Reichsinnern werfen können. Dennoch scheinen die kurz skizzierten Fallbeispiele etwas Licht auf die Entstehung und den Ausbau dieser Infrastruktur zu werfen, die sich teils durch vorsorgliche Planung und umfangreiche Bauprogramme, vor allem aber seit dem späteren ersten Jahrhundert durch wiederholten und längeren Gebrauch zu einer festen Einrichtung entwickelte. Indem diese Infrastruktur die Schlagkraft und die Effizienz des römischen Heeres im notwendigen Umfang

---

[71] Not. dign. occ. 9,39: *Ambianensis spatharia et scutaria*. Dazu BAYARD/MASSY 1983, 253.
[72] Siehe etwa: CIL XIII 3494 (*eques* einer ungenannten Einheit. Zur Gleichzeitigkeit dieses Grabsteins mit jenem des Valerius Durio siehe BAYARD/MASSY 1983, 249). 3492 (*imagin(ifer) n(umeri) Ursarien(sium), cives [Se]quan(us)*). Zur Einheit siehe HOFFMANN 1969, 184; REUTER 1999, 553f.); Sulp. Sev. Vita Sancti Martini 3,1 (dazu HOFFMANN 1969, 291; BAYARD/MASSY 1983, 250f.); Amm. 27,6,10f. und 27,8,1 (Valentinian I. und seine Begleittruppen halten sich im Sommer des Jahres 367 in Ambiani auf. Dazu mit weiterer Literatur BAYARD/MASSY 1983, 251; DEN BOEFT/DRIJVERS/DEN HENGST/TEITLER 2009, 147, 182); Not. dign. occ. 42,67 (*praefectus Sarmatarum gentilium, inter Remos et Ambianos*. Dazu BAYARD/MASSY 1983, 252). Zur Ummauerung der Stadt im späteren dritten Jahrhundert: DESBORDES/MASSY 1975; BAYARD/MASSY 1983a; ESMONDE CLEARY 2013, 71.
[73] Dennoch blieb die Belastung durch zeitweilig anwesende Truppen hoch und führte wiederholt zu Spannungen zwischen der Zivilbevölkerung und den Soldaten. Siehe dazu etwa die oben Anm. 16. zitierten Textpassagen. Vgl. ferner SPEIDEL, M.A. 2009a; SPEIDEL, M.A. 2009b.

überhaupt erst herstellte gewann sie einerseits für die Sicherung der Herrschaft Roms und der Kaiser in zunehmendem Masse an Bedeutung und andererseits übte sie damit gleichzeitig sowohl in Friedens- als vor allem auch in Kriegszeiten einen stetig wachsenden Einfluss auf den Alltag und die Entwicklung zahlreicher Städte und Gemeinden im Reichsinneren aus. Damit weisen die Beispiele einerseits auf den Beginn einer langen Entwicklung bereits im ersten Jahrhundert, die letztlich der von Augustus eingerichteten Heeresordnung geschuldet war, und andererseits deuten sie damit auf einen weiteren, zwar indirekten aber dennoch folgenreichen Beitrag, den Kriege an den Veränderungen auch der zivilen, urbanen Welt im Osten und im Westen des Römischen Reichs hatten.

Bibliographie

ADAM 2013 = E. ADAM, Fighting for Rome. Some Considerations Regarding the Soldier's Attitude towards Rome, *Research and Science Today* 1.5, 2013, 6–13.

ALFÖLDY 1986 = G. ALFÖLDY, Die Mithras-Inschrift aus Riegel am Kaiserstuhl, *Germania* 64, 1986, 433–440.

ALFÖLDY 1987 = G. ALFÖLDY, Römische Heeresgeschichte. Beiträge 1962–1985, Amsterdam 1987.

ASAL 2005 = M. ASAL, Ein spätrömischer Getreidespeicher am Rhein. Die Grabung Rheinfelden-Augarten West 2001 (mit Beiträgen von Alfred M. Hirt u. a.), Brugg 2005.

BALTY 1988 = J.-Ch. BALTY, Apamea in Syria in the Second and Third Centuries AD, *JRS* 78, 1988, 91–104.

BALTY/VAN RENGEN 1993 = J.-Ch. BALTY/W. VAN RENGEN, Apamée de Syrie, Bruxelles 1993.

BAYARD/MASSY 1983 = D. BAYARD/J.L. MASSY, Les fonctions d'Amiens au Bas-Empire, *RAPic* numéro spécial 2. Amiens romain. Samarobriva Ambianorum, 1983, 247–270.

BAYARD/MASSY 1983a = D. BAYARD/J.L. MASSY, La ville fortifiée, *RAPic* numéro spécial 2. Amiens romain. Samarobriva Ambianorum, 1983, 221–247.

BÉRARD 1984 = F. BÉRARD, La carrière de Plotius Grypus et le ravitaillement de l'armée impériale en campagne, *MEFRA* 96, 1984, 259–324.

VAN BERCHEM 1985 = D. VAN BERCHEM, Le port de Séleucie de Piérie et l'infrastructure logistique des guerres parthiques, *BJ* 185, 1985, 47–87.

BORHY 1996 = L. BORHY, *Non castra sed horrea...* Zur Bestimmung einer der Funktionen spätrömischer Binnenfestungen, *BVBl* 61, 1996, 207–224.

BRESSON/DREW-BEAR/ZUCKERMAN 1995 = A. BRESSON/Th. DREW-BEAR/C. ZUCKERMAN, Une dédicace de primipilaires à Novae pour la victoire impérial, *AntTard* 3, 1995, 139–146.

BRULET 1996 = R. BRULET, Les transformations du Bas-Empire, in: M. REDDÉ (Hg.), L'armée romaine en Gaule, Paris 1996, 223–265.

BRULET 2004 = R. BRULET, Casernement et casernes en Gaule, in: Y. LE BOHEC (Hg.), L'armée romaine de Dioclétien à Valentinien Ier, Paris 2004.

CAGNAT 1900 = R. CAGNAT, *Hospitium militare*, in: Ch. DAREMBERG/E. SAGLIO, Dictionnaire des antiquités grecques et romains III, 1900, 302–303.

CHRISTOL/DREW-BEAR 1995 = M. CHRISTOL/Th. DREW-BEAR, Inscriptions militaires d'Aulutrene et d'Apamée de Phrygie, in: Y. LE BOHEC (Hg.), La hiérarchie (Rangordnung) de l'armée romaine sous le Haut-Empire. Actes du Congrès de Lyon, 15–18 septembre 1994, Paris 1995, 57–92.

COSME/FAURE 2004 = P. COSME/P. FAURE, Identité militaire et avancement au centurionat dans les *castra peregrina*, *CCG* 15, 2004, 343–356.

DANA, im Druck = D. DANA, Un légionnaire de Mésie dans l'Empire des Gaules. Relecture et commentaire de l'épitaphe CIL XIII 595 = ILA-Bordeaux 69, *Revue des études militaires anciennes* (im Druck).

DEN BOEFT/DRIJVERS/DEN HENGST/TEITLER 2009 = J. DEN BOEFT/J.W. DRIJVERS/D. DEN HENGST/H.C. TEITLER, Philological and Historical Commentary on Ammianus Marcellinus XXVII, Leiden 2009.

DESBORDES/MASSY 1975 = J.M. DESBORDES/J.L. MASSY, Amiens: Le Castrum, *Cahiers archéologiques de Picardie* 2, 1975, 55–61.

ECK/v. HESBERG 2003 = W. ECK/H. v. HESBERG, Der Rundbau eines Dispensator Augusti und andere Grabmäler der frühen Kaiserzeit in Köln – Monumente und Inschriften, *KJ* 36, 2003 [2005], 151–205.

ECK 2004 = W. ECK, Köln in römischer Zeit, Köln 2004.

ERDKAMP 2002 = P. ERDKAMP (Hg.), The Roman Army and the Economy, Amsterdam 2002.

ESMONDE CLEARY 2013 = A.S. ESMOND CLEARY, The Roman West, AD 200–500. An Archaeological Study, Cambridge 2013.

FACELLA/SPEIDEL 2011 = M. FACELLA/M.A. SPEIDEL, From Dacia to Doliche (and back), in: E. WINTER (Hg.), Von Kummuh nach Telouch, Bonn 2011, 207–215.

FISCHER 2012 = Th. FISCHER, Die Armee der Caesaren. Archäologie und Geschichte, Regensburg 2012.

FRENCH 1984 = D.H. FRENCH, *Classis Pontica*, EA 4, 1984, 53–60.

FRENCH 2012 = D.H. FRENCH, Roman Roads & Milestones of Asia Minor, 3.2: Galatia, Ankara 2012. http://biaa.ac.uk/publications/item/name/electronic-monographs

FRENCH 2013 = D.H. FRENCH, Roman Roads & Milestones of Asia Minor, 3.3: Cappadocia, Ankara 2013. http://biaa.ac.uk/publications/item/name/electronic-monographs

FORNI 1992 = G. FORNI, Esercito e marina di Roma Antica, Stuttgart 1992.

GALLIAZZO 1994 = V. GALLIAZZO, I ponti romani, Bd. 1, Treviso 1994.

GALLIAZZO 1995 = V. GALLIAZZO, I ponti romani. Catalogo generale, Bd. 2, Treviso 1994.

GEBHARDT 2002 = A. GEBHARDT, Imperiale Politik und provinziale Entwicklung, Berlin 2002.

GIVEN 2004 = M. GIVEN, The Archaeology of the Colonized, London 2004.

GOLDSWORTHY 1996 = A.K. GOLDSWORTHY, The Roman Army at War, Oxford 1996.

HALFMANN 1986 = H. HALFMANN, *Itinera principum*, Stuttgart 1986.

HANEL 1985 = N. HANEL, Ein römischer Kanal zwischen Rhein und Gross-Gerau? *AKB* 25, 1985, 107–116.

HARTMANN/SPEIDEL 1992 = M. HARTMANN/M.A. SPEIDEL, Die Hilfstruppen des Windischer Heeresverbandes, *Pro Vindonissa* 1991, 1992, 3–33.

HARTMANN/SPEIDEL 2003 = M. HARTMANN/M.A. SPEIDEL, The Roman Army at Zeugma. Results of New Research, in: R. EARLY et al., Zeugma: Interim Reports, Portsmouth R.I. 2003, 100–126.

HERZ 1985 = P. HERZ, Zeugnisse römischen Schiffbaus in Mainz, *JRGZ* 32, 1985, 422–435.

HIRT 2005 = A.M. HIRT, Die Versorgung des spätantiken Heeres in: ASAL 2005, 125–129.

HIRT 2005a = A.M. HIRT, Der Donau – Iller – Rhein-Limes und befestigte Bauten im Hinterland aus der Zeit von Diokletian bis Constantius II, in: ASAL 2005, 122–125.

HOFFMANN 1969 = D. HOFFMANN, Das spätrömische Bewegungsheer und die Notitia Dignitatum, Düsseldorf 1969.

HORVAT 2008 = J. HORVAT, Early Roman *horrea* at Nauportus, *MEFRA* 120, 2008, 111–121.

ISAAC 1992 = B. ISAAC, The Limits of Empire, Oxford 1992[2].

JONES 1964 = A.H.M. JONES, The Later Roman Empire, Oxford 1964.

KEENAN 1973 = J.G. KEENAN, The Names Flavius and Aurelius as Status Designations in Later Roman Egypt, *ZPE* 11, 1973, 33–63.

KEHNE 2007 = P. KEHNE, War- and Peacetime Logistics. Supplying Imperial Armies, in: P. ERDKAMP (Hg.), A Companion to the Roman Army, Oxford 2007, 323–338.

KISSEL 1995 = Th. KISSEL, Untersuchungen zur Logistik des römischen Heeres in den Provinzen des griechischen Ostens, St. Katharinen 1995.

KOLB 2000 = A. KOLB, Transport und Nachrichtentransfer im Römischen Reich, Berlin 2000.

KONEN 2003 = H. KONEN, Migration und Mobilität unter den Angehörigen der Alexandrinischen und Syrischen Flotte, *Laverna* 14, 2003, 18–47.

LE BOHEC 2009 = Y. LE BOHEC, La troisième légion Auguste, Paris 1989.

LE BOHEC 2006 = Y. LE BOHEC, L'armée romaine sous le Bas-Empire, Paris 2006.

LISSI CARONNA 1993 = E. LISSI CARONNA, *Castra peregrina*, in: E.M. STEINBY (Hg.), Lexicon Topographicum Urbis Romae, Bd. 1, Roma 1993, 249–51.

MANN 1983 = J. C. MANN, Legionary Recruitment and Veteran Settlement during the Principate, London 1983.

MAREK 2003 = Ch. MAREK, Pontus et Bithynia, Mainz 2003.

MAREK 2010 = Ch. MAREK, Die Geschichte Kleinasiens in der Antike, München 2010.

MILLAR 1993 = F. MILLAR, The Roman Near East 31 BC–AD 337, London 1993.

MITCHELL 1993 = S. MITCHELL, Anatolia. Land, Men and Gods in Asia Minor, Oxford 1993.

MITTHOF 2001 = F. MITTHOF, Annona Militaris. Die Heeresversorgung im spätantiken Ägypten. Ein Beitrag zur Verwaltungs- und Heeresgeschichte des Römischen Reiches im 3. bis 6. Jh. n. Chr., Florenz 2001.

MÓCSY 1992 = A. MÓCSY, Pannonien und das römische Heer, Stuttgart 1992.

O'CONNOR 1993 = C. O'CONNOR, Roman Bridges, Cambridge 1993.

V. PETRIKOVITS 1984 = H. V. PETRIKOVITS, Damm und Deich, RGA^2 5, 1984, 216–223.

RANKOV 1990 = B. RANKOV, *Frumentarii*, the *castra peregrina* and the Provincial *officia*, ZPE 80, 1990, 176–182.

RATHMANN 2006 = M. RATHMANN, Der Statthalter und die Verwaltung der Reichsstraßen in der Kaiserzeit, in: A. KOLB (Hg.), Herrschaftsstrukturen und Herrschaftspraxis. Konzepte, Prinzipien und Strategien der Administration im römischen Kaiserreich, Berlin 2006, 201–259.

REDDÉ 1986 = M. REDDÉ, *Mare nostrum*. Les infrastructures, le dispositif et l'histoire de la marine militaire sous l'empire romain, Rom 1986.

REUTER 1999 = M. REUTER, Studien zu den *numeri* des Römischen Heeres in der Mittleren Kaiserzeit, *BRGK* 80, 1999, 357–569.

REY-COQUAIS 1994 = J.-P. REY-COQUAIS, Laodicée-sur-mer et l'armée romaine. A partir de quelques insriptions, in: E. DĄBROWA (Hg.), The Roman and Byzantine Army in the East, Krakau 1994, 149–163.

ROTH 1999 = J. ROTH, The Logistics of the Roman Army at War, 264 B.C.–A.D. 235, Leiden 1999.

ROTH 2000 = J. ROTH, Logistics and the Legion, in: Y. LE BOHEC (Hg.), Les légions de Rome sous le Haut-Empire, Paris 2000, 707–710.

ŠAŠEL 1973 = J. ŠAŠEL, Trajan's Canal at the Iron Gate, *JRS* 63, 1973, 80–85.

SAXER 1967 = R. SAXER, Untersuchungen zu den Vexillationen des römischen Kaiserheeres von Augustus bis Diokletian, Köln 1967.

SCHARF 2005 = R. SCHARF, Der *Dux Mogontiacensis* und die *Notitia Dignitatum*, Berlin 2005.

SCHUBERT 2001 = P. SCHUBERT, A Yale Papyrus (P Yale III 137) in the Beinecke Rare Book and Manuscript Library III, Oakville 2001.

SPEIDEL, M.A. 2009 = M.A. SPEIDEL, Heer und Herrschaft im Römischen Reich der Hohen Kaiserzeit, Stuttgart 2009.

SPEIDEL, M.A. 2009a = M.A. SPEIDEL, Les longues marches des armées romaines. Réflets épigraphiques de la circulation des militaires dans la province d'Asie au IIIème s. apr. J.-C., *CCG* 20, 2009, 199–210.

SPEIDEL, M.A. 2009b = M.A. SPEIDEL, Wirtschaft und Moral im Urteil Diokletians. Zu den kaiserlichen Argumenten für Höchstpreise, *Historia* 58, 2009, 486–505.

SPEIDEL, M.A. 2010 = M.A. SPEIDEL, *Pro patria mori*... La doctrine du patriotisme romain dans l'armée impériale, *CCG* 21, 2010, 139–154.

SPEIDEL, M.A. 2012 = M.A. SPEIDEL, Faustina – *mater castrorum*. Ein Beitrag zur Religionsgeschichte, *Tyche* 27, 2012, 127–152.

SPEIDEL, M.A. 2012a = M.A. SPEIDEL, Being a Roman Soldier. Expectations and Responses, in: Y. LE BOHEC/C. WOLFF (Hg.), Le métier de soldat dans le monde romain. Actes du cinquième congrès sur l'armée romaine à Lyon, jeudi 23–samedi 25 septembre 2010 à Lyon, Lyon 2012, 175–186.

SPEIDEL, M.A. 2012b = M.A. SPEIDEL, Legio III Augusta in the East. New Evidence from Zeugma, in: B. CABOURET et al. (Hg.), Visions de l'Occident romain. Hommages à Yann Le Bohec, Paris 2012, 603–619.

SPEIDEL, M.A. in Druckvorbereitung = M.A. SPEIDEL, 'Almaqah in Rom? Epigraphisches zu den römisch-sabäischen Beziehungen in der Hohen Kaiserzeit.

SPEIDEL, M.P. 1984 = M.P. SPEIDEL, Roman Army Studies I, Amsterdam 1984.

SPEIDEL, M.P. 1992 = M.P. SPEIDEL, Roman Army Studies II, Stuttgart 1992.

SPEIDEL, M.P. 2005 = M.P. SPEIDEL, The Origins of the Late Roman Army Ranks, *Tyche* 20, 2005, 205–207.

SOUTHERN/DIXON 1996 = P. SOUTHERN/K.R. DIXON, The Late Roman Army, London 1996.

WHITTAKER 2002 = C.R. WHITTAKER, Supplying the Army. Evidence from Vindolanda, in: ERDKAMP 2002, 204–234.

WIERSCHOWSKI 1984 = L. WIERSCHOWSKI, Heer und Wirtschaft, Bonn 1984.

WILL 1954 = E. WILL, Amiens ville militaire romaine, *RdN* 36, 1954, 141–145.

Systeme der Wasserdistribution

Fernwasserleitungen und römische Administration im griechischen Osten

Christof Schuler

Abstract

▬ Obwohl griechische Poleis seit jeher erhebliche Anstrengungen zur Sicherung ihrer Wasserversorgung unternahmen, breiteten sich Fernwasserleitungen im griechischen Osten im Wesentlichen erst unter römischer Herrschaft aus. Dabei wurde das Vorbild der römischen Aquädukte übernommen und adaptiert, häufig mit unmittelbarer Förderung durch Kaiser und Statthalter. Der Aquäduktbau im römischen Osten ist deshalb ein gutes Beispiel für einen teilweise politisch gelenkten Innovationsprozess. Anhand der besonders gut dokumentierten Region Lykien im Südwesten Kleinasiens lässt sich zeigen, dass die römische Provinzialverwaltung Großprojekte wie Aquädukte bevorzugt anregte und unterstützte, so dass von einer Baupolitik gesprochen werden kann. Zum Vergleich werden ähnliche Beispiele aus anderen Provinzen herangezogen.

▬ Although Greek poleis had always made considerable efforts to ensure their water supply, long-distance water conduits only gained ground in the Greek east under Roman rule. The model of the Roman aqueduct was adopted and adapted, often through direct patronage of the emperor and the governour. The construction of aqueducts in the east is thus a prime example of an innovation process partially guided by politics. Evidence from the very well documented region of Lycia in south-western Asia Minor shows that the Roman provincial government encouraged and supported large-scale projects such as aqueducts, allowing us to speak of a construction policy. By way of comparison, similar examples from other provinces are presented.

Aquädukte sind eines der wichtigsten Merkmale römischen Städtebaus, und in dem Maß, wie man die Urbanisierung als wesentliche Leistung der Kaiserzeit betrachtet, auch ein Symbol für die römische Herrschaft schlechthin. Das haben schon die Zeitgenossen so gesehen, auch scheinbar unverdächtige Zeugen wie Dionysios von Halikarnass und Strabon, die die Römer für die Nützlichkeit ihrer Bauten preisen und dabei die Wasserleitungen hervorheben.[1] Dass ausgerechnet zwei Griechen die Leistungen ihrer eigenen Stadtkultur in dieser Weise herunterspielen, sollte uns nicht irremachen: Die griechischen Poleis kümmerten sich sehr wohl seit der archaischen Zeit teilweise mit erheblichem Aufwand um die Wasserversorgung,[2]

---

[1] Dion. Hal. ant. 3,67,5; Strab. 5,3,8; in ähnlichem Tenor der römische *locus classicus* Frontin. aqu. 16.
[2] Einen umfassenden Überblick über die technische Entwicklung der Wasserwirtschaft in der Antike gibt das von Wikander 2000 herausgegebene Handbuch. Für die archaische Zeit ist Athen ein gut erforschtes Fallbeispiel: Tölle-Kastenbein 1994. Im hellenistischen Städtebau hatte die Wasserver-

und schon die attalidischen Könige führten bis auf den steilen Burgberg von Pergamon eine Fernwasserleitung hinauf, deren Schlussabschnitt aus einer technisch bemerkenswerten Druckleitung bestand.[3] Aber dieses Beispiel scheint trotz der großen Strahlkraft der attalidischen Hauptstadt kaum Nachahmung gefunden zu haben. Die Attaliden selbst unterstützten zwar etwa die Ölversorgung der Gymnasien in ihrem Reich,[4] scheinen aber die Wasserversorgung als Aufgabe der Städte betrachtet zu haben, nicht als lohnendes Betätigungsfeld königlichen Handelns. Dass der Bau von Fernwasserleitungen, die über viele Kilometer überirdisch geführt wurden, keine weitere Verbreitung fand, hatte abgesehen von den Kosten möglicherweise auch strategische Gründe: Da in hellenistischer Zeit Angriffe und Belagerungen für die Städte ein wenn auch nicht alltägliches, so doch sehr realistisches Risiko darstellten, mag die Entscheidung für derart aufwändige, aber verwundbare Bauwerke außerhalb des Horizonts der Poleis gelegen haben.

Der Beginn der Kaiserzeit markiert in dieser Hinsicht einen tiefen Einschnitt. In der neuen Stabilität der *pax Augusta* entstanden nach und nach, teilweise mit römischer Unterstützung, in vielen Städten des Ostens Aquädukte römischen Typs: Freispiegelkanäle, die es erlaubten, erheblich größere Wassermengen über weite Entfernungen in die Städte zu leiten, als es mit traditionellen griechischen Tonrohrleitungen möglich gewesen war. Dabei ist zu bedenken, dass der Bau eines Aquäduktes nicht nur eine große technische und finanzielle Herausforderung darstellte, sondern mit einem umfangreichen Komplex administrativer und kultureller Implikationen verbunden war. An einem Aquädukt hing ein gewichtiges und in unserem Quellenmaterial nur sehr selten sichtbares Paket von rechtlichen Regelungen und dauerhaftem Aufwand für Unterhalt und Verwaltung, angefangen von der Frage des Eigentums an dem erforderlichen Geländestreifen bis hin zu dem Personal, das kontinuierlich für die tägliche Bedienung und Überwachung der Anlage sorgen musste. In kultureller Hinsicht setzte die Steigerung des Wasserdargebots gegenüber der hellenistischen Stadtlandschaft ganz neue Akzente: mit Thermen westlichen Typs, prächtigen Nymphäen an den öffentlichen Plätzen und der repräsentativen Verwendung von Wasser in den Häusern der Oberschicht. So betrachtet erscheint der Aquäduktbau im griechischen Osten als urbanistischer Innovationsprozess von großer kultureller Tragweite und zugleich als besonders geeigneter Testfall für die Rolle der römischen Administration beim Ausbau der Infrastruktur in den griechischen Städten.

sorgung ihren festen Platz, wie die Beispiele Pergamon (dazu die folgende Anm.), Priene (FAHLBUSCH 2003) und nach jüngsten Forschungsergebnissen auch Ephesos (WIPLINGER 2006 a und b) zeigen.
3   RADT 1999, 147–158; GARBRECHT 2001.
4   DREYER/ENGELMANN 2003, 57–62.

1. Positionen der Forschung

Will man diesem Gedanken nachgehen, so lohnt es sich noch immer, mit einem Aufsatz über „Roman Imperial Building in the Provinces" zu beginnen, den Ramsay MacMullen 1959 vorgelegt hat. MacMullen sieht in den Bauten, die auf Veranlassung oder unter Beteiligung der römischen Kaiser in den Provinzstädten entstanden, ein epochemachendes Element der Kaiserzeit: „The Republic had embellished its capital at the expense of the conquered; the Empire redressed the balance; and the political and psychological significance of this change, by which the wealth of Rome's subjects was in part, and sometimes very magnificently, restored to them, is sufficient to mark an era."[5] Kaiserliche Bauten sind für MacMullen also ein Instrument der Redistribution der von Rom erhobenen Abgaben und damit der Herrschaftslegitimation. MacMullen spricht nirgends von einer Baupolitik und betont von Anfang an die Bedeutung von Wünschen und Bitten, die aus den Städten an den Herrscher herangetragen wurden. Gleichwohl vermutet er Strategien, von denen sich die Kaiser bei ihren Entscheidungen leiten ließen: „However eloquent the rhetors, it is unlikely that they could tap the imperial treasury at will. The wish to build must have lain in the emperor already. (…) In all of these motives we can see at work the desire to express a certain concept, almost a personality, of rule."[6]

1977 übte Fergus Millar mit seinem Werk über den reagierenden Regierungsstil der römischen Kaiser großen Einfluss auf die Forschung aus. Damit verbanden sich jüngere Ansätze, die den diskursiven Charakter monarchischer Herrschaftsausübung in der Antike und die Bindung der hellenistischen Könige und römischen Kaiser an Herrscherideale betonten, die ihnen die Rolle des für Wünsche zugänglichen Wohltäters nahelegten und den Beherrschten politische Verhandlungsspielräume eröffneten. Speziell mit dem öffentlichen Bauwesen in den Städten des römischen Ostens setzte sich Stephen Mitchell in zwei Beiträgen auseinander, in denen er mit Recht betont, dass von den Kaisern geförderte Bauprojekte in ganz unterschiedliche Motiv- und Beziehungsgeflechte eingebunden waren. Es ist deshalb wichtig, den Anteil der römischen Administration an Initiative und Finanzierung in jedem Einzelfall möglichst genau zu bestimmen.[7] Ohne diesem Grundsatz zu widersprechen, trat Engelbert Winter in seiner 1996 erschienenen Habilitationsschrift dezidiert dafür ein, dass sich in den Städten Kleinasiens eine kaiserliche Baupolitik erkennen lasse. Im Gegensatz zur Haltung der hellenistischen Könige habe sich diese „durch ein umfassenderes Interesse an der Bausubstanz der Städte, vor allem an der Infrastruktur der Poleis" ausgezeichnet.[8] Die demonstrative Freigebigkeit der Kaiser

---

[5] MacMullen 1959, 207.
[6] Ebd. 208.
[7] Mitchell 1987a und 1987b.
[8] Winter 1996, 226–240, mit dem Zitat S. 235. Den Zusammenhang zwischen Infrastrukturprojekten und Herrschaftslegitimation betont bereits Schneider 1986 und jetzt in diesem Band S. 21–51.

habe der Manifestation römischer Macht und der Legitimation römischer Herrschaft gedient, zumal sich das kaiserliche Engagement besonders auf Nutzbauten konzentriert habe.[9] Eine Stärke von WINTERS Buch ist die Reflexion darüber, wie der häufig vage verwendete Begriff der „Baupolitik" näher bestimmt werden könnte.[10] Nimmt man WINTERS Ansatz auf, wäre von einer Baupolitik zu sprechen, wenn im Handeln von Kaisern und Statthaltern zusammenhängende Strategien erkennbar werden, die Einzelfallentscheidungen leiteten. Solche Strategien konnten auch dann strukturierend wirken, wenn die Kaiser auf an sie herangetragene Initiativen reagierten. Am deutlichsten ablesbar, so ist zu fordern, sind sie jedoch an Projekten, die weitgehend auf eigene Initiativen des Herrschers und seiner Vertreter zurückgingen.

Einen völlig anderen Standpunkt nimmt Marietta HORSTER in ihrer 2001 veröffentlichten Dissertation ein.[11] HORSTER untersucht darin die kaiserlichen Bauinschriften aus dem Westen des Reichs, zieht aber auch umfangreiches Material aus dem Osten heran. Als Ergebnis formuliert sie: „(...) eine Baupolitik der römischen Kaiser für die Städte Italiens und der westlichen Provinzen (hat es) nicht gegeben. Deutlich wird dies auch an der nicht nachweisbaren Förderung des Ausbaus der *capita* der verschiedenen Provinzen in Ost und West. Sowenig wie es außerhalb Roms eine Kultur- oder Kunstpolitik gab, sowenig gab es auch eine allgemeine Baupolitik. Die Bauinschriften zeigen ein deutlich dem euergetischen Honoratiorensystem verpflichtetes Handeln. Es ist punktuell und somit in der Regel nicht vorhersehbar gewesen. Für die Bautätigkeit der Kaiser außerhalb Roms lässt sich kein bestimmtes Muster nachweisen, das anderen als individuellen oder situativen Motiven gefolgt ist."[12] HORSTER selbst betont andererseits, dass unter den Bauten mit kaiserlicher Beteiligung Großprojekte wie Stadtmauern, Wasserleitungen und Häfen dominieren, und sieht dahinter wirkende Ziele wie die Versorgung der Stadt Rom, „regionale Strukturförderung" und „strategische Maßnahmen".[13] In diesen eklatanten Widerspruch gerät HORSTER, weil sie an keiner Stelle darlegt, was sie unter einer Baupolitik verstehen möchte.

---

[9] WINTER 1996, 227.

[10] Ebd. 3–5; 24–53.

[11] Vgl. die ausführliche Besprechung von ALFÖLDY 2002a sowie ergänzend ALFÖLDY 2002b.

[12] HORSTER 2001, 250. Unklar und problematisch ist insbesondere der Begriff des „euergetischen Honoratiorensystems". Auch wenn man nicht von einem „System" sprechen möchte, ist klar, dass der Euergetismus auf gewissen Regeln sozialer Kommunikation beruhte (Gabentausch, Reziprozität), wie überhaupt ein gewisses Maß an Ritualisierung und Berechenbarkeit von zentraler Bedeutung für das Funktionieren jeder Gesellschaft sind. Als „punktuell", „nicht vorhersehbar", „individuell und situativ" charakterisierte Handlungen sind damit kaum vereinbar und wären für die Stabilität kaiserlicher Herrschaft schädlich gewesen. ALFÖLDY 2002a, 498 resümiert: „Die Hauptthese der Autorin, daß es in den Städten Italiens und der Provinzen keine kaiserliche Baupolitik gegeben habe (so 250), ist, wenn man unter ‚Baupolitik' die gezielte und systematische Verwirklichung einheitlicher Bauprogramme versteht, richtig." Bedeutsam ist hier die dem Konditionalsatz zugrundeliegende Bedingung.

[13] HORSTER 2001, 250.

Schließlich ist ein Beitrag von Werner ECK zu nennen, der frühere Arbeiten zur Wasserversorgung resümiert und in der im Titel formulierten Frage „Roms Wassermanagement im Osten. Staatliche Steuerung des öffentlichen Lebens in den römischen Provinzen?" die These vor sich her trägt, die widerlegt werden soll. ECK zeigt völlig zu Recht, dass es eine allgemeine Verantwortung der römischen Verwaltung für die Provinzstädte nicht gab und schon aus Kapazitätsgründen nicht geben konnte. Die Städte blieben vielmehr auch in der Kaiserzeit im wesentlichen selbst für ihre Wasserversorgung zuständig. Für einzelne kaiserliche Bauprojekte verweist ECK wieder auf die Kommunikation zwischen Herrscher und Eliten und individuelle Interessen einzelner Prinzipes.[14] Das eine folgt aber nicht notwendig aus dem anderen, und vor allem scheint die diskutierte These von vornherein allzu einseitig formuliert. Es lohnt sich deshalb, auf die Aquädukte, die mit kaiserlicher Unterstützung im Osten gebaut worden sind, noch einmal einen Blick zu werfen.

2. Aquädukte in Lykien

Ausgangspunkt der folgenden Überlegungen sind neue Inschriften aus der lykischen Stadt Patara, die in den letzten Jahren veröffentlicht worden sind. Die bedeutende Hafenstadt spielte bereits in hellenistischer Zeit eine wichtige Rolle im Lykischen Bund, in dem die Städte der Region zusammengeschlossen waren. Das Koinon blieb bis ins frühe Prinzipat eine autonome, von direkter römischer Verwaltung ausgenommene Region innerhalb des Römischen Reichs. Diesem Reservat hellenistischer Polisinstitutionen machte erst Claudius ein Ende, als er Lykien im Jahr 43 als Provinz organisierte. Diese späte Provinzialisierung vollzog sich in einem dichten Netz von Poleis mit einer stark entwickelten epigraphischen Kultur, zudem in einer Landschaft, in der die antiken Ruinen bis heute überdurchschnittlich gut erhalten sind. Günstige Bedingungen und intensive archäologische Forschung machen Lykien heute zu einem Laboratorium, in der wir die schrittweise Integration in das römische Imperium so detailliert untersuchen können wie in kaum einer anderen Region des griechischen Ostens.[15]

In Patara finden seit 1988 Ausgrabungen der Universität Antalya statt. Zu den spektakulärsten Entdeckungen gehört der sogenannte Stadiasmos, ein Pfeilermonument, das der Lykische Bund am Hafen der Stadt zu Ehren von Claudius errichtete, und zwar im Jahr 45, zwei Jahre nach der Ankunft des ersten Statthalters. In der Dedikation preisen die Lykier den Kaiser dafür, dass er politische Unruhen beendet, Recht und Ordnung wiederhergestellt und die politische Macht der Masse weggenommen und den Besten, den ἄριστοι, übergeben habe.[16] Erstaunlich offen spricht die Inschrift damit eine Konstante römischer Politik an, die auch in anderen Regionen des Ostens zu verschiedenen Zeiten zu beobachten ist: Demokratische Elemente wurden zurückgedrängt zugunsten der

---

[14] ECK 2008a.
[15] Einen Überblick geben KOLB/BRANDT 2005.
[16] SEG 51, 2001, 1832 A Z. 16–30.

reichen Honoratioren, die Rom als politischen Partner bevorzugt, insbesondere, indem die Mitgliedschaft in den städtischen Räten auf einen kleinen Kreis von Familien aus der Oberschicht beschränkt wurde. Die Durchsetzung dieser Strategie in Lykien war Aufgabe des ersten Statthalters Quintus Veranius; seine Maßnahmen sind in den Quellen deutlich fassbar.[17] Neben der für die künftige politische und gesellschaftliche Entwicklung Lykiens überaus wichtigen Umgestaltung der städtischen Räte beschäftigte sich Veranius mit den Straßen in der Region, wie der

Abb. 1–2 Delikkemer. Aquäduktbrücke mit steinerner Druckrohrleitung bei Patara (Lykien), Fotos C. Schuler.

[17] SCHULER/ZIMMERMANN 2012, 616–618 mit weiterer Literatur.

Stadiasmos zeigt.[18] Er unternahm außerdem systematische Anstrengungen, um Missstände in den öffentlichen Archiven der lykischen Poleis zu bekämpfen, und förderte den Ausbau des Kaiserkultes.[19] Quintus Veranius gehörte zu den führenden Senatoren seiner Zeit und blieb fünf Jahre in Lykien, um eine stabile Grundlage für die neue Provinz zu schaffen. Selbst unsere zweifellos lückenhaften Quellen weisen deutlich darauf hin, dass er dabei energisch und systematisch vorging und ein politisch durchdachtes Konzept verfolgte, das er mit Claudius abgestimmt haben dürfte.[20]

Eine Strategie zeichnet sich auch in einer Serie von größeren Bauprojekten ab, die nach der Einrichtung der Provinz einsetzte: Noch unter Claudius wurde mit dem Bau einer mindestens 17 km langen Wasserleitung nach Patara begonnen. Dieser Freispiegelkanal musste kurz vor Erreichen der Stadt einen Geländesattel überwinden, eine Schwierigkeit, die man mit dem Bau einer steinernen Druckleitung löste *(Abb. 1–2)*. An diesem aufwändigsten Teilstück der Leitung wurde eine Bauinschrift angebracht, die erst vor kurzem veröffentlicht worden ist *(Abb. 3)*. Es lohnt sich, ihren vollständigen Text zu zitieren:[21]

> Αὐτοκράτωρ Καῖσαρ Φλάουιος Οὐεσπασιανὸς Σεβαστὸς
> τὸ τοῦ ὑδραγωγίου ἀνάλημμα συμπεσὸν σεισμοῖς ἐκ θεμελίων ἀποκατέστησε σὺν
> τοῖς ἐπ᾽ αὐτῷ λιθίνοις ἐκ τετραπέδου λίθου σωλῆσι προστεθέντος καὶ ἑτέρου παρὰ τὸ
> ἀνάλημμα θλειμματικοῦ ὑδραγωγίου διὰ τριστίχων σωλήνων ὀστρακινῶν παλαιστι-
> 5 αίων ὥστε δυεῖν ὄντων εἰ θάτερον ἐπισκευῆς δεηθείη μὴ ἐνποδίζεσθαι τὸν δρόμον
> ἀδιαλείπτου μενούσης τῆς χρήσεως. ἐπεσκεύασε δὲ καὶ τὰ λοιπὰ τοῦ ὑδραγωγίου
> καὶ τὸ ὕδωρ μετὰ μῆνας δ᾽ παραπεσεῖν εἰσήγαγεν διὰ Σέξτου Μαρκίου Πρείσκου πρεσβευ-

---

[18] SEG 51, 2001, 1832 B, bes. Z. 1–8. Vgl. jetzt die Monographie von ŞAHIN/ADAK 2007. Umstritten ist, wie weit das römische Engagement für die Straßen in Lykien tatsächlich ging. Dass es in der Region bereits vorher ein dichtes Straßennetz gab und die Auflistung der Routen auf dem Monument in erster Linie der symbolischen Repräsentation römischer Herrschaft diente, ist klar, schließt aber konkrete Maßnahmen zur Ausbesserung und punktuellen Ergänzung des Straßennetzes nicht aus.

[19] Archive: WÖRRLE 1975, 254–286. Kaiserkult: WÖRRLE 2007, 88–91.

[20] WÖRRLE 2007, 90 spricht im Zusammenhang mit dem Kaiserkult von „Konzepten aus dem inneren Kreis um den Kaiser".

[21] İŞKAN IŞIK/ECK/ENGELMANN 2008, 115–118 (SEG 57, 2007, 1673). Was die in SEG referierten abweichenden Lesungen von S. ŞAHIN betrifft, konnte der von İŞKAN IŞIK/ECK/ENGELMANN gegebene Text von Klaus ZIMMERMANN und mir bestätigt werden (Autopsie, Abklatsch).

τοῦ αὐτοῦ ἀντιστρατήγου ἐκ τῶν συντηρηθέντων τῇ πόλει χρημάτ[ω]ν
ἀπὸ κεφαλαίων καὶ
τὸ ἔθνος συνήνενκε (δηνάρια)ᵛᵃᶜ· μηδεμιᾶς κατ' ἄνδρα ἐπιγραφῆς γενομένης,
τοῦ ἔργου καταρχ-
10 θέντος μὲν ὑπὸ Οὐιλίου Φλάκκου πρεσβευτοῦ Κλαυδίου Καίσαρος
Σεβαστοῦ ἀντιστρατήγου
συντελειωθέντος δὲ καὶ εἰσαχθέντος τοῦ ὕδατος ἐπὶ Ἐπρίου Μαρκέλλου
πρεσβευτοῦ Κλαυδίου
Καίσαρος Σεβαστοῦ ἀντιστρατήγου.

„Der Imperator Caesar Flavius Vespasianus Augustus hat die Mauer der Wasserleitung, die durch Erdbeben zusammengestürzt war, von Grund auf wiederhergestellt,
zusammen mit den auf ihr (verlaufenden) steinernen Röhren aus Quadersteinen, wobei
zusätzlich entlang der Mauer noch eine zweite Druckleitung durch Tonröhren von der
Größe einer Handbreite in drei Strängen verlegt wurde, so dass, da es zwei Leitungen sind,
der Wasserlauf auch dann nicht unterbrochen wird, wenn die eine der Reparatur bedarf,
und die Nutzung kontinuierlich erhalten bleibt. Auch die übrige Leitung hat er repariert
und das Wasser, das vier Monate ausgelaufen war, (in die Stadt) geleitet durch Sextus
Marcius Priscus, seinen Legaten im propraetorischen Rang, aus den Mitteln, die für die
Stadt von der Kopfsteuer zurückbehalten wurden – auch der Bund steuerte --- Denare
bei –, ohne dass eine Sonderumlage von den Steuerpflichtigen erhoben worden wäre.
Begonnen wurde der Bau von Vilius Flaccus, dem Legaten des Claudius Caesar Augustus im propraetorischen Rang, vollendet wurde er und das Wasser in die Stadt gebracht
unter Eprius Marcellus, dem Legaten des Claudius Caesar Augustus im propraetorischen
Rang." Übersetzung: H. Engelmann, leicht adaptiert.

Die Inschrift gibt rückblickend einen Abriss der Baugeschichte des Aquäduktes: Das
Projekt wird als kaiserliche Initiative dargestellt, die Statthalter sind die stellvertretend
handelnden Akteure. Begonnen wurde der Bau unter Vilius Flaccus, der als zweiter Statthalter nach Veranius wohl von 48 bis 50 amtierte, also fast unmittelbar nach Einrichtung
der Provinz (Z. 9f.: καραρχθέντος). Der Bau ist damit das früheste bisher bekannte Projekt in Lykien, an dem die römische Verwaltung maßgeblichen Anteil hatte. Abgeschlossen hat es Eprius Marcellus, der die Provinz etwa von 50 bis 54 verwaltete. Nachdem
gleich zu Beginn der Regierungszeit Vespasians ein Erdbeben die Leitung unterbrochen
hatte, veranlasste der Statthalter Sextus Marcius Priscus eine umfassende Reparatur, aus
deren Anlass schließlich die Inschrift angebracht wurde.

Während wir über die Umstände, unter denen der Bau begonnen worden war, und die
damals verwendeten Mittel nichts erfahren, berichtet der Text ungewöhnlich detailliert
über die Finanzierung der Reparatur und der Neugestaltung des Druckabschnittes (Z. 8f.):
Nicht die Polis Patara, die von der Leitung profitierte, brachte die Mittel auf; es musste
auch keine Sonderumlage (ἐπιγραφή) von den Bürgern erhoben werden, wie es griechische Städte sonst oft getan hatten, wenn sie Geld für Großbauten benötigten. Vielmehr
stellte Rom die Mittel aus der in der Provinz erhobenen Kopfsteuer, dem *tributum capitis*,

Abb. 3 Delikkemer. Aquäduktbrücke bei Patara (Lykien), Bauinschrift auf der Westseite, Foto C. Schuler.

zur Verfügung, und weitere Gelder kamen vom Lykischen Bund. Für die lokale Re-Investition römischer Steuern, deren Bedeutung schon MacMullen betont hat, finden wir in Lykien zwei weitere Beispiele aus demselben Zeitraum: In Patara selbst ist die wohl erste Thermenanlage der Stadt unter Nero errichtet worden, wiederum durch Marcius Priscus; das Projekt hing sicher eng mit dem Aquädukt zusammen, der die für das Bad erforderlichen Wassermengen in die Stadt brachte.[22] Die Mittel kamen in diesem Fall ἐκ τῶν συντηρηθέντων χρημάτων ἔκ [τε τ]οῦ ἔθνους (δηναρίων) ^vac. καὶ τῶν ἀπὸ τῆς Παταρέων πόλεως. Offenbar handelte es sich wiederum um Abgaben, die einerseits vom Lykischen Bund, andererseits von der Polis Patara an Rom zu entrichten waren und vom Kaiser zur Verfügung gestellt wurden. Auch in Kadyanda ließ Vespasian ein Bad ἐκ τῶν ἀνασωθέντων χρημάτων ὑπ' αὐτοῦ τῇ πόλει finanzieren.[23] Offensichtlich ist ἀνασώζειν hier synonym mit συντηρεῖν in den beiden Inschriften aus Patara verwendet und bedeutet ebenfalls, dass der Kaiser Gelder für die Stadt „rettete" oder „bewahrte", indem er Steuern an sie zurückfließen ließ.

Diese Häufung ungewöhnlicher Finanzierungsmodelle am Ende der neronischen und zu Beginn der flavischen Zeit könnte damit zusammenhängen, dass Lykien offenbar im Jahr 68 von einem Erdbeben und einem Tsunami heimgesucht wurde.[24] Aber nur die Bauinschrift des Aquäduktes von Patara erwähnt ausdrücklich eine Beschädigung durch

[22] In der Bauinschrift wurde die gesamte Titulatur Neros später eradiert und durch Vespasians Namen ersetzt: TAM II 396 mit ECK 2008b (SEG 57, 2007, 1671). Zur Rasur vgl. auch BÖNISCH/WITSCHEL 2014.

[23] TAM II 651 (IGR III 507).

[24] Cass. Dio 63,26,5; or. Sib. 4,109–123; 5,126 (GUIDOBONI/COMASTRI/TRAINA 1994, 211f. Nr. 97); vgl. ŞAHIN 2007, 104–106 sowie den Beitrag von C. P. JONES im vorliegenden Band.

ein Erdbeben (Z. 2: συμπεσὸν σεισμοῖς). Der damals zerstörte Bau war aber ebenfalls bereits unter Beteiligung der Statthalter entstanden, und die Inschrift der Thermen von Patara weist in ihrer ursprünglichen Form auf einen Neubau unter Nero. Nur ein Teil des Engagements, das die Vertreter Roms in dieser Zeit für mehrere Großbauten in Lykien zeigten, läßt sich also als eine Form der Erdbebenhilfe[25] erklären. Dann aber stellt sich die Frage, welches besondere Interesse an Patara den Lykischen Bund dazu bewog, sich an der Finanzierung eines Aquäduktes und einer Thermenanlage in dieser Stadt zu beteiligen – oder eine entsprechende Aufforderung der Statthalter zu akzeptieren. Ein Grund könnte gewesen sein, dass Patara als wichtigster Hafen der Region für ganz Lykien große Bedeutung hatte und vermutlich hohe Zolleinnahmen erbrachte, von denen auch der Bund profitierte. Auch als Hauptquartier des römischen Statthalters gewann die Stadt für den Bund insgesamt an Bedeutung; in dieser wichtigen Funktion dürfte auch das Motiv für die ungewöhnlich starke Förderung des Ausbaus der Hafenstadt von römischer Seite liegen.

In diesen Zusammenhang gehört auch ein weiteres Infrastrukturprojekt in Patara, das ebenfalls noch unter Nero abgeschlossen wurde und in keinem Zusammenhang mit dem erwähnten Erdbeben steht: der Ausbau der Hafeneinfahrt mit zwei Leuchttürmen. Einer der beiden epigraphisch bezeugten Türme ist lokalisiert und ausgegraben; die monumentale Inschrift aus *litterae aureae* war für alle, die in den Hafen einfuhren, unübersehbar und zeigt, dass der Bau nicht nur funktional, sondern auch ideologisch als Leuchtturmprojekt römischer Herrschaft intendiert war.[26] In der Frühphase der Provinz Lycia scheint Rom also bewusst versucht zu haben, durch den Ausbau der Infrastruktur und die Mobilisierung erheblicher Mittel – deren Anteil an der Gesamtsteuerlast Lykiens wir freilich nicht quantifizieren können – das neue Regime gegenüber der lykischen Bevölkerung zu legitimieren.

Besonders deutlich wird diese Botschaft in dem ungewöhnlichen rhetorischen Aufwand, der die Inschriften des Aquäduktes und des Leuchtturmes von Patara auszeichnet. Bauinschriften in vergleichbarer narrativer Breite gibt es bis dahin in der griechischen Epigraphik nicht, die Vorbilder liegen vielmehr im Westen. In der Aquäduktinschrift wird hervorgehoben (Z. 5–7), dass Vespasian die Leitung nach längerer Unterbrechung wiederherstellen ließ und die neue doppelte Führung im Bereich der Druckleitung für die Zukunft eine ununterbrochene Nutzung des Wassers garantierte. Wir finden hier bemerkenswerte Anklänge an die stadtrömischen Aquäduktinschriften der Flavier, mit denen sich die neue Dynastie in die Tradition des Claudius und des Augustus stellte, ihre Bemühung um Restauration programmatisch betonte und sich mit dem Hinweis auf die – wohl übertrieben dargestellte – Vernachlässigung der Aquädukte implizit von Nero distanzierte.[27] Ein römisches Konzept klingt auch in dem Begriff der χρῆσις in der Aquäduktin-

---

[25] Vgl. dazu den Beitrag von C.P. JONES im vorliegenden Band.

[26] İŞKAN IŞIK/ECK/ENGELMANN 2008 (SEG 57, 2007, 1672).

[27] *Aqua Claudia* und *Anio Novus* (Porta Maggiore), CIL VI 1256–1258 (ILS 218), besonders die Inschrift Vespasians (VI 1257): *aquas Curtiam et Caeruleam perductas a divo Claudio et postea intermissas dilapsasque | per annos novem sua impensa urbi restituit. Aqua Marcia*, CIL VI 1244–1246 (ILS

schrift aus Patara an (Z. 6); für seine Verwendung in einem solchen Zusammenhang gibt es vor der Kaiserzeit offenbar keine Parallelen in griechischen Inschriften. Der Begriff ist demnach eine Übersetzung des lateinischen *usus* und verweist auf das Konzept der *utilitas publica*, das seit der späten Republik als Leitmotiv römischer Verwaltung und als Rechtsprinzip eine wichtige Rolle spielte, auch und gerade im Zusammenhang mit der Wasserversorgung.[28]

Ein ähnliches Element enthält die Inschrift des Leuchtturms: Dieser diene, so wird explizit hervorgehoben, der Sicherheit der Seefahrer, πρὸς ἀσφάλειαν τῶν πλοιζομένων.[29] Passend dazu firmiert Nero als αὐτοκράτωρ γῆς καὶ θαλάσσης, als *imperator* über Land und Meer, eine Formel, die zu suggerieren scheint, dass der Kaiser gleichsam wie Poseidon machtvoll genug war, um vor den Naturgewalten zu schützen. Besonders auffällig ist, dass die ungewöhnliche Formel hier mit Bedacht in eine ansonsten völlig regelhafte offizielle Titulatur eingebaut ist.[30] Für den Begriff der ἀσφάλεια lassen sich auch griechische Vorbilder zitieren: In einem frühhellenistischen Ehrendekret aus Athen heißt es ganz ähnlich formuliert wie in dem Text aus Patara, der Geehrte habe Sicherheit für die Seefahrer geschaffen: ἀσφάλειαν τοῖς πλέουσι τὴν θάλατταν; allerdings geht es in diesem Fall um militärische Operationen.[31] In der Sache näher steht unserem Text die Inschrift auf dem noch archaischen Monument auf Thasos, das zugleich als Grabmal für Akeratos und als für Schiffe und Seefahrer rettender Leuchtturm diente: [Ἀ]κηράτο ε[ἰ] μὶ μνῆμα (...) σωτήρ[ι]ον νηυσίν τε κα[ὶ ν]αύτησιν.[32] Vermutlich ist die Formulierung in Patara aber stärker von einem weiteren Leitmotiv römischer Verwaltung beeinflusst, das im griechischen Osten ebenfalls kein unmittelbares Vorbild hat, der *securitas publica*. Die Gewährleistung der allgemeinen Sicherheit gehörte zu den wichtigsten Verpflichtungen des kaiserlichen Regimes gegenüber der Bevölkerung des Reichs.[33] Eine zwar nicht sprachliche, aber inhaltliche Parallele für die Formulierung in der Inschrift aus Patara findet sich in Ancona. Auf dem dortigen Ehrenbogen am Hafen wird Traian geehrt, weil er mit dem Hafenausbau den Zugang nach Italien für die Seefahrer sicherer gemacht habe: *quod accessum | Italiae hoc etiam addito ex pecunia sua | portu tutiorem navigantibus red-*

---

98), Inschrift des Titus (VI 1246): *rivom aquae Marciae vetustate dilapsum refecit | et aquam quae in usu esse desierat reduxit.*

[28] Zur *utilitas publica* vgl. WINTER 1996, 42–53, der einleitend literarische Quellen zusammenstellt, die zeigen, dass die Frage der Nützlichkeit von Bauten auch bei den Griechen schon seit klassischer Zeit diskutiert wurde. Jedoch kam es nicht zur Formulierung eines ähnlich prononcierten politischen und juristischen Prinzips.

[29] SEG 57, 2007, 1672 A Z. 8f. B Z. 12f.

[30] SEG 57, 2007, 1672 A Z. 6f.; vgl. BÖNISCH/WITSCHEL 2014.

[31] IG II² 682 Z. 12f. (Dekret für Phaidros von Sphettos). Mit einer ganz ähnlichen Formulierung sichert der bithynische König in einem Brief an Kos die Sicherheit der Seefahrt zu: (…) τῶν πλειόντων τὴν θάλασσαν (…) φροντίζειν ὅπως ἡ ἀσφάλει[α] αὐτοῖς ὑπάρχῃ (TAM IV/1 [RC 25] Z. 33–39, um 245 v. Chr.).

[32] IG XII 8, 683; vgl. GRANDJEAN/SALVIAT 2000, 158f.

[33] HARTMANN 1921.

diderit.[34] Der Ausbau des Hafens von Patara wurde von Rom auch später noch vorangetrieben: Hadrian veranlasste den Bau eines großen Speichergebäudes (*horrea*) am Hafen, mit einem Zwilling in Andriake, dem Hafen von Myra, der einen wichtigen Verkehrsknotenpunkt im zentralen und östlichen Teil Lykiens darstellte. Beide Speicherbauten haben keine unmittelbaren Parallelen in den Häfen des östlichen Mittelmeerraums. Auch wenn die Quellen über ihre Funktionen keine genauere Auskunft geben, ist nicht daran zu zweifeln, dass sie Belangen der römischen Provinzialverwaltung dienten.[35]

Der Aquädukt von Patara ordnete sich also in eine Serie von Bauprojekten ein, die das Stadtbild in den ersten Jahrzehnten römischer Provinzialverwaltung erheblich und nachhaltig veränderten. Dieses bemerkenswerte Engagement wurde unter dem Statthalter Vilius Flaccus (48–50 n. Chr.) mit dem Beginn des Aquäduktbaus eingeleitet. Der Aquädukt von Patara ist zudem beim jetzigen Stand die erste Fernwasserleitung in Lykien und zugleich einer der ersten römischen Aquädukte in Kleinasien überhaupt. In Lykien wurden in der Kaiserzeit außerdem zwei andere Metropolen der Region, Xanthos und Myra, die Patara an Prestige nicht nachstanden, mit Aquädukten ausgestattet.[36] Von den mittelgroßen lykischen Poleis sind Wasserleitungen für Oinoanda und Balbura im Norden und Phaselis im Osten nachgewiesen.[37] Mangels inschriftlicher Zeugnisse wissen wir nichts Genaues über Chronologie und Finanzierung dieser Leitungen, so dass wir sie vorläufig nicht in nähere Beziehung mit dem Bauprogramm in Patara setzen können. Nur für Balbura, das in der Kaiserzeit über zwei mehrere Kilometer lange Leitungen verfügte, liegt für eine der Anlagen eine fragmentarische Bauinschrift vor; der Aquädukt entstand in vespasianischer Zeit und unter Beteiligung des Statthalters L. Luscius Ocra sowie eines Procurators, jedoch offenbar aus eigenen Mitteln der Polis.[38]

Man könnte in dieser Liste die Stadt Tlos vermissen, die nach Größe und Prestige ebenso wie Patara, Xanthos und Myra zu den führenden Poleis der Provinz gehörte. Tlos benötigte jedoch keine Fernwasserleitung, da die Stadt an einer wasserreichen Bergflanke liegt, so dass große Mengen von Wasser aus nächster Nähe herangeführt werden konnten. Auch einige andere lykische Städte, wie etwa Pinara und Arykanda, befanden sich in einer ähnlich günstigen Lage. Dagegen gibt es auch eine dritte Kategorie von meist kleinen Poleis, die sehr wohl Bedarf hatten, aber dennoch nie mit einer Wasserleitung ausgestat-

---

[34] CIL IX 5894 (ILS 298; 115 n. Chr.) mit Seelentag 2008, der den Bogen von Ancona in einen größeren Kontext der Herrschaftsdarstellung Traians stellt und dabei die neuen, ungewöhnlichen Züge betont. Die Inschrift des Leuchtturms von Patara war Seelentag noch nicht bekannt.

[35] Die Anlagen tragen gleichlautende lateinische Bauinschriften: TAM II 397 (Patara); ILS 5908 (Andriake). Vgl. Trombetta/Charniot 1993, mit weiterer Literatur.

[36] Xanthos: Burdy/Lebouteiller 1998 (Länge ca. 9,5 km). Myra: Borchhardt 1975, 47f., 71; French 1993, 90; Şahin/Adak 2007, 260, 262 (Länge ca. 35 km).

[37] Oinoanda: Stenton/Coulton 1986. Phaselis: Schäfer 1981, 42–48. Balbura: Siehe die folgende Anm.

[38] Die Bauinschrift liegt in zwei Exemplaren vor: SEG 28, 1978, 1218; Milner 2012, 83–85 Nr. 1. Im Unterschied zu den übrigen oben diskutierten Bauinschriften tritt die Polis als handelndes Subjekt auf (Βαλβουρέων ὁ δῆμος κατεσκεύασεν). Zum archäologischen Befund siehe Coulton 2012.

tet wurden. Trotzdem verfügten sie oft über mehrere Thermen, die mit einer Vielzahl von großen Zisternen betrieben wurden. In diese Kategorie gehören Kyaneai, Phellos und Rhodiapolis, drei archäologisch gut erforschte Städte, die ein wenig altmodisch auf so hohen Berggipfeln lagen, dass ein Leitungsbau aus technischen Gründen keinesfalls in Frage kam.[39] Das Beispiel dieser drei Städte zeigt, dass auch ohne den Bau eines Aquäduktes eine leistungsfähige Wasserversorgung und eine gewisse Teilhabe an den städtebaulichen Standards der Kaiserzeit erreicht werden konnten. Der Überblick über die Region unterstreicht andererseits, wie die wenigen mit Aquädukten ausgestatteten Poleis aus dem Durchschnitt der lykischen Städte herausragten.

Insbesondere im Fall von Patara, Xanthos und Myra zeigen Ausbesserungen verschiedener Phasen, dass die großen Fernwasserleitungen sicherlich während der ganzen Kaiserzeit in Betrieb waren. In der epigraphischen Überlieferung hören wir jedoch später nichts mehr von Reparaturen oder Erneuerungen. Das ist insofern sehr auffällig, als vor allem aus dem 2. Jh. dichtes Quellenmaterial über private Baustiftungen vorliegt, darunter die umfangreichen Dokumentationen über die großen Euergeten Opramoas von Rhodiapolis und Iason von Kyaneai.[40] Gerade Opramoas half überall in Lykien, die Schäden eines größeren Erdbebens auszubessern – dennoch werden Wasserleitungen, die ebenfalls beschädigt worden sein müssen, nirgends erwähnt. Kümmerten sich die Poleis selbst prioritär um diese grundlegende Infrastruktur, oder engagierten sich die römischen Statthalter erneut, ohne dass sich dies in den Inschriften niederschlug? Die Frage muss offenbleiben.

Folgende Übersicht fasst die oben besprochenen und einige weitere Bauprojekte in den lykischen Städten zusammen, für die eine Beteiligung der römischen Administration bezeugt ist:

41–54 Claudius
43 Einrichtung der Provinz *Lycia*
Inventarisierung und punktueller Ausbau des Straßennetzes unter Q. Veranius
45 Patara: Weihung des Stadiasmos
48–50 (ca.) Patara: Beginn des Baus der Wasserleitung
50 Oinoanda (Umland): Bau einer Brücke durch Eprius Marcellus (AE 1998, 1399)
50–54 Patara: Fertigstellung der Wasserleitung

54–68 Nero
64–65 Patara: Bau von zwei Leuchttürmen an der Hafeneinfahrt (SEG 57, 2007, 1672)
64–65 Patara: Bau einer Therme (SEG 57, 2007, 1671)

---

[39] Kyaneai: KOLB 2008, 169 (Zisternen), 276–282 (Thermen). Phellos: ZIMMERMANN 2005 (die Stadt verfügte lediglich über ein sehr großes Wasserreservoir, ein Bad fehlte offenbar). Rhodiapolis: CEVIK/KIZGUT/BULUT 2010.

[40] Opramoas: KOKKINIA 2000; Iason: IGR III 704.

Olympos: Bau der 69–70 reparierten „Großen Therme" (?) (İPLIKÇIOĞLU 2006)
68 Erdbeben in Lykien

69–79 Vespasian
69–70 Patara: Reparatur der durch Erdbeben beschädigten Wasserleitung
69–70 Olympos: Reparatur der „Großen Therme" (İPLIKÇIOĞLU 2006)
69–70 Xanthos: Erneuerung eines durch Erdbeben zerstörten öffentlichen Gebäudes
(F. Xanthos VII 12)
Kadyanda: Bau einer Therme und eines weiteren Projektes (TAM II 651f.), wohl 69/70
70 (ca.) Einrichtung der Doppelprovinz *Lycia-Pamphylia*
75 (ca.) Balbura: Bau einer Wasserleitung durch die Polis
78–79 Olympos: Neubau der „Großen Therme" (İPLIKÇIOĞLU 2006)

Wenn man bedenkt, dass unser Bild zweifellos lückenhaft ist, beeindruckt die Dichte der öffentlichen Bauprojekte, die in Lykien in den ersten Jahrzehnten römischer Provinzialverwaltung unter deren Beteiligung entstanden, umso mehr. Mit der Organisation der Provinz hatte Claudius Q. Veranius beauftragt, einen der fähigsten Senatoren seiner Zeit. Dieser brachte nach Lykien offensichtlich eine klare Vorstellung davon mit, wie eine Provinz funktionieren und aussehen sollte, und handelte von Anfang an energisch.[41] Gezielte Investitionen in die Infrastruktur gehörten zu diesem Konzept, insbesondere der Ausbau von Patara zum römischen Hauptquartier, das den Vertretern der Provinzialverwaltung gewisse Annehmlichkeiten bieten sollte, und zum Schaufenster römischen Städtebaus.[42] Diese aktive und nicht nur reagierende Politik gipfelte in Patara schließlich im Bau der hadrianischen *horrea*. Auf die Einrichtung der Provinz folgte insgesamt ein Schub von aus verschiedenen Quellen gespeisten Investitionen in öffentliche Bauten, für die Teile der von Rom in Lykien erhobenen Steuern reinvestiert wurden. Diese Maßnahmen wurden von römischer Seite bewusst zur Herrschaftslegitimation eingesetzt. Dass diese Politik in Lykien so prononciert zu beobachten ist, hängt vielleicht nicht nur mit der ungewöhnlich dichten epigraphischen Überlieferung zusammen, sondern könnte auch ein tatsächlich gesteigertes Bedürfnis Roms reflektieren, die Beendigung der so traditionsreichen und noch von Caesar und Augustus bestätigten Autonomie der Lykier zu rechtfertigen. In jedem Fall scheint sich am Beispiel Lykiens eine klar durchdachte politische Strategie für den Umgang mit einer Provinz zu zeigen. Die Ausbreitung von Wasserleitungen römi-

---

[41] MILNER 2012, 85 formuliert mit Blick auf Balbura: „The scheme to improve the water-supply may be seen as part of a broader pattern of introducing and promoting the amenities of civilisation to communities in Lycia, which the Roman government seems to have pursued under Nero and Vespasian." Bei grundsätzlicher Zustimmung wäre zu nuancieren, dass die lykischen Städte bereits vorher einen durchaus hohen Entwicklungsstand erreicht hatten und dass das römische Engagement schon unter Claudius einsetzte.

[42] Zum Statthaltersitz in *Lycia (et Pamphylia)* siehe HAENSCH 1997, 290–297, 610–617. Neue Inschriften unterstreichen, dass Patara auch nach Einrichtung der Doppelprovinz zumindest für deren lykischen Teil eine zentrale Rolle behielt: BÖNISCH/LEPKE 2013, Nr. 4–7.

schen Typs in der Region ist zudem, auch wenn viele Datierungsfragen noch offen sind, ein bemerkenswertes Beispiel für einen Innovationsprozess:[43] Die Änderung der politischen Rahmenbedingungen führte dazu, dass sich ein für die Region neues städtebauliches Element schrittweise ausbreitete.

3. Ausblick

Inwieweit lässt sich dieser Befund, der sich in Lykien deutlich abzeichnet, verallgemeinern? Von vornherein ist klar, dass in unterschiedlichen Regionen des Reichs in Abhängigkeit vom regionalen Entwicklungsstand unterschiedliche Maßstäbe gelten mussten. In Lykien und den meisten anderen Teilen des Ostens traf Rom auf eine bereits hoch entwickelte Stadtkultur. In Britannien hingegen, um eine andere Provinz zu nennen, die von Claudius eingerichtet wurde, hatte man zunächst viel grundlegendere Probleme zu lösen, so dass an Großbauten erst später zu denken war. Was den Einsatz des Claudius für den Aquäduktbau im Westen betrifft, so ist neben seinen stadtrömischen Maßnahmen bemerkenswert, dass er Lugdunum nicht nur zur Kolonie erhob, sondern auch mit einem rund 65 km langen Aquädukt ausstattete. Auch wenn seine persönliche Beziehung zu Lyon dabei eine Rolle gespielt haben wird, gab es doch auch gewichtige politische Gründe, die Stadt zu fördern, war sie doch kultisches Zentrum der *Tres Galliae* und Statthaltersitz der *Lugdunensis*.[44]

In Kleinasien wäre für den Vergleich mit Lykien das benachbarte Pamphylien naheliegend, da Vespasian die beiden Regionen in einer Doppelprovinz zusammenschloss. Dort gab es Fernwasserleitungen in Side, Perge und Aspendos. Davon war sehr wahrscheinlich Perge das Zentrum für den pamphylisch-pisidischen Teil, vielleicht sogar Hauptsitz der Statthalter für die gesamte Doppelprovinz.[45] Jedoch wissen wir zu wenig über die Chronologie dieser Aquädukte, um die Entwicklung in Pamphylien mit Lykien vergleichen zu können. Völlig offen ist, ob die römische Administration am Bau der pamphylischen Aquädukte beteiligt war und woher die nötigen Mittel kamen.[46] Klarer ist der Fall von *Asia*: Die beiden ersten Aquädukte in ganz Kleinasien – nach den hellenistischen Leitungen von Pergamon – wurden am Statthaltersitz Ephesos von Augustus gebaut: die durch Bauinschriften belegten Leitungen *Aqua Iulia* und *Aqua Throessitica*.[47] Nur die letztere ist archäologisch erforscht; sie führte das Wasser über eine Entfernung von lediglich ca. 6,5 km in mehreren Tonrohrsträngen heran, also in der traditionellen griechischen Bauweise. Augustus hat deshalb vielleicht nur die Erneuerung oder Erweiterung einer

---

[43] In diese Richtung geht bereits COULTON 1987 mit Blick auf ganz Kleinasien.

[44] Siehe etwa LEVICK 1990, 167f.

[45] Vgl. die Hinweise oben Anm. 42.

[46] KOLB/BRANDT 2005, 65–72 geben einen Überblick über die urbanistische Entwicklung der pamphylischen Städte.

[47] IK 12 Nr. 401 und 402. Einen nützlichen, auf die epigraphischen Quellen konzentrierten Überblick über städtische Wasserbauten in *Asia* insgesamt gibt PONT 2010, 159–176; vgl. auch COULTON 1987.

bereits bestehenden Leitung veranlasst. In der Folge gibt es mehrere weitere Belege dafür, dass Kaiser und Statthalter die Wasserversorgung von Ephesos ausgebaut haben. Aber auch reiche Bürger engagierten sich, vor allem Claudius Aristion, der in der Zeit Traians einen ganzen Aquädukt von knapp 40 km Länge stiftete, was sehr ungewöhnlich ist.[48] Außerdem verfügte das kaiserzeitliche Ephesos über eine weitere, nur archäologisch belegte Leitung, die mit ca. 43 km Länge, zahlreichen Brücken und zwei Tunnels die aufwändigste von drei kaiserzeitlichen Leitungen war.[49] Mit dieser Ausstattung konnte innerhalb von *Asia* wohl nur Pergamon konkurrieren.

In *Achaia* beobachten wir am Beispiel der Leitungsbauten ebenfalls eine Konzentration auf die großen Zentren der Provinz: Das mit Abstand bedeutendste Projekt der Region ist der Aquädukt, den Hadrian von Stymphalos nach Korinth bauen ließ, mit einer Länge von über 80 km und aufwändigen Tunnelbauten. Korinth, der Endpunkt, war römische Kolonie und wiederum Statthaltersitz, wobei mehrere Städte entlang der Trasse ebenfalls von der Leitung profitierten. Zur selben Zeit stattete Hadrian im Rahmen seiner allgemeinen Förderung der Stadt auch Athen mit einem Aquädukt aus.[50]

Diese skizzenhaften Impressionen genügen nicht für ein differenziertes Bild; notwendig wären zunächst Regionalstudien mit einer möglichst vollständigen Erfassung der einschlägigen Daten zur Wasserversorgung der Städte. Dennoch lassen sich einige Thesen formulieren:

1) Von einer Baupolitik können wir dann sprechen, wenn kaiserliche Bauprojekte Ziele erkennen lassen, die kontinuierlich verfolgt wurden. In den ersten Jahrzehnten der Provinz *Lycia* scheint diese Bedingung erfüllt, zudem beobachten wir dort ein sehr aktives Handeln der römischen Herrschaftsträger. Das gut dokumentierte Fallbeispiel ist von Bedeutung, weil es uns berechtigt, mit der Möglichkeit einer Baupolitik Roms in den Provinzen zu rechnen, natürlich angepasst an die regionale Situation.

2) Wie M. Horster gezeigt hat, bildeten Großprojekte, die organisatorisch und finanziell die einzelne Stadt überforderten, einen Schwerpunkt kaiserlicher Bautätigkeit. Allein daran wird schon deutlich, dass das kaiserliche Handeln nicht nur von den Wünschen der Provinzialen getrieben, sondern von Strategien mitbestimmt war.

3) Am Beispiel der Fernwasserleitungen scheint sich anzudeuten, dass Städte, auf die sich die römische Herrschaft in besonderer Weise stützte, bevorzugt und auch im Sinne einer Signalwirkung ausgebaut wurden. Dass solches Engagement nicht flächendeckend sein konnte, ändert nichts am strategischen Zusammenhang vieler, wenn auch nicht aller Bauprojekte.

---

[48] Bauinschrift: IK 12 Nr. 424.
[49] Zu den archäologischen Befunden und den genannten Daten siehe Wiplinger 2006a und Wiplinger 2006b.
[50] Alcock 1993, 124–126.

Bibliographie

ALCOCK 1993 = S.E. ALCOCK, *Graecia capta*. The Landscapes of Roman Greece, Cambridge 1993.

ALFÖLDY 2002a = G. ALFÖLDY, Roms Kaiser als Bauherren, *JRA* 15, 2002, 489–498.

ALFÖLDY 2002b = G. ALFÖLDY, Zu kaiserlichen Bauinschriften aus Italien, *Epigraphica* 64, 2002, 113–145.

BÖNISCH/LEPKE 2013 = S. BÖNISCH/A. LEPKE, Neue Inschriften aus Patara II: Kaiserzeitliche Grab- und Ehreninschriften, *Chiron* 13, 2013, 487–525.

BÖNISCH/WITSCHEL 2014 = S. BÖNISCH/Ch. WITSCHEL, Das epigraphische Image des Herrschers. Entwicklung, Ausgestaltung und Rezeption der Ansprache des Kaisers in den Inschriften Neros und Domitians, in: S. BÖNISCH/L. CORDES/V. SCHULZ/A. WOLSFELD/M. ZIEGERT (Hg.), Nero und Domitian. Mediale Diskurse der Herrscherrepräsentation im Vergleich, Tübingen 2014, im Druck.

BORCHHARDT 1975 = J. BORCHHARDT (Hg.), Myra. Eine lykische Metropole in antiker und byzantinischer Zeit, Berlin 1975.

BURDY/LEBOUTEILLER 1998 = J. BURDY/P. LEBOUTEILLER, L'aqueduc romain de Xanthos, *Anatolia Antiqua* 6, 1998, 227–248.

ÇEVIK/KIZGUT/BULUT 2010 = N. ÇEVIK/İ. KIZGUT/S. BULUT, Rhodiapolis, as a Unique Example of Lycian Urbanism, *Adalya* 13, 2010, 29–63.

COULTON 1987 = J.J. COULTON, Roman Aqueducts in Asia Minor, in: S. MACREADY/F.H. THOMPSON (Hg.), Roman Architecture in the Greek World, London 1987, 72–84.

COULTON 2012 = J.J. COULTON, The City Water Supply, in: DERS. (Hg.), The Balboura Survey and Settlement in Highland Southwest Anatolia, 2 Bde., London 2012, II 177–188.

DREYER/ENGELMANN 2003 = B. DREYER/H. ENGELMANN, Die Inschriften von Metropolis I: Die Dekrete für Apollonios. Städtische Politik unter den Attaliden und im Konflikt zwischen Aristonikos und Rom, Bonn 2003.

ECK 2008a = W. ECK, Roms Wassermanagement im Osten. Staatliche Steuerung des öffentlichen Lebens in den römischen Provinzen?, Kassel 2008.

ECK 2008b = W. ECK, Die Bauinschrift der neronischen Thermen in Patara. Zur methodischen Auswertung einer partiell eradierten Inschrift, *ZPE* 166, 2008, 269–275.

FAHLBUSCH 2003 = H. FAHLBUSCH, Wasserwirtschaftliche Anlagen des antiken Priene, *MDAI(I)* 53, 2003, 336–342.

FRENCH 1993 = D. FRENCH, The Road, Paths, and Water Channel, in: J. MORGANSTERN (Hg.), The Fort at Dereağzi and other material remains in its vicinity, from Antiquity to the Middle Ages, Tübingen 1993, 88–90.

GARBRECHT 2001 = G. GARBRECHT, Die Wasserversorgung von Pergamon. Altertümer von Pergamon I, Stadt und Landschaft, Bd. 4, Berlin/New York 2001.

GRANDJEAN/SALVIAT 2000 = Y. GRANDJEAN/F. SALVIAT, Guide de Thasos, Athen/Paris 2000.

GUIDOBONI/COMASTRI/TRAINA 1994 = E. GUIDOBONI/A. COMASTRI/G. TRAINA, Catalogue of ancient earthquakes in the Mediterranean area up to the 10th century, Bologna 1994.

HAENSCH 1997 = R. HAENSCH, Capita provinciarum. Statthaltersitze und Provinzialverwaltung in der römischen Kaiserzeit, Mainz 1997.

HARTMANN 1921 = R. HARTMANN, *Securitas*, RE IIA 1, 1921, 1000–1003.

HORSTER 2001 = M. HORSTER, Bauinschriften römischer Kaiser. Untersuchungen zu Inschriftenpraxis und Bautätigkeit in Städten des westlichen Imperium Romanum in der Zeit des Prinzipats, Stuttgart 2001.

İPLIKÇIOĞLU 2006 = B. İPLIKÇIOĞLU, Zwei Statthalter vespasianischer Zeit und die „Große" Therme in Inschriften von Olympos (Lykien), *AAWW* 141, 2006, 75–81.

İŞKAN IŞIK/ECK/ENGELMANN 2008 = H. İŞKAN IŞIK/W. ECK/H. ENGELMANN, Der Leuchtturm von Patara und Sex. Marcius Priscus als Statthalter der Provinz Lycia von Nero bis Vespasian, *ZPE* 164, 2008, 91–121.

KOKKINIA 2000 = Ch. KOKKINIA, Die Opramoas-Inschrift von Rhodiapolis. Euergetismus und soziale Elite in Lykien, Bonn 2000.

KOLB 2008 = F. KOLB, Burg – Polis – Bischofssitz. Geschichte der Siedlungskammer von Kyaneai in der Südwesttürkei, Mainz 2008.

KOLB/BRANDT 2005 = F. KOLB/H. BRANDT, Lycia et Pamphylia. Eine römische Provinz im Südwesten Kleinasiens, Mainz 2005.

LEVICK 1990 = B. LEVICK, Claudius, New Haven/London 1990.

MACMULLEN 1959 = R. MACMULLEN, Roman Imperial Building in the Provinces, *HSPh* 64, 1959, 207–235.

MILLAR 1977 = F. MILLAR, The Emperor in the Roman World (31 BC – AD 337), London 1977.

MILNER 2012 = N.P. MILNER, The Remaining Inscriptions from the Balboura Survey Project, in: J.J. COULTON (Hg.), The Balboura Survey and Settlement in Highland Southwest Anatolia, 2 Bde., London 2012, II 83–127.

MITCHELL 1987a = St. MITCHELL, Imperial Building in the Eastern Roman Provinces, *HSPh* 91, 1987, 333–365.

MITCHELL 1987b = St. MITCHELL, Imperial Building in the Eastern Roman Provinces, in: S. MACREADY/ F. H. THOMPSON (Hg.), Roman Architecture in the Greek World, London 1987, 18–25.

PONT 2010 = A.-V. PONT, Orner la cité. Enjeux culturels et politiques du paysage urbain dans l'Asie gréco-romaine, Bordeaux 2010.

RADT 1999 = W. RADT, Pergamon. Geschichte und Bauten einer antiken Metropole, Darmstadt 1999.

ŞAHIN 2007 = S. ŞAHIN, Die Bauinschrift auf dem Druckrohraquädukt von Delikkemer bei Patara, in: Ch. SCHULER (Hg.), Griechische Epigraphik in Lykien. Eine Zwischenbilanz, Wien 2007, 99–109.

ŞAHIN/ADAK 2007 = S. ŞAHIN/M. ADAK, Stadiasmus Patarensis. Itinera Romana Provinciae Lyciae, Istanbul 2007.

SCHÄFER 1981 = J. SCHÄFER (Hg.), Phaselis. Beiträge zur Topographie und Geschichte der Stadt und ihrer Häfen, Tübingen 1981.

SCHNEIDER 1986 = H. SCHNEIDER, Infrastruktur und politische Legitimation im frühen Prinzipat, *Opus* 5, 1986, 23–51.

SCHULER/ZIMMERMANN 2012 = Ch. SCHULER/K. ZIMMERMANN, Neue Inschriften aus Patara I: Zur Elite der Stadt in Hellenismus und früher Kaiserzeit, *Chiron* 42, 2012, 567–626.

SEELENTAG 2008 = G. SEELENTAG, Der Kaiser als Hafen. Die Ideologie italischer Infrastruktur, in: J. ALBERS/ G. GRASSHOFF/M. HEINZELMANN/M. WÄFLER (Hg.), Das Marsfeld in Rom, Bern 2008, 103–118.

STENTON/COULTON 1986 = E.C. STENTON/J.J. COULTON, Oenoanda: The Water Supply and Aqueduct, *AS* 36, 1986, 15–59.

TÖLLE-KASTENBEIN 1994 = R. TÖLLE-KASTENBEIN, Das archaische Wasserleitungsnetz für Athen, Mainz 1994.

TROMBETTA/CHARNIOT 1993 = P.J. TROMBETTA/J.N. CHARNIOT, Les greniers d'Hadrien à Andriake et à Patara, *Bulletin monumental* 151, 1993, 99–106.

WIKANDER 2000 = Ö. WIKANDER (Hg.), Handbook of Ancient Water Technology, Leiden 2000.

WINTER 1996 = E. WINTER, Staatliche Baupolitik und Baufürsorge in den römischen Provinzen des kaiserzeitlichen Kleinasien, Bonn 1996.

WIPLINGER 2006a = G. WIPLINGER, Stand der Erforschung der Wasserversorgung in Ephesos/Türkei, in: FRONTINUS-GESELLSCHAFT e.V. (Hg.), Frontinus-Tagungen 2004/2006 in Wien und Berlin, Bonn 2006, 15–48.

WIPLINGER 2006b = G. WIPLINGER, Der lysimachische Aquädukt von Ephesos und weitere Neuentdeckungen von 2005, in: FRONTINUS-GESELLSCHAFT e.V. (Hg.), Frontinus-Tagungen 2004/2006 in Wien und Berlin, Bonn 2006, 121–126.

WÖRRLE 1975 = M. WÖRRLE, Zwei neue griechische Inschriften aus Myra zur Verwaltung Lykiens in der Kaiserzeit, in: BORCHHARDT 1975, 254–300.

WÖRRLE 2007 = M. WÖRRLE, Limyra in der frühen Kaiserzeit, in: Ch. SCHULER (Hg.), Griechische Epigraphik in Lykien. Eine Zwischenbilanz, Wien 2007, 85–97.

ZIMMERMANN 2005 = M. ZIMMERMANN, Eine Stadt und ihr kulturelles Erbe. Vorbericht über Feldforschungen im zentrallykischen Phellos 2002–2004, *MDAI(I)* 55, 2005, 215–269.

Irrigation Infrastructures in the Roman West: Typology, Financing, Management

Francisco Beltrán Lloris

Abstract

■ Starting with a description of the problematic source material for irrigation in the west of the Roman empire, this article offers a tentative categorization of irrigation systems known from literary, epigraphic and archaeological evidence in this area. In addition to small, individual systems, collectively used ones are attested. They were supplied by structures built and managed by imperial or municipal authorities or by irrigation communities. The article highlights the importance of irrigation in the west of the empire, but also shows the autonomy of irrigation communities as well as the role of the rural administrative units (*pagi*) for their organization.

■ Ausgehend von einer Darlegung der schwierigen Quellenlage zur Bewässerung im Westen des Römischen Reiches bietet der vorliegende Artikel eine versuchsweise Kategorisierung der literarisch, inschriftlich und archäologisch belegten Bewässerungssysteme in diesem Gebiet. Neben kleinen, individuellen Systemen finden sich auch kollektiv genutzte. Sie wurden durch Anlagen versorgt, welche vom Kaiser oder der Gemeinde gebaut und von der Gemeinde oder den Nutzern selbst verwaltet wurden. Der Artikel verdeutlicht die Bedeutung der Bewässerung im Westen des Reiches, zeigt aber auch die Autonomie der Bewässerungsgemeinschaften auf, sowie die wichtige Rolle der ländlichen Administrationseinheiten (*pagi*) für ihre Organisation.

Traditionally, and until very recently, the importance of irrigation in the Roman west has been historiographically underrepresented,[1] despite some very sound exhortations in the opposite direction.[2] This has been caused by a number of reasons, the detailed analysis of which is beyond the scope of this paper, but that can be briefly summarized in the following terms.[3] Firstly, there is a relative scarcity of written evidence both in liter-

---

[1] This was the conclusion arrived at, barely ten years ago, by WIKANDER 2000a, 655: 'In the Western Empire (…) irrigation was rather uncommon, apart from gardens and orchards', further referring to OLESON 2000, 211–214 and in agreement with the traditional argument, embodied in the works of WHITE 1970, 151 and WHITE 1984, 168.

[2] SCHÜLE 1967; HODGE 1992, 246–253; HORDEN/PURCELL 2002, 237–257, 585–588. In this regard, BELTRÁN 2006, 191.

[3] There are some observations on those problems in HORDEN/PURCELL 2000, 244.

ary[4] and epigraphical sources: this has been affected in the former case by the preferential attention paid by classical authors to Italy, where irrigation was neither as necessary nor as frequent as in other, much more arid, areas in the western Mediterranean such as the Maghreb and the Spanish drylands, where the average rainfall is frequently under 400 mm per year;[5] in the case of inscriptions the reason is basically the small incidence of the 'epigraphic habit' in the rural zones where irrigation took place.[6] Secondly, scholarly attention has fundamentally focused on water-lifting devices[7] and on the monumental aqueducts and dams built for urban supply, somewhat neglecting more modest irrigation infrastructures, which are frequently of a relatively insubstantial nature, and thus difficult to identify today.[8] In recent years, however, this situation has taken a sharp turn, partly as a consequence of the aforementioned calls to attention, and partly as a response to the emergence of new documents such as the *Lex riui Hiberiensis,* found near Saragossa,[9] which shows the complexity of some irrigation systems during the imperial period.[10] This new evidence sheds new light on other already known documents and material remains and opens new possibilities for the interpretation of the essential role played by irrigation not only in the Maghreb, where the importance of irrigation has been well understood since the early 20th century,[11] but also in other areas such as the drylands of Hispania.[12]

In any case, the information available for the analysis of irrigation systems in the Roman west remains very limited, especially in comparison with other areas of the ancient world, for example, the east, or with more recent periods. Actually, the different material and

---

[4]   Much more abundant, however, than is shown by the frequently quoted article by KNAPP 1919 and KNAPP 1920, which, as pointed out by HORDEN/PURCELL 2002, 586 'reflects the author's competence (and the popular nature of the periodical) rather than the importance of the theme'; for legal sources see WARE 1905, 83–100 and also BRUUN 2012. It may be hoped that A. Willi's doctoral thesis (currently in preparation) will improve the situation substantially.

[5]   As stressed by HORDEN/PURCELL 2000, 239, the ideal conditions for irrigation agriculture are present in Egypt and the eastern regions of Hispania more than anywhere else in the Mediterranean: insufficient pluviometry and rivers with a substantial and permanent water flow.

[6]   As pointed out in BELTRÁN 2006, 191: it is well known that inscriptions are much more frequent in urban environments.

[7]   A good example of this can be found in WIKANDER 2000a.

[8]   It is revealing that HODGE 1992, 246, despite highlighting the importance of irrigation, addresses the issue in the chapter entitled 'Special Uses'.

[9]   BELTRÁN 2006.

[10] A recent appraisal of the role played by irrigation in the Roman world can be found in WILSON 2012, 1–9.

[11] For recent publications see BRIDOUX 2009 and MASTINO/IBBA 2012; also LEONE 2012, who combines the archaeological results of the Kasserine survey and the information from the Albertini tablets.

[12] In this regard, see BELTRÁN/WILLI 2011, where the specific factors holding up research on Roman irrigation in Hispania – for example, the traditional thesis that ascribes the introduction of irrigation in the Iberian Peninsula to the Muslims – are examined in detail.

social factors involved have left, in the best of cases, highly partial evidence. Concerning material remains, the archaeological record occasionally incorporates cisterns and other conspicuous structures – large dams or monumental aqueducts – but it is extremely difficult to identify less substantial ones, such as regulation and derivation dams, channels and minor derivations, often merely dug into the earth and recurrently reused over time. It is also difficult to determine the size of irrigated plots of land and the type of crop sown, although palaeo-environmental studies may offer some information in this regard. And some social aspects – such as the infrastructures' ownership and funding sources, water distribution systems, the identity and organisation patterns of the irrigators, and their relationship with imperial and local political institutions – are even more elusive, especially when written information is lacking.

Under these conditions, it is only possible to take a partial, and often markedly speculative, approach to the aspects referred to in the title of this paper – typology, financing, and management – but this will nonetheless be undertaken here, in order to draft a typology that does not intend to be exhaustive.[13]

1. Private Irrigation Systems Built and Exploited by a Single Owner

The exploitation of a local water source – rain water or a water course, above or below the surface – and the construction of the infrastructures required for the catchment, diversion, regulation, storage and, if necessary, lifting of the water by a single owner must have been one of the most common alternatives for irrigation in the Roman west. This would be the case for gardens belonging to rural or suburban *uillae*[14] but also, in arid regions, for larger areas dedicated to the cultivation of cereals, pastures, and shrubby plants such as olive trees and vineyards. This option would make use of rainfall and water courses by

---

[13] By means of comparison, in BUTZER/MATEU/BUTZER/KRAUS 1989, 23 three types of irrigation network are distinguished in medieval al-Andalus: large-scale, complex systems exploited by several communities distributed throughout different settlements and capable of supplying areas between 50–100 km^2 in extension; mid-scale systems exploited by a single community with several hundred members distributed across one or two settlements, fundamentally designed for summer irrigation and capable of supplying areas of up to 100 ha; and small-scale systems, exploited by one or two farmers or by an extended family, including only one or two small channels supplied from cisterns or small springs and designed for irrigating areas of under 1 ha in extension.

[14] As recommended by Pliny in a well-known passage (nat. 19,60): *hortos uillae iungendos non est dubium riguosque maxime habendos, si contingat, praefluo amne, si minus, e puteo rota organisue pneumaticis uel tollenonum haustu regatos.*

means of wells,[15] diversion dams, channels, pools and cisterns.[16] It is precisely because of their small scale that these networks are difficult to identify, unless we have epigraphical evidence, monumental remains or a detailed archaeological study.

In some instances the available information is rather imprecise; for example the reference offered by one of the long poems engraved in the famous mausoleum of the Flauii in Cillium (Africa Proconsularis) in the mid 2nd century CE, where an allusion is made to the earliest cultivation of vineyards in the region: *haec gaudia saepe nitentem / quae quondam dedit ipse loco dum munera Bacchi / multa creat primasq(ue) cupit componere uites / et nemus exornat reuocatis saepius undis.*[17] These *undae* could refer to the use of a natural water course or, more likely, to an artificial irrigation system which, given the natural conditions prevailing in the region, would be indispensable for the cultivation of vineyards and trees.[18]

The use given to water carried by the spectacular aqueduct of Pondel, built in the Aosta Valley in 3 BCE, and the interpretation of the inscription engraved on it are equally unclear.[19] Once the possibility of the construction of the aqueduct for the supply of the near town of Augusta Praetoria is discarded,[20] it is plausible to suggest a simultaneous use in mining and agriculture, otherwise documented for the region from an early date despite the fact that it enjoys high precipitation regimes.[21] This combined use would seem to justify the significant expenses incurred, possibly assumed by a private individual if

---

[15]   For example, a Tunisian inscription from Bou Assid (AE 1975, 883 = 1978, 835 = 1983, 975 = 2005, 1685) and dating to the 3rd century CE alludes to the excavation of a well in a *fundus Aufidianus,* referring to the improvement works carried out by a possible emphyteutic lessee involved in the cultivation of vineyards, olive and fruit trees; in this regard see PEYRAS 1975, 181–222 and 1983, 209–253: *[---] agricolae in [spl(endidissima?)] / re p(ublica) Bihensi Bi̦l̦ț[a], / conductori pari/atori restitutori / fundi Aufidiani et, / praeter cetera bona q[uae] / in eodem f(undo) fecit, steriles / qu[o]-que oleastri surculo[s] / inserendo plurimas o[leas] / instituit; puteum iux[ta] / uiam, pomarium cum tric[hilis], / post collectarium uin[eas] / nouellas sub silua aequ[e in]/stituit. Vxor mari[to] / incompa-rabili fec[it].* Apart from this, cisterns, fountains, irrigation channels and a small aqueduct have also been found at the property (PEYRAS 1975, 216).

[16]   Cisterns, thoroughly studied by WILSON 2008 in southern Etruria and Latium – where they are generally associated with *uillae* – are particularly abundant in Hispania, most especially in the Guadalquivir valley (BELTRÁN/WILLI 2011, 33 and 39–43).

[17]   Kasserine (Tunisia); poem A, ll. 50–53: CIL VIII 212 = 11300b = AE 1993, 1714 = 2008, 150 = SLIM/LASSÈRE/HALLIER et al. 1993a, 68–69: 'Il a plaisir à contempler les dons qu'il fit jadis lui-même pour le bonheur de ce lieu: il y introduisit les présents de Bacchus à profusion, il voulut planter la première vigne en rangs, il mit en valeur les bosquets par des méandres d'eau courante'.

[18]   In this regard, see LASSÈRE 1993, 230–231 and n. 6, on other waterworks found in the region. For the results on irrigation of the Kasserine survey, LEONE 2012.

[19]   CIL V 6899 = InscrIt 11,1,113 = AE 1991, 322a = 2008, 264: *Imp(eratore) Caesare Augusto XIII co(n)-s(ule) desig(nato) / C(aius) Auillius C(ai) f(ilius) Caimus Patauinus; / priuatum.*

[20]   DÖRING 2000, 115.

[21]   According to Strabo (4,6,7) the Salassi and their neighbours were in conflict because the former wanted to control the flow of the Duria for mining purposes, to the detriment of the farmers in the lower course; in this regard, see the brief commentary in LEVEAU 2009, 152; also, LEVEAU 2008.

we agree with that interpretation of the term *priuatum*, which closes the inscription. This could refer to both the financing of the construction and to the use of the aqueduct and the bridge above.[22]

In some other examples the evidence is much more explicit. This is the case for an undated inscription from Albulae, in Mauretania Caesariensis: *[Te]rent(ius) Cutteus êt Ma[-ca. 3-] / Monnula eius una cum / [T̂]ereñtiis Cutîeo Îânûar̂io Considio / Augustîno êt Feliciano [fi]li(i)s / aquagiûm nouo opere a so/lo extr̂uctum suis possessioñibu[s] / con-stîtûer̂uñt êt dedicauer̂uñt.*[23] Everything seems to suggest that the channel or *aquagium*[24] – probably for irrigation – was of modest dimensions, since it ran through the family property, which probably also housed the water source, and was apparently built by Cutteus and his family themselves.

Naturally, this kind of infrastructures could be more substantial, for example the *aqua Vegetiana* built in the early 2nd century CE by the ex-*consul* Mummius Niger Valerius Vegetus[25] and mentioned in a well-known inscription found near Viterbo.[26] The inscrip-

---

[22] DÖRING 2000, 115. As is well known, the use of the term *priuatum* appears especially often with regard to roads: CIL I 2993; II 3443; V 509; VI 29781. 8862; IX 5086; XI 3042. 5160, etc., esp. VI 29783: *Priuatum. / Via priuata / M(arci) Hereni A(uli) f(ilii)*; in this regard, see BELTRÁN/ARASA 1980.

[23] Ain Temouchent (Algeria), around 80 km to the southwest of Oran, where the inscription is preserved in the local museum: CIL VIII 21671 = AE 1891, 37. The inscription, which is full of ligatures and inclusions, was published by (among others) LA BLANCHÈRE 1893, 22 note 2 and drawing on page 23, whose reading we follow. LA BLANCHÈRE suggests the restitution of the wife's name as Mat-ronnula, although the letters at the end of line 1 may be better understood as the beginning of her *nomen* – perhaps *Mai[a]*, as suggested in CIL, although other possibilities cannot be excluded: Maius is not found in Albula, but Marius is (CIL VIII 21700 and 9814, specifically, Marius Considius) – and those at the beginning of line 2 as a *cognomen* well documented in Africa: Monnula (CIL VIII 5565. 6398. 6454...); at the beginning of the inscription there seems to be room for Cutteus' abbreviated *praenomen*. None of the editors give a date for the inscription, which does not seem to be earlier than the 2nd century CE. SAASTAMOINEN 2010, no. 947 lists it among the non-datable.

[24] Although the CIL defines *aquagium* as a "vocabulum alibi nondum repertum", the word appears in Festus (2,11) as a synonym of *aquae ductus* and also in Dig. 4,20,3.

[25] On this senator of probable Spanish origin, identified as the first owner of the Baetican *kalenda-rium Vegetianum* and involved in the production and commercialisation of olive oil, see PIR² M 707; CABALLOS 1990, 229–235 nos. 129 A and B; LOMAS/SÁEZ 1981, 55–84.

[26] CIL XI 3003a-b: *Mummius Niger / Valerius Vegetus consular(is) / aquam suam Vegetianam, quae / nas-citur in fundo Antoniano / Maiore P(ubli) Tulli Varronis cum eo loco, / in quo is fons est emancipatus, duxi[t] / per millia passuum V(milia)DCCCCL in uil/lam suam Caluisianam quae est / ad aquas Pas-serianas suas, compara/tis et emancipatis sibi locis itineri/busque eius aquae a possessoribus / sui cui-usque fundi, per quae aqua / s(upra) s(cripta) ducta est, per latitudinem structu/ris pedes decem, fistulis per latitudi/nem pedes sex, per fundos Antonian(um) / Maiorem et Antonianum Minor(em) / P(ubli) Tulli Varronis et Baebianum et / Philinianum Auilei Commodi / et Petronianum P(ubli) Tulli Varro-nis / et Volsonianum Herenni Polybi / et Fundanianum Caetenni Proculi / et Cuttolonianum Corneli Latini / et Serranum inferiorem Quintini / Verecundi et Capitonianum Pisibani / Celsi et per crepidem sinisterior(em) / uiae publicae Ferentienses et Scirpi/anum Pisibaniae Lepidae et per uiam / Cassiam in uillam Caluisianam suam, / item per uias limitesque publicos / ex permissu s(enatus) c(onsulto).*

tion specifies that in order to build this rural aqueduct Vegetus had to assume the construction costs of the six mile long conduct and also to buy the land where the water
source was, and through which the structure ran, from seven different owners. Additionally, he had to obtain permission from the senate to go along several public roads. There
is no evidence concerning the use of the water thus carried, but it seems plausible that it
was used for irrigation, common in the region to the northwest of Rome, around the lakes
Bracciano and Vico.[27]

This sort of private water-carrying system – not necessarily too costly, provided that
the water source was within the promoter's own property or that the owner could invoke
an easement or *seruitus*[28] – can also be inferred from the archaeological record, for example at the late antique *uilla* in Correio Mor (Elvas, Portugal), which was equipped with
a water reservoir, an aqueduct, a recreational embankment and a major dam. The latter
structure, 1.5 km away from the rest of the complex, was located at a lower elevation than
the *uilla* and was thereafter clearly used for irrigation and other productive purposes,
such as watering livestock or fish farming, probably for the supply of Emerita Augusta
(Mérida).[29]

2. Collective Systems Supplied by Structures Built and Managed by Imperial or Municipal Authority

A second type of irrigation network used public aqueducts, under imperial or municipal management, and is particularly well attested in the region around Rome.[30] In this case,
once the necessary authorisation had been granted, the water could be used for free – for
instance by imperial concession – or in exchange for a fee,[31] which could also be partially
or fully satisfied by the carrying out of maintenance works.[32] During the Republic, the
maintenance of the Roman aqueducts was leased out, and during the Principate it was
the responsibility of the *familiae aquariorum* under the command of the *procurator aquarum*.[33] This was, for example, the way the insalubrious water carried by the *Aqua Alsietina* –
or *Augusta* – was used in Trastevere, once the needs of the *naumachia* in San Cosimato
had been fulfilled.[34] There is also evidence for illegal extractions, which were punishable

---

[27] In this regard, see WILSON 2008, 756–757 and THOMAS/WILSON 1994, 148. On the purpose of the
   aqueduct see now BRUUN forthcoming.
[28] Dig. 8,3,1; 8,1,14; 39,3,17–18.
[29] GORGES/RODRÍGUEZ 1999, 228–240.
[30] PURCELL 1996, 180–212.
[31] BIANCO 2007, 163.
[32] Corpus Agrimensorum, ex libris Magonis et Vegoia 349 (Lachmann); BIANCO 2007, 174.
[33] BIANCO 2007, 31, 82.
[34] Frontin. aq. 11,1; on the *Aqua Alsietina* – or *Augusta* – see DEL CHICCA 2004, 205, with a copious
   bibliography.

with the expropriation of landed properties.[35] The water flow carried by the *Alsietina* was increased by Augustus with the addition of a new channel from the *lacus Sabatinus* (Bracciano),[36] probably identified with the *forma mentis* mentioned in an inscription found 15 km north of Rome, in S. Maria di Galeria.[37] It has been suggested that the purpose of this channel was to provide its neighbours (*riuales*) with a permanent supply, because previously they could access the water only on certain days, announced with a trumpet blast (*buccina*).[38] The possible relationship between the construction of this new ramification and another well-known inscription from the Aventine opens exciting possibilities.[39] It schematically shows two water courses – equipped with cisterns and spanned by several bridges – and refers to the names of the users and their properties, along with the amounts of water that they could take and the extraction times:[40] the names correspond to imperial freedmen belonging to Augustus' *familia* and maybe also to Agrippa's – if not to Agrippa himself – and to his son's and Augustus' heir, Caius Iulius Caesar, a fact which dates the inscription to slightly earlier than 4 CE.[41]

A similar inscription, though referring to a different structure, was found in Tibur (Tivoli), a city known for the abundance of senatorial *uillae*:[42] the inscription shows a

---

[35] Frontin. aq. 97,3.

[36] Frontin. aq. 71,1; DEL CHICCA 2004, 206 and 316.

[37] CIL VI 31566 = XI 3772a; on this identification and the restitution and interpretation of the inscription, see RODRÍGUEZ ALMEIDA 2002, 30–33; fig. 10: *[Imp(erator) Caesar diui f(ilius)] / Augustus pont(ifex) max(imus) / [for]mam mentis attrib(uit) / [e r]iuo aquae Augustae / [q]uae peruenit in / nemus Caesarum / [et] ex eo riualibus qui / [ad b]uccinam accipieb(ant) / [perennem dandam curauit]*. In CIL the ending is restituted as follows: *[ut] ex eo riualibus qui / [ad b]uccinam accipieb. / [aqua perennis fueret, ampliauit]*. The strange expression *forma mentis* is interpreted by RODRÍGUEZ ALMEIDA 2002, 30 as "la pianta degli (o 'il nuovo canale per gli') sbocchi (*menta*) del rivo dell'acqua Augusta"; "dub. an hunc pertineat", according to Hofmann ThlL s. v. *mens*, who quotes Lommatzsch's opinion *per litt.*: "nomen datum esse a signo uel templo (Ment)is deae proxime collocatae".

[38] RODRÍGUEZ ALMEIDA 2002, 30–33; DEL CHICCA 2004, 316.

[39] Traditionally, but without a firm basis and wrongly in my opinion, this inscription has been related to the *aqua Crabra* in Tusculum following a broadly reproduced hypothesis by MOMMSEN 1850, 308; in this regard, see HODGE 1992, 250 and 448 note 19; DEL CHICCA 2004, 193.

[40] CIL VI 1261; RODRÍGUEZ ALMEIDA 2002, 23–33, following FABRETTI's 1680, 151 drawing: *C. Iuli Caesa[ris] / C. Bicolei Rufi / Squaterian(o) / aqua una // M. Vi[psani M. l.?] / aquae [---] // [C. Iuli ?] Augusti l. Thyrsi / [a]quae decem duae / [ab hora secu]nda ad horam / [---] quarto pridie // C. Iuli Hymeti / Aufidiano / aquae duae / ab hora secunda / ad horam sextam // C. Iuli Caesar[is] / C. Bicolei [Rufi] / aqu[ae ---] / sex[ta --- ad] / occa[sum]*.

[41] RODRÍGUEZ ALMEIDA 2002, 27: in contrast to the drawing in CIL VI 1261, in which the right end of the line reads *M. Vib[---]*, FABRETTI's (1680, 151) reads only *M. Vi[---]*, making RODRÍGUEZ ALMEIDA's restitution plausible. In this case, access to water in the environs of Rome would not necessarily be continuous, as suggested by DEL CHICCA 2004, 193, but it would in fact be divided into shifts.

[42] CIL XIV 3676; RODRÍGUEZ ALMEIDA 2002, 33–36: *M(arci) Salui Domitiano aq(uas) [---foraminib(us)] / tribus primis long(is) sin[g(ulis) III s(emis), alt(is)] / sing(ulis) digitos decemqui[nque s(emis)]; / supra foramen in libr[a regula] / est quae dimidiam os[tendit]. / Dimidium altum digit[os --- et] / dimidium accipiet, aqu[am ab hora] / noctis primae ad hora[m --- diei] / eiusdem; reliqua*

diagram of two water channelling systems and records the water rights granted to two landowners, their terms, and the number and size of water outlets (*foramina*). These were so large – up to 15 *digiti* (ca. 25 cm) in height – that Lanciani[43] suggested that they must have belonged to a local irrigation channel.[44]

Regarding the famous *Aqua Crabra* in Tusculum,[45] mentioned by Cicero – who paid a *uectigal* for its use[46] – it is uncertain whether it was a natural water course or, more likely, an artificial system. Water distribution was organised *per uicem in dies modulosque certos*, that is, according to a pre-established roster where days and amounts of water were arranged in detail.[47] There are, aside from the aforementioned inscriptions from the Aventine and Tibur, other examples of this sort of arrangement.[48]

We do not know the use given to the properties referred to, but it seems very likely that they were part of the belt of *praedia suburbana* and *uillae* dedicated to the production of vegetables, flowers, wine, *uillatica pastio*, and other products for the voracious Roman city markets.[49] According to Cato[50] these properties – such as the vineyard that the freedman and grammatician Remmius Palaemon owned in Nomentum[51] or the estate dedicated to *uillatica pastio* owned by the knight Marcus Seius near Ostia[52] – were among the most productive agricultural exploitations. Of course Rome, due to its extreme population density and the presence of immensely rich individuals, is a truly unique example in the whole of the empire; nevertheless, the exploitation of similar farms around major provincial cities must not be disregarded.[53] For example, the properties near Carthage and

---

fora[mina sunt?] / longa singula digitos [---] / alta sing(ula) digit(os) decemqu[inque s(emis)?]. / L(uci) Primi Sosiano a[q(uas) ---; sunt?] / singul(a) foramina l[on(ga) dig(itos)] / tres et dimid(ium), alta [XV s(emis)?] / accipiet foraminib[us sing(ulis)] / ad horam decum[am].

43 Ad CIL XIV 3676.
44 Bianco 2007, 152–156 regarding the magistrates in charge of water management in Tibur.
45 Hodge 1992, 250 and 448, note 17; del Chicca 2004, 192.
46 Cic. leg. agr. 3,9; cf. fam. 16,18.
47 Frontin. aq. 9,5.
48 Dig. 8,3,2,1; 39,3,17; 43,20,2; 43,20,3,5; etc. As an example from the east, a papyrus from the 'Cave of Letters' (Nahal Hever, Israel) records the estate handed as a gift to Salome, daughter of Levi, in 129 CE. According to the document, the owner could take water for irrigation for half an hour on the fourth day of the week (Cotton 1995, 183).
49 Thomas/Wilson 1994; Wilson 2008.
50 Cato agr. 1,7.
51 Suet. gramm. 23.
52 Varro rust. 3,2,7; Kolendo 1994, 61–63.
53 This is the case, for example, for the irrigation systems supplied by aqueducts near Zaghouan-Carthage, Siga (near Oran), Tobna, Zabi Justiniana, Hippo Diarrhytus, Caesarea Maritima, Hadrumetum, etc.: Wilson 1997, 101. An inscription of republican date seems to point towards the agricultural use of an aqueduct in the territory around Amiternum, in Abruzzo (CIL I² 1853), Segenni 2005, 603–618. Regarding the distribution of rights to water acess in the colony of Urso (Osuna), see § 79 in the *Lex Vrsonensis*, CIL II²/5, 1022: *qui fluui riui fontes lacus aquae stagna paludes sunt in agro, qui colonis h[u]ius colon(iae) diuisus erit, ad eos riuos fontes aquasque stagna paludes itus actus aquae*

Corduba committed to growing artichokes were, according to Pliny, particularly highly profitable.[54]

A rural variant could be the large imperial possessions, for example in North Africa, where during the reign of Constantine conflicts arose over the trespassing of the *coloni* – possibly on lease under the terms of the *Lex Manciana* – on the water rights of emphyteutic lessees.[55]

3. Collective Systems Supplied by Structures Built by the Emperor, the Municipalities or the Users Themselves, and Managed by Irrigation Communities

The use of urban aqueducts for irrigation, both in Rome and in the rest of the empire, was regulated by the appropriate imperial or local authorities, with which the users had to interact individually. The *Lex riui Hiberiensis* has, however, called our attention to a different model, in which the irrigators created a corporation for the collective management of their affairs. These communities enjoyed a high degree of autonomy, but always operated under the control of the local authorities.[56]

One of the most explicit pieces of evidence on irrigation in the Roman west – once again from the Maghreb, one of the richest regions regarding evidence for irrigation agriculture – seems to be illustrating one such case.[57] This is the well-known Lamasba inscription (Ain Merwana, Algeria), which records the resolution of a conflict over the use of the *aqua Claudiana* during the reign of Elagabalus. The verdict was passed by a commission appointed by the local senate and the *coloni*, and it seems that it involved the modification of the time slots for water access.[58] We do not know who paid for the *aqua Claudiana*, which may have been funded by an *évergète*, the city, or the landowners who benefitted from it. The inscription is only partially preserved, with approximately a fifth of the total surviving, including 85 entries which record the name of the landowner, a numeral preceded by the abbreviation *k* – probably a reference to the extent of their properties, or

---

haustus iis item esto, qui eum agrum habebunt possidebunt, uti iis fuit, qui eum agrum habuerunt possederunt.

[54] Plin. nat. 19,152.

[55] Cod. Iust. 11,63,1; 319 CE; in this regard, PAVIS D'ESCURAC 1980, 186–188 and KEHOE 2007, 144–146.

[56] BELTRÁN 2006.

[57] From the extensive bibliography, and apart from the already mentioned works by BRIDOUX 2009, MASTINO/IBBA 2012 and LEONE 2012, we recommend PAVIS D'ESCURAC 1980, 177–191 for a review of a part of the available written evidence (Plin. nat. 18,188 and 189 —Tacape—; CIL VIII 4440 — Lamasba—; Cod. Iust. 11,63,1 —*constitutio* of Constantine—; "Tablettes Albertini"), and WILSON 1997, 101–106 on the use of urban aqueducts in irrigation.

[58] CIL VIII 18587 = 4440; on the inscription see mainly SHAW 1982 and also SHAW 1984, and MEURET 1996, among many other works, such as the recent paper by DEBIDOUR 2009.

to the number of trees present on them[59] –, and the time of day and total number of hours they were allocated for irrigation between September and December. This distribution arrangement therefore corresponded to the winter season, and it seems likely that the lost part of the inscription recorded a different schedule for the spring season. These 85 properties, out of an estimated total of around 150, were very uneven in size. A dozen families controlled 75% of the irrigation slots – which appear to be proportional to the size of the properties – whereas around twenty of them barely had access to 5%. The inscription does not specify the crops sown, except in the case of *olea* or olive trees, but it is assumed that they also included winter cereals, fig trees, vineyards, and fruit trees. The landowners have unquestionably Latin names, and include several army veterans.[60]

In this case we have a mid-scale irrigation system integrated into a municipal framework which only had to intervene because the conflict had gone beyond the internal mechanisms of the irrigation community.[61] In this instance, the practice did not include daily irrigation to ensure a high productivity in gardens, as is the case, for example, in the environs of Rome, but occasional irrigation to compensate the arid conditions and to maintain the productivity of dryland crops.[62] In the case of cereals, for instance, the crops would be irrigated after sowing and during the emergence of the spikes. There is little doubt that, despite not being widely attested, this sort of irrigation system, integrated by a single community within a *ciuitas* and aimed at supplementing dryland crops, must have been one of the most common arrangements not only in Africa but also in Hispania.

It seems plausible that the irrigation community formed around the channel mentioned in the *Tabula Contrebiensis* (87 BCE), near Saragossa, was of a similar nature.[63] The cost of the lands through which the conduction must have run – and presumably also of the construction works – were assumed *publice* by the *Salluienses*. This is probably also the case with the irrigation communities organised in the Roman successor of Salduie, Caesar Augusta (Saragossa), for the management of the water stored in the immense dams of Almonacid de la Cuba,[64] in the southeast of the colony's enormous territory,[65] and of

---

[59] LEONE 2012, 128.
[60] SHAW 1982 suggests, without firm evidence, an indigenous origin for the whole system; but in fact the system appears to be fully consistent with what we know (which is admittedly not a great deal) about Roman irrigation; DEBIDOUR 2009, 171–173 also considers the possibility of a pre-Roman date for the irrigation system; *contra* PAVIS d'ESCURAC 1980, 185. See also LEONE 2012, 128, who stresses that the technology for the aqueduct which supplied the Lamasba system – a subterranean foggara or qanat – was imported during Roman times, but also points out that the measurement of the plots in units denoted as *k* – probably relating to the number of trees present on them – reflects probably an indigenous tradition and concludes wisely "the evidence suggests that the way in which irrigation systems were actually distributed is more complex than a simple dichotomy between indigenous and Roman regions".
[61] On conflicts within irrigation communities and their resolution, see BELTRÁN 2010.
[62] The *Digesta* make a clear distinction between *aqua cottidiana* and *aestiua*: 43,20,1,2–4.
[63] CIL I² 2951a; FATÁS 1980; BELTRÁN 2009, 33–42; BELTRÁN 2010, 27–31.
[64] BELTRÁN LLORIS/VILADÉS CASTILLO 1994.
[65] BELTRÁN 2011.

Fig. 1 The Roman Dam of Muel. Photo F. Beltrán Lloris.

Muel, to the south of the city. Both dams were built at an early date, soon after the foundation of the colony in 15 BCE. If the marks left by the mason and still preserved in the Muel dam indeed allude to the *legio IV Macedonica*[66] it seems beyond doubt that at least the Muel dam was funded by the emperor at the same time that the colony was founded *(Fig. 1)*. Regardless of whether the infrastructures were funded with imperial or with local resources, the fact is that they were used by irrigation communities that must have necessarily been similar to those attested in the *Lex riui Hiberiensis* at the other extremity of the colony's territory.[67]

This inscription, dated to the reign of Hadrian, reveals the existence of complex irrigation communities integrated by farmers from different municipalities; in this case the colony Caesar Augusta (Saragossa) and the Latin *municipium* of Cascantum (Cascante), which drew their water from the same canal, the *riuus Hiberiensis*. Maintenance was carried out by the irrigation community, which was embedded in the rural administrative institutions of the municipalities, the *pagi,* run by *magistri* probably from both districts *(Fig. 2)*. The irrigators took their decisions assembled in a *concilium* – probably an institu-

---

[66]   Uribe/Magallón/Fanlo/Martínez/Domingo/Reklaityte/Pérez 2010.
[67]   Beltrán 2006.

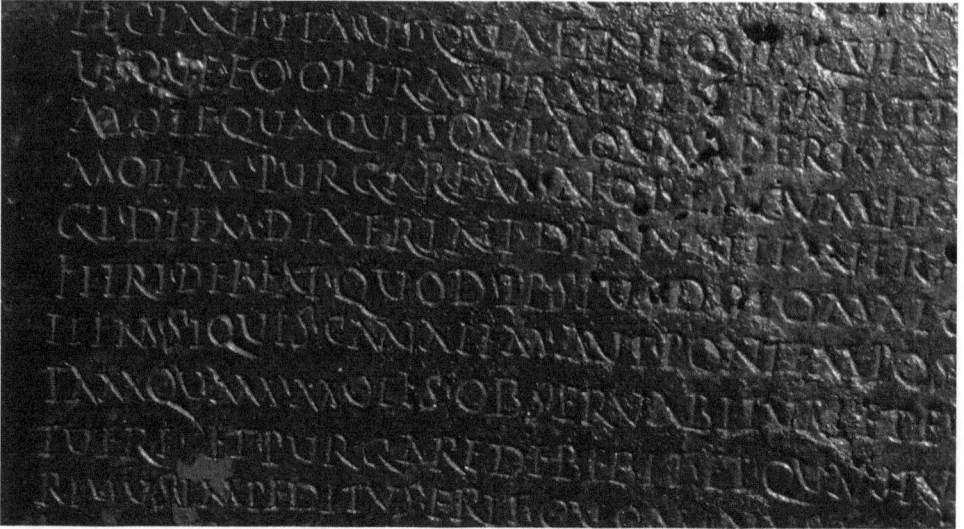

Fig. 2 Detail of the *Lex riui Hiberiensis*. Photo F. Beltrán Lloris.

tion of the *pagus* –[68] which enjoyed a significant degree of autonomy. The right to vote of the members of this *concilium* was proportional to the *ius aquae* which was proportional to the extension of land open to irrigation, perhaps with some adjustments due to the type of crop. In this case, the conflict arising within an irrigation community formed by farmers from two different cities, Caesar Augusta and Cascantum, forced the intervention of a provincial authority, probably the *legatus iuridicus*,[69] instead of being solved within the municipal framework as in the case of Lamasba.

It is possible that such complex irrigation communities also existed for the exploitation of other major infrastructures, for example the broad Alcanadre-Lodosa canal which, higher up the Ebro Valley, supplied the territory of Calagurris (Calahorra)[70] and possibly also of other cities such as Graccurris (Alfaro).[71]

4. Other Types

These three main models and their variations of course do not cover all possibilities. Indeed, there is evidence for the persistence of traditional irrigation systems after the

[68] BELTRÁN 2006, 176; NÖRR 2008, 120; *contra* LE ROUX 2009, 28–29. In this regard, BELTRÁN forthcoming.
[69] NÖRR 2008, 110; LE ROUX 2009, 21; BELTRÁN 2010 and BELTRÁN forthcoming.
[70] MEZQUÍRIZ 1979, 139–147 with an estimated daily flow of ca. 250,000 m³: the largest canal in Rome, the *Anio nouus*, carried daily around 190,000 m³ (HODGE 1992, 347). Near Calahorra another dam for irrigation purposes has been identified at La Degollada, see CINCA 2012.
[71] DUPRÉ 1997, 730.

arrival of Rome, for example among the Berbers in the Maghreb. This included the construction of terraces with the soil eroded by torrential *wadis* by means of transversal dykes or *jessour*, also known in the Negev,[72] or the particular systems built in certain oases, for example in Tacape (Gabès, Tunisia), mentioned by Pliny[73] and where a peculiar system for the distribution of water was devised according to time and volume.[74]

5. Conclusion

This brief and selective overview suggests that irrigation agriculture was of enormous importance in the Roman west. Furthermore, it seems that this was not only the case in the environs of Rome and other major cities, where the owners of rustic suburban *uillae* dedicated to the production of vegetables often used the urban aqueducts managed by imperial or municipal institutions. Indeed, in dry regions irrigation was also common in purely rural environments for cereal and tree cultivation: vineyards, olive and fruit trees. Here, the cost of the necessary infrastructure could be assumed privately by the owner in the simplest cases or, in the more complex collective systems, by higher institutions such as the emperor or the municipium or perhaps by the irrigators themselves. Regardless of the source of the funding, these systems were probably managed and maintained by highly autonomous irrigation communities embedded in the municipal institutions for the organisation of rural districts – the *pagi*, as shown by the *Lex riui Hiberiensis*.

From this point of view, the development of rural irrigation in the Roman west was determined by the role played by the individual farmers and, at a larger scale, by the *municipia* and the irrigation communities embedded in their rural districts – the *pagi*. The imperial role, important indeed in some cases, was limited to financing some major infrastructures, subsequently managed by the cities[75] and by the irrigation communities. The resolution of conflicts arising among irrigators – which were frequent, as suggested by the etymological evolution of the term *riualis* in Romance languages – was in the first instance left to the irrigation communities. Indeed, one of the functions of these communities was – and still is – the management of these conflicts and their redirection, whenever necessary, to the local institutions, which were in charge of the administration of the possible law suits thus arisen[76] or the convening of an agreement between the parts whenever they could not reach it by themselves, for example in Lamasba. The higher institutions such as the emperor, the governor or the juridical legate only intervened – apart

---

[72] SHAW 1984; HODGE 1992, 251; MASTINO/IBBA 2012. Nevertheless LEONE 2012, 125 reminds us that: "it needs to be stressed that the extent, identity and nature of pre-Roman irrigation in North Africa remains unclear".

[73] Plin. nat. 18,188–189.

[74] TROUSSET 1987.

[75] As attested, for example, in the *Edictum Augusti de aquaeductu Venafrano* (CIL X 4842); BRUUN 2012, 14–15.

[76] As shown by §§ 10, 14 and 15 of the *Lex riui Hiberiensis*; BELTRÁN 2006.

from conflicts concerning irrigators established in imperial lands –[77] in those cases which confronted irrigators from different civic communities, which exceeded the local jurisdiction, for instance in the central Ebro Valley: Salduie and Alauo in 87 BCE, and Caesar Augusta and Cascantum during the reign of Hadrian.[78] These cases were more unusual but due to the intervention of the governor had a higher possibility of being recorded in inscriptions and thus attested to us than the normal conflicts which were solved inside the irrigation communities.

Bibliography

Beltrán 2006 = F. Beltrán, An Irrigation Decree from Roman Spain: the *Lex riui Hiberiensis*, *JRS* 96, 2006, 147–197.

Beltrán 2009 = F. Beltrán, *Vltra eos palos*. Una nueva lectura de la línea 7 de la Tabula Contrebiensis, in: Espacios, usos y formas de la epigrafía hispana en épocas antigua y tardoantigua. Homenaje al Dr. Armin U. Stylow, Mérida 2009, 33–42.

Beltrán 2010 = F. Beltrán, El agua y las relaciones intercomunitarias en la Tarraconense, in: Lagóstena/Cañizar/Pons 2010, 21–40.

Beltrán 2011 = F. Beltrán, El *territorium Caesaraugustanum*, in: I. Aguilera/J.L. Ona (ed.), Delimitación comarcal de Zaragoza. Territorio 36, Zaragoza 2011, 93–101.

Beltrán forthcoming = F. Beltrán, La *Lex riui Hiberiensis* nel suo contesto: i *pagi* e l'organizzazione dell'irrigazione in *Caesar Augusta*, in: L. Maganzani/Ch. Buzzachi (ed.), *Lex rivi Hiberiensis*. Diritto e tecnica in una comunità d'irrigazione della Spagna romana, Milano, forthcoming.

Beltrán/Arasa 1980 = F. Beltrán/F. Arasa, Los *itinera priuata* en la epigrafía latina. Una nueva inscripción en Algimia de Almonacid (Castellón de la Plana), *HAnt* 9–10, 1980, 7–29.

Beltrán/Willi 2011 = F. Beltrán/A. Willi, El regadío en la Hispania romana. Estado de la cuestión, *Cuadernos de Prehistoria y Arqueología de la Universidad de Granada* 21, 2011, 9–56.

Beltrán Lloris/Viladés Castillo 1994 = M. Beltrán Lloris/J.M. Viladés Castillo, *Aquae Romanae*. Arqueología de la presa de Almonacid de la Cuba (Zaragoza), *Museo de Zaragoza* 13, 1994, 127–193.

Bianco 2007 = A.D. Bianco, *Aqua ducta, aqua distributa*. La gestione delle risorse idriche in età romana, Torino 2007.

Bridoux 2009 = V. Bridoux (ed.), Contrôle et distribution de l'eau dans le Maghreb antique et médiéval, Rome 2009.

Bruun 2012 = Ch. Bruun, Roman Emperors and Legislation on Public Water Use in the Roman Empire: Clarifications and Problems, *Water History* 4, 2012, 11–33.

Bruun forthcoming = Ch. Bruun, Servitudes et autres dispositions pour la distribution de l'eau en Afrique du Nord et en Italie, in: F. Hurlet/V. Brouquier-Reddé (ed.), L'eau dans les villes de l'Afrique du Nord et leur territoire, forthcoming.

Butzer/Mateu/Butzer/Kraus 1989 = K.W. Butzer/J. Mateu/E.K. Butzer/P. Kraus, L'origen des sistemes de regadiu al País Valencià: romà o musulmà, *Afers* 7, 1989, 9–68 (= *Annals of the Association of American Geographers* 75, 1984, 479–509).

Caballos 1990 = A. Caballos, Los senadores hispanorromanos y la romanización de Hispania (siglos I–III), Écija 1990.

---

[77] As recorded in Cod. Iust. 11,63.

[78] See above with regard to the *tabula Contrebiensis* and the *Lex riui Hiberiensis*.

CINCA 2012 = J.L. CINCA, La presa romana de La Degollada (Calahorra, La Rioja), *Kalakorrikos* 17, 2012, 331–353.

COTTON 1995 = H.M. COTTON, The Archive of Salome Komaise Daughter of Levi: Another Archive from the "Cave of Letters", *ZPE* 105, 1995, 171–208.

DEBIDOUR 2009 = M. DEBIDOUR, Le problème de l'eau dans une cité de Numidie. L'inscription hydraulique de Lamasba, in: A. GROSLAMBERT (ed.), Urbanisme et urbanisation en Numidie militaire, Paris 2009, 153–180.

DEL CHICCA 2004 = F. DEL CHICCA, Frontino. De aquae ductu urbis Romae, Rome 2004.

DÖRING 2000 = M. DÖRING, Die römische Bewässerungsleitung von Pondel im Aostatal / Italien, in: G.C.M. JANSEN (ed.), Cura aquarum in Sicilia, Leiden 2000, 111–116.

DUPRÉ 1997 = N. DUPRÉ, Eau, ville et campagne dans l'Hispanie romaine. À propos des aqueducs du bassin de l'Ebre, *Caesarodunum* 31, 1997, 715–743.

FABRETTI 1680 = R. FABRETTI, De aquis et aquaeductibus veteris Romae, Roma 1680.

FATÁS 1980 = G. FATÁS, Contrebia Belaisca (Botorrita, Zaragoza). II. Tabula Contrebiensis, Zaragoza 1980.

GORGES/RODRÍGUEZ 1999 = J.-G. GORGES/F.G. RODRÍGUEZ, Un exemple de grande hydraulique rurale dans l'Espagne du Bas-Empire, in: J.-G. GORGES/F.G. RODRÍGUEZ (ed.), Economie et territoire en Lusitanie romaine. Actes et travaux, Madrid 1999, 228–240.

HODGE 1992 = A. T. HODGE, Roman Aqueducts and Water Supply, London 1992.

HORDEN/PURCELL 2002 = P. HORDEN/N. PURCELL, The Corrupting Sea: a Study in Mediterranean History, Oxford 2002.

KEHOE 2007 = D.P. KEHOE, Law and the Rural Economy in the Roman Empire, Ann Arbor 2007.

KNAPP 1919 = C. KNAPP, Irrigation among the Greeks and Romans, *CW* 12, 1919, 73–74 and 81–82.

KNAPP 1920 = C. KNAPP, Irrigation among the Greeks and Romans, *CW* 13, 1920, 104.

KOLENDO 1994 = J. KOLENDO, Praedia suburbana e loro redditività, in: J. CARLSEN/P. ØRSTED/J.E. SKYDS-GAARD (eds.), Landuse in the Roman Empire, Rome 1994, 59–71.

LA BLANCHÈRE 1893 = R.d.C. LA BLANCHÈRE, Musées et collections archéologiques de l'Algérie et de la Tunisie. Musée d'Oran, Oran 1893.

LAGÓSTENA/CAÑIZAR/PONS 2010 = L. LAGÓSTENA/J.L. CAÑIZAR/L. PONS (ed.), *Aquam perducendam curavit*. Captación, uso y administración del agua en las ciudades de la Bética y del occidente romano, Cádiz 2010.

LASSÈRE 1993 = J.-M. LASSÈRE, *Munera Bacchi*, in: SLIM/LASSÈRE/HALLIER et al. 1993, 229–233.

LEONE 2012 = A. LEONE, Water Management in Late Antique North Africa: Agricultural Irrigation, *Water History* 4, 2012, 119–133.

LE ROUX 2009 = P. LE ROUX, Le *pagus* dans la Péninsule Ibérique, *Chiron* 39, 2009, 19–44.

LEVEAU 2008 = Ph. LEVEAU, Innovations romaines et maîtrise de la ressource hydraulique dans les Alpes occidentales, in: E. HERMON (ed.), L'eau comme patrimoine. De la Méditerranée à l'Amérique du Nord, Québec 2008, 193–222.

LEVEAU 2009 = Ph. LEVEAU, Transhumances, remues et migrations des troupeaux dans les Alpes et les Pyrénées antiques. La question du pastoralisme Romain, in: L. CALLEGARIN/F. RECHIN (ed.), Espaces et sociétés à l'époque romaine: entre Garonne et Èbre. Hommages à Georges Fabre, Pau 2009, 142–174.

LOMAS/SÁEZ 1981 = F.J. LOMAS/P. SÁEZ, El *Kalendarium Vegetianum*, la *Annona* y el comercio del aceite, *Mélanges de la Casa de Velázquez* 17, 1981, 55–84.

MASTINO/IBBA 2012 = A. MASTINO/A. IBBA, Water Use in North Africa in the Past, 2012, http://www. attiliomastino.it/. [26.3.2013] = Utilisation de l'eau en Afrique du Nord dans le passé, in: A. Ibba, Ex oppidis et mapalibus, Sandhi 2012, 53-74.

MEURET 1996 = C. MEURET, Le règlement de Lamasba: des tables de conversion appliquées à l'irrigation, *AntAfr* 32, 1996, 87–112.

MEZQUÍRIZ 1979 = M.Á. MEZQUÍRIZ, El acueducto de Alcanadre-Lodosa, *Trabajos de Arqueología Navarra* 1, 1979, 139–147.

MOMMSEN 1850 = Th. MOMMSEN, Römische Urkunden, *Zeitschrift für geschichtliche Rechtswissenschaft* 15, 1850, 287–371.

NÖRR 2008 = D. NÖRR, Prozessuales (und mehr) in der *lex rivi Hiberiensis*, *ZRG* 125, 2008, 108–187.

OLESON 2000 = J.P. OLESON, Irrigation and Rural Drainage, in: WIKANDER 2000, 183–215.

PAVIS D'ESCURAC 1980 = H. PAVIS D'ESCURAC, Irrigation et la vie paysanne dans l'Afrique du nord antique, *Ktéma* 5, 1980, 177–191.

PEYRAS 1975 = J. PEYRAS, Le *Fundus Aufidianus*: étude d'un grand domaine romain de la région de Mateur (Tunisie du Nord), *AntAfr* 9, 1975, 181–222.

PEYRAS 1983 = J. PEYRAS, Paysages agraires et centuriations dans le bassin de l'oued Tine (Tunisie du Nord), *AntAfr* 19, 1983, 209–253.

PURCELL 1996 = N. PURCELL, Rome and the Management of Water: Environment, Culture and Power, in: J. SALMON/G. SHIPLEY (ed.), Human Landscapes in Classical Antiquity: Environment and Culture, London 1996, 180–212.

RODRÍGUEZ ALMEIDA 2002 = E. RODRÍGUEZ ALMEIDA, *Forma urbis antiquae*. Le mappe marmoree di Roma tra la Repubblica e Settimio Severo, Rome 2002.

SAASTAMOINEN 2010 = A. SAASTAMOINEN, The Phraseology and Structure of Latin Building Inscriptions in Roman North Africa, Helsinki 2010.

SCHÜLE 1967 = W. SCHÜLE, Feldbewässerung in Alt-Europa, *MDAI(M)* 8, 1967, 79–99.

SEGENNI 2005 = S. SEGENNI, Frontino, gli archivi della *cura aquarum* e l'acquedotto tardo repubblicano di Amiternum, *Athenaeum* 2, 2005, 603–618.

SHAW 1982 = B.D. SHAW, Lamasba: an Irrigation Community, *AntAfr* 18, 1982, 61–103.

SHAW 1984 = B.D. SHAW, Water and Society in the Ancient Maghrib: Technology, Property and Development, *AntAfr* 20, 1984, 121–173.

SLIM/LASSÈRE/HALLIER et al. 1993 = H. SLIM/J.-M. LASSÈRE/G. HALLIER et al. 1993, (eds.), Les Flavii de Cillium. Étude architecturale, épigraphique, historique et littéraire du mausolée de Kasserine (CIL VIII, 211–216), Rome 1993.

SLIM/LASSÈRE/HALLIER et al. 1993a = H. SLIM/J.-M. LASSÈRE/G. HALLIER et al., Les deux poèmes, in: SLIM/LASSÈRE/HALLIER et al. 1993, 65–86.

THOMAS/WILSON 1994 = R.G. THOMAS/A. I. WILSON, Water Supply for Roman Farms in Latium and South Etruria, *PBSR* 62, 1994, 139–196.

TROUSSET 1987 = P. TROUSSET, L'organisation de l'oasis dans l'Antiquité (exemples de Gabès et du Jérid), in: A. DE RÉPARAZ (ed.), L'eau et les hommes en Méditerranée, Paris 1987, 25–41.

URIBE/MAGALLÓN/FANLO/MARTÍNEZ/DOMINGO/REKLAITYTE/PÉREZ 2010 = P. URIBE/M.Á. MAGALLÓN/ J. FANLO/M. MARTÍNEZ/R. DOMINGO/I. REKLAITYTE/F. PÉREZ, La presa romana de Muel: novedades de hidráulica romana en el valle medio del Ebro, in: LAGÓSTENA/CAÑIZAR/PONS 2010, 333–345.

WARE 1905 = E.F. WARE, Roman Water Law, Littleton 1905.

WHITE 1970 = K.D. WHITE, Roman Farming, London 1970.

WHITE 1984 = K.D. WHITE, Greek and Roman Technology, London 1984.

WIKANDER 2000 = O. WIKANDER (ed.), Handbook of Ancient Water Technology, Leiden/Boston/Köln 2000.

WIKANDER 2000a = O. WIKANDER, The Roman Empire, in: WIKANDER 2000, 649–660.

WILSON 1997 = A. WILSON, Water Management and Usage in Roman North Africa (unpublished doctoral thesis), Oxford 1997.

WILSON 2008 = A. WILSON, Villas, Horticulture and Irrigation Infrastructure in the Tiber Valley, in: F. COARELLI/H. PATTERSON (ed.), *Mercator Placidissimus*. The Tiber Valley in Antiquity. New Research in the Upper and Middle River Valley, Rome 2008, 731–768.

WILSON 2012 = A. WILSON, Water, Power and Culture in the Roman and Byzantine Worlds: an Introduction, *Water History* 4, 2012, 1–9

Land Division and Water Management in the West of the Roman Empire[1]

Anna Willi

Abstract

This article investigates the connection between Roman land division as an instance of deliberate shaping of the landscape, and the management of soil moisture (drainage/irrigation). Predominantly archaeological evidence shows that the Roman government provided for optimized land use at the foundation of colonies by orientating the division grid in an ideal way. The land surveyors' ability to assess an area's topography and hydrology were instrumental in this process. The fact that the relation of the orientation of the division grids and hydrology is not discussed in the *Corpus Agrimensorum Romanorum* can be explained through the characteristics of the evidence.

Im vorliegenden Artikel wird der Zusammenhang von römischer Landparzellierung als ein Mittel der bewussten Gestaltung von Landschaft und von Kontrolle der Bodenfeuchtigkeit durch Be- und Entwässerung untersucht. Insbesondere archäologische Quellen zeigen, dass die optimale Nutzung des Landes durch die römische Regierung schon bei der Gründung von Siedlungen durch eine ideale Ausrichtung des Katasters angelegt wurde. Die Fähigkeiten der Feldmesser, die topographische und hydrologische Situation einzuschätzen spielten dabei eine wichtige Rolle. Dass der Zusammenhang von Katasterausrichtung und Hydrologie im *Corpus Agrimensorum Romanorum* dennoch nicht thematisiert wird, lässt sich durch die Eigenschaften der Quellen erklären.

1. Introduction

Soil moisture has a big influence on cultivation and yield. Too much as well as too little can be fatal, depending on the climate, quality of soil, and the crops. The control of soil moisture through drainage and irrigation has, therefore, from early times been recognized as an important part of successful agriculture. An even distribution of soil moisture is fostered by an appropriate topographical situation and benefits from the respective infra-

---

[1] The preliminary work for this article was carried out during a stay at the University of Oxford funded by the Swiss National Foundation (SNF). I would like to thank the SNF for their financial support, and Nicholas Purcell, Anne Kolb, and Francisco Beltrán Lloris for their helpful suggestions and support. For their help with the English version of this article I would like to thank Sam Allen and Varun Ramraj.

structure. It is therefore closely linked to the landscape, which raises the question to what extent soil moisture control was taken into account when a settlement and its rural environment were planned and shaped deliberately. An example of such deliberate shaping of landscape in the Roman empire is the land division (*centuriatio/limitatio*) that took place when new colonies were founded or plots were assigned *viritim*. It had a great impact on the landscape, shaping it through the regularity of the implemented cadasters, and entailing deforestation and other means of land reclamation.

This article investigates the connection between land division and the control of soil moisture using written and archaeological evidence, with a focus on the west of the Roman empire. To this end a closer analysis of the orientation of the division grids (4) and of the hydraulic infrastructure within them (5) shall be carried out, after a short introduction to Roman land division (2) and to the evidence at our disposal (3).

2. Roman Land Division

Roman land division and assignation goes back to the 4th century BC, starting with the expansion of Roman power during the Latin and Samnite wars, and saw another heyday during the civil wars of the late republic when a great number of veterans required land.[2] During the empire the assignation of land to groups of individuals became less common, but viritane assignment went on until the end of the Flavian period, up to which a number of *municipia* were given the status of colonies.[3]

Land division was initiated by the Roman authorities: it was motioned by the senate and decreed by the people during the republic, and later by the emperor. For its implementation a commission of magistrates was assigned. The shaping of the landscape through division grids thus involved decisions made by the Roman administration. Its analysis can potentially show on what level the Roman authorities interfered and to what extent agricultural success was taken into consideration for their decisions. During the republic the usual procedure was for the senate to decree the foundation of a colony or viritane assignment by issuing an agrarian law. The tribune would then bring the matter before the people and the *praetor urbanus* or the *consul* would preside over the *comitium* in which a commission of magistrates was elected,[4] *IIIviri* in the case of colonies, and *Xviri* in the case

---

[2] For the history of Roman colonization older works such as VITTINGHOFF 1951, SALMON 1969, and KEPPIE 1983 still provide a good starting point, also see more recently LAFFI 2003 for an overview.

[3] Which also resulted in (new) land division, see e.g. Hyg. Grom. C 142,14–16 (for the *Corpus Agrimensorum Romanorum* the edition by CAMPBELL 2000 (abbreviated as C) will be used, indicating the page and lines within this volume. For texts not comprised in his edition, BLUME/LACHMANN/RUDORFF 1848 (L) is cited).

[4] See e.g. Liv. 34,53,1, cf. 37,47,2; 39,55,5f.; 40,43,1 etc. The procedures and steps leading up to the foundation of a colony are described by GARGOLA 1995, 51–70 for the middle republic. For the procedure of settlement during the late republic see KEPPIE 1983, 87–100, on the commissions see GARGOLA 1995, 58–63.

of viritane assignments.[5] During the late republic military commanders used their power to settle the veterans.[6] The basic procedure seems to have remained similar during the empire, but the emperor now replaced the senate as the decreeing authority.[7] Most of the tasks coming along with the establishment of a colony and land division lay with the commission, including the choice of the exact area where the settlement was to be founded, the definition of the territory's boundaries,[8] the religious rituals required in the procedure of the foundation, e.g. the auspices leading up to the division of the land,[9] and the division and assignation of the land itself.[10] Certain modalities could be set out in the agrarian laws prescribing the number of settlers or the lot size for certain *agri*,[11] other regulations were written down in the municipal charters.[12] Laws could moreover prescribe some general regulations of the land use stipulating e.g. that the former status of land, – sacred, public, destined for a public road or aqueduct –, had to be preserved,[13] or prescribing the width of the boundaries (*limites*).[14]

For the actual implementation of the division, many different tasks had to be dealt with on location: the division grid had to be defined, measured and marked, which means that the *limites* had to be outlined in the territory and defined through roads, ditches, and boundary stones. Even though we have very little information about the exact procedure it seems clear that the commissioners must have had help and charged workers with these tasks, some of who must have had special skills or been specialists, for example

[5] For the *Xviri* see e.g. Liv. 31,4,1–3; 31,49,5; 42,4,3f., for the *IIIviri* see e.g. Liv. 9,28,8; 10,21,9; 31,49,6; 32,29,4; 34,45,2; 34,53,2; 37,46,10f. See on viritane assignments GARGOLA 1995, 102–113. From the late republic onwards the commissions varied in terms of size.

[6] See KEPPIE 1983, 87f. and passim.

[7] See GARGOLA 1995, 179–184.

[8] See e.g. Hyg. Grom. C 158,11f.: *adsignare agrum secundum legem divi Augusti eatenus debebimus, qua falx et arater exierit, nisi ex hoc conditor aliquid immutaverit*; cf. C 160,6f.

[9] For the religious rituals see GARGOLA 1995, 41–50 and GARGOLA 2004.

[10] E.g. Liv. 21,25,3; see GARGOLA 1995, 87–89.

[11] See e.g. the motion by the tribune Atilius, naming the number of thirty families for each of five new colonies (Vulturnum, Liternum, Puteoli, Salernum, Buxentum: Liv. 33,29,3).

[12] See e.g. Sic. Flacc. C 130,38–132,6 stressing their importance for establishing the area under the settlement's jurisdiction. The *Lex Ursonensis* grants the inviolability of the boundaries (CIL I² 594, § 104).

[13] The land surveyors in their writings refer to e.g. *auctores divisionis* as issuing such laws, but without making it entirely clear who they meant by this. Sic. Flacc. C 124,6f.: *auctores divisionis assignationisque leges quasdam colonis describunt*. Also see Hyginus C 86,33f.: *illud autem observandum, quod semper auctores divisionum sanxerunt*.

[14] Hyg. C 76,1–8: *limites lege late patere debent secundum constitutionem, qui agros dividi iusserint. non quia modus ullus ex mensura limitibus adscribitur: solum lex observari debet. maximus decumanus et cardo plus patere debent sive ped. XXX, sive ped. XV, sive ped. XII, sive quot volet cuius auctoritate fit. ceteri autem limites, qui subruncivi appellantur, patere debent ped. VIII.* A *Lex Mamilia* established the width for minor boundaries (e.g. Hyg. Grom. C 136,6f., cf. *Commentum* C 60,14f. and Agenn. Urb. C 22,32–24,4). Also see a *lex agris limitandis metiundis* of uncertain but possibly early imperial date in Lib. Col. C 166,19–26, establishing the width of *cardines* and *decumani* for foundations in the *provincia Tuscia*.

land surveyors. In the case of a new land division it must have been the surveyors' job to trace the division grid in the landscape, using their measuring tools and expertise to draw parallel lines and to integrate hills, rivers and other obstacles into the grid. Surveyors are mentioned in inscriptions and literary texts as *agrimensores*, *mensores agrarii* and the like. Often we learn little more than their designation from these texts, but we also find them involved in the measuring of land division grids and the settlement of boundary disputes.[15] In general we know very little about the position and tasks of the *agrimensores*. As professionals they only appear in the early empire,[16] when we find them as members of the imperial *familia* as well as – presumably – free-born, commissioned by magistrates or the emperor as well as by private parties.[17] For the long duration of their activity during the republic we lack written evidence,[18] so we do not know who the surveyors involved

[15] The term *agrimensor* came into use during the imperial time, other/earlier denominations were *finitor* and *mensor*, in the later empire *gromaticus*. For the attestations and terminology see the respective entries in the usual dictionaries as well as reference books such as RE (s.v. *agrimensores, gromatici, mensor*); DE RUGGIERO (s.v. *agrimensor*); or DS (s.v. *agrimensor, mensor*). See about the attestations of surveyors and their interpretation furthermore CLASSEN 1994 and CAMPBELL 2000, xlv-liii, revising the accounts of DILKE 1971, 35–43 and HINRICHS 1974, 167–170.

[16] The emergence of a literary genre concerned with tasks of surveyors in the Flavian period allows us to assume that during the late republic and the early principate land surveying had become a profession which was fully developed by the time of Domitian and Trajan. It is shown by respective passages in *Codex Theodosianus* and *Notitia Dignitatum* that the *mensores'* was an officially institutionalized profession at the end of the 3rd century AD. They attest an office presided by a *primicerius* (Not. dign. or. 11,12; Cod. Theod. 6,34,1, also cf. *Theodosii et Valentiniani constitutiones* L 273,15–17). It is not always clear what kind of *mensor* is meant.

[17] Surveyor sent by the governor to settle a dispute: Dig. 10,1,8,pr f. (Ulpianus); by the emperor: CIL X 8038 (Corsica); surveyor employed by one of the parties in dispute: Dig. 10,1,4,1 (Paulus). Imperial *familia*: Carthage: CIL VIII 12637 (*mensor agrarius*, imperial slave). 12639 (*agrimensor*, imperial freedman). 12912 (*mensor agrarius*, imperial slave). 12913 (*mensor agrarius*, imperial slave). 24690 (*mensor agrarius*, imperial slave); Djebel Cheidi/Thugga: CIL VIII 25988 comprises 15 *cippi*, on 25988,02b. 07b and 12b is inscribed *Civit(atis) Thugg(ensis) / t(ermini) p(ositi) per Tiberino / Aug(usti) l(iberto) praeposito / me(n)sorum*. Assignment by the emperor could temporarily bestow *immunitas* on *geometrae* (Dig. 27,1,22 (Scaevola)). Military surveyors could be appointed for works in the civil area as well (C 246,32–48, Ardea, and see the big centuriation system in Africa Proconsularis, established by the *legio III Aug.*: CIL VIII 22786, esp. f and k).

[18] The evidence for the republic is literary, and scarce. The allusion in the prologue of Plautus' *Poenulus* (Poen. 48f.: *eius (sc. argumenti) nunc regiones, limites, confinia determinabo: ei rei ego finitor factus sum*) implies that by the first half of the 2nd century BC the audience knew what a *finitor* was (see on this passage e.g. GARGOLA 2004, 140–144 with further reading). It has often been assumed that the profession of the surveyor originated in the context of castrametation, i.e. from the army, as a skill of centurions (Caes. Gall. 2,17: *exploratores centurionesque praemittit qui locum castris idoneum deligant*), see e.g. HINRICHS 1974, 81–84. Also see the *peritus metator* Saxa (Cic. Phil. 11,12; 14,10) who seems to have been a professional *castrametator* before being made tribune of the people by Caesar, but see CLASSEN 1994, 164–166. And see Cicero's speech against the people's tribune Servilius Rullus, who had motioned the appointment of *Xviri* for the assignment of land to peasants in Italy in 63 BC. The speech attests that Rullus had requested 200 equestrian *finitores* for his commission (Cic. leg. agr. 2,32 cf. 2,34. 45. 53), but what would have been their exact tasks is unclear. See e.g. NICOLET 1970.

in the establishment of the republican division grids were and whether they were brought along from Rome or hired on location.

The grids consisted of boundaries (*limites/cardines* and *decumani*), often roads dividing the territory into big squares or rectangles, which were then again divided into the individual lots, resulting in the measured and divided area, called *pertica*.[19] The use and purpose of this rigid structure was manifold. It allowed for a kind of ancient zoning of the territory[20] and facilitated the administration of property and the management of tax collection. For this purpose the cadaster was documented in a map, the *forma*, of which a copy was kept in Rome.[21] At the same time the grid provided the basis for the infrastructure within the territory. This is most evident for the roads constituting the grid, ensuring accessibility[22] and easier use of the land.[23]

The connection to hydraulic infrastructure is less obvious at first, but, for example, it was sensible to have channels and aqueducts run on boundaries, since this way they did not interfere with the individual properties.[24] In what follows, the connection of the

---

[19] The most commonly known type of Roman land division is established by drawing the roads in regular intervals at a distance of 20 *actus* (ca. 710 m), thus resulting in squares of 20 × 20 *actus*. These squares are called *centuriae* because they supposedly originally comprised one hundred lots (*herediae*) of two *iugera* each. Two *iugera* is very little and in fact the size of the allotted lands attested is considerably bigger in the late republic and in imperial times, usually around a third of one *centuria* or $66^2/_3$ *iugera* (e.g. Hyg. Grom. C 156,25–29). For an overview of the attested lot sizes see CAMPBELL 2000, 339–341 adn. 30. However, the grids could take different shapes, varying the size of the *centuriae*, e.g. to 15 × 15 *actus*, or being based on rectangles rather than squares. For the varieties of grids known, see CHOUQUER/CLAVEL-LÉVÊQUE/FAVORY 1982, 851–858. The rectangular form of land division (*strigatio/scamnatio*) has been thought to be the more ancient way because of Frontinus calling it *more antiquo* (C 2,10f.), but it is more likely that it was used in territory not adequate for the division into squares (HINRICHS 1974, 23–48 and cf. e.g. CAMPBELL 1996, 85f.), and the two forms could be combined.

[20] A surveyed territory would comprise assigned land, sacred land or public land, land divided by a limitation grid (*pertica*), and unallotted land within the territory but outside of the *pertica* (*ager arcifinius* or *arcifinalis*). Pieces of land, which did not comprise entire *centuria* or left over inside of it, were called *subseciva*. See e.g. the description of the *agrorum qualitas* by Frontinus (C 2,1–4,2).

[21] The authors in the *CAR* name wood, bronze and parchment as materials used for the *forma*, see e.g. Sic. Flacc. C 120,22–32; Hyg. Grom. C 158,26–34. On the *forma* see furthermore NICOLET 1988, 163–179; MOATTI 1993, esp. 31–48, 88–97; in short CAMPBELL 1996, 88–90; CHOUQUER/FAVORY 2001, 45–49. Whether the fragmentarily preserved marble and bronze maps are actual examples of official *formae* is unclear, see below note 25.

[22] See e.g. Sic. Flacc. C 118,36f; 120,7f.; Hyg. Gromat. C 136,10f.

[23] Traditionally it was thought that the installation of the grid implied a homogenous exploitation of the centuriated area. This idea has recently been put into perspective by PALET/ORENGO, who describe the results of a thorough archaeomorphological analysis of the centuriated landscape around Tarraco. Palynological analyses show that within one grid the cultivation could vary significantly and that intensive exploitation must have centered around the *villae* (PALET/ORENGO 2010, 150f. and PALET/ORENGO 2011, 394f.).

[24] Cf. the Augustan regulation about the – n.b. intraurban – distribution of the water of the Venafrum aqueduct, allowing to install tubes only along public roads or *limites*: CIL X 4842 l. 43–47: *dum ne*

cadasters and hydraulic infrastructure shall be examined in terms of their orientation in relation to topography and hydrology, and of the position of infrastructure within the divided territory. First, however, we must consider the evidence available to us.

3. The Evidence

Apart from historiographical evidence on colonization in general, inscribed boundary stones, and a few fragmentarily preserved maps,[25] two main groups of evidence provide information on the practice of Roman land survey and land division: archaeological remains of land division grids, and the *Corpus Agrimensorum Romanorum* (*CAR*), which contains the writings of the land surveyors. Both groups are unique and valuable sources of information but problematic in terms of origin and transmission. They therefore require great caution when used as evidence.

The *CAR* was in its first version probably composed in the 5th century AD, and additions seem to have been made up to the 7th or 8th century.[26] It contains excerpts of texts concerned with the work of land surveyors, varying in their chronological origin as well as in textual genre and in length. The *CAR* addresses various topics related to the surveyors' work, and it seems that the compilers of the *Corpus* aimed at providing a comprehensive instruction of trainee land surveyors, even if this was not necessarily the initial goal of the authors of the excerpted texts.[27] An emphasis was put on legal questions such as the status of land, and on disputes (*controversiae*) for example over boundaries, for the settlement of which the surveyors' help was necessary.

---

ea aqua, quae ita distributa discripta deve qua ita decretum erit, aliter quam fistulis plumbeis dumtaxat ab rivo pedes L ducatur; neve eae fistulae aut rivos nisi sub terra, quae terra itineris viae publicae limitisve erit, ponantur conlocentur; neve ea aqua per locum privatum invito eo, cuius is locus erit, ducatur. The same inscription stresses that aqueducts can not be led across private property without the proprietor's consent.

[25] See the bronze fragment from Verona (AE 2000, 620) with CAVALIERI-MANASSÉ 2000 and CAVALIERI-MANASSÉ 2004; the bronze fragment from spanish Lacimurga (AE 1990, 529) with e.g. SÁEZ 1990; the bronze inscription from spanish Ilici/Elche (AE 1999, 960) with e.g. OLESTI/MAYER 2001; for the numerous marble fragments from Orange (Arausio) the work by PIGANIOL 1962 is still essential.

[26] For the *CAR*, its composition, authors and dates see the accounts and commentaries of e.g. CAMPBELL 2000, xxvii–xliv; CHOUQUER/FAVORY 2001, 17–29, 43f.; TONEATTO 2010. Lists of the contents of the *CAR* are given by DILKE 1971, 227–230; CRANACH 1996, 23–26 and CAMPBELL 2000, 450f. For the manuscript tradition and text history see BLUME in BLUME/LACHMANN/RUDORFF 1848 vol. 2, 1–78; DILKE 1971, 126–132; TONEATTO 1983; CRANACH 1996, 28–31; CAMPBELL 2000, xx–xxvi.

[27] CRANACH 1996, 125–127 concludes that among the authors in THULIN's Edition of 1913 only Hyginus Gromaticus intended to write a manual for land surveyors – albeit as a theorist rather than an expert, in this CRANACH follows DILKE 1971, 130 –, whereas Frontinus and the older Hyginus were more concerned with legal questions. Whilst this conclusion is intelligible it does not so much affect our interpretation of the *CAR* as an entity and the aims for which it was composed.

One of the problems with the *CAR* is the difficulty of dating the texts contained in it. The core of the *Corpus*, however, consists of excerpts from a group of treatises, which can be dated back to the end of the 1st or the beginning of the 2nd century AD. As far as we can tell, these treatises mark the beginning of the tradition of writings on land survey, and the emergence of this literary genre has plausibly been related to the background of Vespasian's financial reforms, which also included the revindication of land that had been seized over the years, and therefore also involved land surveying.[28] Later texts include, amongst other things, excerpts from the *Codex Theodosianus*, meticulous descriptions of different kinds of boundary stones, and the *Libri Coloniarum*: a list and description of settlements of various status and their territories in Italy, depicting the situation of the middle or second half of the 4th century AD but seemingly based on documents of Augustan times. Apart from the difficulty of precisely dating the original texts, another problem is that we know next to nothing about the individual authors and their motivation to compose the works.[29] Some of them, however, prove themselves to be professional *agrimensores* with practical field experience, and some confidently write of a *professio nostra*.[30]

The dating also represents one of the biggest problems with archaeological evidence. The structure of ancient cadasters is today preserved in landscape features such as field boundaries, roads, ditches and walls, and – in regions where irrigation and/or drainage are still of importance today –, also in medieval and modern canals.[31] The grid structures are best visible from the air. From the middle of the 20th century onwards an inflationary identification of Roman division grids by means of aerial photography and maps took place,[32] many of which later turned out to be medieval, modern, or no remains of division grids at all. More recent studies demand, and provide, so called archaeomorpohological

---

[28] See below note 52.

[29] If Frontinus, the author of one of the main treatises, was indeed the illustrious *consul* and *curator aquarum* of Nerva (PIR[2] I 322), his text is probably the earliest treatise on land survey known to us, but it is not easy to imagine a position within his well-known career in which he could have had a reason to compose it.

[30] *Professio nostra*: Sic. Flacc. C 102,4; Hyg. Grom. C 160,27. Cf. passages referring to personal experience such as Hyginus C 88,22: *quod plerisque locis inveni* (Dalmatia, Narbonensis, Hispania); 88,24f.: *ego autem quotiens egeram mensuram*; 88,33: *quod in provincia Cyrenensium comperi*; 96,4: *constabit tamen rem magis esse iuris quam nostris operis*; 96,29f.: *namque hoc comperi in Samnio*. A professional background can be assumed for most of the authors. Chouquer/Favory 2001, 37–39 not entirely convincingly distinguish "administrateurs" with a high social background, (e.g. senatorial: Frontinus), "juristes" (Ps.-Agennius), and "techniciens de la mesure et de l'arpentage, les *gromatici* en sens strict" (Siculus Flaccus and Hyginus). The composers of the late antique lists of boundary markers seem to have been high-rank officials, see Peyras 2008, xii–xiii.

[31] E.g. around spanish Zaragoza, where such channels can be found in documents from the 15th century, see Ariño 1990, 72f., cf. Ariño/Martín/Navarro 1998, 12.

[32] See e.g. Bradford 1957, esp. 155–216 with examples from North Italy, Croatia, North Africa and France. Another pioneer of aerial archaeology is R. Chevallier, see e.g. Chevallier 1964, for the cadastres esp. 128–138.

analyses including scientific analyses and, most importantly, surveys on the ground and excavation.[33] Such investigations have shown that the manifestations visible today do not always replace Roman ones, but were sometimes installed later, using the then visible remains of the Roman grid as a guideline.[34] The general position and orientation of the grids are, therefore, often the only conspicuously Roman traits about them.

4. The Orientation of the Land Division Grid

The orientation of the cadasters in relation to topography matters because, for example, drainage along the roads is facilitated when they follow the slope. It seems plausible that the decision about the exact arrangement and orientation of the land division grid was taken on location, but we know very little about the course of events that led to the final decision about the grid's orientation. There is evidence suggesting that at an early stage the commissioners, or one of them, were directly involved in the measuring and dividing of the land, or in any case present during the works in certain cases,[35] but it is difficult to reconstruct the procedure and to determine the exact role and competences of those involved at any given time.

In the *CAR* only two authors discuss the layout of the grid to some extent, namely Frontinus and Hyginus Gromaticus.[36] According to them, the textbook orientation for a centuriation grid is to draw the *decumani* strictly east-west and the *cardines* north-south, after a tradition deriving from the *disciplina etrusca*.[37] However, they talk of the procedure as already having taken place and its discussion seems somewhat theoretical. The only passage giving some insight into the procedure itself is by Hyginus Gromaticus, when he frets about those surveyors who did not stick to the ideal orientation, but e.g. followed the actual sunrise and sunset:[38]

---

[33] See for a description of the archaeomorphological method (applied to the hinterland of Tarraco) PALET/ORENGO 2010 and PALET/ORENGO 2011, esp. 386–389.

[34] See e.g. the example of cadastre B at Orange (Bollène, "les Bartras": CHOUQUER 2008, 869–871; BRIGAND 2012, 239–241 with further reading in the notes), or DI COCCO 2008 for Bologna. For the divisions within *centuriae*, the *limites intercisivi*, this problem had already been pointed out by BRADFORD 1957, 168f.

[35] See e.g. Liv. 21,25,5; 31,4,2. GARGOLA 1995, 90–95 and 185–188, stressing the resemblances of the *augur's* and the surveyor's actions suggests that both roles were at first unified in, or closely related to, the magistrate's person, since the *auguri* were magistrates themselves, also see GARGOLA 2004, 137.

[36] Frontin. C 8–12; Hyg. Grom. C 148,26–150,26.

[37] Frontin. (referring to Varro) C 8,23–33; 10,27f.; Hyg. Grom. C 134,6–19; cf. 136,13–17; 148,26–150,2; 152,18–21. Cf. Sic. Flacc. C 118,35–120,6.

[38] Hyg. Grom. C 136,18–22.

Multi ignorantes mundi rationem solem sunt secuti, hoc est ortum et occasum (…). quid ergo? posita auspicaliter groma, ipso forte conditore praesente, proximum vero ortum comprehenderunt, et in utramque partem limites emiserunt, quibus kardo in horam sextam non convenerit.

"Many (sc. surveyors), being ignorant of the principles of the universe, have followed the sun, that is sunrise and sunset (…). So what happened? After the *groma* had been positioned as when taking the auspices, perhaps in the presence of the founder himself, they determined the next sunrise, and established the *limites* in both directions, but the *kardo* did not coincide with the sixth hour (i.e. due south)."

In this passage Hyginus accredits the choice of the orientation entirely to the surveyor, and he seems to imply that the founding magistrate did not necessarily have to be present for this event. It is problematic to generalize the procedure described by Hyginus Gromaticus,[39] and it is likely that the exact procedure and the roles of those involved in it varied throughout time, and probably from case to case. Based on the archaeological evidence for the three division grids around Tarraco (Tarragona, Spain) for example, J.M. PALET MARTÍNEZ and H.A. ORENGO ROMEU have argued that the *augur*, i.e. a magistrate, defined the layout, and therefore the orientation of the grid, during the *auspicia*.[40] The three grids seem to have been conceived together, the *auguraculum* in the city being the starting point for the visual axes according to which the grids are oriented. The authors suggest that it was the surveyor's task to then establish the grid orientation according to the predetermined axes following the topography and the hydrology of the terrain.[41] If we can not reconstruct the exact course of events, it arguably requires certain knowledge and skills to fit a division grid into any given landscape, and it seems plausible that a surveyor or someone with surveying skills would have helped and influenced the decision.[42]

---

[39] See, however, the staff changes in the procedure of land division described for the early principate by GARGOLA 1995, 179–184, which lead him to conclude that Hyginus Gromaticus is actually describing the situation before the mid-first century, cf. ibid. p. 221 note 75.

[40] The role of the *auspicia*, i.e. of the person performing them – a magistrate, not the surveyor –, is not entirely clear in this procedure, and so is, therefore, their impact for the orientation of the grid. GARGOLA 1995, 47f. suspects that the ritual of the *auspicia* was adjusted to the local topography, too. On the connection of augury and survey see GARGOLA 2004.

[41] PALET/ORENGO 2011, 397f. By making the axes e.g. the diagonal of either the square of one *centuria*, or of a rectangle formed by several *centuriae*, the surveyor would have had various possibilities of making use of the axes.

[42] See GARGOLA 1995, 90–95. During the principate the surveyors seem to have had some kind of supervising or intermediate position between the magistrates and the workers using the surveyors' tools in the field. The authority responsible for the land division was usually named on the inscribed boundary stones, see Hyginus Gromaticus C 156,12; for the republic CIL XIV 4702 (Ostia, *praetor urbanus*); VI 40857 (Rome, *censores*), but inscriptions sometimes distinguish between the person in charge of decisions and the surveyor carrying out his instructions (see for a military context *Ex libro Balbi nomina lapidum finalium* C 246,33–48: *sententia dicta* by a centurion, on behalf of the emperor

The passage cited above denotes one of several reasons for which the division grids deviate from the "ideal" position. The authors also mention that some have tried to achieve the greatest possible length for the *decumani*, or wanted to distinguish the *pertica* from another, neighbouring one.[43] Hydrology, however, is not mentioned as a reason for a deviating orientation. Furthermore, whilst the authors condemn such deviations in general, they admit that they do not necessarily affect the system negatively, and that the systems vary in different regions. Also, whilst the system they describe should be followed, the *pertica* will sometimes have to be shaped according to the *locorum natura*, as Hyginus Gromaticus puts it.[44] The authors name natural obstacles such as mountains or the coast as examples,[45] but again they do not mention hydrology as a feature affecting the grid's layout.

Judging from the preserved writings of the surveyors, then, it was not their concern to grant or facilitate the control of soil moisture: whilst their ability to evaluate the topographical situation of a given territory is evident, they do not name hydrology as a factor influencing the division grid. This is surprising when one looks at the orientation of the archaeologically preserved centuriations: the majority differ from the "ideal" orientation,[46] and in many cases the adopted orientation actually facilitates drainage, irrigation or both, i.e. in general an even distribution of water along the boundaries within the centuriated area.[47] This is also the case for the majority of the centuriation grids on the Iberian Peninsula, which shall serve as an example here. Establishing a list of known Roman centuriation grids for Roman Hispania, E. Ariño Gil, J.M. Gurt i Esparraguera and J.M. Palet Martínez named 28 mostly republican[48] grids belonging to 18 settlements, mainly in the Ebro valley and the Levante region.[49] The authors indicate the orientation of 26 of them in degrees. Of these, 25 deviate considerably from the ideal orientation, with the exception being Graccurris with only 1° deviation. Twenty of them deviate by more than 10°. An obvious example is the centuriation of *Caesar Augusta* (Zaragoza) where in

---

Antoninus Pius, after a soldier, *mensor agrarius*, had defined the boundaries of the territory of Ardea; for a non-military context e.g. CIL VIII 8812).

[43] Frontin. C 10,1f. 31f.; Hyg. Grom. C 136,22–25.

[44] Hyg. Grom. C 144,1f.: *Hanc constituendorum limitum rationem servare debebimus, si huic postulationi vel locorum natura suffragabit*, cf. the *natura loci* in Sic. Flacc. C 114,35.

[45] Hyg. Grom. C 144,1–11, cf. Frontin. C 12,8–19.

[46] See the – however partially obsolete – list of Roman division grids all over the empire in López 1994, 337–387: The majority of the 163 grids for which she indicates the orientation (not always taking north as reference-point) deviate from the ideal orientation, 135 of them by more than 10°.

[47] In some cases the grids can also be said to be oriented according to a preexisting road which then functioned e.g. as the *decumanus maximus*. In river-valleys the roads are often parallel to the rivers, so their orientation coincides with the one convenient for drainage automatically.

[48] For 19 of the grids an approximate date is given, 11 of them are arguably Augustan or Caesarean-Augustan (Astigi, Barcino, Caesaraugusta I–III (II is said to be Augustan-Tiberian), Emerita Augusta, Emporiae II–III, Ilici, Tarraco III–IV). Five are dated to the 2nd century BC (Emporiae I (2nd/1st century BC), Graccurris (179/178 BC), Palma/Pollentia (123/122 BC), Tarraco I–II (180 BC?)).

[49] Ariño/Gurt/Palet 2004, 50f.

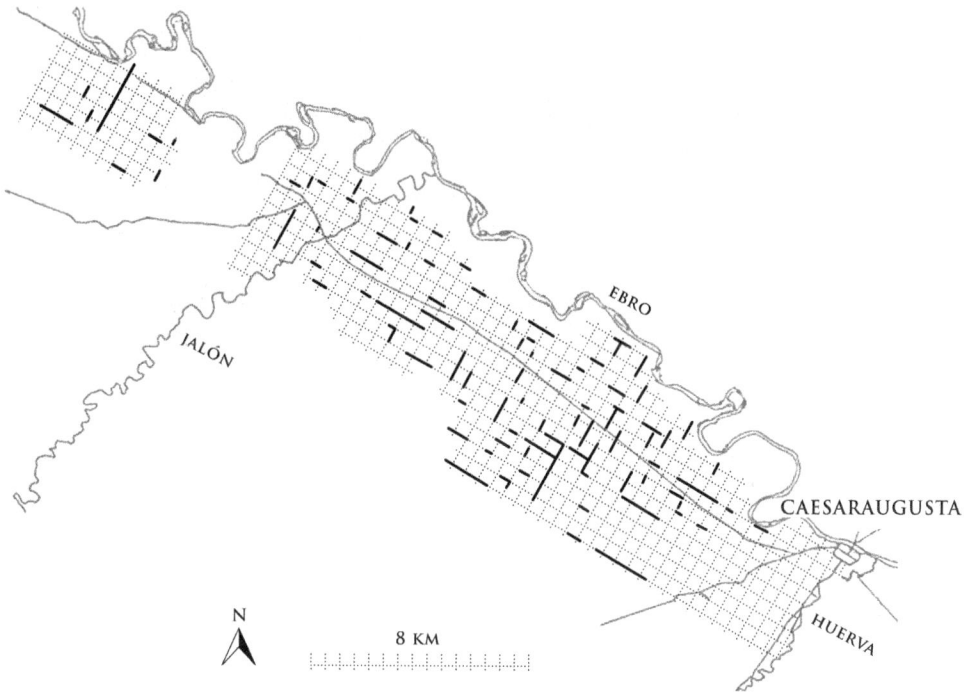

Fig. 1 Reconstruction of the Augustan centuriation of *Caesar Augusta*. Map after
Ariño/Gurt/Palet 2004, 55 fig. 13.

all three grids the *decumani* are aligned more or less precisely with the river Ebro, fitting
them into the topography perfectly, but having them deviate from Frontinus' and Hyginus
Gromaticus' ideal orientation *(Fig. 1)*. The situation is similar in other areas of the empire,
e.g. in the Po valley and other Italian regions.[50] The Italian grids facilitate drainage so evidently that their analysis has lead to the assumption that land amelioration including the
control of soil moisture was in fact their main purpose.[51] This statement seems somewhat
exaggerated and oblivious of the various administrative functions of centuriation grids,
but it is remarkable that from archaeological evidence hydrology appears to be a feature
with such a big influence on the shaping of the environment and especially on the orientation of centuriation, making it even more surprising that the surveyors never mention it

[50] See e.g. Chouquer 1987, 292; Calzolari 1995; Brigand 2007; Campagnoli/Giorgi 2009; cf. also
Galsterer 1992, 418–422. The research and literature on land division grids has grown exponenti-
ally over the past 15–20 years. A good entry-point for Italian evidence may be the volumes "Misurare
la terra" (Misurare 1984; Misurare 1984a; Misurare 1985; Misurare 1985a; Misurare 2003)
and various articles in the journal *Agri centuriati*.

[51] E.g. Dall'Aglio 1994, 17 and Dall'Aglio 2005, 472 referring to Bologna. The authors in the *CAR*,
if anything, stress the road network and the accessibility as the most important function of the grids,
see e.g. Sic. Flacc. C 118,36f; 120,7f.; Hyg. Grom. C 136,10f.

as such in the *CAR*. This discrepancy between the written and the material evidence can possibly be explained through the evidence's different characteristics. On the one hand the *CAR* contains excerpts and one might ask whether the relevant passages were indeed written by the authors, but of no interest for, and therefore not excerpted by, the compilers of the 5th century. But the absence of this discussion might go back even further: the main texts in the *CAR*, as mentioned, were composed during or shortly after the Flavian period. By the end of the 1st century AD, however, not many new colonies were being founded, and it was more important for the surveyors to be able to deal with the existing grids than to establish new ones. This is all the more comprehensible in the context of the Flavian reforms. As is well known, Vespasian aimed at restoring the finances of the empire, which had been compromised by the turbulences preceding his reign. His actions included the revindication of seized land such as *subseciva*, entailing a lot of work for the land surveyors, who to this end had to work with boundary markers and maps that must have been hundreds of years old by that time.[52] This shift in the tasks of the surveyors also explains the focus on the legal problems within the *CAR*, and may furthermore explain the somewhat theoretical character of Frontinus' and Hyginus Gromaticus' discussion of grid orientation.

Even though the excerpts in the *CAR* do not address hydrology as a factor influencing the grids' layout, the fact that Frontinus and Hyginus Gromaticus emphasize that the topography, the *locorum natura*, has to be taken into account when planning a division grid hints at the evaluation of land being an important skill of the surveyors. This expertise becomes apparent in various passages in the *CAR*, supporting the assumption that the surveyors had the skills required to make a decision over the grid's layout and orientation.

The importance of topography and hydrogeography for the surveyors' work is also apparent in a passage in Siculus Flaccus' work. It is not concerned with the orientation and layout of the grid itself, but clearly with hydrology. Flaccus in his description of the categories of land, the *condiciones agrorum*, strongly advises his reader to take into account the different habits in marking boundaries that can be found in different regions. He then moves on to indicate the various kinds of boundaries and their implications. Amongst other means of boundary marking such as roads, trees, or natural *rivi*, he also describes the difficulties resulting from boundaries made of ditches.[53] The surveyor must take care not to mistake a drainage ditch for a boundary ditch:[54]

---

[52] See on this CHOUQUER/FAVORY 2001, 30–33 and 203–216; also see CRANACH 1996, 33–37, who sees Frontinus' work composed under Vespasian or Titus rather than Domitian (who gave the *subseciva* back to the italian owners, see Hyginus C 98,22–27); and CASTILLO 1996. For the shifting interests of the authors see e.g. PEYRAS 2003. For a very short summary of the tasks and changes involved in the Flavian programme see CHOUQUER 2008, 860f.

[53] Sic. Flacc. C 114,3–116,6.

[54] Sic. Flacc. C 114,7–11.

Ita (…) ex ipsorum locorum necessitate et ex ipsorum positione colligi debebit quae sint finales. (…) Nam quidam in extremis finibus in solo suo faciunt fossas et ex superioribus vicinisque agris defluentes aquas excipiunt, ne inferiores terrae laborent.

"Therefore, (…), from the requirements of the sites themselves and the position of (sc. the ditches) themselves has to be decided which are boundary ditches. (…) For some people build ditches on the edge of their land and catch the water flowing down from higher and neighbouring land, in order to prevent the lower ground from being damaged."

The danger of mistaking a drainage ditch for a boundary ditch may imply that the latter did function as drainage ditches, and apparently the individual landowners here install the ditches themselves. But the passage is particularly remarkable in illustrating the capability of the surveyors to evaluate the *necessitas loci*, in this case the hydrological situation. To carry out such evaluations must have been one of the surveyors' main tasks when establishing a land division grid. A result of this work may be visible in an inscription[55] from the Augustan colony Ilici, near today's Elche in Spain. It is inscribed on a bronze tablet and contains a list of 10 colonists to whom lots are assigned in a certain part of the centuriation, very much as Hyginus describes the procedure of the *sortitio* in his *De limitibus*.[56] In the first line the quality of the land in the respective lots is described as dry (*sicci*), which may mean drained land, or at least non-irrigated land, in turn implying irrigated lots in a different part of the system.[57] This task of the surveyors in fact seems quite important since it must have had further consequences e.g. in terms of financial value and taxation of the land.[58]

The authors of the excerpts in the *CAR* do not address the question of grid orientation and its connection to hydrology, and since most of the hydrologically well adjusted grids seem to have been installed during the republic, for which period we lack written evidence, we do not know who actually decided their orientation. The skills required for an appropriate layout were obviously recognized and applied for the republican cadasters, and these skills become apparent in the works of those imperial authors excerpted for the *CAR*, making them idiosyncratic skills of the professional surveyors.

---

[55] AE 1999, 960. The bronze tablet was found in 1996 during excavations in l'Alcudia and measures 9 × 22,5 × 0,2 cm, the letters 0,3 to 0,8 cm. See OLESTI/MAYER 2001 and OLESTI 2006. It may be dated to the second half of the 1st century BC, see on the question of dating e.g. briefly OLESTI/MAYER 2001, 114 and DÍAZ 2008, 88f.

[56] Hyg. C 78,5–17. On the respective passages also see CAMPBELL 1995.

[57] On the identification of the lands represented in the inscription see GONZÁLEZ 2007.

[58] The evaluation will not have had any effects on the taxes in Ilici, which according to Plin. nat. 3,19 was exempt from paying them. A study of the historic soils in the area of the cadastre B of Orange in comparison with the prices for the lots transmitted through the marble inscriptions has however shown that soil of lesser quality was let in bigger units but for less money. The lots on which drainage and deforestation was necessary were the cheapest, see FAVORY 2004.

5. Hydraulic Infrastructure

When we turn to the archaeological evidence of Roman division grids, ancient ditches and channels of various size and function are found in the measured areas. Sometimes these ditches and channels are found in areas without much apparent relation to the division grid itself, but sometimes on or along the Roman *limites*.[59] Indeed, a coincidence of boundaries and channels can be observed in very early cases, for example in the *cuniculi*-system of the latin colony Cales (334 BC).[60] Other examples show that aqueducts of varying size and for various purposes were installed along boundaries – *limites* or boundaries within *centuriae* – and apparently still long after the implementation of the grid. The region of Tarragona provides us with two instances that can be put in relation with two Roman *villae*. The *villa* of Mas d'en Gras is situated in one of the identified Roman cadasters in the hinterland of *Tarraco*, and a small masonry channel belonging to the villa runs parallel to its orientation.[61] The cadaster is thought to go back to the republican period, whilst the channel is related to the 1st century AD phase of the villa, so – if these dates are correct – this small, private channel appears to have been built well after the implementation of the land division, but was obviously aligned to the division grid.[62] The second example is an aqueduct bridge approximately 700 metres northwest of the Roman villa of Centcelles (Pont de les Caixes), equally in the hinterland of Tarraco. The bridge is medieval, but an earlier, Roman construction phase has recently been verified, and it appears to align perfectly with the *kardines* of the division grid in which it is situated.[63] In Roman times it may have supplied the 1st/2nd century *villa* but according to the archaeologists' estimation was most likely used for irrigation. An example of yet bigger scale may be the Sorbán-channel near Calahorra, approximately 120 km northwest of Zaragoza, where the Roman *municipium* Calagurris used to be. Again, the channel runs parallel to the *limites* of the cadaster, approximately delimiting a third of the ancient *centuria*, and probably supplying the town of Calagurris with water. Both the division grid and the channel are difficult to date,[64] but if the assumption is right that the cadaster is republican[65] and the channel was built in the 1st or 2nd century AD, then this is an example of the urban water

---

[59] E.g. in the territory of Zaragoza (Caesar Augusta), see Ariño/Gurt/Palet 1996, 152 and 154.

[60] See Compatangelo-Soussignan 2002, 72.

[61] Járrega/Sánchez 2008, 43 with fig. 20 p. 37. The channel is 0.3 m wide and 2.25 m deep.

[62] A use for irrigation can not be excluded, the channel disappears in the neighbouring fields. It seems, however, very deep for this purpose, and, what is more, the groundwater is abundant in this area. From the construction method Járrega and Sánchez assume that the channel discharged into a basin.

[63] Palet/Orengo 2010, 143 and Palet/Orengo 2011, 393. The path running under the bridge accordingly corresponds to the alignment of the *decumani*. Remolá/Aliende/Roig 2009, 195–201, 208.

[64] Both are named in medieval documents, and the Sorbán-channel is there referred to as an *aqueductum* as opposed to the usual *rivus* or *rego*, see Ariño/Gurt/Palet 2004, 94–97, 107–110.

[65] The land division is dated to the republic only indirectly, through literary evidence. Ariño suggests its implementation as a means of punishment by Pompeius after the Sertorius episode (Ariño 1990, 130–135). The cadaster would in this case have been installed between 72 BC and the unknown date

supply system being fitted into the rural cadaster and possibly aligned with a boundary within the *centuria*.

The installation of hydraulic infrastructure was usually undertaken by individuals as in Flaccus' passage (*quidam ... in suo solo faciunt fossas*)[66], or by the municipality. From municipal laws like the *Lex Tarentina*, the *Lex Ursonensis* and the *Lex Irnitana* we know that the *aediles* and/or the *duumviri* were – if authorized by a decree of the *decuriones* – allowed to build or alter channels, ditches and aqueducts, as long as this did not happen to anyone's disadvantage. To this end, it was convenient and sensible to have channels run on property boundaries,[67] and this custom is to a certain degree confirmed by the *CAR*. Information on the control of soil moisture is very scarce in the *CAR*. In the case of irrigation this is not surprising since the authors seem to have been writing mostly with Italy in mind, where drainage is more important.[68] Drainage is mentioned several times,[69] but usually in passages concerned with a different topic, and the mentions are rather incidental. Hydraulic infrastructure on the other hand, such as watercourses, channels and aqueducts as well as cisterns and wells, is mentioned in various instances in the excerpts and appears as an integral element of the landscape in which the surveyors move. The terminology for watercourses used in the *CAR*, however, is far from clear. It is not always possible to distinguish an artificial *rivus* from natural *rivi*, for example, and where a conduit is clearly artificial, the construction and purpose of, for example, an *aquae ductus* remains undescribed. According to their interests, the surveyors mention them when they interfere with their work, e.g. because the channels and aqueducts ran across boundaries, or were involved in boundary marking in one way or another, thus potentially giving rise to controversies, or when the surveyors had to respect the existing conduits when install-

---

of the endowment of the status of a *municipium* (Ariño/Gurt/Martín 1994, 314f.), but the probability of a *civitas peregrina* receiving a cataster can be questioned.

[66] Sic. Flacc. C 114,9f.

[67] See above note 24.

[68] Agennius Urbicus is the only one to mention irrigation explicitly, referring to the use of rainwater in Africa when discussing the *controversia de aqua pluvia arcenda* (cf. Dig. 39,3), pointing out that the circumstances for the dispute are different in Africa and in Italy (Agenn. Urb. C 20,17–21, cf. 46,4–7): *nam cum in Italia ad aquam pluviam arcendam controversia non minima concitetur, diverse in Africa ex eadem re tractatur. quom sit enim regio aridissima, nihil magis in querella habent quam siquis inhibuerit aquam pluviam in suum influere: nam et aggeres faciunt et excipiunt et continent eam, ut ibi potius consumatur quam abfluat.*

[69] More or less explicitly, apart from the above mentioned passage in Sic. Flacc. (C 114,3–116,6) for example in Agenn. Urb. C 46,5–9, the *Lex Mamilia* (C 216,9–12), or in Hyginus' treatise *De generibus controversiarum* (C 94,8f.). Among the instances naming infrastructure the *canabula* and *novercae* in the *Libri Coloniarum* presumably designate drainage channels, thus attesting drainage for many places in the regions of Picenum (*ager Atteiatis:* C 188,17f. cf. 190,33, *ager Hadrianus item Nursinus et Falerionensis et Pinnensis:* C 176,31 cf. 190,28 and 196,5, *ager Foronovanus:* C 194,28), the *provincia Dalmatiarum:* C 188,29, and *Valeria* (*ager Corfinius:* C 178,11f. For this region irrigation is attested through other literary evidence, for Sulmo/Corfinium, see Plin. nat. 17,250, cf. Ov. am. 2,16).

ing a new limitation.[70] In some cases they mention drainage channels and not otherwise specified *aquae ductus,* which are clearly artificial, as running on or along boundaries or directly serving as boundary markers.[71] Whilst the majority of these passages is to be found in the late excerpts, one very early case deserves special attention. In the *CAR* three paragraphs of the so called *Lex Mamilia Roscia Peducaea Alliena Fabia* are preserved, which probably dates from the Caesarean period.[72]

> *Qui limites decumanique hac lege deducti erunt, quaecumque fossae limitiales in eo agro erunt, qui ager hac lege datus adsignatus erit, ne quis eos limites decumanosve obsaepito, (...), neve eas fossas opturato neve obsaepito, quo minus suo itinere aqua ire fluere possit.*

"Whatever boundaries and *decumani* will be laid out according to this *lex,* and whatever boundary ditches will be on the land that will be granted and allocated according to this *lex,* no one shall block those *limites* and *decumani,* (...) nor block or obstruct those ditches, so that the water is prevented from moving and flowing in its natural course."

---

[70]   Hyg. C 86,33–88,1; Sic. Flacc. C 124,6–10. From the few relevant passages in the *CAR* we cannot tell whether the *agrimensores* of the imperial time in these specific cases designated existing aqueducts and ditches as boundary markers or deliberately put the latter on the boundaries in order to manifest boundaries. The first procedure seems more likely for the empire since the basic infrastructure in a given territory probably already existed when the surveyors took action.

[71]   Drainage (?) ditches run along or on boundaries in Siculus Flaccus (Sic. Flacc. C 114,3–116,5: *fossae,* also cf. certain passages in the *Corpus Iuris Civilis* such as Dig. 39,3,2,2), and aqueducts and ditches are found as boundary markers in the *De vallibus* (C 268,4: *per aquas vivas ubi terminus non possit, fossas finales et aquae ductos in fine direximus*) of uncertain date and authorship, in the late republican *Lex Mamilia* (C 216,9–12: *fossa limitalis*), and possibly in *Libri Coloniarum* C 170,11–17 for the Colonia Iunonia (*in locis quibusdam rivi finales et cavae quae ex pactione sunt designatae, hae tamen quae recturam limitum recipiunt. (...) ceterum normalis longitudo per rivorum cursus servatur*). Furthermore see the instances naming *canabula* and *novercae* as boundary markers (Lib. Col. C 176,31; 178,11f.; 188,17f. 29; 190,28. 33; 194,28; 196,5; Mago et Vegoia C 256,8). In some cases they can designate any kind of boundaries (e.g. simply *fines: De vallibus*; Sic. Flacc.; Agenn. Urb.; Lib. Col. C 178,11f.; 188,29; Mago and Vegoia C 256,8), in other cases the authors specifically name the *limites,* i.e. the *cardines* and the *decumani* (Lib. Col. C 170,11–17; 176,31; 188,17f.; 190,28. 33; 194,28; 196,5).

[72]   *Lex Mamilia Roscia Peducaea Alliena Fabia* § 4, C 216,9–12. See CRAWFORD 1989, who suggests that the passage was originally a part of the *Lex Iulia* issued by Caesar in 59 (cf. Dig. 47,21,3 pr) that later found its way into the Digests and the *Lex Ursonensis,* but is not identical with the *Lex Mamilia* dictating a width of 5 feet for the boundaries, which the authors in the *CAR* refer to in various instances, see above note 14.

This passage thus confirms the habit to install water ditches or channels on the *limites* and *decumani*. It is, moreover, of special interest because it is repeated almost *verbatim* in the *Lex Ursonensis*, the charter of the colony Urso (Osuna, Spain).[73] The preserved copy of the *Lex Ursonensis* is Flavian, but the original, and the foundation of the colony, go back to Caesar or the time shortly after his death. The fact that the water flow in the boundary ditches was protected by law shows that this function of the ditches was important, and – most notably – that the control of soil moisture was already taken into account and taken care of at the beginning, when the colony was established and shaped. This last point, as seen, is confirmed by the grid's orientation, but is also supported by other evidence. One example is the dam of Muel, some 25 kilometres southwest of Zaragoza in the river Huerva. Its use for irrigation is probable, and the construction of the dam can be dated to the Augustan time, more precisely around 15 BC – shortly after the foundation of the Roman colony of Caesar Augusta.[74]

6. Conclusions

Land division is a case of deliberate shaping of the rural area, which was in effect initiated by the Roman government. At a closer look it becomes clear that this shaping was also designed to control and optimize soil moisture. This control, and thereby agricultural usability of, the rural area of Roman settlements was taken into account deliberately from the very foundation of these communities.

The land surveyors played a very important, if to us nearly invisible, role in this process, presumably influencing the orientation of the grid, using their skills to assess the topography and the hydrology of an area, an ability which is also evident in the *CAR*. The fact that the archaeologically evident relation of the orientation of the division grids and the hydrology is not discussed in the surveyors' writings can be explained through the characteristics of the evidence: from the republic, in which period most of the cadasters were installed, we lack written evidence, and in the empire, for which we can use the excerpts collected in the *CAR,* the surveyors had other tasks.

The *CAR* however does confirm the relation of the division grids and the installation of the hydraulic infrastructure, which is tangible in the archaeological evidence, showing that the cadaster influenced the shaping of the landscape long after its implementation.

---

[73] CIL I² 594, § 104. We lack archaeological evidence for division grids and channels for the surroundings of Urso, but as the grounds are swampy drainage seems more obvious. See Ariño/Gurt/Martín 1994, 322.

[74] C¹⁴-analysis indicates a date in the early empire. The more precise dating to 10–5 BC is based on inscriptions of the *legio IV Macedonica* found on the lower layers of ashlars. This legion is known to have been involved in a number of construction works in the province. See Uribe/Magallón/Fanlo/Martínez/Domingo/Reklaityte/Pérez 2010, 341–345 and Uribe/Magallón/Fanlo 2012, 79f.

The actual implementation and installation of the infrastructure, e.g. for irrigation systems, was in most cases left to the local authorities, who seem to have been geared to the cadasters' structure even generations later. However, the Roman government provided the basis for optimal land use right at the foundation of colonies by orientating the division grid in an ideal way. This was a one-time, spatially limited intervention, but had a far-reaching impact in the long run.

Bibliography

ARIÑO 1990 = E. ARIÑO GIL, Catastros romanos en el convento jurídico caesaraugustano. La región aragonesa, Zaragoza 1990.

ARIÑO/GURT/MARTÍN 1994 = E. ARIÑO GIL/J.M. GURT I ESPARRAGUERA/M.A. MARTÍN BUENO, Les cadastres romains d'Hispanie. État actuel de la recherche, in: P.N. DOUKELLIS/L.G. MENDONI (ed.), Structures rurales et sociétés antiques. Actes du colloque de Corfu (14–16 mai 1992), Paris 1994, 309–328.

ARIÑO/GURT/PALET 1996 = E. ARIÑO GIL/J.M. GURT I ESPARRAGUERA/J.M. PALET MARTÍNEZ, Réalités archéologiques et restitution théorique des parcellaires. Analyse du problème sur quelques exemples hispaniques, in: G. CHOUQUER (ed.), Les formes du paysage 2. Archéologie des parcellaires, Paris 1996, 142–154.

ARIÑO/GURT/PALET 2004 = E. ARIÑO GIL/J.M. GURT I ESPARRAGUERA/J.M. PALET MARTÍNEZ, El pasado presente. Arqueología de los paisajes en la Hispania romana, Salamanca 2004.

ARIÑO/MARTÍN/NAVARRO 1998 = E. ARIÑO GIL/M.A. MARTÍN BUENO/M. NAVARRO CABALLERO, Les centuriations de Caesaraugusta, in: M. CLAVEL-LÉVÊQUE (ed.), Atlas historique des cadastres d'Europe I, Bruxelles 1998, Espagne Dossier III, p. 1–14.

BLUME/LACHMANN/RUDORFF 1848 = F. BLUME/K. LACHMANN/A. RUDORFF, Die Schriften der römischen Feldmesser, Berlin 1848 (2 vols., reprint Hildesheim 1967).

BRADFORD 1957 = J.S.P. BRADFORD, Ancient Landscapes, London 1957.

BRIGAND 2007 = R. BRIGAND, Les paysages agraires de la plaine vénitienne. Hydraulique et planification entre Antiquité et Renaissance, in: Actes du colloque Medieval Europe 2007, http://medieval-europe-paris-2007.univ-paris1.fr/R.Brigand.pdf. [31.1.2013]

BRIGAND 2012 = R. BRIGAND, L'étude des centuriations romaines. Acquis anciens et nouvelles perspectives, in: D. BOTEVA-BOYANOVA/L. MIHAILESCU-BIRLIBA/O. BOUNEGRU (ed.), *Pax Romana*. Kulturaustausch und Wirtschaftsbeziehungen in den Donauprovinzen des römischen Kaiserreichs. Akten der Tagung in Varna und Tulcea, 1.–7. September 2008, Kaiserslautern 2012, 235–254.

CALZOLARI 1995 = M. CALZOLARI, Interventi di bonifica nella Padana Centrale in età romana, in: L. QUILICI (ed.), Interventi di bonifica agraria nell'Italia romana, Roma 1995, 7–16.

CAMPAGNOLI/GIORGI 2009 = P. CAMPAGNOLI/E. GIORGI, Centuriazione e assetti agrari nelle Valli Marchigiane. Il rapporto tra persistenza e idrografia, *Agri Centuriati* 6, 2009, 299–311.

CAMPBELL 1995 = B. CAMPBELL, Sharing out Land. Two Passages in the *Corpus Agrimensorum Romanorum*, CQ 45.2, 1995, 540–546.

CAMPBELL 1996 = B. CAMPBELL, Shaping the Rural Environment. Surveyors in Ancient Rome, *JRS* 86, 1996, 74–99.

CAMPBELL 2000 = B. CAMPBELL, The Writings of the Roman Land Surveyors. Introduction, Text, Translation and Commentary, London 2000.

CASTILLO 1996 = M.J. CASTILLO PASCUAL, El nacimiento de una nueva familia de textos técnicos. La literatura gromática, *Gerión* 14, 1996, 233–249.

Cavalieri-Manassé 2000 = G. Cavalieri-Manassé, Un documento catastale dell'agro centuriato veronese, *Athenaeum* 88.1, 2000, 5–48.

Cavalieri-Manassé 2004 = G. Cavalieri-Manassé, Note su un catasto rurale veronese, *Index* 32, 2004, 49–81.

Chevallier 1964 = R. Chevallier, L'avion à la découverte du passé, Paris 1964.

Chouquer 1987 = G. Chouquer, Le tissu rural, in: G. Chouquer/M. Clavel-Lévêque/F. Favory/ J.-P. Vallat (ed.), Structures agraires en Italie centro-méridionale. Cadastres et paysages ruraux, Rome 1987, 285–314.

Chouquer 2008 = G. Chouquer, Les transformations récentes de la centuriation. Une autre lecture de l'arpentage romain, *AnnESC* 63.4, 2008, 847–874.

Chouquer/Clavel-Lévêque/Favory 1982 = G. Chouquer/M. Clavel-Lévêque/F. Favory, Cadastres, occupation du sol et paysages agraires antiques, *AnnESC* 37.5–6, 1982, 847–882.

Chouquer/Favory 2001 = G. Chouquer/F. Favory, L'arpentage romain. Histoire des textes, droit, techniques, Paris 2001.

Classen 1994 = C.J. Classen, On the Training of the *agrimensores* in Republican Rome and Related Problems. Some Preliminary Observations, *Illinois Classical Studies* 19, 1994, 161–170.

Compatangelo-Soussignan 2002 = R. Compatangelo-Soussignan, I catasti della Campania settentrionale. Problemi di metodo e di datazione, in: G. Franciosi (ed.), *Ager Campanus*. Atti del convegno internazionale. La storia dell'*Ager Campanus*. I problemi della *limitatio* e sua lettura attuale. Real sitio di S. Leucio, 8.-9. Giugno 2001, Napoli 2002, 67–76.

Cranach 1996 = Ph. von Cranach, Die *Opuscula agrimensorum veterum* und die Entstehung der kaiserzeitlichen Limitationstheorie, Basel 1996.

Crawford 1989 = M.H. Crawford, The *Lex Iulia Agraria*, *Athenaeum* n.s. 67, 1989, 179–190.

Dall'Aglio 1994 = P.L. Dall'Aglio, Centuriazione e uso del territorio nella pianura emiliana, in: J. Carlsen/P. Ørsted/J.E. Skydsgaard (ed.), Land Use in the Roman Empire, Rome 1994, 17–25.

Dall'Aglio 2005 = P.L. Dall'Aglio, Le infrastrutture territoriali. Toponomastica e centuriazione, in: G. Sassatelli/A. Donati (ed.), Bologna nell'Antichità, Bologna 2005, 453–478.

DS = Ch. Daremberg/E. Saglio (ed.), Dictionnaire des Antiquités Grecques et Romaines, Paris 1881– 1919.

De Ruggiero = E. De Ruggiero (ed.), Dizionario epigrafico di antichità romane, Roma 1895–1997.

Di Cocco 2008 = I. Di Cocco, Aree 'apparentemente' centuriate della pianura Bolognese, *Agri Centuriati* 5, 2008, 67–75.

Díaz 2008 = B. Díaz Ariño, Epigrafía latina republicana de Hispania, Barcelona 2008.

Dilke 1971 = O.A.W. Dilke, The Roman Land Surveyors. An Introduction to the *Agrimensores*, Newton Abbot 1971.

Favory 2004 = F. Favory, L'évaluation des compétences agrologiques des sols dans l'agronomie latine au Ier s. ap. J.-C. Columelle, Pline l'Ancien et le cadastre B d'Orange, in: M. Clavel-Lévêque/E. Hermon (ed.), Espaces intégrés et ressources naturelles dans l'Empire Romain, Besançon 2004, 95–118.

Galsterer 1992 = H. Galsterer, Die Kolonisation der hohen Republik und die römische Feldmesskunst, in: O. Behrends/L. Capogrossi Colognesi (ed.), Die römische Feldmesskunst. Interdisziplinäre Beiträge zu ihrer Bedeutung für die Zivilisationsgeschichte Roms, Göttingen 1992, 412–428.

Gargola 1995 = D.J. Gargola, Lands, Laws, & Gods. Magistrates and Ceremony in the Regulation of Public Lands in Republican Rome, Chapel Hill/London 1995.

Gargola 2004 = D.J. Gargola, The Ritual of Centuriation, in: C.F. Konrad (ed.), *Augusto augurio. Rerum humanarum et divinarum commentationes in honorem* Jerzy Linderski, Stuttgart 2004, 123–150.

González 2007 = R. González Villaescusa, Ce que la morphologie peut apporter à la connaissance de la centuriation d'*Ilici* (Elche, Espagne), *Agri Centuriati* 4, 2007, 29–42.

HINRICHS 1974 = F.T. HINRICHS, Die Geschichte der gromatischen Institutionen. Untersuchungen zu Landverteilung, Landvermessung, Bodenverwaltung und Bodenrecht im römischen Reich, Wiesbaden 1974.

JÁRREGA/SÁNCHEZ 2008 = R. JÁRREGA DOMÍNGUEZ/E. SÁNCHEZ CAMPOY, La vil·la romana del Mas d'en Gras, Vila-seca 2008.

KEPPIE 1983 = L. KEPPIE, Colonisation and Veteran Settlement in Italy 47–14 B.C., London 1983.

LAFFI 2003 = U. LAFFI, La colonizzazione romana nell'età della Repubblica, in: I. BALDELLI/ L. GODART/M. LIVI BACCI/R. VILLARI (ed.), Il fenomeno coloniale dall'Antichità ad oggi (Atti dei Convegni Lincei 189), Roma 2003, 37–52.

LÓPEZ 1994 = P. LÓPEZ PAZ, La Ciudad Romana Ideal. 1. El Territorio, Santiago de Compostela 1994.

MISURARE 1984 = R. BUSSI (ed.), Misurare la terra. Centuriazione e coloni nel mondo romano. Il caso modenese, Modena 1984.

MISURARE 1984a = R. BUSSI (ed.), Misurare la terra. Centuriazione e coloni nel mondo romano. Il caso mantovano, Mantova 1984.

MISURARE 1985 = R. BUSSI/V. VANDELLI (ed.), Misurare la terra. Centuriazione e coloni nel mondo romano. Città, agricoltura, commercio: materiali da Roma e dal suburbio, Modena 1985.

MISURARE 1985a = R. BUSSI/V. VANDELLI (ed.), Misurare la terra. Centuriazioni e coloni nel mondo romano. Il caso veneto, Modena 1985.

MISURARE 2003 = R. BUSSI (ed.), Misurare la terra. Centurazione e coloni nel mondo romano, Modena 2003².

MOATTI 1993 = C. MOATTI, Archives et partage de la terre dans le monde romain (IIe siècle avant – Ier siècle après), Rome 1993.

NICOLET 1970 = C. NICOLET, Les *finitores ex equestri loco* de la loi Servilia de 63 av. J.C., *Latomus* 29, 1970, 72–103.

NICOLET 1988 = C. NICOLET, L'inventaire du monde. Géographie et politique aux origines de l'Empire romain, Paris 1988.

OLESTI 2006 = O. OLESTI VILA, La *sortitio* de Ilici. Un ejemplo de la precisión agrimensoria, in: D. CONSO/A. GONZÁLES/J.-Y. GUILLAUMIN (ed.), Les vocabulaires techniques des arpenteurs romains, Actes du colloque international (Besançon 19–21 septembre 2002), Besançon 2006, 47–61.

OLESTI/MAYER 2001 = O. OLESTI VILA/M. MAYER, La *sortitio* de *Ilici*. Del documento epigráfico al paisaje histórico, *DHA* 27.1, 2001, 109–130.

PALET/ORENGO 2010 = J.M. PALET MARTÍNEZ/H.A. ORENGO ROMEU, Les centuriacions de l'ager Tarraconensis. Organització i concepcions de l'espai, in: J.M. PREVOSTI/J. GUITART (ed.), Ager Tarraconensis. Vol. 1. Aspectes historics i marc natural, Tarragona 2010, 121–154.

PALET/ORENGO 2011 = J.M. PALET MARTÍNEZ/H.A. ORENGO ROMEU, The Roman Centuriated Landscape. Conception, Genesis, and Development as Inferred from the *Ager Tarraconensis* Case, *AJA* 115.3, 2011, 383–402.

PEYRAS 2003 = J. PEYRAS, Colonies et écrits d'arpentage du Haut-Empire, in: M. GARRIDO-HORY/ A. GONZALÈS (ed.), Histoire, Espaces et Marges de l'Antiquité. Hommages à M. Clavel-Lévêque, Vol. 2, Besançon 2003, 103–155.

PEYRAS 2008 = J. PEYRAS (ed.), Arpentage et administration publique à la fin de l'Antiquité. Les écrits des hauts fonctionnaires équestres. Textes établis, traduits et annotés par Jean Peyras, Besançon 2008.

PIGANIOL 1962 = A. PIGANIOL, Les documents cadastraux de la colonie romaine d'Orange, Paris 1962.

REMOLÁ/ALIENDE/ROIG 2009 = J.A. REMOLÁ/P. ALIENDE/J.F. ROIG, L'aqüeducte del pont de les Caixes i la vil·la romana de Centcelles (Constantí, Tarragonès), *Tribuna d'Arqueologia* 2008-2009, 183–207.

SÁEZ 1990 = P. SÁEZ FERNÁNDEZ, Estudio sobre una inscripción catastral colindante con Lacimurga, *Habis* 21, 1990, 205–227.

SALMON 1969 = E.T. SALMON, Roman Colonization under the Republic, London 1969.

THULIN 1913 = C. THULIN, *Corpus Agrimensorum Romanorum*, Stuttgart 1971 (Editio stereotypa editionis anni MCMXIII cum addendis).

TONEATTO 1983 = L. TONEATTO, Tradition manuscrite et éditions modernes du *Corpus Agrimensorum Romanorum*, in: M. CLAVEL-LÉVÊQUE (ed.), Cadastres et espace rural. Table ronde de Besançon, Mai 1980, Paris 1983, 21–50.

TONEATTO 2010 = L. TONEATTO, Agrimensori e testi di agrimensura, in: P. RADICI COLACE/S.M. MEDAGLIA/ L. ROSSETTI/S. SCONOCCHIA (ed.), Dizionario delle scienze e delle tecniche di Grecia e Roma, vol. I, Pisa/Roma 2010, 46–52.

URIBE/MAGALLÓN/FANLO/MARTÍNEZ/DOMINGO/REKLAITYTE/PÉREZ 2010 = P. URIBE AGUDO/M.Á. MAGALLÓN BOTAYA/J. FANLO LORAS/M. MARTÍNEZ BEA/R. DOMINGO MARTÍNEZ/I. REKLAITYTE/F. PÉREZ LAMBÁN, La presa romana de Muel. Novedades de hidráulica romana en el Valle del Ebro, in: L.G. LAGÓSTENA BARRIOS/J.L. CAÑIZAR PALACIOS/L. PONS PUJOL (ed.), *Aquam perducendam curavit*. Captación, uso y administración del agua en las ciudades de la Bética y el occidente romano, Cádiz 2010, 333–345.

URIBE/MAGALLÓN/FANLO 2012 = P. URIBE AGUDO/M.Á. MAGALLÓN BOTAYA/J. FANLO LORAS, New Evidence on Roman Water Supply in the Ebro Valley. The Roman Dam of Muel (Zaragoza, Spain), in: M. ZUCHOWSKA (ed.), The Archaeology of Water Supply, Oxford 2012, 75–83.

VITTINGHOFF 1951 = F. VITTINGHOFF, Römische Kolonisation und Bürgerrechtspolitik unter Caesar und Augustus, Wiesbaden 1951.

Verkehrsinfrastruktur

Maritime Infrastructure. Between Public and Private Initiative

Pascal Arnaud

Abstracts

▬ This article points out the diversity of maritime infrastructure in terms of objects, technical level, costs and size. The examination of the scarce written evidence shows that the intervention of the emperor or cities was the normal case, although a better distinction between *opera publica* and euergetism would be necessary. However, the *Corpus iuris civilis* shows that a large scope was left to private initiative. At least part of this infrastructure could also be privately owned and used. The archaeological evidence seems to confirm these facilities. It is therefore necessary to take a clearer account of the different levels of intervention and use of maritime infrastructure, which must not be considered as a whole.

▬ Der vorliegende Artikel zeigt die Diversität maritimer Infrastruktur bezüglich Gestalt, technischer Herausforderung, Kosten und Grösse auf. Die Untersuchung der spärlichen schriftlichen Quellen zeigt, dass ein Eingreifen des Kaisers oder der Städte die Regel gewesen zu sein scheint, wenn auch eine genauere Unterscheidung von *opera publica* und Euergetismus nötig wäre. Das *Corpus iuris civilis* zeigt jedoch, dass es einen grossen Spielraum nicht nur für private Bauvorhaben gab, sondern auch für privates Eigentum und private Nutzung zumindest von Teilen dieser Infrastruktur. Die archäologischen Quellen scheinen dies zu bestätigen. Es ist daher nötig, die Ebenen von Bau und Gebrauch der maritimen Infrastruktur genauer zu differenzieren, und diese nicht als Gesamtbauwerke zu betrachten.

The importance of maritime infrastructure in the Roman Empire has been heavily underestimated by modern scholarship, who has paid much more attention to the Roman road-system, than to maritime networking. Among other reasons, the general lack of interest for the survey of the shoreline, the neglect of Rome's maritime dimension in modern historiography and scarce epigraphic evidence may provide sufficient explanation for such a situation. Very little has been written about this topic[1] and we have thought it necessary to have a brief look at the documentation relating to this unexpected level of maritime infrastructure, at a time when many national or international collaborative programs and PhDs do pay attention to harbours and ports, beacons, lighthouses, landmarks and maritime cultural landscape and reveal the extraordinary level of maritime infrastructures of the shores in the Roman Empire.

---

[1] RICKMAN 2008, 11.

Not every maritime infrastructure was brand new at the beginning of the empire. There was an important heritage from earlier times, mainly in the Greek[2] or Phoenician/ Carthaginian world[3] and it must be made clear that many a Roman undertaking actually consisted in renewing rather than in building. Roman maritime infrastructures have neither been built as a whole at one time under Roman rule. Strabo confirms this and probably refers to the increased level of infrastructure when he asserts that the level of easy sailing (*euploïa*) had increased by his time in the Straits of Messina in comparison with older times.[4] Nevertheless, it is clear that, for several reasons, including the increasing level of maritime trade and technological progress, the number of such infrastructures as well as the number of maritime settlements increased significantly during the Roman Empire. Eventually, maritime infrastructures, in their diversity seem to have reached the level of development they had never reached before and never were to reach again until very recently.

But who decided on and funded such infrastructure? Only a few documents are explicit. Most of them tend to make the emperor and his family the driving force behind the development of maritime infrastructures. An intuitive answer would tend to make the emperor responsible for any relevant achievement in these matters.

Comparative history tells us that the situation varied: until the 18th century, it was in France the king's privilege to build lighthouses, at the same time in England it was mainly the Guilds' affair. In the Roman imperial world state and cities provided two possible levels of "state" intervention, the same officials (including the emperor) were allowed to act on behalf of a state or as benefactors acting in their own name, as individuals, and the limits between private and public spheres were always obscure, when individuals or families started to be involved in public life. A more accurate look at the scarce evidence is therefore needed to understand the nature of the intervention of "public" individuals, and to assess the possible space left to private initiative, generally underestimated by modern historiography of the Roman world.

1. Density and Variety of Maritime Infrastructure

Before we turn to the development process of maritime infrastructure, it seems useful to have a look at the density of maritime infrastructure and at the variety of its components, in nature as well as in size.

---

[2]   E.g. Strab. 4,1,8, C 184.
[3]   CARAYON 2008, *passim*.
[4]   Strab. 8,6,20: ἦν δ' ὥσπερ ὁ πορθμὸς οὐκ εὔπλους ὁ κατὰ τὴν Σικελίαν τὸ παλαιόν, οὕτω καὶ τὰ πελάγη καὶ μάλιστα τὸ ὑπὲρ Μαλεῶν διὰ τὰς ἀντιπνοίας· ἀφ' οὗ καὶ παροιμιάζονται "Μαλέας δὲ κάμψας ἐπιλάθου τῶν οἴκαδε."

1.1 Breakwaters and Jetties

The shores of Africa between Sabratha and Hadrumetum provide a good sampling of such infrastructures and show how densely distributed these could be:

- Sabratha: 350 m breakwater, another one, 300 m, on a rock shelf[5]
- Gidiphta/Ras Segala: two jetties[6] 80 and 37 m with terminal platforms[7]
- Gightis: 67 m jetties with columns and terminal platforms, supposedly belonging to the same stage of town-planning as the forum[8]
- Kerkennah: 100 m breakwater (or quay?)[9]
- Acholla: 500 × 30 m breakwater and terminal platform 100 × 70 m[10]
- Between Acholla and Thapsus: a punic tower, later known as turris Hannibalis[11]
- Syllectum: A mole, 260 × 8,7 m[12]
- Thapsus: 1000 × 10 m breakwater and lighthouse[13]
- Leptiminus: 450 × 60 m breakwater and 100× 80 m terminal platform[14]
- Hadrumetum: 700 m breakwater[15] in addition to the old punic *cothon*

All these structures seem very impressive, but belong to rather minor cities (even if some, such as Syllectum are present at the piazzale delle corporazioni at Ostia) and sometimes to lesser settlements, as this may well be the case at Ras Segala. It is clearly difficult to admit that any of these ports were built by imperial initiative. Apart from the big city harbours, such as at Portus, Carthage, Seleucia Pieria, Leptis Magna, Ephesus, or, at a smaller scale, at Forum Iulii (Fréjus), some of them look very impressive even though belonging to small towns, villages or even villas. *Telo Martius* (modern Toulon, in Provence) used to be a small town on the territory of the ancient city of *Arelate* (Arles). It has a huge sea-front organized as a quay and stretches out to more than two kilometres. In the same area a 100 m Roman breakwater with a terminal platform has been identified at Olbia

[5] YORKE 1967; YORKE 1986.
[6] These "jetties" are not actual jetties, but rather causeways leading to a platform in deeper waters. This kind of structure, also found at Olbia, in Provence, fits with shallow waters and sectors subject to tides such as the Lesser Syrtis.
[7] SLIM/TROUSSET/PASKOFF/OUESLATI 2004, 103–105, no. 23.
[8] SLIM/TROUSSET/PASKOFF/OUESLATI 2004, 105–106, no. 25.
[9] SLIM/TROUSSET/PASKOFF/OUESLATI 2004, 126–128, no. 61.
[10] SLIM/TROUSSET/PASKOFF/OUESLATI 2004, 138, no. 81.
[11] Liv. 33,48. This is the place whence Hannibal left Africa. It might be *Caput Vada* (Ras Kapudia), where an ancient lighthouse is mentioned by Arabic sources, see DJELLOUL 2010, p. ***.
[12] SLIM/TROUSSET/PASKOFF/OUESLATI 2004, 145–147, no. 94.
[13] SLIM/TROUSSET/PASKOFF/OUESLATI 2004, 152–153, no. 105; YOUNES 1999, 181–193.
[14] SLIM/TROUSSET/PASKOFF/OUESLATI 2004, 154–155, no. 110; BEN LAZREG/MATTINGLY 1992, 40, 113.
[15] TISSOT 1888 pl. IX.

(Hyères), which was only a village in Roman times.[16] At the "anse des Laurons", between Fos-sur-Mer and Marseilles, at least two breakwaters protected a bay and an additional quay and jetty are probably linked with the *villa* that is situated nearby.

These are but a few examples. The construction of moles seems to have been rather common as they were technically feasible and not exceedingly expensive, if compared to excavated harbours. We will see below that private individuals often built moles for their own use. Even if Caesar had his army at hand, the way in which he built the moles of the harbour at Ruspina during the winter 47 BC (Bell. Afr. 26) shows that it was quicker, simpler and less expensive than one would imagine, and probably explains why we find so many moles in so many places.

Jetties built in order to protect roads from the sea are also recorded at Naples, and were repaired through the emperor's initiative, but must not be considered as a part of maritime infrastructure.[17]

1.2 Beacons, Towers and Lighthouses

Lighthouses and signal-towers were widely distributed already at the time of the early Roman Empire.[18] By the time of Plato the intuitive way of demonstrating the sphericity of the earth was the fact that from the shore the mast of a ship was visible before the ship herself. According to Strabo (1,120, C 12), the lights of the shore are not visible from the ship's deck because of the curvature of the earth. One could hardly find a clearer expression of how common the lights on the shore had become. Such towers, often mentioned by the *Stadiasmus maris Magni* were apparently very common and numerous, even before the Roman Empire.

---

[16] PASQUALINI 2000; LONG/VALENTE 2003, 158–159; LONG/VELLA 2003, 165–173. Olbia was a *vicus* as is attested by a dedication to the *Genius viciniae castellanae Olbiensium* (AE 1910, 60), cf. ANDREAU 1997, 464–473.

[17] AE 1893, 84 (Neapolis/Naples): *Imp(erator) Caesar divi M(arci) / Antonini Pii Germ(anici) Sarm(atici) / filius divi Commodi fra/ter divi Antonini Pii nepos / divi Hadriani pronepos / divi Traiani Parthici / abnep(os) divi Nervae adnep(os) / L(ucius) Septimius Severus Pius / Pertinax Aug(ustus) Arabicus / Adiabenicus Parthic(us) maxim(us) / pontif(ex) max(imus) trib(unicia) potest(ate) X / imp(erator) XI co(n)s(ul) III p(ater) p(atriae) proco(n)s(ul) et / Imp(erator) Caes(ar) Imp(eratori) L(uci) Septimi / Severi Pii Pertinacis Aug(usti) / Arab(ici) Adiab(enici) Parth(ici) max(imi) filius / divi M(arci) Antonini Pii Germ(anici) / Sarm(atici) nepos divi Antonini / Pii pronepos Hadriani / abnep(os) divi Traiani Parth(ici) / et divi Nervae adnep(os) / M(arcus) Aurelius Antoninus / Pius Felix Aug(ustus) / tribunic(ia) potest(ate) V / co(n)s(ul) proco(n)s(ul) / molem novam ad de/ fensionem viae / adluvione maris / corruptae f[e]cerunt.*

[18] GIARDINA 2010.

1.3 Customs: Stations and Custodiae

According to the customs law of Asia, there was a dense network of *custodiae* in addition to the *stationes portitoris*, located in harbour-cities. According to the dispositions of this law, there were to be no more than 40 stadia, or 5 roman miles (7,5 km) between a *custodia* and a *custodia maior*, and no more than 80 stadia or 10 roman miles (15 km) between two *custodiae (maiores?)*[19]. If similar provisions were made in other regions, we must imagine a very dense network of guard-posts along the shores. According to lines 36 sq. of the law, the creation of new guard-posts was the publican's affair. After the collection of custom-taxes was taken over by the state at various periods within the 2nd century AD, their building became the matter of the state.

2. Public initiative: Emperor, Cities

2.1. Epigraphic Tradition and Evidence. The Case of Lighthouses: the Glory of the Architect?

The relationship between the making of monuments and their dedications is very complex. Not only is it difficult to find the building inscriptions of harbours (where are we supposed to look for such inscriptions?) but the relationship between the author of the dedication and its object may be ruled by a complex intertextuality. The case of lighthouses is rather interesting in this respect. Lucian (Hist. conscr. 62) recounts a strange story: the architect, Sostratus, wrote an inscription of his own, and had it covered with plaster, inscribed with a dedication on behalf of king Ptolemy. After a while, the disappearance of the plaster would reveal Sostratos' dedication. This inscription is the only known example of this kind in Roman imperial times. It is difficult to trust the story of the double dedication told by Lucian, but the author gives us one of the two extant versions of Sostratos' inscription: Σώστρατος Δεξιφάνους Κνίδιος θεοῖς σωτῆρσιν ὑπὲρ τῶν

---

[19] COTTIER 2008, ll. 32–36 = § 13: ὃς ἂν τόπος τῆς ἐπα[ρχεία]ς ταύτη[ς ὑπαρχη ὅπου δέη προσφωνῆσαι, εἰ ἐν τοῖς τόποις τ]ούτοις θαλάσσηι λιμὴν πρόσκειται, τούτων ἐν ἑκάστωι λιμένι ἀνὰ μίαν παραφυλακὴν ἐκ περιό[δ]ου ἐὰν [βούλωνται ἐχέτωσαν τέλους εἰσπράξεως χάρι]ν, καὶ ἐπὶ τῆς ἀγχιθαλάσσου δὲ παραποντίας, καὶ περὶ τοὺς ἐλευθέρους ὅρους τῆς ἐπαρχείας, ἐὰν βούλων[ται, ἐφ' ᾧ ἐποίκιον ὅπου ἂν προσφωνεῖν δέη ±5 ἐγ]γύτερον, ἐνὶ ἑνὸς τόπου, μῆκος ποδῶν τριάκοντα, <πλάτος ποδῶν τριάκοντα>, ᾠκοδομημένον ἢ περιπεφραγμένον ἔχωσιν καὶ ἐφ' ᾧ μήτε [ᾠκοδομημένον ἢ ἐν ἱερῶι μήτε ἐν τεμένει μ]ήτε ἐν τόπωι ἀνέτωι μήτε ἐγγυτέρωι ἐποικίωι ποδῶν ἐνενήκοντα; ll. 36–40 = § 14: ὃ <ἂν> ἐποίκιον πρότερον ὑπάρχη ᾠκοδομημένον, [τούτωι χρήσθωσαν· ἐὰν δὲ νέον οἰκοδομῶσι, μήτ]ε μὴν ἐγγυτέρωι τείχει ποδῶν ἑκατὸν ᾠκοδομημένον ἐχέτωσαν μήτε ἐν ἑκάστωι sic τῶν παραφυλακῶν τούτων [πλείους ±33]ΝΩΝ ἐχέτωσαν, ἐφ'ᾧ τῶν παραφυλακῶν τούτων τὸ μεταξὺ διάστημα ὀγδοήκοντα σταδίων ἔσται; ll.38–40 = § 15: ἐκτὸς τῶν [προγεγραμμένων τόπων μή τις παραφυλακὴ ἔστω μή]τε μὴν ἥττων παραφυλακὴ ἀπὸ παραφυλακῆς μείζονος τεσσαράκοντα σταδίων μηδὲ ἀποτέρω τῶν τῆς ἐπαρχείας [ἐλευθέρων ὅρων ἑκάστη παραφυλακὴ τεσσάρ]ων σταδίων διεστηκέτω.

πλοϊζομένων. Strabo (17,1,6, C 791) gives only the substance of the inscription: τοῦτον δ᾽ ἀνέθηκε Σώστρατος Κνίδιος, φίλος τῶν Βασιλέων, τῆς τῶν πλοϊζομένων σωτηρίας χάριν, ὥς φησιν ἡ ἐπιγραφή.

Whatever the real text was, both versions were considered as the dedication of the Pharus in Roman imperial times. This has influenced most mentions of lighthouses, generally referring to the lighthouse at Pharus.[20] The editors of the text of Patara's lighthouse dedication have seen in its text a direct imitation of the Pharus island's inscription.[21] Both dedications of the lighthouse itself on behalf of Nero, and to the legate who, in addition to Nero's lighthouse, had built an "antipharus", use the same expression πρὸς ἀσφάλειαν τῶν πλοϊζομένων. This is the first known use of φάρος as an appellative[22] and it explicitly links this building to the lighthouse at Pharus. Nero is described as [αὐτοκρ]άτω[ρ γ]ῆς καὶ θαλάσσης and his legate (later Vespasian's) as σωτῆρ καὶ εὐεργέτης.

The discrepancy between the phraseology and the modesty of the building is striking, for this round tower is far from being a lighthouse, both in height and in architectural structure. The staircase was not large enough, and there was not enough space at the top to bring and burn significant quantities of wood, so that we must probably imagine a mere torch at the top, making this tower a beacon (a "lantern" in medieval terminology) or a signal tower, rather than a real lighthouse.

Only a small number of lighthouses have been explicitly attributed to emperors. We do not know who built the lighthouses at la Coruña, Cadix, or Dover. At la Coruña only one inscription is preserved, a modest one, found engraved in the rock besides the monument.[23] It is an *ex voto* to the god Mars, whose author, a Roman citizen, was an *architectus*. The context makes it likely that he was the architect of the lighthouse. The emperor's names are preserved essentially when they were supposed to be "bad" emperors: Nero

---

[20] Strab. 3,1,9, C 140, about the *turris Caepionis* (built after 140 BC by the proconsul Quinto Servilius Caepio after his conquest of Lusitania): ὁ τοῦ Καιπίωνος ἵδρυται πύργος ἐπὶ πέτρας ἀμφικλύστου, θαυμασίως κατεσκευασμένος, ὥσπερ ὁ Φάρος, τῆς τῶν πλοϊζομένων σωτηρίας χάριν. ἥ τε γὰρ ἐκβαλλομένη χοῦς ὑπὸ τοῦ ποταμοῦ βραχέα ποιεῖ καὶ χοιραδώδης ἐστὶν ὁ πρὸ αὐτοῦ τόπος, ὥστε δεῖ σημείου τινὸς ἐπιφανοῦς. Cf. Suet. Claud. 20,3 about the lighthouse at *Portus*: *superposuit altissimam turrem in exemplum Alexandrini Phari, ut ad nocturnos ignes cursum nauigia dirigerent.*

[21] Eck/İşkan-Işik/Engelmann 2008, 93: Dedication of the lighthouse: Νέρων Κλαύδιος (...) [αὐτοκρ] άτω[ρ γ]ῆς καὶ θαλάσσης τὸ [.], ὁ πατὴρ πα[τρίδ]ος, τὸν φάρον κατεσκεύασεν πρὸ[ς ἀσ] φάλ[ει]αν [τῶ]ν πλοϊ[ζομένω]ν διὰ Σ[έ]ξτου Μαρκί[ου Πρείς]κου πρεσβ[ευτ]οῦ [καὶ] ἀντ[ιστ] ρατήγου [Καίσαρ]ος [κτι]σα[μένου τ]ὸ ἔργον. Dedication to Sex. Marcius Priscus (ibid. p. 94): [Σέξτον Μάρκιον Πρεῖσκον, πρεσβευτὴν Αὐτοκράτορος Οὐεσπασιανοῦ Καίσα]ρος Σεβαστοῦ, ἀντιστράτηγον καὶ πάντων αὐτοκρα[τ]όρων ἀπὸ Τιβερίου Καίσαρος Παταρέων ἡ Βουλὴ καὶ ὁ δῆμος δικαιοδοτήσαντα τὸ ἔθνος ὀκτετίαν ἀγνῶς καὶ δικαί[ω]ς, κοσμήσαντα τὴν πόλιν ἔργοις περικαλλεστάτοις, κατασκευάσαντα δὲ φάρον καὶ ἀντίφαρον πρὸς ἀσφάλειαν τῶν πλοϊζομένων, τὸν σωτῆρα καὶ εὐεργέτην.

[22] It is later used by Strato of Sardis, probably under the reign of Hadrian, cf. Anth. Pal. 9,671; 11,117.

[23] CIL II 2559 = 5639: *Marti / Aug(usto) sacr(um) / G(aius!) Sevius / Lupus / architectus / Aeminiensis / Lusitanus ex vo(to).*

at Patara, Gaius at Gesoriacum[24]. Something like a convention seems to have prevented most emperors (or earlier, proconsuls) from associating their name to an inscription on the lighthouses, unless the latter were considered as commemorative of victories, as in the case of Caepio or Gaius, or even of Nero, acting as αὐτοκράτωρ γῆς καὶ θαλάσσης. A similar modesty would have led Herod to dedicate Caesarea's lighthouse to Drusus and to make it the Druseum.[25]

2.2 Harbour Construction, ἔργον μέγα ἤ βασίλειον?

One of the major differences that occurred in the meaning of harbours between the Greek and the Romans is that it became a positive display of the Roman cities. Once a cosmopolitan antithesis to the city, the port eventually became part of its eulogy among the rhetors and geographers as early as Strabo, while the image of the harbour came to adorn the reverse of some local coinage. Some of these pictures, such as a well known painting from Stabia[26] or the Torlonia-relief from Portus[27], help us understand how city-harbours in Roman times were not only places for trade and commerce, but also architectural scenographies where, as for example on the *forum*, the intrinsic or dreamed importance of the city, found its monumental expression, as well as its devotion to gods, to Rome, and to the emperor: colonnades, triumphal arches, honorary columns and their statues, shrines and *nymphaea* were common features of sea-front harbour architecture. It would be a mistake to reduce Roman ports to their commercial function. They were also a place of public presentation of communities and individuals, mainly those who had intervened as euergetists. It would also be a mistake to conceive harbour building in a holistic way. If some impressive constructions have lead to the creation of entirely new harbours, such as *Caesarea Maritima* or *uterque Portus* at Ostia, in most cases, many interventions may have affected only parts of a harbour.

This is, among others, a key for the understanding of the complex nature of the intervention of the emperor's intervention, of the state or other individuals or groups in the making of maritime infrastructure such as harbours.

The intervention of the sovereign is at the crossroads between two traditions: the *epimeleïa* of the sovereign, and euergetism. Describing the emperor Gaius' activity in matter of harbour building, Josephus[28] considers harbour building to be an "ἔργον μέγα ἤ βασίλειον", "a great or royal work". This expression is echoed by Suetonius (Claud.

---

[24] Suet. Cal. 46: *et in indicium uictoriae altissimam turrem excitauit, ex qua ut Pharo noctibus ad regendos nauium cursus ignes emicarent.*

[25] Vann 1991.

[26] Pekàry 1999, 180, I–N36.

[27] Visconti 1884, no. 430.

[28] Ios. ant. Iud. 19,205: ἔργον δὲ μέγα ἤ βασίλειον οὐδὲν αὐτῷ πεπραγμένον εἴποι ἄν τις ἤ ἐπ᾿ ὠφελείᾳ τῶν συνόντων καὶ αὖθις ἀνθρώπων ἐσομένων, πλήν γε τοῦ περὶ Ῥήγιον καὶ Σικελίαν ἐπινοηθέντος ἐν ὑποδοχῇ τῶν ἀπ᾿ Αἰγύπτου σιτηγῶν πλοίων: [206] τοῦτο δὲ ὁμολογουμένως

20,1), who speaks of Claudius' *opera magna*, having Lake Fucinus and the harbour at Ostia in mind. According to recent calculations,[29] the making of the harbour at Caesarea maritima meant the transportation across more than 1,000 nm of sea of some 17,000 m³, equal to 13,000 tons of *pulvis puteolanus*. Scholarship has estimated that a minimum number of 45 (and more likely 70) voyages had been necessary, on the ground of ships of 400 tons of burden, or 100 to 150 voyages using smaller ships, and probably significantly more using even smaller ships. 11,000 m³, equal to 5,500 tons of timber imported from closer (if not close) areas had also been necessary, in addition to stone whose volumes and origin have not been estimated with the same accuracy … The making of new artificial harbours was obviously a *magnum opus* whose realization was probably not accessible to cities nor to their elites … Harbours were part of the *opera publica* entrusted to the censors during the Republic. Livy, recording the *opera* entrusted to the *censores* of 179 BC, mentions the construction of the moles at Tarracina by M. Aemilius Lepidus and that of another port on the Tiber by M. Fulvius on behalf of the state.[30] As authors of publicly funded *magna opera*, the emperors acted as the successors of the republican censors, as in other fields of their activity (e.g. the *cura morum*). It is worth mentioning that the porticoes built by M. Fulvius all are situated in Rome's fluvial port's area, and can be considered as a part of harbour-building activity. On the other hand, it is interesting that Lepidus had been suspected to make the public pay for his private interests.

For several reasons, including the hellenistic tradition as well as the republican duties of the censors, it is not surprising that the construction of harbours was considered by ancient Roman historiography as a part of the emperor's duties, and that the number, quality and usefulness of such work provided a main key to the evaluation of the quality of the sovereign's activity. Josephus not only had the harbour at Rhegium in mind but also similar relating initiatives in several ports of Sicily. Even in Josephus' hostile record it is clear that Caligula's intention was not to act as a *patronus* with regards to a particular city, but to secure sailing in the complex and dangerous sector of the straits of Messina – a fact completely misunderstood by A. Barrett[31]. At that point, we must clearly distinguish

---

μέγιστόν τε καὶ ὠφελιμώτατον τοῖς πλέουσιν: οὐ μὴν ἐπὶ τέλος γε ἀφίκετο, ἀλλ᾽ ἡμίεργον ὑπὸ τοῦ ἀμβλυτέρως αὐτῷ ἐπιπονεῖν κατελείφθη.

[29] GIANFROTTA 2009, 103–105; VOTRUBA 2007, 327; HOHLFELDER/BRANDON/OLESON 2007, 414

[30] Liv. 40,51: *Censores fideli concordia senatum legerunt. princeps lectus est ipse censor M. Aemilius Lepidus pontifex maximus: tres eiecti de senatu; retinuit quosdam Lepidus a collega praeteritos. opera ex pecunia attributa diuisaque inter se haec confecerunt. Lepidus molem ad Tarracinam, ingratum opus, quod praedia habebat ibi priuatamque publicae rei impensam inseruerat; theatrum et proscaenium ad Apollinis, aedem Iouis in Capitolio, columnasque circa poliendas albo locauit; et ab his columnis, quae incommode opposita uidebantur, signa amouit clipeaque de columnis et signa militaria adfixa omnis generis dempsit. M. Fuluius plura et maioris locauit usus: portum et pilas pontis in Tiberi, quibus pilis fornices post aliquot annos P. Scipio Africanus et L. Mummius censores locauerunt imponendos; basilicam post argentarias nouas et forum piscatorium circumdatis tabernis quas uendidit in priuatum; et forum et porticum extra portam Trigeminam, et aliam post naualia et ad fanum Herculis et post Spei ad Tiberim et ad aedem Apollinis medici.*

[31] BARRETT 1989, 185.

between two approaches of the king or emperor since the hellenistic period: the euergetist and the epimeletes.

On the other hand, the *epimeleïa* of the sovereign is involved. The emperor has to act in order to provide for his subjects or the whole mankind a better life, thanks to his special capacities and to his power upon nature itself. He has the power to give his subjects any kind of welfare. To bridge the gap between peoples and countries, and to facilitate travel and trade was the duty of the emperor. In his *Panegyric of Trajan*, Pliny the Younger celebrated the emperor as such, with powerful images making him appear stronger than nature.[32] This was the scope assigned to Gaius' enterprise at Rhegium as well as that of the construction of *Portus* by Claudius, or the building of the *pharus* and *antipharus* at Patara. It was the sovereign's duty to increase safety. This was a huge task, left uncompleted at the emperor's assassination. The importance of harbour construction was such in terms of technical challenge, time, costs and manpower that it could rightly be considered as the king's or emperor's task *par excellence*. It is difficult to appreciate how expensive the construction of a breakwater was. The port at Ostia had been such a huge task that according to Cassius Dio[33] the emperor's entourage had advised him to abandon the enterprise. But this is partly a *topos*, and breakwaters were such a trite feature that it is so far difficult to place the line between the "norm" and the "exception".

It is also difficult to establish to what extent the construction of artificial harbours (*portus Ostiensis Augusti, portus Traiani,* Centumcellae) or huge infrastructures such as the excavation of the Isthmus at Corinth, – once a project of emperor Gaius, later initiated by Nero –, Nero's great works between Misenum and the lower Tiber, or Vespasian's canal at Seleucia Pieria, were undertaken because they were prestigious rather than useful. To oversize constructions was a common practice because it confirmed the *epimeleia* of the sovereign and his power over nature, as a *Kosmokrator*.

---

[32] Plin. paneg. 29,2: *reclusit uias portus patefecit, itinera terris litoribus mare litora mari reddidit, diuersasque gentes ita commercio miscuit, ut quod gentium esset usquam, id apud omnes natum uideretur.*

[33] Cass. Dio 60,11: Λιμοῦ τε ἰσχυροῦ γενομένου, οὐ μόνον τῆς ἐν τῷ τότε παρόντι ἀφθονίας τῶν τροφῶν ἀλλὰ καὶ τῆς ἐς πάντα τὸν μετὰ ταῦτα αἰῶνα πρόνοιαν ἐποιήσατο. Ἐπεσάκτου γὰρ παντὸς ὡς εἰπεῖν τοῦ σίτου τοῖς Ῥωμαίοις ὄντος, ἡ χώρα ἡ πρὸς ταῖς τοῦ Τιβέριδος ἐκβολαῖς, οὔτε κατάρσεις ἀσφαλεῖς οὔτε λιμένας ἐπιτηδείους ἔχουσα, ἀνωφελές σφισι τὸ κράτος τῆς θαλάσσης ἐποίει· ἔξω τε γὰρ τῶν τῇ τε ὡραίᾳ ἐσκομισθέντων καὶ ἐς τὰς ἀποθήκας ἀναχθέντων οὐδὲν τὴν χειμερινὴν ἐσεφοίτα, ἀλλ᾽εἴ τις παρεκινδύνευσε, κακῶς ἀπήλλασσε. Τοῦτ᾽οὖν συνιδὼν λιμένα τε κατασκευάσαι ἐπεχείρησεν, οὐδ᾽ἀπετράπη καίπερ τῶν ἀρχιτεκτόνων εἰπόντων αὐτῷ, πυθομένῳ πόσον τὸ ἀνάλωμα ἔσοιτο, «ὅτι οὐ θέλεις αὐτὸν ποιῆσαι»· οὕτως ὑπὸ τοῦ πλήθους τοῦ δαπανήματος ἀναχαιτισθῆναι αὐτόν, εἰ προπύθοιτο αὐτό, ἤλπισαν· ἀλλὰ καὶ ἐνεθυμήθη πρᾶγμα καὶ τοῦ φρονήματος καὶ τοῦ μεγέθους τοῦ τῆς Ῥώμης ἄξιον καὶ ἐπετέλεσε. Τοῦτο μὲν γὰρ ἐξορύξας τῆς ἠπείρου χωρίον οὐ σμικρόν, τὸ πέριξ πᾶν ἐκρηπίδωσε καὶ τὴν θάλασσαν ἐς αὐτὸ ἐσεδέξατο· τοῦτο δὲ ἐν αὐτῷ τῷ πελάγει χώματα ἑκατέρωθεν αὐτοῦ μεγάλα χώσας θάλασσαν ἐνταῦθα πολλὴν περιέβαλε, καὶ νῆσον ἐν αὐτῇ πύργον τε ἐπ᾽ἐκείνῃ φρυκτωρίαν ἔχοντα κατεστήσατο. Ὁ μὲν οὖν λιμὴν ὁ καὶ νῦν οὕτω κατά γε τὸ ἐπιχώριον ὀνομαζόμενος ὑπ᾽ἐκείνου τότε ἐποιήθη·

2.3 A Modest Set of Inscriptions, all Relating to the Emperor

In this context, it is rather strange that so few inscriptions mention the construction of harbours by emperors. Even when we are sure that the emperor was the actual author of the project, his name is not often mentioned or mentioned for other purposes. Such is the case for emperor Claudius. Although he had decided on and financed the harbour, any preserved inscription fails to mention the harbour. Both Claudius' and Trajan's preserved inscriptions only relate to the use of canals in order to prevent the capital from the threat of flooding.[34]

But the emperor is clearly mentioned by inscriptions as a harbour-builder or restorer. The activity of Trajan at Cemtumcellae[35], Portus[36] and Ancona[37] is well documented. The inscription from Ancona is the only explicit dedication to an emperor who has restored a harbour at his own expense. This is probably an indication that he actually did not have to do so but chose to, and illustrates the difference between an eponym port, such as *portus Traiani* (or earlier a *portus Augusti*) and a restoration made by an euergetist, who is rewarded by a public dedication, between *epimeleia* of the sovereign and euergetism. Hadrian made some restoration at the harbour of Byblus, probably during his travels, and in some other cities.[38] Septimius Severus rebuilt a mole to protect the road from the sea at Naples.[39] In the later Roman Empire, Constantius is celebrated in an inscription which records the reconstruction of Albingaunum (modern Albenga) on a new site, including

---

[34] CIL XIV 85 (Ostia): *Ti(berius) Claudius Drusi f(ilius) Caesar / Aug(ustus) Germanicus pontif(ex) max(imus) / trib(unicia) potest(ate) VI co(n)sul design(atus) III imp(erator) XII p(ater) p(atriae) / fossis ductis a Tiberi operis portu[s] / caus{s}a emissisque in mare urbem / inundationis periculo liberavit.* CIL XIV 88 (Ostia Antica): *[Imp(erator) Caes(ar) divi] / Ne[rvae fil(ius) Nerva] / Tra[ianus Aug(ustus) Ger(manicus)] / Dac[icus trib(unicia) pot(estate) ---] / im[perator --- co(n)s(ul) --- p(ater) p(atriae)] / fossam [restitui iussit] / [q]ua inun[dationes Tiberis] / [a]dsidue u[rbem vexantes] / [in] peren[ne arcerentur].*

[35] Plin. epist. 6,31; CIL XI 6675,5 (Civitavecchia/Centumcellae): *Port(us) Trai(ani).*

[36] Iuv. 12,75 and Schol. *ad loc.* CIL XIV 408 and CIL XIV 90 both mention the *portus Traiani Felicis.* The restoration *[--- portum(?) c]oloniae Osti[ensium dedit(?)]* in CIL XIV 4342 (Ostia Antica) is to be excluded, for the *portus Traiani* did not belong to Ostia (unless we should imagine the construction of a third harbour by Trajan at the mouth of the Tiber): *[Imp(erator) Caesar divi] Nervae f(ilius) Nerva T[raianus Germanicus Dacicus] / [pon]t(ifex) max(imus) trib(unicia) pot(estate) VI im[p(erator) --- co(n)s(ul) IIII p(ater) p(atriae)] / [--- portum(?) c]oloniae Osti[ensium dedit(?)].*

[37] CIL IX 5894 (Ancona): *Plotinae / Aug(ustae) / coniugi Aug(usti) // Imp(eratori) Caesari divi Nervae f(ilio) / Nervae / Traiano Optimo Aug(usto) Germanic(o) / Dacico pont(ifici) max(imo) tr(ibunicia) pot(estate) XVIIII imp(eratori) IX / co(n)s(uli) VI p(atri) p(atriae) providentissimo principi / senatus p(opulus)q(ue) R(omanus) quod accessum / Italiae hoc etiam addito ex pecunia sua / portu tutiorem navigantibus reddiderit // Divae / Marcianae / Aug(ustae) / sorori Aug(usti).*

[38] CIL III 6696 (Jubayl/Byblus): *------ / [---] d(ivi) Traiani f(ilius) cons(ul) IV [---] maris ubiq[ue ---] omnes [---] portu[---] restaur[avit(?) ---].* Several ports seem to be mentioned. Cf. Cass. Dio 69,5,3.

[39] AE 1893, 84: *molem novam ad de/fensionem viae / adluvione maris / corruptae f[e]cerunt.*

the construction of moles, but this is only part of the reconstruction of the whole city.[40] Later, in visigothic Spain, the king rebuilt the protecting moles of a road,[41] and the Vandal Hunerix built a mole at Carthage.[42] These are very few attestations, and they display different levels of intervention.

2.4 Public Initiative or Euergetism?

The emperor often acted as a benefactor. Building harbours was quite a common gift to populations as early as the Roman Republic.[43] Then harbour building or restoration was nothing but a proof of the protection granted by the emperor to a city and a sign of his affection towards its citizens. We have seen that the dedication to Plotina, Trajan and the divine Marciana was to honour them for their euergetism. There was no specificity of harbour building, this being one among other gifts such as aqueducts or any other buildings often offered to towns by emperors.[44] We have no certain information about private euergetism in the field of harbours so far,[45] but it would not be surprising to find private

[40] CIL V 7781 (Albenga, Ital. reg. IX): *Constanti virtus studium Victoria nomen / dum recipit Gallos constituit Ligures / moenibus ipse locum dixit duxitque recenti / fundamenta solo iuraque parta dedit / cives tecta forum portus commercia portas / conditor extructis aedibus instituit / dumque refert orbem me primam protulit urbem / nec renuit titulos limina nostra loqui / et rabidos contra fluctus gentesque nefandas/ Constanti murum nominis opposuit*; cf. DELLA CORTE 1980, 89–103.

[41] CLE 900 (Merida): *Solberat antiquas moles ruinosa vetustas / lapsum et senio ruptum pendebat opus / perdiderat usum suspensa via p(er) amnem / et liberum pontis casus negabat iter / nunc tempore potentis Getarum Eruigii regis / quo deditas sibi pr(a)ecepit excoli terras / studuit magnanimus factis extendere n(o)m(e)n / veterum et titulis addit Salla suum / nam postquam eximiis nobabit moenib(u)s urbem / hoc magis miraculum patrare non destitit / construxit arcos penitus fundabit in undis / et mirum auctoris imitans vicit opus / nec non et patri(a)e tantum cr[e]are munimen / sumi saerdotis Zenonis suasit amor / urbs Augusta felix mansura p(er) s(ae)c(u)la longa / noba(n)te studio ducis et pontificis (a)era DXXI.*

[42] MONCEAUX 1906, no. 157 (Carthage): *Rex Hunerix manifesta fide quem fama perennis / incitat ordinibus spargit memorabile factum / quod verbo divisit aquas molemque profundi / discidit iussis semel [et] nudata natantum / iugera calcat homo pelagus fodisse ligones / expavit natura maris subducitur unda / tortilis anfractu liquidus contergitur imber / oceanumque movent manibus mare cochlea sorbet.*

[43] Cf. Liv. 40,51 for public expenses.

[44] Cass. Dio 69,5,3 (= Xiph. 244, 1–245, 6 R. St., Exc. Val. 294 (p. 713), Suda s.v. Ἀδριανός): πολλὰς μὲν γὰρ καὶ εἶδεν αὐτῶν, ὅσας οὐδεὶς ἄλλος αὐτοκράτωρ, πάσαις δὲ ὡς εἰπεῖν ἐπεκούρησε, ταῖς μὲν ὕδωρ ταῖς δὲ λιμένας σῖτόν τε καὶ ἔργα καὶ χρήματα καὶ τιμὰς ἄλλαις ἄλλας διδούς. The same idea is expressed by the dedication of Patara (ECK/İŞKAN-IŞIK/ENGELMANN 2008, 94) to the legate Sextus Marcius Priscus, see above note 21.

[45] So far only one inscription may refer to the significant restoration of a harbour by an individual. This metric text (*IBulgarien* 74 = *CLEMoes* 41 = *AE* 1927, 48 = *AE* 1948, 54 = *AE* 1951, 251), probably dated late IIId of IVth century AD (after the use of the sole *signum*), has been found at Vojvodino (Moesia Inferior), far from the sea and from any harbour. It is supposed to refer to some unidentified harbour in the Black sea, but is too mutilate to make it absolutely certain whether the restoration of a harbour was actually meant. The vocabulary of the preserved parts of the text may

benefactors involved in the restoration of certain parts of harbours. The current state of documentation provides no evidence for such interventions. Given the high number of texts relating to euergetism, it seems likely so far that funding harbour construction was something like an imperial – or at least public – privilege.

This "public" privilege would mainly involve cities. There used to be imperial euergetism when great works were funded by the emperor *sua pecunia*, instead of *pecunia publica*, and when the work should have been funded by the beneficiary, in other words the city. This is probably a confirmation that cities were usually responsible for the construction of their own maritime infrastructure. If the column capital found near the jetty of Gightis, which looks exactly the same as the capitals found on the forum, actually belongs to the architecture of the jetty and not the forum (situated rather far away from the place of discovery), the jetty and the forum may have been part of the same building program, and the initiative would have come from the city.

3. The Legal Context: Public Status of Waters and Private Initiative

So far, maritime infrastructure appears to be closely related to the power of the state, though at different levels and in different forms. Roman jurisprudence may also reveal the place left for private initiative.

3.1 Roman Jurisprudence

Strictly speaking, the sea was considered (at least since the Severan jurisprudence) as *res nullius* according to the *ius gentium* and *ius naturale* and therefore belonged to no one and to everybody. Its use (mainly for sailing and fishing) was defined as *communis usus*.[46] As a consequence, being part of the sea, the waters of a port or harbour were considered

---

also belong to a funerary context. The restored text reads as follows: ------------------ *frag]ilem [po]stquam rate[m agens ---] / [ve]nerat ad portum vitata pericula cred[ens] / [a]missam classem saepe in statione defl[ebat] / [i]ncusansque deos talia est fortasse [locutus] / [q]uid pelagi trucis profuit evasis[se peric(u)la] / [s]i mihi in portu pelagus naufragia [pergit] / [ha]nc cladem inspiciens factis nomen [superavit] / [cond]oluit miseris obiectaque scrup[ea tollens] / [transtu]lit in melius hanc Eusebi cura r[uinam] / [urbi no]men amissum et reddidit usu[i portum] / [invida pos]teritas ne haec oblivisc[at inique] / [stet lapis hic longum] mansurus l[onge per aevum].*

46 Dig. 1,8,2 pr.: *Quaedam naturali iure communia sunt omnium, quaedam universitatis, quaedam nullius, pleraque singulorum, quae variis ex causis cuique adquiruntur. 1. Et quidem naturali iure omnium communia sunt illa: aer, aqua profluens, et mare, et per hoc litora maris.* Dig. 18,1,51: *Litora, quae fundo vendito coniuncta sunt, in modum non computantur, quia nullius sunt, sed iure gentium omnibus vacant: nec viae publicae aut loca religiosa vel sacra. Itaque ut proficiant venditori, caveri solet, ut viae, item litora et loca publica in modum cedant.* Dig. 43,8,3,1: *Maris communem usum omnibus hominibus, ut aeris, iactasque in id pilas eius esse qui iecerit: sed id concedendum non esse, si deterior litoris marisve usus eo modo futurus sit.*

by nature to be public. The almost systematic presence of fishermen in the iconography of harbours is a clear illustration of the public status of the ports' waters.[47] The rule was apparently as follows: *flumina paene omnia et portus publica sunt* ("Almost all rivers, and the harbours are public").[48] These provisions were extended to the shores. It was actually admitted by Celsus that where the power of Rome was established, the shore was to be the property of the Roman people.[49]

In addition to these provisions, as early as the age of Augustus, Vitruvius, though not a jurisconsult, considered that harbours were by nature public infrastructures, just as other public places, such as baths, theaters, forums and porticoes, and for that reason they belonged to all, and were of public use.[50] Being part of the sea, whose property and use was common to all, ports were supposed to be public and were subject to the same praetorian rules as the sea or rivers themselves,[51] and public places in general. As a public space, ports were protected by the interdict *ne quid in loco publico*,[52] and by a set of specific interdicts whose scope was the preservation of the conditions of sailing. They prohibited any transformation that would endanger the use of this public space or place. As early as Labeo and the age of Augustus, ports and the shores were protected against any human action which would have made a *portus* (denomination for commercial purposes), *statio* (for any technical context) or *iter* (sailing) less accessible to any kind of ship than previously. The praetor's edict had introduced the interdict *ne quid in flumine publico ripave*

---

[47] Cf. amongst others, Nero's Sestertii minted at Rome and showing the *portus Augusti Ostiensis* RIC 178 (BMC 131). 181, or a bronze coin struck at Side by Maximinus, SNG Aul. 4828. Cf. also, amongst other documents, the mosaics from the so-called "villa of the Nile" at Leptis Magna (NOGUERA CELDRAN 1976, 229; MAILLEUR 2012, pl. VIII, fig. 49) and another mosaic from Apamea (BALTY 1970; MAILLEUR 2012, pl. IX, fig. 51); the Stabia painting (PEKÀRY 1999, 180, I-N36; MAILLEUR 2012, pl. XXIII, fig. 91); *opus sectile* from Kenchreai (IBRAHIM/SCRANTON/BRILL 1976, pannel XIX; MAILLEUR 2012, pl. XV, fig. 70); affresco from the Esquiline (GOLVIN 2010; MAILLEUR 2012, pl. XXII, fig. 93) and a large collection of 1st century lamps (e.g. DENEAUVE 1969, 212 & pl. XCV; MAILLEUR 2012, pl. IV-V, fig. 30–41).

[48] Dig. 1,8,4,1.

[49] Dig. 43,8,3 pr.: *Litora, in quae populus Romanus imperium habet, populi Romani esse arbitror.*

[50] Vitr. 1,3: *opportunitatis communium locorum ad usum publicum dispositio, uti portus, fora, porticus, balinea, theatra, ambulationes ceteraque, quae isdem rationibus in publicis locis designantur.*

[51] Dig. 43,12,1 pr.: *Ait praetor: "Ne quid in flumine publico ripave eius facias neve quid in flumine publico neve in ripa eius immittas, quo statio iterve navigio deterior sit fiat".* 43,12,1,17: *Si in mari aliquid fiat, Labeo competere tale interdictum: "ne quid in mari inve litore" "quo portus, statio iterve navigio deterius fiat".* 43,12,1,20: *Superius interdictum prohibitorium est, hoc restitutorium, ad eandem causam pertinens.* 43,12,1,21: *Iubetur autem is, qui factum vel immissum habet, restituere quod habet, si modo id quod habet stationem vel navigium deterius faciat.* Dig. 43,8,2,5: *Ad ea igitur loca hoc interdictum pertinet, quae publico usui destinata sunt, ut, si quid illic fiat, quod privato noceret, praetor intercederet interdicto suo.* 43,8,2,8: *Adversus eum, qui molem in mare proiecit, interdictum utile competit ei, cui forte haec res nocitura sit: si autem nemo damnum sentit, tuendus est is, qui in litore aedificat vel molem in mare iacit.*

[52] Dig. 43,8,2 pr.: *Praetor ait: "Ne quid in loco publico facias inve eum locum immittas, qua ex re quid illi damni detur, praeterquam quod lege senatus consulto edicto decretove principum tibi concessum est. De eo, quod factum erit, interdictum non dabo".*

eius facias neve quid in flumine publico neve in ripa eius immittas, quo statio iterve navigio deterior sit fiat.[53] Labeo mentions a maritime version of this interdict: *ne quid in mari inve litore quo portus, statio iterve navigio deterius fiat.*[54] This provision protected the shore and the sea from dumps and (or) constructions. To the provisions of the *ne quid in flumine publico* interdict, this added the notion of *portus*. This included any infrastructure made necessary for landing and unloading.

This would suggest, as maritime harbours were public, that their construction was therefore carried out by the public. Things were actually a bit more complicated. This interdict was *prohibitorium*,[55] not *restitutorium*. In other words, it was used to prevent someone from constructing anything that would affect the previous quality of sailing, mooring or harbour facilities, but it could not be used to force the builder to give the place its former aspects and conditions back.[56]

It was the affair of other users, not the state's to have an eye on the work and on its possible impact on the public use of the sea: it is difficult to have a clear idea to what extent the *restitorium interdictum* was actually efficient. An *actio iniuriarum* was possible, but this opened the way to compensation, not to restoration to the previous status.[57] In other words, what had been done had little chance to be made undone.

3.2 Res necessariae and Private Infrastructure

A number of other dispositions show that the actual protection could be weaker than the provisions of the praetorian edict seem to indicate, especially when there was a social asymmetry between the builder and the beneficiary of the public use. The latter had to be able to successfully sue the former. A rescript of Antoninus[58] sent to the fishermen of Formiae and Capua stipulated that the only exception to their right to access the shore were buildings (probably maritime *villae*) on the shore, because these were not subject to the *ius naturale*. According to jurisconsults, the sea and its shores were undoubtedly public, but anything built there was private if built by private initiative, and it was legal to build there if the public use was preserved, at least at first sight.[59] In other words, the basin had

---

[53] Dig. 43,12,1 pr.

[54] Dig. 43,12,1,17.

[55] Dig. 43,8,2.

[56] Dig. 43,12,1,20–21, quoted above note 51.

[57] Dig. 43,8,2,9: *Si quis in mari piscari aut navigare prohibeatur, non habebit interdictum, quemadmodum nec is, qui in campo publico ludere vel in publico balineo lavare aut in theatro spectare arceatur: sed in omnibus his casibus iniuriarum actione utendum est.*

[58] Dig. 1,8,4 pr.: *Nemo igitur ad litus maris accedere prohibetur piscandi causa, dum tamen ullius et aedificiis et monumentis abstineatur, quia non sunt iuris gentium sicut et mare: idque et divus pius piscatoribus formianis et capenatis rescripsit.*

[59] Dig. 43,8,4: *Respondit in litore iure gentium aedificare licere, nisi usus publicus impediretur.*

to be public, but the moles or *pilae* could be private, when realized at private expense for private use.[60] These are often mentioned in the *Digest* even in early jurisconsults such as Aristo.[61] Declarations of public interest, by *Senatus consultum* or imperial decision could allow actions even when they could induce some *damnum*.[62] Even when such decisions could not be produced, it seems that it had become possible to invoke, to some extent, *utilitas* or *necessitas* as an excuse. Labeo, who considers that *utilitas* (*Dig.* 43,12,1,12) could open the way to some exceptions to the preservation of public waters – if and only if navigation was not affected – places *necessitas* above *utilitas*, and among private *necessariae impensae* counts *moles in mare vel flumen proiectas*.[63] These were obviously common, and referred to the necessity. Among such buildings was probably the mole built along the sea-facing façade of the maritime *villa* at Seneymes-les Laurons.[64]

Although the right of fishing was, according to the *ius gentium*, granted to the public, one could appropriate this right against the law. Once mentioned in a sale contract (e.g. that of a *villa*, including the shore and the stretch of sea along it), the appropriation was legal, so that even a public space devoted to public use could be legally restricted to private use.

3.3 Private Harbours?

If moles could be private as well as their use, and if entire areas of sea could be devoted to private use, one may wonder, whether harbours or parts of harbours could be reserved to private use, whatever the apparent provisions of *ius gentium*. Could private moles be reserved for private use and define a private harbour or for private use of sections of the port? There is enough evidence to support this idea. An inscription from ancient Nemausus, modern Nîmes, mentions the legacy gift of a port situated somewhere on the banks of the Rhône.[65] The name of the *portus* is unfortunately mutilated. It was apparently composed of two names. The second is clearly an adjective whose suffixation (*-anum*) is typical of private estates.[66] The same association of *portus* with personal names in the genitive is

---

[60] Dig. 43,8,3,1, quoted above note 46.

[61] Dig. 1,8,10: *Aristo ait, sicut id, quod in mare aedificatum sit, fieret privatum, ita quod mari occupatum sit, fieri publicum*; Dig. 19,1,52,3: *Ante domum mari iunctam molibus iactis ripam constituit et uti ab eo possessa domus fuit, Gaio Seio vendidit: quaero, an ripa, quae ab auctore domui coniuncta erat, ad emptorem quoque iure emptionis pertineat. Respondit eodem iure fore venditam domum, quo fuisset priusquam veniret*; Dig. 43,8,3,1, quoted above note 46.

[62] Dig 43,8,2 pr., quoted above note 52.

[63] Dig. 25,1,1 pr.: *Impensarum quaedam sunt necessariae, quaedam utiles, quaedam vero voluptariae*; 25,1,1,3: *Inter necessarias impensas esse Labeo ait moles in mare vel flumen proiectas*.

[64] Ximénès/Moerman 1988; Lafon 2001, 459, 462; Leveau 2002, 77–81.

[65] CIL XII 3313: ------ / [---] *mortem su[am]* / [---] *IXXI itemq[ue ---]* / [---] *praedia fundos [---]* / [---] *portum Crindavi[um ---] / [---]num ad ripam flu/minis Rhodani / dedit*.

[66] Arnaud 1998.

typical of the lower Tiber area. The *Portus Licinii*[67] and *Portus Parrae*[68] are the most illustrious examples, besides at least eleven others known from stamps within the same area.

Although we are still waiting for an exhaustive publication with absolute chronologies of the excavations at the ancient port of Marseille, the preliminary results have lead the excavators[69] to establish a link between the building of a new segment of quay, which supports a *dolia* warehouse, and the development of dolia-ships during the 1st century. The wine contained in the *dolia* was supposed to be pumped to those of the warehouse and/or vice-versa. This new way of transporting wine would have necessitated the reorganization of the entire area. The important thing is that the *dolia* borne by these wrecks all bear stamps of the same Campanian family: the Pirani. Stamps from eleven wrecks give us the names of C. Piranus Cerdo, C. Piranus Felix, C. Piranus Philomusus, C. Piranus Primus, C. Piranus Sotericus.[70] The pattern of this commerce (or ship-building only?) was probably family-based and it is highly probable that the refitting of the area had some direct link with the warehouse and the ships of the Pirani (if not just built by the Pirani) and that it was of private nature. It would be hazardous to draw any further conclusions at the current state of information.

We can provide two other examples of impressive elements of port architecture of which the use was most likely private. We know that the public use of harbour-waters meant a high level of protection of their water column against human dumps. At Marseilles, casual losses are well documented, but dumps were outside the harbour, in the "Digue des Catalans" area. Dumps may be the indication of areas not considered as harbours or of private use.

At Toulon, important remains of quays have been reported along more than 2 km.[71] The impact of dumps was such that the wharves were regularly moved towards the sea, when the previous ones were not accessible any longer. To think of a public harbour seems quite difficult here: to speak of a huge landing area would fit the extant remains much better. Further reflexion would be needed about the relationship between these areas and the firm ground.

At Port-la-Nautique, in the laguna of Narbonne, a nice jetty of large blocks has been excavated.[72] As in Toulon, it appears that its entrances were entirely silted by human dumps after about one century (−40 / +70). During the augustan period, their composition is clearly that of urban dumps while becoming more typical of industrial dumps under the reign of Nero. This is probably an indication that it was not considered part of a public harbour. The recent discovery of a large circular fishery around a central triclinium,

---

[67] STEINBY 1981, 239, 237–245. CIL XV 139. 226. 408. 630; Cassiod. var. 1,25: *propter moenia civitatis (...) portum Licini (...) reparari iussio nostra constituit, ut XXV milia tegularum annua illatione praestaret, simul etiam portubus iunctis, qui ad illa loca antiquitus pertinabant (...).*

[68] CIL XV 409–411.

[69] HESNARD 1999.

[70] SCIALLANO/LIOU 1985; SCIALLANO/MARLIER 2008 (with recent bibliography).

[71] BRUN 1999.

[72] FALGUÉRA 1995; FALGUÉRA 1996; FALGUÉRA 2002.

whose use is strictly coetaneous of the jetty, strongly suggests that, as Seneymes – Les Laurons, the jetty was actually part of a private estate.

In a similar way, the destiny of the augustan (rather than hellenistic) harbour[73] at Khoms, sometimes considered as the first harbour of Leptis Magna, a couple of miles west of the town, and sometimes identified with the *hormos* mentioned by the *Stadiasmus* (94. Ἀπὸ Λέπτεων ἐπὶ τὸν Ἑρμαῖον στάδιοι ε' · ὅρμος ἐστὶ πλοίοις μικροῖς), is probably illustrative of its private status. During the 2nd century, it was entirely destroyed for the building of a private villa. This could have occurred after the silting of the harbour, if it was not deliberately filled up.

4. Conclusions

This quick survey shows how unsatisfactory the available evidence is. There is unfortunately little probability that the number and quality of written sources will change soon. The overview nevertheless allows us to point out the diversity and complexity of maritime infrastructure. The different levels of involvement of the public and private spheres in its realization need to be emphasized not only in terms of objects, but also in terms of intervention. Large constructions were clearly the emperor's privilege, and to a lesser extent, the cities'. This is not surprising. As often, it is more puzzling, with respect to the current state of historiography, to see that quite a large scope was left to private initiative. The re-evaluation of this private initiative in that field as well as in the more general field of trade is one of research's current challenges. It seems that archaeological evidence is needed for a better understanding of the privatization that took place in sectors of maritime infrastructure.

Bibliography

Andreau 1997 = J. Andreau, La *vicinia* d'Olbia, *REA* 99, 1997, 464–473.

Arnaud 1998 = P. Arnaud, Toponymie et histoire sociale: les toponymes en *-iana / -ianis* des itinéraires, une source d'erreur pour les géographes anciens, mais une contribution à l'histoire des grands domaines, in: P. Arnaud/P. Counillon (ed.), Geographica Historica. L'utilisation des géographes anciens par l'historien de l'Antiquité, Bordeaux 1998, 201–224.

Balty 1970 = J.-Cl. Balty, Une nouvelle mosaïque du IVe siècle dans l'édifice dit «au triclinos» à Apamée, *Annales archéologiques arabes syriennes* 20, 1970, 81–92.

Barrett 1989 = A.A. Barrett, Caligula. The Corruption of Power, London 1989.

Ben Lazreg/Mattingly 1992 = N. Ben Lazreg/D. Mattingly, Leptiminus (Lamta). A Roman Port City in Tunisia, Report n. 1, Ann Arbor 1992.

---

[73] Di Vita 1974; Mattingly 1995, 118 notes rightly that at Leptis the use of the white limestone starts with Augustus and that it is hard to conceive that it would have been used at Khoms earlier than at Leptis.

BRUN 1999 = J. P. BRUN, Carte archéologique de la Gaule. Le Var, Paris 1999.

CARAYON 2008 = N. CARAYON, Les ports phéniciens et puniques. Géomorphologie et infrastuctures. Thèse de Doctorat en Sciences de l'Antiquité – Archéologie, Université de Strasbourg II, Marc-Bloch, Strasbourg 2008.

COTTIER 2008 = M. COTTIER, The Customs Law of Asia, Oxford 2008.

DELLA CORTE 1980 = F. DELLA CORTE, Rutilio Namaziano ad Albingaunum, *RomBarb* 5, 1980, 89–103.

DENEAUVE 1969 = J. DENEAUVE, Lampes de Carthage, Paris 1969.

DI VITA 1974 = A. DI VITA, Un passo dello Σταδιασμὸς τῆς μεγάλης ed il porto ellenistico di Leptis Magna, in: P. GROS (ed.), Mélanges de philosophie, de littérature et d'histoire ancienne offerts à Pierre Boyancé, Paris/Rome 1974, 229–249.

DJELLOUL 2010 = N. DJELLOUL, La voile et l'épée, Tunis 2010.

ECK/İŞKAN-IŞIK/ENGELMANN 2008 = W. ECK/H. İŞKAN-IŞIK/H. ENGELMANN, Der Leuchtturm von Patara und Sex. Marcius Priscus als Statthalter der Provinz Lycia von Nero bis Vespasian, *ZPE* 164, 2008, 91–121.

FALGUÉRA 1995 = J.-M. Falguéra, Port-la-Nautique, in: *Bilan Scientifique du DRASSM* Paris 1995, 35.

FALGUÉRA 1996 = J.-M. Falguéra, Port-la-Nautique, in: *Bilan Scientifique du DRASSM* Paris 1996, 68.

FALGUÉRA 2002 = J.-M. Falguéra, Port-la-Nautique, in: *Bilan Scientifique du DRASSM* Paris 2002, 40–41.

GIANFROTTA 2009 = P.A. GIANFROTTA Questioni di pilae e di pulvis puteolanus, *Rivista di Topografia antica* 19, 2009, 101–120.

GIARDINA 2010 = B. GIARDINA, *Navigare necesse est*. Lighthouses from Antiquity to the Middles Ages. History, architecture, iconography and archaeological remains, Oxford 2010.

GOLVIN 2008 = J.-C. GOLVIN, À propos de la restitution de l'image de Puteoli. Correspondances, ancrage, convergences, in: Ph. FLEURY/O. DESBORDES (eds.), Roma illustrata, Caen 2008, 157–174.

HAUSCHILD 1976 = T. HAUSCHILD, Der römische Leuchtturm von La Coruña (Torre de Hercules), *MDAI(M)* 17, 1976, 238–257.

HESNARD 1999 = A. HESNARD, Le port de Marseille romaine. D'Auguste à la fin du IVe s. de notre ère, in: A. HESNARD et al. (eds.), Parcours de Villes. Marseille. 10 ans d'archéologie, 2600 ans d'histoire, Aix-en-Provence 1999, 45–54.

HOHLFELDER/BRANDON/OLESON 2007 = R. HOHLFELDER/C. BRANDON/J. OLESON, Constructing the Harbour of Caesarea Palaestina, Israel: New Evidence From the ROMACONS Field Campaign of October 2005, *IJNA*, 36, 2007, 409–415.

IBRAHIM/SCRANTON/BRILL 1976 = L. IBRAHIM/R. SCRANTON/R. BRILL, Kenchreai. Eastern Port of Corinth, II. The Panels of Opus Sectile in Glass, Leiden 1976.

LAFON 2001 = X. LAFON, *Villa maritima*. Recherches sur les villas littorales de l'Italie romaine, Paris/Rome 2001.

LEVEAU 2002 = Ph. LEVEAU, L'habitat rural dans la Provence antique. *Villa, vicus* et *mansio*. Etudes de cas, *RAN* 35, 2002, 77–81.

LONG/VALENTE 2003 = L. LONG/M. VALENTE, Un aspect des échanges et de la navigation depuis l'Antiquité dans les îles et sur le littoral d'Hyères, in: M. PASQUALINI/P. ARNAUD/C. VARALDO (ed.), Des îles côte à côte. Histoire du peuplement des îles de l'Antiquité au Moyen Âge (Provence, Alpes-Maritimes, Ligurie, Toscane), Aix-en-Provence/Bordighera 2003, 149–164.

LONG/VELLA 2003 = L. LONG/C. VELLA, Du nouveau sur le paysage de Giens au Néolithique et sur le port d'Olbia. Recherches sous-marines récentes devant l'Almanarre (Hyères, Var), in: M. PASQUALINI/P. ARNAUD/C. VARALDO (ed.), Des îles côte à côte. Histoire du peuplement des îles de l'Antiquité au Moyen Âge (Provence, Alpes-Maritimes, Ligurie, Toscane), Aix-en-Provence/Bordighera 2003, 165–173.

MAILLEUR 2012 = S. MAILLEUR, L'apport de l'iconographie à la reconstitution des architectures portuaires d'époque romaine, Lyon 2012 (Mémoire de Mastère soutenu sous la direction de P. ARNAUD).

MATTINGLY 1995 = D. MATTINGLY, *Tripolitana*, London 1995.

MONCEAUX 1906 = P. MONCEAUX, Enquête sur l'épigraphie chrétienne d'Afrique, *RA* 7, 1906, 177–192, 260–279, 461–475; *RA* 8, 1906, 126–142, 297–310.

NOGUERA CELDRAN 1995 = J.-M. NOGUERA CELDRAN, Instalaciones portuarias romanas. Representaciones iconográficas y testimonio histórico, *Anales de prehistoria y arqueología. Universidad de Murcia*, 11–12, 1995, 219–235.

PASQUALINI 2000 = M. PASQUALINI, Les ports antiques d'Olbia (Hyères) et Toulon. Environnement historique et géographique, *Méditerranée* 1.2, 2000, 33–38.

PEKÁRY 1999 = I. PEKÁRY, Repertorium der hellenistischen und römischen Schiffsdarstellungen, Münster 1999.

RICKMAN 2008 = G. RICKMAN, Ports, Ships, and Power in the Roman World, in: R.L. HOHLFELDER (ed.), The Maritime World of Ancient Rome. Proceedings of the "Maritime World of Ancient Rome" Conference held at the American Academy in Rome, 27–29 March 2003, Ann Arbor 2008, 5–20.

SCIALLANO/LIOU 1985 = M. SCIALLANO/B. LIOU, Les épaves de Tarraconaise à chargement d'amphores Dressel 2–4, *Archaeonautica* 5, 1985, 5–178.

SCIALLANO/ MARLIER 2008 = M. SCIALLANO/S. MARLIER, L'épave à dolia de l'île de la Giraglia (Haute-Corse), *Archaeonautica* 15, 2008, 113–151.

SLIM/TROUSSET/PASKOFF/OUESLATI 2004 = H. SLIM/P. TROUSSET/R. PASKOFF/A. OUESLATI, Le littoral de la Tunisie. Étude géoarchéologique et historique, Paris 2004.

STEINBY 1981 = M. STEINBY, La diffusione dell'opus dollare urbano, in: A. GIARDIANA/A. SCHIAVONE (ed.), Società romana e produzione schiavistica II. Merci, mercati e scambi nel Mediterraneo, Bari/Roma 1981, 239, 237–245.

TISSOT 1888 = C. TISSOT, Géographie comparée de la province romaine d'Afrique, Paris 1888.

VANN 1991 = R.L. VANN, The Drusion. A Candidate for Herod's Lighthouse at Caesarea Maritima, *IJNA* 20, 1991, 123–139.

VISCONTI 1884 = P.E. VISCONTI, I monumenti del Museo Torlonia di sculture antiche riprodotto con la fotografia, Rome 1884.

VOTRUBA 2007 = G.F. VOTRUBA, Imported building materials of Sebastos harbour, Israel, *IJNA*, 36, 2007, 325–335.

XIMÉNÈS/MOERMAN 1988 = S. XIMÉNÈS/M. MOERMAN, L'anse des Laurons. Structures portuaires, *Cahiers d'Archéologie subaquatique* 17, 1988, 21–130.

YORKE 1967 = R.A. YORKE, Les ports engloutis de Tripolitaine et de Tunisie, *Archeologia* 17, 1967, 18–24.

YORKE 1986 = R.A. YORKE, Chapter VII. The Harbour, in: Ph.M. KENRICK (ed.), Excavations at Sabratha 1948–1951. A Report on the Excavations Conducted by Dame Kathleen Kenyon et John Ward-Perkins, London 1986, 242–245.

YOUNES 1999 = A. YOUNES, L'installation portuaire à Thapsus. Mise au point à partir des textes anciens et de la documentation archéologique, *Revue Tunisienne de Sciences Sociales, Série Géographie 21, La Méditerranée, l'homme et la mer*, 1999, 181–193.

Rome, Ephesos, and the Ephesian Harbor: a Case Study in Official Rhetoric

Christina Kokkinia

Abstract

— Some ancient sources seem to indicate that the Roman imperial state actively promoted the construction and maintenance of infrastructure in the provinces. Based on a case study, this paper provides a different interpretation: that the rhetoric connecting provincial infrastructure and good government, when it was monumentalized in stone in the provinces, does not constitute clear evidence of Rome actively promoting provincial infrastructure. To the contrary, the carving in stone of communications of Roman state officials that included such rhetoric is more likely to reflect an effort on the part of the provincials to impose a moral obligation on their Roman rulers to undertake such activities.

— Manche antike Quellen scheinen anzudeuten, dass der römische Staat der Kaiserzeit Konstruktion und Unterhalt von Infrastruktur in den Provinzen aktiv förderte. Basierend auf einer Fallstudie, vertritt der vorliegende Beitrag eine andere Auffassung: wenn epigraphisch dokumentierte Erlasse römischer Amtsinhaber in ihrer Rhetorik provinzielle Infrastruktur mit guter römischer Verwaltung verbanden, ist dieser Umstand nicht zwingend als Nachweis von Roms Engagement für provinzielle Infrastrukturprojekte zu deuten. Vielmehr ist die Verewigung solcher Amtsdokumente auf Stein in den Provinzen als Ergebnis des Bestrebens seitens der Provinzialen zu verstehen, den römischen Staatsvertretern eine moralische Verpflichtung aufzuerlegen, solche Aktivitäten zu unterstützen.

Superstructure and Infrastructure

In 88 BCE the inhabitants of the Roman province of Asia gave support to an enemy of the Roman state in the person of Mithridates of Pontus, and slaughtered in the thousands the Romans and Italians who had lived among them. In the second half of the second century CE, by contrast, repeated threats to the borders of the empire and serious challenges to Roman rule in the East rallied the loyalties of the provincial population to the Roman empire. In short, the Roman imperial state had succeeded in turning subjects into citizens. In an effort to explain the stability of the Roman political and social order under the Empire, recent scholarship has extended beyond the study of institutions of government and has focused increasingly on other aspects of Roman society's "superstructure". These aspects include processes of acculturation and the state's capacity to create consensus between rulers and subjects in the Empire.[1] The present paper aims to evaluate the contribution of Roman official rhetoric to the idea, detectable in a second-century CE proconsular edict under study here, that good provincial infrastructure depended on good provincial administration by the Roman state.

Our chief literary sources for the Roman Imperial period occasionally speak of a particular aptitude of the Romans in the art of government and also in the undertaking of such building projects as we would include today under the term "infrastructure".[2] It is not clear from those literary sources that a connection was perceived to exist between these two fields of professed Roman competence – that is, government and infrastructure. A well-known inscription, however, that I wish to revisit here, IK 11 no. 23, does seem to suggest that a connection between infrastructure and good government was broadcast by individuals in a position both to express and to shape Roman state ideology. This inscription, which records an edict of a proconsul Asiae, originates from a major province of the Greek East, and thus from a part of the world where a considerable amount of infrastructure was already in place when the province became part of the Roman Empire.[3]

It is worth asking, at the outset of this examination, whether such rhetoric as we find in this text, clearly connecting infrastructure to good government, was routinely used by Roman governors in their communications to provincial communities. At present, however, the surviving body of routine communications of Roman officials to provincial communities is too small to provide a useful basis for such an enquiry.[4] My focus in the present paper will be on this one epigraphic example of rhetoric connecting infrastructure and good government. As I will suggest, the inscribing of documents containing this sort of rhetoric may reflect the provincials' effort to transfer from their own agenda to that of their Roman rulers a number of local priorities having to do with provincial infrastructure, and possibly to impose on those rulers a moral obligation to become involved in the specified tasks. If that is correct, then such rhetoric does not constitute clear evidence that the Roman state undertook the promotion of infrastructure in the provinces as a means, for example, of inducing loyalty among those whom it governed and it does not necessarily constitute evidence that Roman state officials routinely argued along those lines. With a view to investigating who might, at the time, have promoted the role of the state in local infrastructure, and why, I will try to tease out, in this one instance, the possible mix of local and imperial considerations that may have been involved in such rhetoric and in the engraving of such arguments in stone. My case concerns a well-known episode of Roman intervention in the upkeep of the harbor at Ephesos.

---

[1] See ANDO 2000 for an analysis that is informed by modern social theory and is based on solid knowledge of the ancient evidence. On cultural exchange between Greece and Rome important recent work includes WALLACE-HADRILL 2008 and SPAWFORTH 2012.

[2] Dion. Hal. ant. 3,67,5; Strab. 5,3,8; Aristeid. 26,101 (KEIL).

[3] And in which, as Trajan once pointed out to the governor Pliny the Younger, specialists in the carrying out of such works could easily be found; Plin. epist. 10,18.

[4] Presumably because of the loss of the Alexandrian archives, even the wealth of Egyptian evidence preserves only a few documents issued at the highest hierarchical levels of provincial government.

Ephesos' Harbor(s): "The Gate by Which the West Visited the East"[5]

Strabo, in a passing reference, speaks of Ephesos as the largest ἐμπόριον, or trade center, of Asia Minor, larger than Phrygian Apameia because (in contrast to Apameia, it is understood), Ephesos received "also those that come from Italy and Greece". Though some of the finer nuances of this passage may escape us, due in part to its syntax and vocabulary, Ephesos seems to be portrayed here as the most important link in the trade between East and West, a major center connecting Italy and Greece with Asia Minor: Ἀπάμεια δ' ἐστὶν ἐμπόριον μέγα τῆς ἰδίως λεγομένης Ἀσίας, δευτερεῦον μετὰ τὴν Ἔφεσον· αὕτη γὰρ καὶ τῶν ἀπὸ τῆς Ἰταλίας καὶ τῆς Ἑλλάδος ὑποδοχεῖον κοινόν ἐστιν.[6]

A more detailed report on Ephesos is provided in *Geographica* book 14. After some remarks on the city's history and on the Artemision, the geographer turns to a discussion of Ephesos' port, and his first observation is that the port's mouth, once very wide, was in

---

[5] RAMSAY 1901, 167.

[6] Strab. 12,8,15. The Loeb translation (H. L. JONES, London 1924) connects αὕτη in the sentence beginning with αὕτη γὰρ to Apameia Kibotos: "Apameia is a great emporium of Asia, I mean Asia in the special sense of that term, and ranks second only to Ephesus; for it is a common entrepôt for the merchandise from both Italy and Greece". Cf. the translation of W. FALCONER (London 1903): "Apameia is a large mart of Asia, properly so called, and second in rank to Ephesus, for it is the common staple for merchandise brought from Italy and from Greece". Cf. in the *Belles Lettres* the translation by F. LASSERRE (Paris 1981): "Apamée est un grand marché de l'Asie proprement dite, le deuxième en importance après Éphèse. Elle sert, en effet, d'entrepôt commun pour les marchandises venues d'Italie et de Grèce. Elle est située là où le Marsyas…". But αὕτη γὰρ, here, is more likely to refer to Ephesos than to Apameia: Ephesos is the city mentioned immediately before αὕτη, and the clause that begins with αὕτη γάρ presumably continues the description of that city, explaining why Ephesos, instead of Apameia, was ranked first. It is therefore unnecessary to suppose that Strabo, in comparing the inland Phrygian city of Apameia Kibotos and the western sea-port of Ephesos came to the conclusion that, despite their respective geographical positions, it was Apameia rather than Ephesos that constituted a "common entrepôt for the merchandise from both Italy and Greece", that is, from the West. The German translation by S. RADT (vol. 3, Göttingen 2004) is much preferable: "Apameia ist ein großer Handelsplatz des in engerem Sinne Asien genannten Landes, der zweite nach Ephesos; denn dieses ist auch noch der allgemeine Stapelplatz für die Waren aus Italien und Griechenland. Apameia liegt an der Mündung des Flusses Marsyas…". In the same sense GROSKURD (Berlin 1831): „Apameia ist eine grosse Handelsstadt des eigentlich so genannten Asia, den zweiten Rang nächst Ephesos behauptend; denn diese ist eine allgemeine Niederlage aller Waren aus Italia und Hellas. Apameia ist an der Mündung des Flusses Marsyas erbaut…". Strabo refers to Ephesos, here, with the common word *emporion* and also with the much less common word ὑποδοχεῖον. Ὑποδοχεῖον is seldom attested in literary authors. In papyri, it usually refers to a reservoir or store-house. Here the meaning suggested in LSJ is "entrepôt" (as also in the Loeb translation cited above), which in English can refer to a free port, but this is almost certainly not what Strabo means. In Strab. 17,1,13, where he refers to Alexandria as ὑποδοχεῖον of precious goods, his description confirms that Alexandria was not a free port but imposed and collected high duties for such goods. The translation of ὑποδοχεῖον as "free port" is therefore unlikely to represent his meaning in relation to Ephesos, either, and "store-house" is probably the more correct interpretation in both cases.

his time excessively narrow. Never reluctant to provide expert criticism on architectural matters, Strabo puts the port's unfavorable condition down to the incompetence of architects deployed by the Pergamene king Attalus Philadelphus in the second half of the second century BCE:[7] the architects and their king, Strabo asserts, had been wrong to assume that the entrance to the port, and the port itself, could be made deeper, and thus capable of receiving cargo ships, by the erecting of a mole to narrow its mouth. In fact, continues Strabo, the opposite occurred: the silt that was carried in the river Kaystros, "thus hemmed in, made the whole of the harbor, as far as the mouth, more shallow", whereas previously, he remarks, "the ebb and flow of the tides" had sufficed "to carry away the silt and to draw it to the sea outside". To judge from Strabo's account, it appears that Attalus's engineers labored under the illusion that the level of water inside the port's basin would rise if its entrance were narrowed.[8]

Livy, however, reports that the mouth of the Ephesian port was "like a river, long, narrow, and full of shoals" even earlier in the second century, in 190 BCE, when the Romans and their allies had contemplated trapping the royal fleet of Antiochos III inside the port.[9] Either Livy's account of the situation at the harbor is anachronistic and reflects the situation at a later date, probably in Augustan times, or Strabo's account confuses the facts in some way – and is unfair to Attalus's engineers.

The early history of Ephesos' port may well be irrecoverable. The river had threatened the port far earlier than the second century BCE and had forced the Ephesians more than once to relocate both the harbor and the city farther to the west. But, as Strabo also notes, "because of its advantageous situation in other respects", Ephesos thrived and was the largest emporion of Asia "this side of the Taurus" despite the shortcomings of its harbor.[10]

---

[7] Strab. 14,1,24–25.

[8] The engineers apparently reasoned that, if the mouth of the port was narrowed, the water that was carried by the river would be slowed on its way to the open sea. In any event, Strabo's account is clear as to what Attalus ordered: to make the entrance of the harbor narrower. I doubt that the passage refers to the construction of a dam to divert the bed load of the Kaystros, as proposed by ZABEHLICKY 1999, 481 (cf. ENGELMANN 1996a): nothing in the passage suggests that the narrowing of the entrance was a side effect of Attalus's engineers' work rather than their intended aim. Such a diverting of the Kaystros, moreover, a measure later undertaken by Hadrian (see below), would appear to be a sensible measure, and an unlikely target of the geographer's criticism.

[9] Liv. 37,14,6: *et eo minoris molimenti ea claustra esse, quod in fluminis modum longum et angustum et vadosum ostium portus sit*: "the closing of the harbour would involve less difficulty because the mouth of the harbour was like a river, long, narrow, and full of shoals" (transl. E.T. SAGE, Cambridge, Mass. 1935 [Loeb]).

[10] Strab. 14,1,24. Here, Strabo repeats the first-place ranking of the emporion of Ephesos that he noted in 12,8,15 (see above), when he was comparing Ephesos to Apameia (text in quotation marks: transl. H.L. JONES, London 1970 [Loeb]).

Literary and epigraphic sources from the Roman Imperial period provide evidence of various attempts to fix those shortcomings. Tacitus mentions, among the "offences" that increased the hostility of the "bad" emperor Nero toward the "good" proconsul Barea Soranus, that Soranus "bestowed pains on opening the port of Ephesos".[11] In the reign of Trajan, a high-priest of Asia by the name of Montanus[12] donated 75.000 denarii for "construction work on the harbor".[13] At roughly the same time, more precisely proba-bly in 105 CE, an Ephesian notable donated 2 500 denarii for the same purpose[14]. In the reign of Hadrian we have epigraphic evidence of works aimed at containing or diverting the rivers Mantheites and Kaystros, and at "rendering the harbors navigable": in the case of the Kaystros, the inscription leaves no doubt that diverting the river was a measure taken to prevent it from harming the harbors (l. 15): βλά[πτοντα τοὺς] λιμένας).[15] An edict issued under Hadrian's successor, the text inscribed in IK 11 no. 23 that I will be discussing, below, presents the claim that Antoninus Pius, too, showed great interest in the upkeep of Ephesos' harbor. Finally, recent archaeological research indicates that a sig-

---

[11] Tac. ann. 16,23. We are not informed as to what exactly this "opening" of the harbor entailed (the verb used is *aperio: aperiendo*). If we suppose that Attalus's mistakenly designed "choma" was still there in Soranus's time, perhaps the proconsul tried to do away with it and/or to otherwise widen the port's mouth. Alternatively, Soranus may have tried to "open" the basin by dredging the harbor, as a later euergetes did, although the verb *aperio* does not precisely describe that activity. ZABEHLICKY 1995, 205 asserts, without offering evidence, that Tacitus here refers to "cleaning and dredging the bottom of the basin".

[12] T. Flavius Montanus, a native of Phrygian Akmoneia, is attested in inscriptions from Akmoneia (IGR IV 643 [with IV 1696]) and Ephesos (IK 12 no. 498; IK 13 no. 698 and no. 854; IK 14 no. 1130; IK 16 no. 2037 and no. 2061–2063). Cf. CAMPANILE 1994, 96; MAMA XI 104 on a descendant of this Montanus at Akmoneia; CRAMME 2001, 128 n. 476; HALFMANN 2001, 64 with nn. 215–216.

[13] Εἰς τὴν τοῦ [λιμέ]νος κατασκευήν; IK 16 no. 2061, ll. 14–15. The donation appears to have been made during Montanus's tenure in the office of provincial high-priest. Cf. ENGELMANN 1996b, 93 n. 10.

[14] Εἰς τὴν τ[οῦ] λιμένος κατασκευήν: C. Licinius Maximus Iulianus, IK 17/1 no. 3066, ll. 14–15. On the dating see IK 14 no. 1022. A similar formulation concerning the port being "under construction" may be taken as an indication of a similar date for another, in this case very fragmentary, honorary inscription from Ephesos, IK 14 no. 1391: [νῦν δὲ κατασκευ]αζομένου τοῦ λιμένος; the text appa-rently lists numerous benefactions of a team of benefactors, because all of the participles, nouns, and adjectives that survive are in the plural: perhaps a father-son team like the one clearly indicated in the inscription for Maximus Iulianus (IK 17/1 no. 3066, ll. 19–22).

[15] Mantheites: KNIBBE/ENGELMANN/İPLIKÇIOĞLU 1993, 122–123, no. 12 (SEG 43, 1993, 792; AE 1993, 1472): Ἀρτέμιδι Ἐφεσίᾳ | καὶ Αὐτοκράτορι | Ἀδριανῷ Καίσαρι Σε | βαστῷ, γραμματεύοντος |[5] Πο. Ῥουτειλίου Βάσσου, ἡ | Ἐφεσίων πόλις τὸ πλάτος | τῷ Μανθείτῃ ποταμῷ τῶν | ἑξήκοντα ποδῶν κατὰ τὴν | τοῦ Σεβαστοῦ διαταγὴν |[10] ἀποκαθέστησεν τοῦ δεξιοῦ | χώματος. Kaystros and "har-bors": IK 12 no. 274: Αὐτοκράτορα Καίσαρα θεοῦ | Τραϊανοῦ Παρθικοῦ υἱόν, θεοῦ | Νέρουα υἱωνόν, Τραϊανὸν Ἀδριανὸν | Σεβαστὸν καὶ Ὀλύμπιον, δημαρ|[5]χικῆς ἐξουσίας τὸ <ι>γ′, ὕπατον | τὸ γ′, πατέρα πατρίδος | ἡ βουλὴ καὶ ὁ δῆμος ὁ Ἐφεσίων | τὸν ἴδιον κτίστην καὶ σωτῆρα διὰ | τὰς ἀνυπερβλήτους δωρεὰς Ἀρτέ |[10]μιδι, διδόντα τῇ θεῷ τῶν κληρο|νομιῶν καὶ βεβληκότων τὰ δίκαια | καὶ τοὺς νόμους αὐτῆς, σειτοπομπή[ας δὲ] | ἀπ᾽ Αἰγύπτου παρέχοντα καὶ τοὺς λιμένας | πο[ιήσαν]τα πλωτούς, ἀποστρέψαντά τε |[15] καὶ τὸν βλά[πτοντα τοὺς] λιμένας ποταμὸν | Κάϋστρον διὰ τὸ [–].

nificant upgrading of the harbor facilities at Ephesos took place in the first half of the second century CE.[16] It might not be entirely coincidental, then, that among the numerous inscriptions from Ephesos dating from the second and third centuries CE, we find little evidence of trouble with the port, and none at all until the years between 222 and 238 CE, when a πρύτανις is honored for his donation of 20.000 denarii for the purpose of cleaning the harbor.[17] Again in the third century, the silversmiths at Ephesos find poetic words to express their gratitude for a benefactor's improvement of the port.[18] And in the fifth century, we find Ephesos' harbor referred to in a Coptic text as containing "landings" that prevented a ship from entering it. The passengers on that ship had to board a boat (σκάφος) to gain entry into the city.[19] The latest attestation of Ephesos' central port being in use dates from 723 CE.[20] Today, the site of ancient Ephesos is at a distance of 5,5 km from the shore, and the shape of its ancient harbor is discernible in the intervening landscape. The harbor's mouth is visible, too, and it is surprisingly similar in shape to what Livy described as "like a river, long (and) narrow".

Ephesos had at least one other harbor, known by the name Panormos, which was also mentioned by Strabo. As mentioned above, in the inscription IK 12 no. 274 the emperor Hadrian is praised for making the *harbors* (plural) navigable. Though the location of Panormos is not known with absolute certainty, apparently more than one harbor needed maintenance in the reign of Hadrian, and it seems plausible to infer that there was more than one outer harbor to accommodate the large vessels that could not enter the narrow mouth of Ephesos' central port.

The Ephesians appear to have kept their harbors generally in working order, despite the difficulties of maintaining them. When at the end of the first century CE Pliny the Younger traveled to his province Bithynia in northern Asia Minor, he landed at Ephesos,

[16] ZABEHLICKY 1999, 481.

[17] One of several members of the same family (grandfather, father, and son) named Marcus Aurelius Artemidorus (cf. IK 17/1 no. 3058): IK 17/1 no. 3071, ll. 11–12: εἰς τὴν ἀνα|κάθαρσιν τοῦ λιμένος.

[18] Valerius Festus: İPLİKÇİOĞLU/KNIBBE 1984: ἀγαθῇ τύχῃ· | τῆς πρώτης καὶ με|γίστης μητροπόλεως | τῆς Ἀσίας καὶ τρὶς νε|⁵ωκόρου τῶν Σεβαστ(ῶν) || Ἐφεσίων οἱ ἀργυροχόοι | Οὐαλέριον Φῆστον | τὸν ἐκ προγόνων ἀνθυ(πατικόν), | κτίστην μὲν πολλῶν ἔργων |¹⁰ τῆς Ἀσίας τῆς δὲ Ἐφέσου | κατὰ τὸν ἥρωα Ἀντωνῖνον, | τὸν δὲ λιμένα μείζονα | Κροίσου ποιήσαντα, | τὸν ἑαυτῶν σωτῆρα |¹⁵ καὶ ἐν πᾶσιν εὐεργέτην | ἀνέστησαν.

[19] ENGELMANN 1996a. It is possible, as Engelmann proposes, that the presence of a canal is implied, though not explicitly referred to, in the Coptic text. A canal had existed in earlier phases (see above), and it is still visible today on the ground. On the basis of the translation provided by Engelmann, however, the Coptic text appears to refer to the harbor, rather than to a canal, specifying that landings that had been provided within the harbor left too little space for a large vessel to enter the harbor itself. If by the fifth century the basin of the harbor remained too shallow to accommodate large ships, the Ephesians may well have chosen to build numerous landings for use by small vessels that shuttled to and from boats at anchor in the outer port(s) of the city.

[20] SCHERRER 2007, 349: the harbor is mentioned in the life of Saint Willibald, bishop of Eichstätt in Bavaria, who traveled to Ephesos among other places.

and although he complained about the tiresome land journey that followed, he is not reported to have complained specifically about the fact that his ship had landed so far to the south of his final destination.[21] From this evidence it seems reasonable to infer that landing at Ephesos when traveling from Italy to the province of Asia was usual enough in the time of Pliny that it did not require explanation.[22] In the reign of Caracalla, proconsuls of Asia apparently did not always come ashore at Ephesos, as we can infer from an edict cited by Ulpian, but there is no evidence that the state of the harbor had induced them to land elsewhere.[23]

Ephesos and the Romans: L. Antonius Albus and IK 11 no. 23

Roman imperial Ephesos was an important harbor for goods traded across the Mediterranean, and its role in the grain trade was particularly critical.[24] Its Artemis temple was famous throughout the ancient Mediterranean both for its antiquity and for its widely respected inviolability. The Artemision owned extensive lands and generated income through local taxes. It functioned as an international bank and, as a consequence, had at hand a highly valued, and in antiquity seldom readily available resource: cash.[25] Augustus had restored to the Artemision the lands and "sacred revenues" that it had lost during the Late Republic, and he had reorganized its finances. Augustan authors circulated a story according to which the Decemviri were aided in drawing up the Ten Tables by an Ephesian exile, who, in return, was given a statue in the Comitium.[26] Though the truth of this story may be questionable, the archaeological evidence indisputably attests that the Augustan period saw the construction of impressive new public buildings at Ephesos under the aegis of the Romans.[27] Literary and epigraphic evidence complete the picture of

---

[21] Plin. epist. 10,17.

[22] As it appears also to have been in the time of Cicero, who traveled by sea from Rome via Delos to Ephesos, and then by land, from Ephesos via Tralles, to his province Cilicia; Cic. Att. 5,13; cf. 5,20. But there is evidence that Cicero may have owned a house at Ephesos, and this could be expected to have affected his route: Cic. Att. 6,8. Cicero's and Pliny's routes do not, in any event, seem a sufficient basis for the conclusion that Ephesos was "der obligatorische Transitort für die römischen Beamte" (KARWIESE 1995, 74, cf. 101). Travel from Ephesos to Athens: Cic. Att. 3,8; 6,8.

[23] Dig. 1,16,4. In this edict, Caracalla decreed that the governor was to enter the province of Asia by sea at Ephesos. Since, according to Ulpian, the edict was a response to a petition, it seems reasonable to infer that one or more governors or other functionaries had disregarded local preference in this respect, or had the intention of doing so, either at Ephesos or at another provincial site.

[24] PLEKET 1994, 120.

[25] The temple apparently did not begin lending, however, before the first century BCE: BOGAERT 1968, 245–254, esp. 249.

[26] Cic. Tusc. 5,105; Strab. 14,1,25. Cf. Plin. nat. 34,21; in the second century CE: Dig. 1,2,2,4 (Pomponius). MÜNZER 1912; recently: OSBORNE 2006, 231.

[27] KIENAST 1999, 438–443; SCHERRER 2001, 69–74.

the beginning of a new era in the relations between Ephesos and Rome in the Augustan period.[28]

Despite the massacres of 88 BCE, the Roman element in the population of Ephesos became very prominent under the Empire. The city had been a melting pot for centuries,[29] but among the many foreigners at Ephesos in Roman imperial times the percentage of Romans was particularly high. A recent study provides documentation of a large number of Italian immigrants, and attests those immigrants' integration into Ephesian society as early as the second half of the first century BCE.[30] From the Flavian period onward, Roman citizens make up the majority of officeholders of the various γραμματεῖαι at Ephesos.[31] Based on such evidence, it can be argued that in a geopolitical sense, and possibly even in a cultural sense, the Ephesos of Roman imperial times was almost as much a Roman city as it was a Greek city.[32]

And Romans of Rome and Italy knew a thing or two about maintaining a large city's vulnerable harbors. Rome's own ports, Ostia and Puteoli, had to be protected against silting and strong winds by means of costly constructions. A succession of emperors devoted considerable effort to preserving and upgrading Rome's ports and through them the city's lifeline of imported grain. In the case of Ephesos, the Roman emperor Antoninus Pius behaved in a similar way, according to the inscription IK 11 no. 23, to which I will now turn. In his reign, an edict of the *proconsul Asiae* L. Antonius Albus was carved in stone at Ephesos, on a marble pedimental stele with acroteria, and was presumably set up at the harbor, where it was found in 1956.

---

[28] SCHERRER 1995, 5.

[29] Plut. Lysander 3,2–3.

[30] KIRBIHLER 2007. According to the same study (p. 29), some 220 non-imperial *gentilicia* are attested among the Roman residents of Ephesos. MEYER 2007, *passim*, on aspects of Roman and Italian presence at Ephesos.

[31] SCHULTE 1994, 15.

[32] Most recently on imperial Ephesos' "hybrid" Greco-Roman identity: THOMAS 2010; RAJA 2012, 85–86. ROGERS 1991 treats "the conceptual world of Ephesos during the early Roman empire"; see esp. p. 2.

[ἀγαθῇ] τύχῃ·
Λ(ούκιος) Ἀντώνιος Ἄλβος ἀνθύπατος
λέγει·
ἐπε[ὶ] τῇ μεγίσ]τῃ μητροπόλει τῆς
Ἀσίας [καὶ] μονονουχὶ καὶ τῷ κόσ-
μῳ [ἀναγκ]αῖον ἔστιν τὸν ἀποδεχό-
μενον τοὺς πανταχ[όθ]εν εἰς αὐ-
τὴν καταγομένους λιμέν<α> μὴ
ἐνποδίζεσθαι, μαθὼν τίνα τρόπον
βλάπτ[ου]σι, ἀναγκαῖον ἡγησάμην
διατάγ[μ]ατι καὶ κωλῦσαι καὶ κατὰ ἀπει-
θούντων τ[ὴν] προσήκουσαν ζημίαν ὁρίσαι·
παραγγέλλω [οὖ]ν καὶ τοῖς τὰ ξύλα καὶ τοῖς
τοὺς λίθους ἐνπορευομένοις μήτε τὰ ξύλα
παρὰ τῇ ὄχθῃ τιθέναι μήτε τοὺς λίθους
πρίζειν· οἱ μὲν γὰρ τὰς κατασκευασθείσας ἐπὶ
φυλακῇ τοῦ λιμένος πείλας τ[ῷ] βάρει τῶν φορτίων
λυμαίνονται, οἱ δὲ ὑπὸ τῆς ἐνειεμ[έν]ης σμείρεως
[λατύ?]πης ἐπει{ει}σφερομένης τὸ βάθος
[συ]νχωννύντες
τὸν ῥοῦν ἀνείργουσιν, ἑκάτεροι δὲ ἀνόδευτον
τὴν ὄχθην ποιοῦσιν. ἐπεὶ οὖν ἐπιθεμέ[νο]υ μου
οὐκ ἐ[γένε]το ἱκανὸς Μάρκελλος ὁ γραμματεὺς
ἐπισχεῖν αὐτῶν τὴν θρασύτητα, ἴστωσαν ὅτι
ἄν τις μὴ γνοὺς τὸ διάταγμα καταλημφθῇ τῶν
ἀπειρημένων τι πράττων, εἰσοίσει vac.
τῇ ἐπιφανεστάτῃ Ἐφεσίων πόλει, καὶ οὐδὲν ἧττον αὐτὸς τῆς ἀπειθείας ἐμοὶ λόγον
ὑφέξει· τοῦ γὰρ μεγίστου αὐτοκράτορος περὶ
φυλακῆς τοῦ λιμένος πεφροντικότος
καὶ συνεχῶς περὶ τούτου ἐπεσταλκότος
τοὺς διαφθείροντας αὐτὸν οὔκ ἐστιν δί-
καιον μόνον ἀργύριον καταβάλλοντας
ἀφεῖσθαι τῆς αἰτίας. vacat προτεθήτω.
γραμματευόντος Τι(βερίου) Κλ(αυδίου) Πο-
λυδεύκου Μαρκέλλου ἀσιάρχου.

To good fortune.

L. Antonius Albus, *proconsul*,

says:

Since it is necessary for the greatest *metropolis* of Asia, and indeed for the world, that the harbor is not obstructed that receives those who travel by sea to her from everywhere,

and having heard how it is being damaged, I have deemed it necessary by means of an edict to hinder (them) and also to set the appropriate penalty against those who do not comply.

I therefore order those who import wood as well as those (who import) stones not to place the logs by the waterside (ὄχθη) and not to saw the stones. For those who (place the logs by the waterside), through the weight of the loads, ruin the piers that were constructed for the protection of the harbor, and those who (saw the stones) fill up the depth and prevent the flow of the water by the throwing in of stone chippings mixed with emery; and both (groups) render the waterside impassable.

Now, since I gave an order to restrain those men's insolence but Marcellus the secretary has not been able to (do so), let them know that, if someone is caught ignoring the edict and doing something forbidden, he will pay to the most distinguished city of the Ephesians (amount not engraved) and he will equally render account before me for his disobedience himself. For it is not just, while the greatest emperor has been concerned about the protection of the harbor and has been sending (instructions) on this matter continuously, that those who destroy it be absolved from their responsibility by merely paying money. (This is) to be set up. During the secretaryship of Ti(berius) Cl(audius) Polydeukes Marcellus, the Asiarch.

This is a well-known text, for good reasons. It is a prime example of how inscriptions can excite curiosity about the workings of daily life in antiquity. At the same time, it is a prime example of how inscriptions can fail to satisfy that curiosity.

Let me list some facts that I believe can be safely deduced from this text. The proconsul of Asia L. Antonius Albus issued an edict ordering that wood not be placed and stones not be sawed in the area of the harbor. The proconsul himself defines the purpose of his edict: to stop those damaging the harbor. The means to this end, as they are stated in the edict, will be to set an appropriate penalty and to compel the perpetrators to answer to him. The proconsul names as reasons for his decision that a) a structure, in his words, "for the protection of the harbor" was being damaged; b) the harbor was being rendered shallower; and c) the harbor's waterside (ὄχθη) was being rendered impassable. The proconsul states that Marcellus, the city's secretary, had received orders from him to put a stop to the activities that were causing the damage but had been unable to do so. From the closing of this edict we can deduce that, at the time of the issuing of the edict, the emperor had sent two or more letters that had contained instructions for, in the words of the proconsul, again, "the protection of the harbor" (ll. 28–30).

The text generates a number of questions. We can't be sure who did what where: *who* exactly did *what* wrong, and *where* in relation to the harbor. First, who is meant by ἐμπορευόμενοι (l. 14: ἐνπορευομένοις)? L. Robert concluded that the ἐμπορευόμενοι were merchants.[33] Ἐμπορεύομαι with the accusative is indeed used in literary sources to refer to the act of importing goods. But the subject of ἐμπορεύομαι is in some instances a local who brings in goods from abroad – one who receives those goods and makes them available locally, as opposed to someone who travels in from abroad, sells the goods, and then departs.[34] Thus, we cannot be sure that stone merchants and wood merchants were the evildoers, or the sole evildoers, under discussion in the edict. Ἐμπορεύομαι with the accusative could just as well point to contractors of local works and stone masons and artists[35] and whoever else worked with imported building materials, and who, apparently, found it convenient to place and to work those materials where they were brought in,

---

[33] Called λιθέμποροι in the case of those who were merchants in stones; ROBERT 1962, 35 n. 71. Also WINTER 1996, 187 speaks of the ἐμπορευόμενοι as merchants (Kaufleute). Wood merchants were ξυλέμποροι; see SEG 28, 1978, 1407.

[34] In Dion. Hal. ant. 6,86,4, ἐμπορεύομαι (ἐμπορεύονται) refers to the activities of citizens who supply their *polis* with "many benefits transported by sea": "τὸν αὐτὸν δὴ τρόπον ὑπολάβετε καὶ περὶ πόλεως. πολλὰ γὰρ δὴ τὰ συμπληροῦντα καὶ ταύτην ἔθνη καὶ οὐδὲν ἀλλήλοις ἐοικότα, ὧν ἕκαστον ἰδίαν τινὰ τῷ κοινῷ χρείαν ὥσπερ τὰ μέλη τῷ σώματι παρέχεται. οἱ μὲν γὰρ τοὺς ἀγροὺς γεωργοῦσιν, οἱ δὲ μάχονται περὶ αὐτῶν πρὸς τοὺς πολεμίους, οἱ δ' ἐμπορεύονται πολλὰς διὰ θαλάσσης ὠφελείας, οἱ δὲ τὰς ἀναγκαίας ἐργάζονται τέχνας."

[35] BOURAS 2009, esp. 497–498, suggests that they were artists.

in the area of the harbor[36]. This would not be surprising if the buildings for which the wood and the stones were intended were nearby, and we know from recent archaeological investigations that the region immediately to the east of the harbor saw intense building activity during the reigns of Hadrian and Antoninus Pius.[37]

In the proconsul's mention of wood, he describes the placing of the wood at the harbor with the verb τίθημι, which appears here in the infinitive τιθέναι (l. 15). Earlier translators and commentators have rendered this verb in English as "to store", but the basic root meaning of τιθέναι is "to place" – not "to store" – and that is perhaps all that is meant, here. Some people were placing the logs somewhere[38] and leaving them there for some period of time, but for how long? For the minutes or hours before they were picked up again to be transported further, or for days and months? Was it during the offloading of the logs that the structure on which they were placed was being damaged? Or was it rather while the logs were being kept there for longer periods, or "stored", that their weight tested the endurance of the "piers"?

Πείλας (l. 17) is a transcription of lat. *pilae*, plural of *pila, -ae*, which, besides "pillar" (column), can mean "pier" or "mole", either of stone or another material. The *pilae* mentioned here could be either the stone-clad banks of the basin itself or wooden piers projecting into the basin or, finally, wooden or stone piers erected alongside the canal[39]. Given so many uncertainties, I suspect that even the recent suggestion by a specialist on ancient harbors, to the effect that the *pilae* in this inscription reflect a phase of construction of the harbor prior to the architectural phase now revealed in excavation, is essentially guesswork.[40]

And there are other interpretations of this text that depend on guesswork, in spite of the fact that it is preserved largely intact, but for the approximately five consecutive letters that are missing from the beginning of line 19. This lacuna is immediately preceded by the phrase οἱ δὲ ὑπὸ τῆς ἐνειεμ[έν]ης σμείρεως and is followed apparently by the letters ΤΗΣ, underdotted in the most recent reading in the IK, and next, in coordination with these genitives, a further genitive in the feminine, ἐπειεισφερομένης. This last word is easily understood, assuming it contains a common mistake or orthographic anomaly, in this case the dittography of ει: ἐπει{ει}σφερομένης from ἐπεισφέρω, "bring in besides", which I translate in this context as "mix with" ("mixed with emery").

---

[36]   One thinks, for example, of the γλυκυτάτη συνεργασία τῶν ξυλοπριστῶ[ν] at Ephesos: IK 16 no. 2115.

[37]   SCHERRER 1995, 12–13; HUEBER 1997, 51.

[38]   In translating ὄχθη, here, I prefer the interpretation "waterside" because it seems to me the most neutral English translation of the term. But ὄχθη can mean a number of things besides, including dyke, bank of a river, wharf, shore, and coast.

[39]   On the possibility of ships having moored along the canal at Ephesos' harbor see GROH 2006, 105 with n. 227.

[40]   BOURAS 2009, 499.

All commentators on this passage of the inscription have remarked on the noun σμείρις (l. 18), sometimes spelled σμίρις, but usually σμύρις, the emery powder used by lapidaries, and they seem to be in agreement that emery powder was filling up the harbor's basin. I would like to suggest that the incompletely preserved word that follows immediately next on the stone, and which has been read as ending in ΤΗΣ, might have been the word λατύπης – that is, stone chippings, the parts that were chipped off and were discarded when stone was being worked. In Egypt, Strabo writes, heaps of λατύπη remained visible in his time near the pyramids.[41] On my interpretation, it was not emery powder alone that was filling up the harbor, but also the stone chips that were a by-product of working the stone. If the restoration of λατύπης here is accepted, then we know a little bit more about the materials that the proconsul says were filling up the harbor.[42] But this is a minor improvement in our understanding of an inscription that presents larger uncertainties, including the date of this edict.[43]

The Ephesians knew, better than we, what went on at their harbor. And they presumably knew, for example, what amount of money their governor wanted violators of his edict to pay as a fine, because the edict had been published (on perishable material), as the governor had ordered,[44] and because, to judge from his stated intention "to set the appropriate penalty" (l. 12),[45] Albus presumably specified a certain amount of money that was to be recorded after the word εἰσοίσει, in the phrase engraved on this stone in line 25. The

---

[41] Strab. 17,1,34: Ἕν δέ τι τῶν ὁραθέντων ὑφ' ἡμῶν ἐν ταῖς πυραμίσι παραδόξων οὐκ ἄξιον παραλιπεῖν. ἐκ γὰρ τῆς λατύπης σωροί τινες πρὸ τῶν πυραμίδων κεῖνται· ἐντούτοις δ' εὑρίσκεται ψήγματα καὶ τύπῳ καὶ μεγέθει φακοειδῆ· (...).

[42] While there is not yet, to my knowledge, archaeological evidence for the discarding of construction debris in Ephesos' harbor, such as that mentioned in Albus's edict, geoarchaeological work at the harbor has recorded "numbers of pottery sherds (all broken) suggesting deliberately discarded debris." KRAFT et al. 2007, 141.

[43] The date of Albus's edict and proconsulate is still under debate, with scholars divided between those favoring a date in 147/8 CE (that is, one decade after Antoninus Pius's ascent to the throne) and those preferring 160/1 CE (the last year of that emperor's reign). The proconsul refers emphatically to the emperor's sustained interest in the matter at hand. But, in claiming that the emperor had written "one letter after the other" (l. 30: συνεχῶς), Albus provides few clues as to the actual volume and time frame of that correspondence. Albus's claim would stand whether Antoninus had sent two letters by 147 CE or twenty letters by 160 CE, and, finally, it would stand if the emperor had sent two letters shortly before either of those dates. The governor's rhetoric in respect to the emperor is of no help when it comes to choosing among the several options for dating this edict within Pius's reign. However, JONES 1973 is right to point out that BOWERSOCK's arguments for a date in 160/1, though not indisputable, remain at least as convincing as the alternative; BOWERSOCK 1967; in addition, JONES 2013, 61 n. 54 points to an unnoticed problem with the earlier dating. For the earlier dating, between 146 and 149 CE: ECK 1972, 23; IK 11 no. 23, p. 141; ALFÖLDY 1977, 213; HALFMANN 1979, 148 n. 58.

[44] Line 34: προτεθήτω.

[45] τ[ὴν] προσήκουσαν ζημίαν ὁρίσαι.

formulation of line 25 seems to exclude the possibility that the governor's edict had been ambiguous on this point.[46]

And yet, previous editors of this text are in agreement that the amount was never inscribed on this stone. It is not unprecedented in the epigraphic record that a word, and more frequently a numeral, is left uninscribed because it represented a detail that was not known at the time and was to be added later.[47] In all such cases, missing numerals and words could have been supplied with paint. But these parallels are not entirely comparable with the missing fine on the inscribed edict at Ephesos' harbor, because in this case the specified amount was in all probability already known. We might suggest, as an explanation for why the amount was not inscribed, that perhaps some group among the Ephesians hoped to renegotiate the amount, either with Albus or with a future governor, and were able to keep the amount from being inscribed. Members of the stonecutters' guild, for example, might not have been pleased with the edict's menacing tone and punitive measures.

In spite of its harsh tone toward the miscreants, the edict bestowed honor on the city of Ephesos. Along with other documents that were issued by Roman authorities and that were preserved on stone at Ephesos, this governor's edict successfully communicates the message that the emperors favored the city of Ephesos, which in Roman imperial times was in all likelihood a *civitas libera*.[48] In a characteristic example of such documents, a fragmentary imperial letter possibly issued by Hadrian,[49] the emperor writes that, if Egypt were to bring forth a good harvest of grain, Ephesos would be the first city, after Rome, to profit.[50] The letter has been discussed for its evidence on such topics as the grain trade, famines, and shortfalls in the grain supply. But to the Ephesians, much of the value of that imperial letter, and perhaps a chief reason for immortalizing it on stone, lay in the emperor's honorific rhetoric, in which he put Rome, his own πατρίς, first in the empire, but accorded the city of Ephesos the immediately next rank.

---

[46] ENGELMANN 1978, 226 proposed that the fine was to be adjusted in each case according to an estimate of the damage that had been done. Although the parallels from Roman law that Engelmann adduces are instructive, they do not offer an explanation of why the amount of the fine was left blank here.

[47] Numerals uninscribed: NAOUR 1977, 280 n. 8 (a penalty for violating a grave), and ROBERT 1935, 445 (a donation). Words uninscribed: ROBERT 1935, 445 (designations of ethnics).

[48] CALAPÁ 2009, 345 suggests an early date ("possibly as early as 133" BCE) for Ephesos' acquisition of this status. GUERBER 1995, arguing that Ephesos was not a *civitas libera*, against the *communis opinio*, relies on inconclusive evidence.

[49] Or by another emperor of the second century CE; WÖRRLE 1971, 340.

[50] IK 12 no. 211.

Such epigraphic displays of honorable exchanges between a provincial city and Rome are found in other *civitates liberae* of the empire, and I believe that those inscriptions can be adduced as evidence that these cities took care to highlight their particularly close connection to the imperial center – as opposed to the aspects of independence that came from their legal status. Whatever privileges their status as free cities gained for them in legal and economic terms, in constructing their public image these cities encouraged the impression that the Romans had bestowed on them an honorific title, so to speak, one that advertised a city to be *civitas libera* and which the Romans reserved for only their closest friends. These epigraphic monuments propagated the idea that being "outside the province" (being removed from the *formula provinciae*) marked a city as being closer to Rome than other cities were.[51] Which Ephesos truly was, as I have tried to argue above. Ephesos was central to Roman interests – economic interests certainly, and social interests very likely. If Roman *providentia* was lavished on the harbor at Ephesos, this was not necessarily a sign of Roman rule aiming to improve the daily lives of Rome's provincial subjects. It was perhaps, instead, an example of Rome's efforts on behalf of Roman traders and Roman residents in the provincial city.[52]

There are additional reasons why Antonius Albus's edict should not be adduced as evidence of Rome having ruled its provinces through an involvement in infrastructure. Although the proconsul's rhetoric certainly conveys the impression that the central Roman authorities, having in mind the welfare of Ephesos and of the empire, took up the task of protecting Ephesos' harbor from abuse by local malefactors, the picture becomes less clear when we look at the local details. As we have seen, the city of Ephesos had been in many ways too Roman for us to view it as representative of a provincial city that could be expected to profit from the Romans' promotion of infrastructure projects in the provinces. In addition, the Roman proconsul in this case came from an Ephesian family. He therefore had longterm local ties and interests, and might have been in some ways too "local" for us to view him as typically representative of Rome's central government in the provinces. The Ephesian relatives of the *proconsul Asiae* Antonius Albus were prominent enough that members of an older generation are attested as public benefactors in local epigraphic evidence.[53] We can expect that, like many a member of the provincial and imperial elite, Albus was at home in more than one place, including Rome and Ephesos.

---

[51] Cf. on Aphrodisias KOKKINIA 2008. On privileges and titles of cities in the Roman East see most recently GUERBER 2009.

[52] On the importance of maritime networks for the Roman economy and the role of trading communities at major ports in the Roman Mediterranean, see now WILSON/SCHÖRLE/RICE 2012. On numismatic evidence possibly suggesting that harbor facilities received particular attention from the imperial government during the Antonine period, see BOYCE 1958.

[53] IK 13 no. 614 B with PIR² L 74; IK 13 no. 614 C with PIR² I 760.

Similar in respect to having both local and supra-local interests is Tiberius Claudius Polydeukes Marcellus, the secretary of the city of Ephesos when this edict was promulgated, who had previously been advised about the instances of abuse at Ephesos' harbor. Marcellus, whose name appears twice on this stone, is likely to have played an active role in the edict's monumentalization. He was a distinguished member of the provincial elite; he was a Roman citizen at home both at Ephesos and at nearby Magnesia; and he was prominent enough to carry the title of Asiarch.

To the picture that is provided by Albus's rhetoric, then – the picture of the emperor and his governor stepping in to protect an important component of provincial infrastructure from local abuse, in other words to make up for local incompetence – we could oppose a different or parallel interpretation, one that was likely to have occurred to a contemporary audience: a case of two powerful locals invoking the central imperial authority in an effort to enforce measures that were unpopular in their city.

In short, and in conclusion, ardent imperial support of infrastructure projects in the provinces, and/or state rhetoric that pledged such support, may or may not be discernible in the Ephesian evidence. Antonius Albus, in his position as the highest representative of imperial power in the province, considered it helpful to include in his edict his own assessment of the importance of Ephesos' harbor along with an urgent warning that the matter was of great interest to the Roman emperor himself. But despite the governor's clear arguments and powerful rhetoric, his edict leaves many questions unanswered, including the real proportion of imperial vs. local interest in the fate of Ephesos' harbor. Though Albus's edict clearly implies that good governors and good emperors actively promoted infrastructure in the provinces, we are reduced to guessing whether this rhetoric acknowledged a fact, or was wishful thinking, or, finally, was aimed at persuading future emperors and governors to adopt such roles. The edict may well have communicated all three of these points together. But the carving in stone of that edict provides strong evidence of an effort to influence, rather than simply to document, Roman policy in the provinces. The monumentalization of the edict's rhetoric attests to local provincial effort to project a picture of Rome as being eager and ready to devote resources to works of provincial infrastructure. I would suggest that the political and intellectual context of such epigraphic monuments is more likely to be found in the vicinity of Aelius Aristides than in the circle of Frontinus at Rome.

Bibliography

ALFÖLDY 1977 = G. ALFÖLDY, Konsulat und Senatorenstand unter den Antoninen, Bonn 1977.

ANDO 2000 = C. ANDO, Imperial Ideology and Provincial Loyalty in the Roman Empire, Berkeley 2000.

BOGAERT 1968 = R. BOGAERT, Banques et banquiers dans les cités grecques, Leiden 1968.

BOURAS 2009 = C. BOURAS, La circulation des pierres et le port d'Éphèse, in: P. JOCKEY (ed.), Λευκός Λίθος. Marbres et autres roches de la Méditerranée antique: études interdisciplinaires. Actes du VIIIe Colloque international, Association for the Study of Marble and Other Stones used in Antiquity (ASMOSIA). Aix-en-Provence 12–18 juin 2006, Aix-en-Provence 2009, 495–508.

BOWERSOCK 1967 = G. BOWERSOCK, The Proconsulate of Albus, *HSPh* 72, 1967, 289–294.

BOYCE 1958 = A.A. BOYCE, The Harbor of Pompeiopolis, *AJA* 62, 1958, 67–78.

CALAPÁ 2009 = A. CALAPÁ, Das Stadtbild von Ephesos in hellenistischer Zeit, in: A. MATTHAEI/M. ZIMMERMANN (ed.), Stadtbilder im Hellenismus, Berlin 2009, 322–347.

CAMPANILE 1994 = D. CAMPANILE, Sacerdoti del Koinon d'Asia (I sec. a.C.–III sec. d.C.). Contributo allo studio della romanizzazione delle élites provinciali nell'Oriente greco, Pisa 1994.

CRAMME 2001 = S. CRAMME, Die Bedeutung des Euergetismus für die Finanzierung städtischer Aufgaben in der Provinz Asia, Köln 2001.

ECK 1972 = W. ECK, Die Laufbahn des L. Antonius Albus, Suffektkonsul unter Hadrian, in: Epigraphische Studien 9, Bonn 1972, 17–23.

ENGELMANN 1978 = H. ENGELMANN, Inschriften aus Ephesos, *ZPE* 31, 1978, 225–226.

ENGELMANN 1996a = H. ENGELMANN, Der ephesische Hafen in einer koptischen Erzählung, *ZPE* 112, 1996, 134.

ENGELMANN 1996b = H. ENGELMANN, Eine Victoria Caesaris und das Parthermonument (IvE 721), *ZPE* 113, 1996, 91–93.

GROH 2006 = S. GROH, Neue Forschungen zur Stadtplanung in Ephesos, *JÖAI* 75, 2006, 47–116.

GUERBER 1995 = É. GUERBER, Cité libre ou stipendiaire? A propos du statut juridique d'Éphèse a l'époque du haut empire romain, *REG* 108, 1995, 388–409.

GUERBER 2009 = É. GUERBER, Les cités grecques dans l'Empire romain. Les privilèges et les titres des cités de l'orient hellénophone d'Octave Auguste à Dioclétien, Rennes 2009.

HALFMANN 1979 = H. HALFMANN, Die Senatoren aus dem östlichen Teil des Imperium Romanum bis zum Ende des 2. Jh. n. Chr., Göttingen 1979.

HALFMANN 2001 = H. HALFMANN, Städtebau und Bauherren im römischen Kleinasien. Ein Vergleich zwischen Pergamon und Ephesos, Tübingen 2001.

HUEBER 1997 = F. HUEBER, Ephesos: Gebaute Geschichte, Mainz am Rhein 1997.

İPLİKÇİOĞLU/KNIBBE 1984 = B. İPLİKÇİOĞLU/D. KNIBBE, Neue Inschriften aus Ephesos IX, *JÖAI* 55, 1984, 107–136.

JONES 1973 = C.P. JONES, review of W. Eck, Senatoren von Vespasian bis Hadrian, *Gnomon* 45, 1973, 688–691.

JONES 2013 = C.P. JONES, Elio Aristide e i primi anni di Antonino Pio, in: P. DESIDERI/F. FONTANELLA (ed.), Elio Aristide e la legittimazione greca dell'Impero da Roma, Bologna 2013, 39–67.

KARWIESE 1995 = S. KARWIESE, Groß ist die Artemis von Ephesos. Die Geschichte einer der großen Städte der Antike, Wien 1995.

KIENAST 1999 = D. KIENAST, Augustus. Prinzeps und Monarch, Darmstadt 1999[3].

KIRBIHLER 2007 = F. KIRBIHLER, Die Italiker in Kleinasien, mit besonderer Berücksichtigung von Ephesus (133 v. Chr. –1. Jh. n. Chr.), in: M. MEYER (ed.), Neue Zeiten – Neue Sitten, Zu Rezeption und Integration italischen Kulturguts in Kleinasien, Wien 2007, 19–35.

KNIBBE/ENGELMANN/İPLİKÇİOĞLU 1993 = D. KNIBBE/H. ENGELMANN/B. İPLİKÇİOĞLU, Neue Inschriften aus Ephesos XII, *JÖAI* 62, 1993, 113–150.

Kokkinia 2008 = C. Kokkinia, Aphrodisias' "Rights of Liberty". Diplomatic Strategies and the Roman Governor, in: C. Ratté/R.R.R. Smith (ed.), Aphrodisias Papers 4. New Research on the City and its Monuments, Portsmouth 2008, 51–60.

Kraft et al. 2007 = J.C. Kraft, The Geographies of Ancient Ephesus and the Artemision in Anatolia, *Geoarchaeology* 22, 2007, 121–149.

Meyer 2007 = M. Meyer (ed.), Neue Zeiten – Neue Sitten, Zu Rezeption und Integration römischen und italischen Kulturguts in Kleinasien, Wien 2007.

Münzer 1912 = F. Münzer, Hermodoros (3), RE VIII 1, 1912, 859–861.

Naour 1977 = C. Naour, Inscriptions de Lycie, *ZPE* 24, 1977, 265–290.

Osborne 2006= C. Osborne, Was there an Eleatic Revolution in Philosophy?, in: R. Osborne/S. Goldhill (ed.), Rethinking Revolutions through Ancient Greece, Cambridge 2006, 218–245.

Pleket 1994 = H.W. Pleket, The Roman State and the Economy: the Case of Ephesus, in: J. Andreau/P. Briant/R. Descat (ed.), Économie antique: les échanges dans l'antiquité; le rôle de l'état, Saint-Bertrand-de-Comminges 1994, 115–126.

Raja 2012 = R. Raja, Urban Development and Regional Identity in the Eastern Roman Provinces, 50 BC-AD 250. Aphrodisias, Ephesos, Athens, Gerasa, Copenhagen 2012.

Ramsay 1901 = W.M. Ramsay, Ephesus, *The Biblical World* 17, 1901, 167–177.

Robert 1935 = L. Robert, Études sur les inscriptions et la topographie de la Grèce centrale VI. Décrets d'Akraiphia, *BCH* 59, 1935, 438–452.

Robert 1962 = L. Robert, Les Kordakia de Nicée, les combustible de Synnada et les poissons-scies. Sur des lettres d'un métropolite de Phrygie au Xe siècle. Philologie et réalités II, *JS* 1962, 5–74.

Rogers 1991 = G.M. Rogers, The Sacred Identity of Ephesos: Foundation Myths of a Roman City, London 1991.

Scherrer 1995 = P. Scherrer, The City of Ephesos. From the Roman Period to Late Antiquity, in: H. Koester (ed.), Ephesos, Metropolis of Asia. An Interdisciplinary Approach to Its Archaeology, Religion, and Culture, Valley Forge 1995, 1–25.

Scherrer 2001 = P. Scherrer, The Historical Topography of Ephesos, in: D. Parrish (ed.), Urbanism in Western Asia Minor. New Studies on Aphrodisias, Ephesos, Hierapolis, Pergamon, Perge and Xanthos, Portsmouth 2001, 57–95.

Scherrer 2007 = P. Scherrer, Von Apasa nach Hagios Theologos. Die Siedlungsgeschichte des Raumes Ephesos von prähistorischer bis in byzantinischer Zeit unter dem Aspekt der maritimen und fluvialen Bedingungen, *JÖAI* 76, 2007, 321–351.

Schulte 1994 = C. Schulte, Die Grammateis von Ephesos: Schreiberamt und Sozialstruktur in einer Provinzhauptstadt des römischen Kaiserreiches, Stuttgart 1994.

Spawforth 2012 = A.J.S. Spawforth, Greece and the Augustan Cultural Revolution. Greek Culture in the Roman World, Cambridge 2012.

Thomas 2010 = C.M. Thomas, Greek Heritage in Roman Corinth and Ephesos. Hybrid Identities and Strategies of Display in the Material Record of Traditional Mediterranean Regions, in: S.J. Friesen et al. (ed.), Corinth in Context. Comparative Studies on Religion and Society, Leiden 2010, 117–147.

Wallace-Hadrill 2008 = A. Wallace-Hadrill, Rome's Cultural Revolution, Cambridge 2008.

Wilson/Schörle/Rice 2012 = A.I. Wilson/K. Schörle/C. Rice (ed.), Roman Ports and Mediterranean Connectivity, in S. Keay (ed.), Rome, Portus and the Mediterranean, London 2012, 367–91.

Winter 1996 = E. Winter, Staatliche Baupolitik und Baufürsorge in den römischen Provinzen des kaiserzeitlichen Kleinasien, Bonn 1996.

Wörrle 1971 = M. Wörrle, Ägyptisches Getreide für Ephesos, *Chiron* 1, 1971, 325–340.

Zabehlicky 1995 = H. Zabehlicky, Preliminary Views of the Ephesian Harbor, in: H. Koester (ed.), Ephesos, Metropolis of Asia. An Interdisciplinary Approach to Its Archaeology, Religion, and Culture, Valley Forge 1995, 201–214.

Zabehlicky 1999 = H. Zabehlicky, Die Grabungen im Hafen von Ephesos 1987–1989, in: H. Friesinger/F. Krinzinger (ed.), 100 Jahre Österreichische Forschungen in Ephesos. Akten des Symposions Wien 1995, Wien 1999, 479–484.

Der Princeps und die *viae publicae* in den Provinzen. Konstruktion und Fakten eines planmäßigen Infrastrukturausbaus durch die Reichszentrale

Michael Rathmann

Abstract

— The construction of roads that pervade the territory of state is often considered to be a Roman innovation. In addition, there is a tendency to interpret this Roman road construction as guided by a systematic program of the emperor and his governors to develop the Imperium. This article critically assesses these positions. It shows that Rome built on earlier traditions and that interventions of emperors and governors were rather uncommon and unsystematic.

— Der Bau von das Staatsgebiet durchziehenden Straßen wird gerne als römische Innovation betrachtet. Zudem gibt es eine Tendenz, den Straßenbau als systematisches Programm von Kaiser und Statthaltern zur Erschließung des Imperiums zu interpretieren. Dieser Beitrag setzt sich kritisch mit diesen Positionen auseinander und zeigt, dass Rom an ältere Traditionen anknüpfte und dass die Eingriffe von Kaiser und Statthaltern eher vereinzelt und unsystematisch erfolgten.

1. Stand der Forschung und Problemstellung

Gerold WALSER bemerkte 1981 resümierend zu den Miliarien des gallisch-germanischen Raumes: „Der eigentliche Strassenbau ausserhalb der Narbonensis beginnt erst mit Claudius, und es ist kennzeichnend für diesen guten Reichsverwalter, die Baupläne seiner Vorgänger verwirklicht zu haben."[1] Auch an anderer Stelle zeichnet WALSER das Bild des gewissenhaften Straßenbauers Claudius. Somit wird der Princeps als administrativer Vollstrecker einer unter Augustus und Tiberius konzipierten Verkehrsinfrastruktur präsentiert.[2]

---

[1] WALSER 1981, 393f.

[2] WALSER 1980, 459: „Claudius ist ein Mann der Tradition, der die Pläne seiner Vorgänger den Archiven entnahm, sie sorgfältig studierte und in die Tat umsetzte." Das scheinbar positive Claudiusbild wird von Walser jedoch unmittelbar ‚korrigiert' (WALSER 1980, 459): „Das Verdienst des Claudius ist nicht, die zahlreichen Straßenbauten auf Grund einer neuen Verbindungspolitik geplant und befohlen, sondern seine fähige Verwaltungsbürokratie nicht gehindert zu haben, die aus der Gründerzeit des Kaisertums stammenden Pläne auszuführen." Dass beide Aussagen zu Claudius nicht völlig kompatibel sind, scheint Walser entgangen zu sein. Insgesamt genießt Claudius bei aller Ambiva-

Schaut man in die Überblicksdarstellungen zur Hohen Kaiserzeit, so wird das römische Straßennetz unter administrativen Gesichtspunkten meist allgemein gestreift.[3] Auffällig ist mit Blick auf jene Handbücher, dass Römerstraßen in älteren Abhandlungen bevorzugt unter militärischer, in jüngeren eher unter wirtschaftlicher Prämisse thematisiert werden. Wenig überraschend, so mein Eindruck, bildet der 2. Weltkrieg hierbei eine Art Wendemarke.[4] Darüber hinaus wird dem Wegenetz gerade unter archäologischen Gesichtspunkten mehr Aufmerksamkeit zuteil, indem auf Ingenieurleistungen oder Fertigungstechniken verwiesen wird.[5] Dabei fungiert die römische Verkehrsinfrastruktur gleichsam als Metapher für einen dynamischen Fortschritt, der sich gerade im Ausbau des kaiserzeitlichen Straßennetzes zeigt.[6] In der Gesamtschau zielen viele Autoren meist unbewusst darauf ab, beim Leser auch Bewunderung für das römische Straßennetz erzeugen zu wollen. Der in diesem Zusammenhang immer noch häufig zitierte Ludwig Friedländer bemerkt in seinen „Darstellungen aus der Sittengeschichte" nicht ohne Hochachtung, dass das Straßenwesen erst zu Beginn des 19. Jh. in Europa wieder das Niveau der Antike erreicht habe.[7]

Verkürzt lässt sich das allgemeine Bild in der Literatur wie folgt skizzieren: Rom – mithin der Princeps – erscheint in dem Augenblick, wenn sein Straßenwesen zur Sprache kommt, als historischer Musterfall eines den Raum durch Straßen unter administrativen, wirtschaftlichen und militärischen Aspekten erschließenden Staatsgebildes. Notfalls werden dabei mittels Brücken- oder Tunnelbauten, Felsabarbeitungen oder großer Erdbewegungen sogar die Natur beherrscht und deren Unwägbarkeiten überwunden.[8] Unterstützt wird diese Sicht dadurch, dass die Forschung seit einigen Jahren auf dem Feld der antiken Geographie Impulse der Psychologie für sich fruchtbar macht und in den

---

lenz in seiner Bewertung in der Forschung vor allem auf administrativem Gebiet Ansehen. Hierzu MOMIGLIANO 1961, 64; LEVICK 1990, 41–52. ECK 1994, 31: „Claudius steht (…) mit seinen Maßnahmen deutlich in der Linie der Entwicklung, die die Administration des Reiches mit und seit Augustus genommen hat. Von Tiberius unterscheidet ihn vor allem seine Einstellung, daß das augusteische Vorbild keineswegs unter allen Umständen unverändert erhalten werden müsse, vielmehr war er der Meinung, daß es sich den neuen Notwendigkeiten anzupassen habe, wenn es Gründe für eine Änderung gab."

[3] Exemplarisch sei nur auf JACQUES/SCHEID 1998 und LINTOTT 1993 verwiesen.

[4] Vgl. SCHNEIDER 1982, 24–28. Interessanterweise weicht der RE-Artikel *viae publicae Romanae* von RADKE der Suche nach Motiven für den Straßenbau aus, da er nach einleitenden allgemeinen Ausführungen sich auf die topographisch-archäologisch dominierten Beschreibungen der italischen *viae publicae* konzentriert.

[5] CHEVALLIER 1997; GRENIER 1934. Zum Aspekt der Landschaftsbeherrschung KISSEL 2002a; KISSEL 2004; zum Brückenbau GALLIAZZO 1994; zu Tunnelbauten und Felsabarbeitungen GHEDINI/ROSADA 1997; GREWE 1998; GREWE 2013.

[6] Vgl. HEINZ 2003, 33.

[7] FRIEDLÄNDER 1922, 318; vgl. FORBES 1965, 151; SCHNEIDER 1991, 267–280; BESNIER/CHAPOT 1917.

[8] Das Bild bieten bereits die antiken Quellen (Auswahl): Plut. C. Gracchus 7; Cass. Dio. 68,13,1–5; Aristeid. or. 26,101; Dion. Hal. ant. 3,67,5; Plin. epist. 8,4,2; CIL III 206. 8267; VI 1199; IX 5947.

Staatsstraßen Mittel einer linearen bzw. hodologischen Raumerfassung sieht.[9] Dadurch gewinnt das Konstrukt eines sinnvoll geordneten Ganzen unbeabsichtigt zusätzlichen Auftrieb, in dem das römische Straßennetz als raumstrukturierendes Element fungiert. Hierbei wird unterschwellig suggeriert, dass der geographische Raum in beinahe neuzeitlichen Kategorien erfasst worden sei, was natürlich eine ordnende Administration im Hintergrund impliziert.[10] Unausgesprochen steht der römische Kaiser – vereinzelt wird auf Augustus oder Traian verwiesen – als planende Instanz dahinter. In dieses Bild passt auch die Tabula Peutingeriana, da sie das gesamte Imperium Romanum mit dem markant in roter Farbe eingezeichneten Straßennetz abbildet, mit der Romvignette vermeintlich im Zentrum des *orbis terrarum*.[11] Gestützt wird diese These zudem durch die zahlreichen Coloniegründungen in Italien und den Provinzen, die als so genannte Landmarken in das Bild einer hodologischen Raumerfassung passen und zudem als *caput viae* auf Miliarien oder als Stadtvignetten auf der Tabula Peutingeriana erscheinen. In dieses auf markanten Quellenaussagen wie neuzeitlichen Theorien aufbauende Bild passen auch die Schriften der Agrimensoren, zahlreiche archäologische Befunde sowie die Meilensteine, die über hunderte von Meilen auf das Zentrum Rom verweisen.[12]

Aus dem skizzierten Bild ergibt sich folgende Fragestellung: Kann man tatsächlich von den Römern, d. h. dem Princeps und seiner senatorischen Reichsaristokratie, als den konzeptionellen Straßenbauern sprechen, die das Imperium nach der Überwindung der spätrepublikanischen Systemkrise in zahlreichen Entwicklungsschüben bis in das zweite Jahrhundert hinein mehr oder weniger strukturiert auf der Ebene der Verkehrsinfrastruktur erschlossen haben? Diesem zugegebenermaßen thesenhaft zugespitzten Forschungsstand möchte der vorliegende Beitrag ein abweichendes Bild entgegenstellen. In drei auf einander aufbauenden Abschnitten sollen dabei folgende Aspekte diskutiert werden:

a) Unser Bild der römischen Verkehrsinfrastruktur mit einem planenden Monarchen an der Spitze basiert im Kern auf der positivistischen Sicht des 19. Jahrhunderts und hat sich mit nur wenigen Modifikationen bis heute gehalten. Hier wäre zunächst zu fragen, wo die Wurzeln liegen, welche Faktoren diesem Bild zugrunde liegen.

---

[9] Wie der Beitrag „Raumauffassung und Raumordnung in der römischen Politik" von J. Vogt von 1942 zeigt, ist der Gedanke keineswegs neu.

[10] Sicherlich spielen Quellen wie das Kataster von Orange eine nicht unwesentliche Rolle; hierzu Piganiol 1962. Für den Großraum vgl. Kolb 2013a.

[11] Die Mehrzahl der Forscher diskutiert die Frage, ob die Tabula Peutingeriana direkt von der Agrippakarte abhängt oder doch eher in diokletianische Zeit gehört. Hier zuletzt Talbert 2010; Weber 2012. Abweichend ist nach Rathmann 2011/12 die Tabula konzeptionell eine chorographische Karte aus hellenistischer Zeit und gehört demnach nicht in das Konzept einer Visualisierung des Imperium Romanum.

[12] Auswahl: CIL XVII/2 291. 298; V 8105; II 4918; AE 2000, 1195; vgl. Kolb 2007.

b)   In einem zweiten Schritt soll gezeigt werden, dass die Grundannahme, Rom sei der innovative Straßenbauer der Antike gewesen, zu relativieren ist. Vielmehr konnte Rom auf Erfahrungswerte älterer Territorialreiche zurückgreifen.[13] Dieser Umstand ist in der Forschung bislang nicht hinreichend gewürdigt worden.

c)   Die Principes wie auch die Provinzgouverneure haben nach unserem heutigen Verständnis von staatlicher Verwaltung überraschend selten oder zumindest für uns heute wenig sichtbar in die Belange des Straßenwesens eingegriffen. Im Resultat sehen wir zwar eine gut ausgebaute Verkehrsinfrastruktur in der Spätantike, jedoch ist zu fragen, welchen Anteil die Kaiser daran wirklich hatte und welchen die Statthalter und Städte in den Provinzen. Diese Frage tangiert nicht unwesentlich die Grundsatzfrage von Fergus MILLAR, ob und inwieweit die administrative Spitze des Imperium Romanum aktiv die Geschicke des Reiches lenkte oder ob sie nur reagierte.[14]

Der vorliegende Beitrag will einen Teilaspekt eingehender betrachten. Die Ausführungen sollen erklären, aus welcher Forschungstradition heraus das eingangs zitierte Bild eines aktiv handelnden Kaisers Claudius entstand. Ergänzend ist zu klären, ob die jeweiligen Entscheidungsträger an der Reichsspitze überhaupt über die notwendige raumerfassende Kartographie verfügten, um vergleichbar zum neuzeitlichen Vorgehen Verkehrsinfrastrukturpläne am sog. grünen Tisch entwickeln zu können.

2. Rom als erster antiker Initiator eines raumerfassenden Straßenbaus

Beginnen wir mit der Frage nach Gründen für die These, wonach das Imperium Romanum die große innovative und nachhaltige Straßenbauernation war. Ausgehend von dem einleitenden Walserzitat richtet sich der Blick zunächst auf den Princeps und seine vermeintlich tragende Rolle bei der Entwicklung des reichsweiten Straßennetzes.

Die Wurzeln der modernen Erforschung des antiken Straßenwesens liegen wohl in dem Werk von Nicolas BERGIER (1567–1623) begründet, das 1622 in erster und 1736 in dritter Auflage erschien und König Ludwig XIII. gewidmet war.[15] Er entwickelte das Bild,

---

[13]   Zudem gilt das Axiom, dass jeder Flächenstaat aus Gründen des Selbsterhalts Straßenbau betreiben muss, um seine Herrschaft auch ausüben zu können. ECK 1979, 25: „Herrschaft setzt die Möglichkeit der Kommunikation zwischen dem Träger der Macht und den Beherrschten und somit funktionierende Verkehrsverbindungen voraus."

[14]   MILLAR 1992; vgl. BLEICKEN 1982.

[15]   BERGIER 1736. Die Bedeutung dieses Buches ist schon daran abzulesen, dass es 2006 durch den Olms-Verlag einen Nachdruck erfahren hat. Bergier, Anwalt am Amtsgericht in Reims, war bereits zuvor mit einem Panegyricus auf den 1610 verstorbenen König Heinrich IV. hervorgetreten, in welchem er dessen Reiterstatue, die 1614 auf dem Pont Neuf in Paris aufgestellt worden war, mit dem von dem römischen Dichter Statius (silv. 1,1) beschriebenen Reiterstandbild des Domitian in Rom

wonach die Verkehrswege von Rom ausgehend bis in die entferntesten Teile des Imperiums führten. Es sei der Princeps gewesen, der die Legionssoldaten und die Provinzbevölkerung zum Wohle des Imperiums zum Straßenbau herangezogen habe. Auf diesem Wegenetz seien durch den *cursus publicus* die Befehle des Herrschers rasch in die entferntesten Gegenden des Reiches getragen worden. Für die Legionen hätten die Reichsstraßen die entscheidende Voraussetzung gebildet, um zeitnah auf Konflikte reagieren zu können oder dem Princeps für Feldzüge in anderen Reichsteilen zur Verfügung zu stehen. Auch die Magistrate und Promagistrate erreichten von Rom aus rasch die Provinzen, um ihren Regierungsgeschäften nachzugehen.[16] BERGIERS 1712 ins Englische übersetze Werk bildete die Basis für das einflussreiche Buch von Henri GAUTIER (1660–1737)[17], das in der deutschen Fassung „Tractat von der Anlegung und dem Bau der Wege und Straßen" 1759 in Leipzig erschien.

Die hinter diesem Bild des 18. Jahrhunderts stehenden Quellen sind bekannt und brauchen nicht weiter vorgestellt zu werden. Jedenfalls war durch BERGIER und seine Zeitgenossen die gedankliche Grundlage für das Konstrukt des straßenbauenden und den Raum erschließenden Monarchen gelegt, wobei die Zeitgenossen die eigene Realität eines den Nationalstaat räumlich erfassenden Königs auf die Antike übertrugen. Daran scheint auch die aufkommende Quellenkritik des 19. Jahrhunderts nichts grundsätzlich geändert zu haben. Die neuzeitlichen wie antiken Monarchen sorgten sich als Repräsentanten des Staates per se um die Verkehrsinfrastruktur. Und wenn der moderne Herrscher vor dem Hintergrund der neuen geostrategischen Politik seit der Zeit der französischen Revolution hier Impulse setzte, um seinen Herrschaftsraum zu durchdringen und imperialistisch auszubauen, dann musste der römische Princeps dies selbstredend auch so gemacht haben. Schließlich war das Imperium Romanum gerade unter den starken Einzelpersönlichkeiten seit der späten Republik bis in die Tage Traians massiv gewachsen.[18]

Die Forschungsgenese ließe sich noch weiterführen, würde aber keinen Erkenntniszugewinn liefern. Wir dürfen festhalten, dass die auf die Antike übertragene neuzeitliche Sicht der Dinge im 19. Jahrhundert mit der Geburtsstunde großer Handbuchprojekte und Lexika zusammenfällt, auf diesem Weg Einzug in die Forschung gehalten hat und dort bis heute anzutreffen ist. Ob und inwieweit der Princeps tatsächlich in die Straßenadministration eingriff, vor allem außerhalb Italiens, wurde in der bisherigen Forschung nur selten thematisiert und wird im Grunde auch erst nach Abschluss von CIL XVII substantiell zu

---

parallel setzte. Die Beschäftigung mit den archäologischen Zeugnissen und schriftlichen Quellen über die römischen Fernstraßen war Bergier nicht Selbstzweck. Nachdrücklich hält er der Gegenwart einen Spiegel vor. Die französische Krone solle die Möglichkeiten nutzen, die ein solches Straßensystem für die Effektivität der Herrschaftsausübung und Kriegsführung verspricht, vor allem solle man Finanzmittel dafür bereitstellen.

[16] Vgl. BENDER 1978; KOLB 2000, 308–332; HEIL 2014.

[17] GAUTIER 1693.

[18] Durch die starke Militarisierung der (Außen-)Politik im 18. und 19. Jh. kam zugleich der m.E. unpassende Begriff der Militärstraßen in der Literatur auf; hierzu RATHMANN 2003, 23–41; SPEIDEL 2004.

bearbeiten sein.[19] Letztlich, um nochmals auf MILLERS eingangs angeführte minimalisti-
sche Sicht kaiserzeitlicher Verwaltung einzugehen, ist diese wohl auch eine Reaktion auf
die skizzierte Forschungstradition. Sie war allerdings als Weckruf notwendig, um auch auf
dem Gebiet der Reichsstraßen die Quellen nochmals zu befragen.

3. Antike Flächenstaaten und ihr Straßennetz

Der zweite Diskussionspunkt schließt an die vorangegangenen Ausführungen unmittelbar an: Waren die Römer mit ihrer aristokratischen Spitze tatsächlich die großen inno-
vativen Straßenbauer der Antike?

Zur Beantwortung dieser Frage richtet sich der Blick automatisch auf die frühen
Hochkulturen Vorderasiens sowie auf überregional relevante Straßennetze.[20] Lange vor
einer Via Latina oder Via Appia wurden jenseits ‚natürlich‘ entstandener Trampelpfade
durch Staaten im syrisch-mesopotamisch-iranischen Raum begradigte oder trassierte
Straßen angelegt, die meist ungepflastert waren.[21] Belastbare Quellenzeugnisse haben wir
für die Königsstraßen des neuassyrischen Reiches (9.–7. Jh.): Als erster uns bekannter
Flächenstaat haben die Assyrer ein öffentliches Fernstraßennetz initiiert.[22] Es diente wie
die römischen Reichsstraßen der Administration, dem Heerwesen und dem Handel. Im
Straßenbau scheinen sich vor allem die beiden Assyrerkönige Sargon II. bzw. Šarru-kēn
(722/1–705)[23] und Sanherib bzw. Sin-ahhe-eriba (705–680) hervorgetan zu haben. Von
letzterem sind sogar meilensteinartige Distanzanzeiger überliefert.[24] Da das Assyrerreich
zudem einen Stafettendienst entlang der Königstraßen zur Übermittlung offizieller Kor-
respondenz besaß, können wir von einer höher entwickelten Verkehrsinfrastruktur spre-

---

[19] Vgl. PEKÁRY 1968; RATHMANN 2003.
[20] Zum Straßennetz im alten Israel FORBES 1934, 67f.; ISAAC/ROLL 1982, 3–7, 17. Wohl unhistorisch
      (gegen PEKÁRY 1968, 60 Anm. 107) ist die Mitteilung bei Flavius Josephus (Ios. ant. Iud. 8,7,4 [187]),
      wonach Salomon die Straße um Jerusalem „mit schwarzem Stein" (= Basalt) habe pflastern lassen.
      Zu Ägypten FORBES 1934, 57–63; GRAEFF 2004. Interessant ist hier, dass mit dem Schoinos (die
      Umrechnung variiert je nach Ort und Zeit zwischen 30 und 120 Stadien) ein Maß mit einer großen
      Grundeinheit zum Vermessen von Entfernungen existierte (Hdt. 2,6,3; Strab. 17,1,24 [p. 804,]. 41
      [p.813]; vgl. Plin. nat. 124). Dies legt die Vermutung nahe, dass man damit vielleicht überregional
      relevante Straßen vermessen hat. Hierzu HULTSCH 1882, 362–366.
[21] Zur Fahrbahnoberfläche: Mit Bitumen haben vermutlich erstmals Sumerer die Straßenoberflächen
      für den Verkehr ertüchtigt (vgl. Hdt. 1,179,3). Inwieweit dieses auch außerhalb von Städten verwandt
      wurde, ist unbekannt. Entgegen Diod. 20,36,2 war die Via Appia bis in die Kaiserzeit hinein lediglich
      in einigen Abschnitten gepflastert (Liv. 10,23,12; 10,47,4; 38,28,3; vgl. 41,27,5). Umfangreiche Pflas-
      terungen sind erst unter Nerva und Traian belegt (CIL X 6824. 6826. 6835. 6839; Cass. Dio 68,15,3[1]).
[22] JURSA 1995; RÖLLING 1995; KESSLER 1997; ferner GRAF 1994, 171f.; FAIST 2001.
[23] SAGGS 1975; BORGER 1982–85, 378–387.
[24] McEWAN 1984, 10, 391 (Dilbat, 26.6.2 Bēl-ibni); SAN NICOLO 1951, 8/7, 19: 5 (Qutajin, 13.8.18 Šamaš-
      šum-ukīn); McEWAN 1984, 10, 7: 19 (Kiš, 12.12.19 Šamaš-šum-ukīn); OLMSTEAD 1923, 271, 334;
      EDZARD 1980, 216–220; KESSLER 1980, 183f.

chen.[25] In diesem Zusammenhang ist noch eine auf Ktesias zurückgehende Notiz Diodors von Interesse, wonach bereits Semiramis mit den hohen Kosten des Straßenbaus zu ringen hatte.[26] Der Text spielt zwar mit Sicherheit auf persische Straßen an und wurde wohl von Ktesias in die Zeit der sagenhaften Assyrerkönigin rückprojiziert. Bemerkenswert ist aber neben allen Unsicherheiten dieses Zeugnisses, dass den Straßen ein landschaftsbeherrschender Charakter attestiert wird, ein Aspekt, den die Forschung eigentlich erst für die römischen Straßen reklamiert.

Das Wegenetz der Perser stellte für das Verkehrswesen im Raum zwischen Ägäis und iranischer Hochebene einen ersten Höhepunkt dar, da es die bereits existierende Verkehrsinfrastruktur in den unterworfenen Gebieten in einer Art Innovationsnachfolge übernahm und zu einem neuen größeren reichsweiten Verkehrsnetz weiterentwickelte.[27] Vor allem assyrische Innovationen werden den Weg vorgegeben haben. Die persischen Königsstraßen waren nach Herodot vermessen und mit Distanzanzeigern versehen.[28] Letzteres geht auch aus dem persischen Distanzmaß Parasange (= Wegstunde) hervor, das sich etymologisch auf „Anzeiger" bzw. „Stein" (= asenga, aϑanga) zurückführen lässt.[29]

---

[25] Aus den Palastarchiven in Niniveh und Nimrud erhalten wir Auskünfte über eine Art Postsystem (*kalliu, kalliju*) mit königlichen Raststationen (*bīt mardiāte*). Auf den Königsstraßen waren Boten des Königs (*mār shipri* oder *apil shiri*), Militärboten (*kallāpu shiprti*) oder Expressboten (*kallû* oder *daiâlu*), vereinzelt sogar mit berittener Begleitung (*raksūti*), unterwegs. Vgl. KOLB 2000, 16.

[26] Diod. 2,13,5; vgl. 2,22,3, hierzu BONCQUET 1987, 104f.

[27] Zum persischen Straßenwesen WIESEHÖFER 1993, 115–119, 350f.; WIESEHÖFER 2007; KLINKOTT 2007; SEIBERT 2002; BRIANT 2012.

[28] Hdt. 5,53; Ktesias FGrHist 688 F 33; vgl. Xen. an. 1,2,5–7; hierzu LENDLE 1987; SEIBERT 1985, 18f. Weitere Straßen im Inneren des Reiches haben KLEISS 1981 (Pasargadae-Persepolis) und KOCH 1986 (Persepolis-Susa) erforscht. GRAF 1994, 173–189 bietet einen Überblick über die bekannten Königsstraßen des Perserreiches.
Nach Auskunft der Quellen waren die Fahrbahnen der Königsstraßen weitestgehend ungepflasterte Pisten, die sich dennoch gut befahren ließen (Hdt. 7,83,2; Xen. Kyr. 6,2,36; Aristoph. Ach. 68–71; Arr. an. 3,18,1; vgl. Curt. 10,10,20). Zur Aufnahmefähigkeit von Verkehr s. Curt. 3,3,15–25. Lediglich das Befahren von Wagen mit Übergröße scheint auf den Königsstraßen zu Problemen geführt zu haben, so z. B. der Leichenwagen Alexanders d. Gr. (Diod. 18,28,2). Hier werden ausdrücklich Straßenbauer erwähnt, die den Wagen begleiteten.
Die Bedeutung und Qualität des pers. Straßennetzes zeigte sich vor allem in der überregionalen Ausrichtung (Entfernungsanzeiger!), einer Mindestbreite der eigentlichen Fahrbahn (vgl. Diod. 19,19,2), der militärischen Sicherung durch Straßenwächter (Hdt. 7,239,3; HALLOCK 1969, 1250, 1487, 1902; vgl. Hdt. 5,35) und regelmäßig vorhandenen Herbergen und Magazinen (Hdt. 5,53; Ktesias FGrHist 688 F 33; Ps.-Aristot. oec. 2,2,38 [p. 1353a24]).
Schwer einzuschätzen ist die Nachricht des Megasthenes (FGrHist 715 F 19 = Strab. 15,1,50 [p. 708]), wonach in Indien an den Straßen alle 10 Stadien Tafeln gestanden und Straßenkuratoren existiert haben sollen.

[29] Eine Parasange entspricht 30 Stadien (Hdt. 2,6,3; 5,53; 6,42,2). Herodots Umrechnung ist wohl als Orientierungsgröße für sein griechisches Publikum gedacht. Gemeint ist jedoch ein Fünftel des durchschnittlichen täglichen Heeres- und Händlermarsches (*stathmos*), was ca. 5 bis 6 km entspricht. Vgl. BECHER 1949; zu Etymologie NÖLDEKE 1907.

Einige Parasangensteine aus Pasargadai sind erhalten.[30] Dass die Vermessung von Straßen im Zusammenhang allgemeiner Landvermessung und somit einem grundsätzlichen Wunsch nach einer geographischen Erfassung von Raum gesehen werden darf, geht aus einer Notiz Herodots hervor.[31] Danach mussten die Ionier nach ihrem missglückten Aufstand auf Befehl des Satrapen Artaphernes ihr Land aus fiskalischen Gründen nach Parasangen vermessen. Da dieser Vorgang im Kontext einer Intensivierung von Verwaltung erwähnt wird, scheinen Landvermessung sowie Parasangensteine im Perserreich nichts Ungewöhnliches gewesen zu sein, zumindest in dichter besiedelten und administrativ durch die Reichszentrale klarer erfassten Räumen. Das heißt, dass den Persern die Vermessung der Klein- und Mittelräume bekannt war und dass derartige Vermessungen nur im Kontext eines überregionalen Straßennetzes, also eines den Großraum strukturierenden Systems von Königsstraßen vorstellbar waren.[32] Einen Eindruck vom Netz an Königsstraßen vermittelt folgende Karte, auch wenn die Erforschung dieses Wegesystems noch in den Anfängen steckt.[33]

Diese Königsstraßen, wobei das Präfix ‚König-' für ‚staatlich' bzw. ‚öffentlich' steht, ermöglichten nicht nur einen raschen Transport von Menschen und Waren, sondern vor allem auch einen Austausch von Informationen zwischen den einzelnen Provinzen und Subzentren mit der Regierungszentrale.[34] Die Perser scheinen ferner – auch hierin womöglich assyrische Impulse aufnehmend – eine Art *cursus publicus* besessen zu haben, der laut Xenophon von Kyros dem Großen (550–530) initiiert worden sein soll. Vermutlich wird der Reichsgründer jedoch nur die Grundlagen geschaffen haben, so dass das von den Griechen gerühmte Botenwesen wohl auf Dareios I. (522/1–486)

---

[30] LEWIS 1978. Der Distanzanzeiger mit einer bilingualen Inschrift (griech./aram.) stammt zwar aus seleukidischer Zeit (um 280 v. Chr.), darf aber als Zeichen für Kontinuität auf diesem Sektor gedeutet werden.

[31] Hdt. 6,42,2.

[32] Der Begriff ist u. a. belegt bei: AT 4. Mos. 21, 22; Hdt. 5,53,1; Ps.-Aristot. oec. 2,2,14b (p. 1348a24); Diod. 19,19,2; Strab. 15,1,11 (p. 689); Arr. an. 3,21,4; die Bezeichnung *via militaris* für persische Straßen bei Curt. 5,8,5: 5,13,23 ist wohl auf den terminologischen Einfluss Roms zurückzuführen. Die in Diod. 2,22,3 Heerstraße und Paus. 10,31,7 Memnonstraße genannte Verbindung ist vielleicht mit der Königsstraße Sardeis-Susa (oder Teilen davon) identisch; hierzu FORSHAW 1976/77.

[33] Seine Gesamtlänge wird von der Forschung deutlich zu gering mit nur 13000 km angegeben. GRAF 1994, 188; KESSLER 1999, 625; vgl. auch die Karte bei BRIANT 2012, Fig. 9.1. Die zentralistische Organisationsform des Perserreiches legt nahe, dass es Königsstraßen, wie die durch Herodot beschriebene, in allen Landesteilen (mit Quertrassen) gegeben haben muss. Interessant ist die Anekdote, wonach Alexander der Große in Abwesenheit seines Vaters eine persische Gesandtschaft empfangen (Plut. Alexander 5,2) und diese nach der Länge und der Art der Verkehrsverbindungen im Perserreich ausgefragt haben soll.

[34] Als Quellenbasis dienen vor allem die Tontäfelchen mit elamischen Texten (Keilschrift) des Palastarchivs aus Persepolis; hier vor allem die sog. Travel-Ration-Texts (HALLOCK 1969, 1285–1579, 2049–2057, HALLOCK 1978, 12–23, vgl. HALLOCK 1969, 1780–1787 ; HALLOCK 1978, 26). Auch griechische Quellen erwähnen das persische Botensystem: Hdt. 5,35; Diod. 11,56,6; vgl. Plut. Themistokles 26. Nach GRAF 1994, 173 werden Straßen im Altiranischen als *raytha* bezeichnet, ein Terminus, der auf einen gepflasterten Straßenkörper schließen lässt.

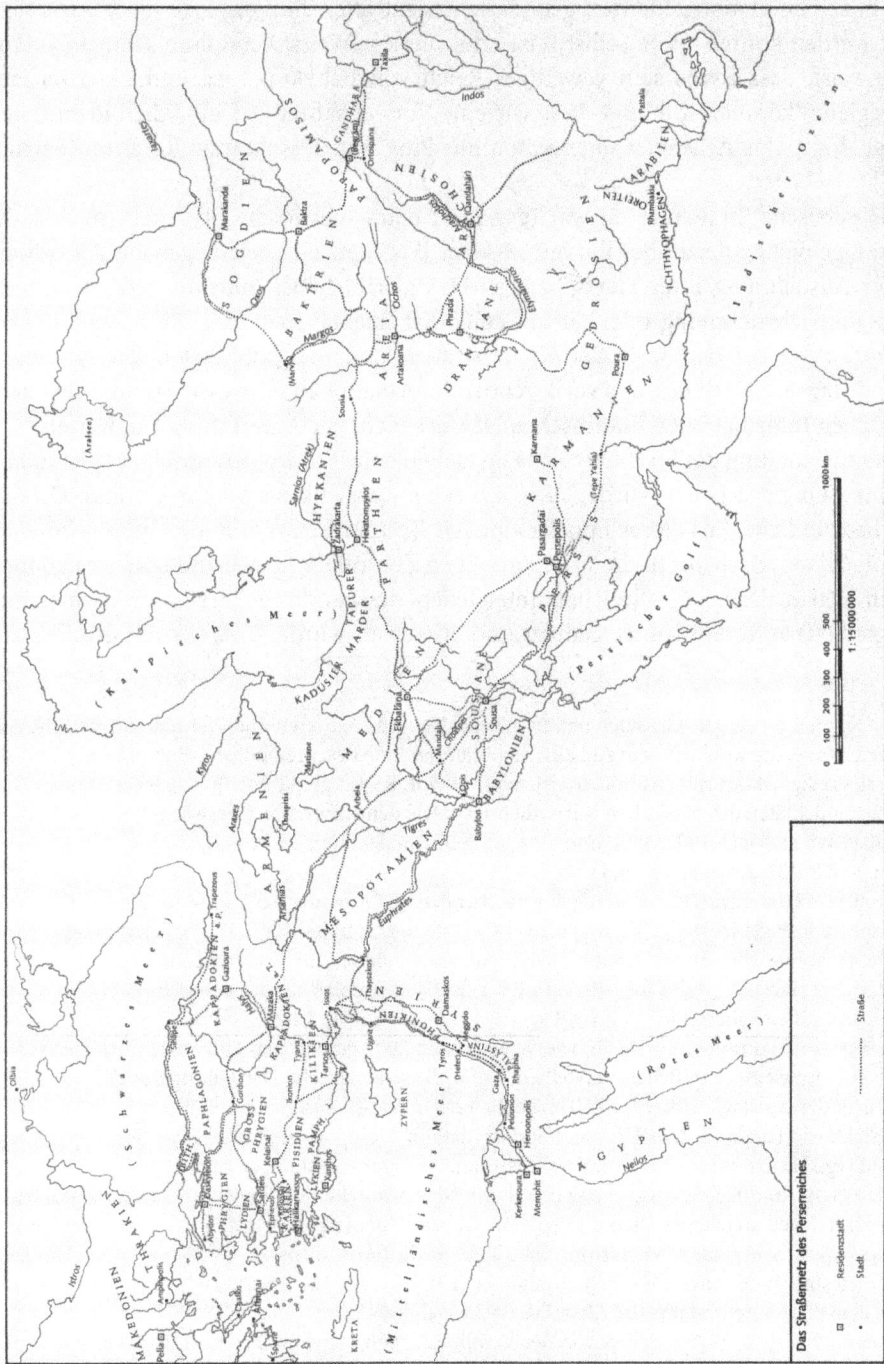

Abb. 1 Straßennetz des Perserreiches nach SEIBERT 2002.

zurückgehen dürfte.[35] Auf jeden Fall ermöglichte dieses Kuriersystem, dass der Groß-könig in seinen Hauptresidenzen grundsätzlich gut über die Vorgänge im Reich unter-richtet werden konnte, ohne selbst reisen zu müssen. Wenn Xenophon schließlich dar-auf hinweist, dass Kyros sein gewaltiges Reich von Babylon, Susa und Ekbatana aus habe regieren können, so klingt diese wie eine Vorwegnahme der inhaltlich identischen Aussage des Aelius Aristeides über Antoninus Pius, nur dass diesmal Rom im Zentrum steht.[36]

Das persische Straßenwesen war insgesamt betrachtet hoch entwickelt, so dass die Großkönige nicht zuletzt über ihr vermessenes Wegenetz eine relativ genaue Vorstellung von der Ausdehnung ihres Herrschaftsgebietes gehabt haben müssen. Jedoch basierte diese Raumwahrnehmung offenbar auf einer Art ‚mental map', der die besagte lineare Raumerfassung auf der Basis der Königsstraßen und der Tributlisten der Provinzen zugrunde lagen.[37] Nach den uns vorliegenden Informationen führte die Summe aller geo-graphischen Informationen überraschenderweise nicht zur Anfertigung von Karten.[38]

Eine Behandlung des Straßenwesens im Hellenismus ist problematisch, da hierzu bis-lang nur wenig gearbeitet wurde.[39] Die schlechte Quellenbasis tut ihr Übriges. Dies ist umso bedauerlicher, als dieser Epoche eine Art Brückenfunktion in dem hier gebotenen Bild von der assyrisch-persischen zur römischen Zeit zufällt. Als Grundannahme können wir den hellenistischen Großreichen unterstellen, dass auf ihren Territorien das persisch geprägte Straßenwesens weiter genutzt und ausgebaut wurde.[40] Bereits das grundsätzli-

---

[35] Xen. Kyr. 8,6,17–18. Die Griechen nannten dieses Netz von Kurieren und Pferden „Angareion", eine Bezeichnung, die wohl aus dem Akkadischen stammt. Eine Beschreibung des Botensystems und der Geschwindigkeit des Informationstransfers bietet Hdt. 8,98. Vgl. AT Est. 3,13; 8,9–14. Zu den Nut-zungsmodalitäten des persischen Kurierdienstes sowie den staatlichen Überwachungen der Königs-straßen WIESEHÖFER 1993, 350f. und SEIBERT 2002 mit der älteren Literatur.

[36] Xen. Kyr. 8,6,22; Aristeid. or. 26,33.

[37] Vor diesem Hintergrund ist es wenig überraschend, dass Alexander der Große auf seinem Kriegszug Vermessungsingenieure mitführte. Vielleicht wusste man um den Innovationsrückstand der Perser auf kartographischer Ebene. Unklar bleibt dennoch, inwieweit die Bematisten nach der Eroberung der Königspfalzen und der Inbesitznahme der dortigen Archive auf das persisch-medische Wissen zurückgegriffen haben.

[38] Die Perser imaginierten ihr Reich, wie WIESEHÖFER 2007 gezeigt hat, indem sie die beherrschten Völker beispielsweise in Reliefs darstellten, wofür die schematische Darstellung der Völkerdelegati-onen an der Apadana-Osttreppe in Persepolis vermutlich das bekannteste Beispiel ist. Wie sich die intellektuelle Lücke zu dem Umstand erklärt, dass in Mesopotamien die Wiege der Kartographie stand (vgl. HARTENSTEIN 2011), muss Gegenstand weiterer Forschungen sein.

[39] Vgl. LOHMANN 2002; SCHWARZ 2005. Während das römische Straßennetz nicht zuletzt aufgrund der zahlreichen archäologischen und epigraphischen Zeugnisse intensiv beforscht wird, fehlen ver-gleichbare Arbeiten zum Hellenismus. Eine Ursache dürfte die disparate Quellenlage sein. Nur gele-gentlich sind in der Literatur Quellenzeugnisse (z.B. IK 1, Nr. 151 mit SEG 37, 1987, 920) anzutref-fen; eine Zusammenstellung des Materials ist dringend nötig.

[40] Strabon (2,1,23 [p. 79]) berichtet von der Verbindung von Babylon über Susa nach Persepolis. Die Straße wird als „gerade Linie" beschrieben, die vermessen ist. Auch bei der Straße von Thapsakos zum Kaspischen Meer gibt Strabon (2,1,39 [p. 91]) mit 10.000 Stadien eine Entfernung an. Weitere

che Vorhandensein von Bematisten im Heer Alexanders sowie eine sich deutlich entwickelnde Kartographie mit Exponenten wie Eratosthenes oder Hipparchos zeigt, dass die intellektuellen Grundlagen für eine intensive Raumerfassung vorhanden waren.

Besonderes Augenmerk fällt auf die Verhältnisse in Makedonien, da Rom hier erstmalig mit einer straßentechnisch wohl höher entwickelten Region in Kontakt kam. Hier können wir laut Thukydides seit Archelaos (413–399) öffentlichen Straßenbau belegen.[41] Während des Hellenismus übernahm man in Makedonien auch Innovationen wie Entfernungssteine aus dem Raum des ehemaligen Perserreiches, wie die überlieferten vier Entfernungssteine mit einer griechischen Inschrift zeigen. Sie standen an der großen makedonischen Ostwest-Marginale, die später unter den Römern Via Egnatia heißen sollte.[42]

Für eine intensive Vermessung des Landes – die m.E. mit der Vermessung von Straßen gleichzusetzen ist – in Kleinasien sprechen die zahlreichen überlieferten Entfernungsangaben bei Artemidor[43] ebenso wie ein hellenistischer Stadienstein aus der Nähe von Ephesos[44], ein Paragraph im Astynomengesetz von Pergamon[45] sowie der Stadiasmos von Patara. Gerade die Aufstellung des Pfeilers in Patara unmittelbar nach Provinzeinrichtung unter Claudius kann nur auf Straßenvermessungen in späthellenistischer Zeit zurückgehen.[46] Auch wenn vieles schemenhaft bleibt, so zeigt sich durchaus die Kontur eines entwickelten hellenistischen Straßennetzes.[47] Anders wären der intensive Handel und die umfangreichen Heerzüge in dieser Epoche auch nicht denkbar gewesen.

Jenes Straßennetz lernten die Römer auf ihren Gesandtschaftsreisen und auf ihren Kriegszügen im zweiten und ersten vorchristlichen Jahrhundert kennen. Dabei muss den römischen Eliten der praktische Nutzen qualitätvoller Straßen und nicht zuletzt von

---

Beispiele: Strab. 2,1,36 [p. 89] (Thapsakos – Babylon 4.800 Stadien); 2,1,39 [p. 91] (Thapsakos – Kaspische Tore 10.000 Stadien). Ob diese Angaben auf die Bematisten Alexanders oder auf seleukidische Aktivitäten zurückgehen, wird sich nicht mehr klären lassen.

[41] Thuk. 2,100,2.

[42] KOUKOULI-CHRYSANTHAKI 2001. Strab. 7,7,4 [p. 323] und 7,7,8 [p. 327] bemerkt in diesem Zusammenhang, dass nur der in Makedonien liegende Abschnitt der Ost-West-Achse Via Egnatia hieß, während der illyrische Part zwischen Apollonia und der Provinzgrenze offenbar zunächst ‚Nach Kandavia' genannt wurde. Der straßenbauende Promagistrat Egnatius (BROUGHTON 1986, 84f.) hatte offenbar nur den in seiner Provinz Makedonien liegenden Teil vermessen und mit Miliarien (AE 1973, 492; 1992, 1532) ausstatten lassen. Demnach hat sich der Straßenname erst im Laufe der Zeit nach Westen wie auch nach Byzanz ausgedehnt (Cic. prov. 4).

[43] Artemidor F 125 STIEHLE = Strab. 14,2,29 [p. 663].

[44] IK 17, Nr. 3601.

[45] OGIS II 483, col. I. Hierzu immer noch KLAFFENBACH 1954, der den Passus zum Straßenwesen leider unkommentiert lässt. Siehe dazu inzwischen auch SABA 2012.

[46] Die These von ŞAHIN / ADAK 2007, 120, wonach man die Straßen Lykiens erst nach Meilen vermessen und die Angaben dann für den Stadiasmos in Stadien rückgerechnet hätte, ist zurückzuweisen. Nicht zuletzt aus zeitlichen Gründen kann dem Monument keine römische Vermessungstätigkeit, geschweige denn römischer Straßenbau zugrunde liegen; vgl. KOLB 2013b, 206–214.

[47] Vgl. Diod. 19,57,5 (Kurierdienst des Antigonos); P. Hibeh 110 (Kuriersystem in Ägypten).

Entfernungsanzeigern zur Orientierung im Raum eingeleuchtet haben.[48] In der Entwicklungsgeschichte des Straßenbaus sollte das republikanische Straßenwesen Roms daher nicht, wie bisher geschehen, primär unter dem Blickwinkel der gracchischen Agrarpolitik gesehen werden.[49] Es liegt vielmehr nahe, die infrastrukturellen Impulse im italischen Straßenwesen vor dem Hintergrund des hellenistischen Einflusses zu betrachten. Dass die Agrarpolitik der Gracchen samt der Reaktion konservativer Senatskreise beschleunigend auf den Ausbau der Verkehrsinfrastruktur gewirkt haben dürfte, steht dem nicht entgehen. Vor allem ließe sich durch diese These das Aufkommen der zuvor in Italien unbekannten Meilensteine ebenso erklären wie der Umstand, dass eine Meile offenbar aus dem achtfachen der Stadie generiert wurde.[50]

Als Zwischenfazit kann festgehalten werden, dass Rom in einer Reihe von älteren Straßenbauerstaaten steht. Dabei hat Rom aus dem östlichen Mittelmeerraum Anregungen langsam übernommen. Wie wir uns den *Know-how*-Transfer Richtung Westen in republikanischer Zeit im Einzelnen vorzustellen haben, bedarf noch weiterer Forschungen. Vieles wird als Reiseerfahrung von Senatoren aus dem hellenistischen Osten in den Westen gelangt sein. Was die Römer auf jeden Fall für sich reklamieren können, ist die Tatsache, dass sie die infrastrukturellen Impulse wie landschaftsbeherrschende Straßen und Meilensäulen aus dem Osten nicht nur aufnahmen, sondern in deutlich verbesserter Form für sich adaptierten. Früchte zeigten diese Impulse vor allem mit dem Beginn des Principats und dem ,Werden einer Reichseinheit', wie Dietmar KIENAST es nannte. Erst mit der Überwindung der administrativen Strukturprobleme der Republik war auch auf römischer Seite der Weg für einen konsequenteren Ausbau der Verkehrsinfrastruktur frei.[51]

---

[48] Grundsätzlich sei auf Liv. 37,7,13–14 verwiesen: *Et tum quidem comiter acceptus hospes, postero die commeatus exercitus paratos benigne, pontes in fluminibus factos, vias, ubi transitus difficiles erant, munitas vidit. [14] Haec referens eadem, qua ierat, celeritate Thaumacis occurrit consuli. Inde certiore et maiore spe laetus exercitus ad praeparata omnia in Macedoniam pervenit.* Falls eine der hier angesprochenen Straßen tatsächlich die spätere Via Egnatia sein sollte, so verwundert die Aussage Strabons (7,7,4 [p. 322]) nicht, wonach sie nach der Provinzeinrichtung lediglich (neu?) vermessen und mit Meilensteinen versehen werden musste. An der Straßenqualität war wohl nichts zu beanstanden. Zu den Hermen an den attischen Straßen bemerkt Schneider 1935, 399: „Das sind Vorgänger der römischen m(iliarien). Freilich sind wir nicht in der Lage zu entscheiden, ob sie den Römern als Vorbild gedient haben."

[49] Plut. C. Gracchus 7. Vgl. HINRICHS 1967, 164f. HINRICHS zeigt, dass die Aktivitäten für den vorgracchischen Straßenbau primär durch lit. Zeugnisse belegt sind. Ältere Meilensteine, z. B. CIL I² 21 von der Via Appia, sind in ihrer Datierung umstritten oder wie CIL I² 617–619 von der Via Aemilia nicht aus dem Jahr der Erbauung der *via publica*. Die sicher datierbaren, vorgracchischen Steine stammen von Cn. Domitius (CIL I² 822) aus dem Jahr 162 v. Chr. sowie von Sp. Postumus (CIL I² 624) aus dem Jahr 148 v. Chr. Auch in den Provinzen finden sich erst ab der Mitte des 2. Jh. v. Chr. Miliarien: AE 1957, 172; 1973, 492; 1992, 1532; CIL I² 647–561. 823. 840; XVII/2 294.

[50] Immer noch grundlegend PEKÁRY 1968, 56–67. Zum Umrechnungsfaktor Meile-Stadion Pol. 3,39,8; abweichend Pol. 34,12,4; SCHNEIDER 1935, 400.

[51] KIENAST 1999, 499–515; 511: „Stellt (…) das Römische Reich unter Augustus keineswegs einen Einheitsstaat dar, so lassen sich die (…) Tendenzen zu einer Vereinheitlichung des Imperiums doch nicht übersehen."

4. Der Princeps als oberster Straßenbauer

Wenn republikanische Magistrate im Straßenbau aktiv wurden, dann waren es meist punktuelle Unternehmungen. Gerade die umfangreicheren Bautätigkeiten des P. Popillius Laenas in Unteritalien sind die Ausnahme von der republikanischen Regel.[52] An dem Gesamtbild ändern auch die wenigen belegten spätrepublikanischen Straßenkuratoren wenig.[53] Insgesamt betrachtet mutet es allerdings seltsam an, dass ein Stadtstaat zum mittelmeerbeherrschenden Flächenstaat werden konnte, ohne im Wegebau nachhaltig Impulse gesetzt zu haben.

Ein gewichtiger Grund für die Zurückhaltung auf dem Gebiet des Straßenbaus dürfte die strukturell schwach ausgebildete Administration der römischen Republik gewesen sein. Mit jährlich wechselnden Beamten war ein planmäßiger und den Raum kontinuierlich erschließender überregionaler Straßenbau nur schwer zu realisieren. Im Grunde brauchte es rund 200 Jahre, um Italien halbwegs mit einem flächendeckenden Netz an überregionalen Straßen in der Qualität einer Via Aemilia, Flaminia, Postumia, Cassia, Appia, Latina oder Annia auszustatten. Doch folgte die Anlage einer *via publica* bei genauerer Betrachtung oft konkreten politischen Erfordernissen und war somit weniger Ergebnis konziser Planung. In der Endphase der Republik kam der Straßenbau sogar völlig zum Erliegen.[54]

Selbst unter Augustus, der deutlich erkennbar räumlich in größeren Dimensionen dachte und auch zeitlich anders agieren konnte, lief der Ausbau des Straßennetzes zunächst nur schleppend an. Sein Versuch, Bürgerkriegsgewinner mit ihren finanziellen Ressourcen zum dringend notwendigen Straßenbau in Italien anzuregen, scheiterte.[55] Auch wenn er selbst bei der Instandsetzung der Via Flaminia mit gutem Beispiel voranging, so waren offensichtlich nur wenige bereit, diesem kostenintensiven Vorbild zu folgen.[56] Es darf wohl als Teil der langsamen Konstituierung des augusteischen Principats

---

[52]   CIL I² 638. Hierzu SALWAY 2007, 190–192. Unklar bleibt nach wie vor, ob man dieses traditionell P. Popillius Laenas (cos. 132) zugewiesene sog. Elogium von Polla aufgrund des Meilensteins ILLRP 454a nicht besser mit T. Annius Rufus (cos. 128) in Verbindung bringen sollte.

[53]   Immer noch grundlegend zum republikanischen Straßenwesen WISEMAN 1970; vgl. RADKE 1973 passim.

[54]   Selbst vom *curator viarum* C. Iulius Caesar erfahren wir nicht, welche Maßnahmen er im Jahr 67 an der appischen Straße tatsächlich umsetzte (Plut. Caesar 5,8–9).

[55]   Wie Cass. Dio 47,17,4 berichtet, haben die Vertreter des zweiten Triumvirates, somit auch Octavian, im Jahre 43/42 v. Chr. versucht, Senatoren zu Straßenausbesserungsarbeiten aus eigenen Mitteln heranzuziehen. Einen zweiten Anlauf zur Einbindung der senatorischen Oberschicht in die Straßenrenovierung unternahm Augustus (Suet. Aug. 30,1; Cass. Dio. 53,22,1) im Jahr 27 v. Chr. Vgl. ECK 1995.

[56]   Nach dem Bericht des Cass. Dio 49,43,1 hatte Agrippa im Jahre 33 v. Chr. als Aedil alle Straßen Roms wiederherstellen lassen. Auch wenn sich Agrippa auf zahlreichen Feldern für die Urbs als hilfreich erwiesen hatte, sollte diese Mitteilung im Hinblick auf das Straßennetz um Rom herum nicht überbewertet werden. Lediglich C. Calvisius Sabinus (cos. 39 v. Chr.) hat im Jahr 28 v. Chr. aus seinen spanischen Beutegeldern die Via Latina ausgebessert und Meilensteine aufgestellt: CIL X

verstanden werden, wenn der erste Mann der *res publica* auch auf dem Sektor der Verkehrsinfrastruktur seine Rolle nur langsam fand. Für Italien war das Resultat die Übernahme der *cura viarum* im Jahr 20 v. Chr., die in Kombination mit der Einrichtung des
cursus publicus gesehen werden sollte.[57]

Aber Augustus wurde nicht nur in Italien aktiv, wie uns die Meilensteinsetzungen
nahelegen. Unter seinem Principat wird die Verkehrsachse von Rom durch Südfrank-
reich bis Südspanien ,römisch' erschlossen. Im Osten finden sich dem gegenüber weniger
Zeugnisse augusteischen Straßenbaus, diese vor allem in Zentralkleinasien.[58] Verwun-
dern sollte uns diese Ost-West-Verteilung nicht, da Rom im Osten, wie oben skizziert, auf
eine entwickelte hellenistische Verkehrsinfrastruktur zurückgreifen konnte.

Sichtbaren Ausdruck fand die principale Neuorganisation des Straßenwesens unter
Augustus in der Aufstellung des Goldenen Meilensteins auf dem Forum Romanum, der
symbolträchtig die Wende in der Straßenadministration markierte.[59] Dieser Stein wohl
gab die Ausdehnung des Imperiums wieder, indem er die Entfernungen zu bedeutenden
Städten des Römischen Reiches anzeigte. Wenn auch die dort gegebenen Distanzangaben keiner geodätischen Betrachtung im modernen Sinne standgehalten haben dürften,
so spiegelt sich hierin eine verstärkte Wahrnehmung der Weitläufigkeit des Reiches und
folglich auch seiner Straßen wider. Auch in der so genannten Weltkarte des Agrippa, die
Augustus später in der Porticus Vipsania hat anbringen lassen, manifestiert sich dieses
neue imperiale Bewusstsein.[60] Damit sind wir grundsätzlich an jenem Punkt angelangt,
der Autoren wie BERGIER sowie die Forschung im 19. Jahrhundert dazu veranlasste, römische Principes mit neuzeitlichen Monarchen mehr oder weniger bewusst parallel zu setzen. Es stellt sich daher zunächst die Frage, ob Augustus überhaupt wie ein Monarch
rechtlich auf dem Feld des Straßenbaus agieren konnte.

6895. 6897–6901; AE 1969/70, 89. Hierzu RADKE 1973, 1490f., der die Meilensteine jedoch fälschlich
ins Jahr 39 v. Chr. datiert. Ferner PEKÁRY 1968, 71f.; ALFÖLDY 1991; ECK 1979, 28. Auch Valerius
Messala Corvinus soll laut Tibull. 1,7,57–62 Reparaturarbeiten an der Via Latina in der Nähe Roms
durchgeführt haben. Jedoch sind von ihm keine Meilensteine bekannt. Auffällig ist bei diesen beiden
die große Nähe der Reparaturarbeiten zu Rom. Es darf vermutet werden, dass ähnlich den Arbeiten
des C. Iulius Caesar an der Via Appia auch diese nicht zuletzt der eigenen Selbstdarstellung in der
Urbs dienen sollten. Zum augusteischen Ausbau der Via Flaminia R. Gest. div. Aug. 20; Suet. Aug.
30,1; Cass. Dio 53,22,1; CIL XI 365.

[57] Grundlegend zur italischen Straßenverwaltung ist ECK 1979. Er präzisierte seine Ausführungen später in einigen Punkten in ECK 1992 und ECK 1995; zum *cursus publicus* KOLB 2000, 53–64.

[58] FRENCH 1980, 708.

[59] Plin. nat. 3,66; Cass. Dio 54,8,4; Suet. Otho 6,2; Tac. hist. 1,27,2; SCHNEIDER 1935, 402; kritisch
BRODERSEN 2003, 255: „Tatsächlich ist – entgegen weitverbreiteter Meinung – die Angabe von Orts-
namen oder Distanzangaben auf dem Denkmal ebensowenig belegt wie die von Straßennamen oder
die von *curatores viarum*. Bezeugt ist vielmehr nur, daß Augustus in seiner Eigenschaft als *curator
viarum* 20 v. Chr. das *miliarium* aufstellen ließ." Gegen Brodersen stellt sich u.a. die Frage, was ein
Meilenstein anderes hätte anzeigen sollen als Entfernungsabgaben.

[60] Plin. nat. 3,17; HÄNGER 2007 (mit der älteren Literatur).

Eine in diesen Kontext gehörende Grundannahme lässt sich schnell korrigieren: Auch wenn wir mit der Tabula Peutingeriana eine mittelalterliche Kopie einer antike Oikumene-karte besitzen und weitere Zeugnisse eine in der Antike vorhandene Kartographie sicher belegen, so haben Karten anders als in der Neuzeit in Rom bei allen geostrategischen oder politischen Entscheidungen keine Rolle gespielt.[61]

Etwas problematischer ist die Klärung der rechtlichen Grundlage, auf der Augustus und seine Nachfolger Straßen bauen bzw. ertüchtigen oder auch nur vermessen und mit Meilensteinen versehen ließen. Gerade für die Provinzen lassen uns die Quellen zu die-sem Aspekt im Stich. Es kann nur vermutet werden, dass die italische *cura viarum* in Kombination mit dem *imperium maius* Augustus per se im ganzen Imperium Romanum zum obersten Straßenadministrator machte.[62] Auf dieser Basis können wir den Princeps als obersten Straßenbauer ansprechen und bekommen ihn entsprechend prominent an erster Stelle auf den Miliarien im Römischen Reich bis in die Spätantike geboten. Jedoch zieht dies die Frage nach sich, welche Aussagekraft wir den Meilensteinsetzungen tat-sächlich beimessen können. War der auf allen Miliarien des Reiches genannte Kaiser nun unmittelbar oder mittelbar über die Statthalter oder die Städte für die Verwaltung der Reichsstraßen zuständig?

Aufgrund seiner *cura viarum* und seinem *imperium maius* muss die Frage grundsätz-lich positiv beantwortet werden. Doch können wir aus den aufgestellten Miliarien wie bei Bauinschriften schlussfolgern, dass jeder Stein auch tatsächlich Folge einer Bautätigkeit ist? Ich habe oben im Zusammenhang mit dem augusteischen Straßenbau bewusst nur von Anhaltspunkten für einen vom Kaiser initiierten Bau aufgrund gesetzter Meilensteine gesprochen. Denn wir haben in meinen Augen mit Blick auf das römische Straßenwesen ein erhebliches Quellenproblem. Annähernd alle Aussagen, die wir über die kaiserzeitli-chen Reichsstraßen, ihren Bau und Unterhalt machen können, basieren auf den überlie-ferten Miliarien. Das birgt die Gefahr von argumentativen Zirkelschlüssen. Substantiell erhellende literarische Zeugnisse oder Rechtstexte fehlen weitgehend. Zudem ist der Bau einer Straße mit archäologischen Kriterien kaum datierbar. Bei Reparatur- oder Ausbau-maßnahmen lassen sich aus archäologischer Sicht gar keine Aussagen machen. Wenigs-tens einen Richtwert scheinen wir zu haben: Eine ‚normale‘, also nichtgepflasterte Reichs-straße in einem topographisch wenig anspruchsvollen Raum muss nach allem, was wir aufgrund von epigraphischen Zeugnissen sagen können, alle 40–60 Jahre instandgesetzt worden sein.[63] Da wir für die geschätzten 120.000 km Reichsstraßen noch nicht einmal ansatzweise über eine entsprechende Anzahl an Miliarien verfügen, müssen große Teile des Straßenbaus und -ausbaus ohne Steinsetzungen erfolgt sein. Dies könnte u.a. daran

---

[61] MITTENHUBER 2009; RATHMANN 2013; RATHMANN 2014; zur Kritik einer antiken Kartographie BRODERSEN 2003.

[62] Ausführlich RATHMANN 2003, 58–61, 155f., 174–176. Interessant ist vor allem das Ringen zwischen Princeps und Proconsul um die epigraphische Vorherrschaft auf den Miliarien in der Africa procon-sularis; vgl. AE 1936, 157; 1955, 40; 1987, 992; CIL VIII 10023.

[63] RATHMANN 2003, 53 Anm. 309.

liegen, dass der Straßenunterhalt im administrativen Alltag zusammen mit der Aufstellung der Miliarien in den Provinzen den jeweiligen Städten oblag.[64] Und diese verzichteten aus Kostengründen oft auf die teuren Meilensteine. Straßenbau wurde außerhalb Italiens sicherlich als *munus* schlicht erledigt, ohne dass man hiervon großartig sprach.[65] Schließlich waren es ja auch die Städte und Civitates, die das größte Interesse am Straßenbau hatten. Zudem müssen wir uns bewusst machen, dass die Nutzung der Straßen primär auf einer regionalen Ebene stattfand, so dass die Verkehrswege den lokalen Nutzern bekannt waren und diese folglich gar keine Meilensteine zur Raumorientierung brauchten. Warum sollte der Kaiser direkt oder über den Statthalter in die Belange des provinzialen Straßenwesens eingreifen?

Ich betone diese Straßenbaupraxis deshalb, weil es im Umkehrschluss bedeuten könnte, dass wir hinter den Meilensteinsetzungen im ersten und zweiten Jahrhundert vielleicht einen wirklich von der Zentrale in Rom oder zumindest von den Provinzgouverneuren initiierten Straßenbau vermuten können.[66] Lediglich unter zwei Bedingungen ist dies sicher auszuschließen: (a) Bei offensichtlich dedizierten Meilensteinen und (b) bei jenen, die von Gemeinden in zu dichter zeitlicher Abfolge aufgestellt wurden. Hierunter sind Steinsetzungen in sehr kurzen Zeitintervallen zu verstehen, die vor allem als Devotionsadressen bei Herrscherwechseln oder neuen kaiserlichen Siegerepitheta fungierten. Unter dem Aspekt zeitlich zu enger Reparaturintervalle wäre Cordoba ein passendes Beispiel, da dort in deutlich zu geringen Abständen Meilensteine aufgestellt wurden, um diese wirklich als Zeugnisse durchgeführter Baumaßnahmen deuten zu können.[67] Gleiches gilt für die Miliarien auf Sardinien im dritten Jahrhundert.[68]

Betrachten wir nun die Meilensteine im ersten und zweiten Jahrhundert, die allem Anschein nach in das Bild geplanten kaiserlichen Straßenbaus passen. Wie müssen wir uns nun Straßenbauaktivitäten durch den Princeps vorstellen? Theoretisch forderten vermutlich Augustus oder einer seiner Nachfolger per Brief einen Statthalter zum Straßenbau auf, der seinerseits die Direktive an die entsprechenden Civitates, Municipien oder Colonien weiterreichte.[69] Für die Existenz dieses Modells spricht folgendes frühe Beispiel: Unter Agrippa haben wir durch Strabon den ersten Straßenbau mit überregionaler Bedeutung im gallischen Raum belegt.[70] Und mit Hilfe dieser historiographischen Notiz können wir sogar eine Verbindung zum dendrochronologisch datierten Brückenbau in Trier ziehen, so dass die

---

[64] Zur Bedeutung von Städten, Civitates usw. auf dem Gebiet der Administration von Reichsstraßen in den Provinzen s. RATHMANN 2004.

[65] Zur Finanzierung der *viae publicae* in Italien PEKÁRY 1968, 91–112, in den Provinzen RATHMANN 2003, 136–142; vgl. KISSEL 2002b. Bezeichnend für die Finanzierung provinzialer Reichsstraßen ist § 82f. der Lex Irnitana; vgl. IGR IV 1206. 1251. Bisweilen können wir auch Baulose feststellen (SEG 13, 1963, 625).

[66] Zur Rolle der Statthalter RATHMANN 2006.

[67] SILLIÈRES 1990, 294; RATHMANN 2004, 198f.

[68] RATHMANN 2003, 99f.

[69] Vgl. PEKÁRY 1968, 78f.

[70] Strab. 4,6,11 (p. 208); zum Brückenbau bei Trier CÜPPERS 1967; GALLIAZZO 1994, 278f. Nr. 569.

Strabonmitteilung für uns in der Landschaft konkret greifbar wird. Hierhinter eine gezielte Aktion der Reichsleitung zu sehen, liegt auf der Hand. Für die Anlage – gemeint sind sicher der Ausbau, die Begradigung oder Verbreiterung von keltischen Wegen – von Lyon aus Richtung Massilia, Atlantik, Kanalküste und Rhein fehlte es auf gallischer Seite sowohl an der notwendigen Motivation wie auch an den administrativen Strukturen, ein solches überregionales Vorhaben überhaupt planen zu können. Beide Punkte können wir aber sehr wohl dem in Verwaltungsfragen äußerst erfahrenen Agrippa unterstellen. Da Augustus Gallien aus eigener Anschauung kannte, könnte die Anregung vom Princeps selbst stammen. Schließlich war seit Caesars Eroberung hinlänglich Zeit verstrichen, um sich einmal grundsätzlich dem überregionalen Straßennetz zuzuwenden. Zudem galt es nun in Agrippas zweiter Statthalterschaft, Gallien auch über das Medium Straße administrativ deutlicher zu fassen. Da Agrippa nicht über einen ausreichenden Stab verfügte, wird er sich auf die übergeordnete Koordination beschränkt und die konkreten Baumaßnahmen den gallischen Gemeinden überlassen haben. Jenseits der Strabonnotiz erfahren wir aber nirgends etwas über Straßenbau im gallischen Raum, die Narbonensis einmal ausgenommen.[71] Erst unter Claudius haben wir in der Gallia comata die ersten Miliarien als Zeugnisse römischen Straßenbaus belegt. Die Zeugnisse sind derart eindeutig, dass wir eine ungünstige Überlieferungslage ausschließen können. Im Resultat bedeutet dies, dass wir nach Caesars Eroberung erstmalig im Jahr 19/18 v. Chr. unter Agrippa Aktivitäten an vier großen gallischen Straßen belegen können, ohne dass wir einen einzigen Meilenstein hätten. Wie das gallische Beispiel belegt, provozierten die zumindest literarisch belegbaren Aktivitäten der Reichsleitung nicht zwingend epigraphische Zeugnisse. Miliarien finden wir dann erst in der zweiten Ausbauphase unter Claudius, der diese Aktion u.a. durch Coloniegründungen abrundete. Sicher geht man nicht fehl, in diesen Colonien auch Landmarken zu sehen, die das Modell einer mentalen Raumerfassung unterstützten.

Noch ein weiterer Punkt ist interessant: Dass Augustus gerade in Spanien und Gallien aktiv wurde, hingegen nicht auf dem Balkan, kann mit der Kenntnis bzw. Unkenntnis des jeweiligen Raums erklärt werden. Auf dem Balkan wurde erst unter Tiberius P. Cornelius Dolabella in größerem Umfang tätig.[72] Dass der Princeps seinen Legaten aufgrund eigener Ortskenntnisse hierzu aufforderte, liegt nahe. Schließlich kannte Tiberius diesen Raum persönlich gut und war folglich über das rückständige überregionale Straßenwesen im Bilde. Ein ähnliches Bild zeigt sich schließlich noch in Kleinasien unter den Flaviern:

[I]mp(erator) [T(itus)] C[ae]sa[r] divi Ves/pasiani f(ilius) Aug(ustus) pont(ifex) max(imus) / trib(unicia) potest(ate) X imp(erator) XV co(n)s(ul) / VI[II] censor

---

[71] Nach Strabons Bericht war Agrippa der bauverantwortliche Prokonsul in Gallien, der durchaus in republikanischer Tradition eigene Meilensteine hätte aufstellen können. Aber er tat es offenbar nicht. Wollte er Augustus womöglich nicht durch eigene Miliarien brüskieren und unterließ es daher ganz? Andererseits ist es vorstellbar, dass das Aufstellen von augusteischen Steinen seinem Standesbewusstsein zuwiderlief.

[72] Kolb 2011/12, 61f.

p(ater) p(atriae) [et] Caes(ar) / [[divi f(ilius) Domitianus]] / co(n)s(ul) VII princ(eps)
iuventutis / [per] / A(ulum) Caesennium Gallum / leg(atum) pro pr(aetore) vias
provinci/aru[m] G[ala]tiae Cappad[o]/ciae Ponti Pisidiae Pa/phlagoniae Lycao-
niae / Armeniae minoris / straverunt / LXX.[73]

Bezeichnend ist, dass mit A. Caesennius Gallus erneut ein Statthalter im Auftrag des
Kaisers handelt. Offenbar begnügte sich die Reichsspitze gerade im ersten Jahrhundert
mit einer Art Eingriffsadministration und wurde nur dann auf dem kosten- und ver-
waltungsintensiven Sektor Straßenbau aktiv, wenn basale Herrschaftsinteressen dies
erforderten.[74] Eigene Ortskenntnisse konnten nicht nur hilfreich, sie scheinen sogar von
zentraler Bedeutung gewesen zu sein. Wie die verstärkten Aktivitäten des Traian auf der
iberischen Halbinsel oder von Antoninus Pius in der Narbonensis zeigen, konnte auch
der Faktor Abstammung bzw. familiäre Bindung eine Rolle spielen und das Nichtvorhan-
densein unmittelbarer Kenntnisse des Raumes kompensieren.[75]

Neben diesen kaiserlichen Straßenbauaktivitäten, die sich zum Teil durch literarische
Quellen flankiert in markanten Bauinschriften oder Meilensteinserien zu erkennen geben,
gibt es auch noch weitere aussagekräftige Zeugnisse, die auf eine Direktive Roms schließen lassen. Wie bereits angedeutet, legen m.E. diejenigen Meilensteine, die überregionale
Entfernungsangaben oder Auffälligkeiten wie klare Reparaturmitteilungen[76] im Meilen-
steinformular tragen, Zeugnis einer kaiserlichen Planung ab. Gerade die auf Weitläufigkeit
ausgelegten Miliarien mit hohen *caput-viae*-Angaben entsprechen nicht den auf einen Nah-
verkehr ausgerichteten Bedürfnissen städtischer Verkehrsplanung; hierzu einige Beispiele:

CIL II 4701:
Imp(erator) Caesar divi f(ilius) / Augustus co(n)s(ul) XIII trib(unicia) / potest(ate)
XXI pontif(ex) max(imus) / a Baete et Iano August(o) / ad Oceanum / LXIIII).

CIL VIII 10047: Imp(erator) Caes(ar) <<C(aius) Iulius / Verus Maximinus
Pius>> / Felix Aug(ustus) Germ(anicus) max(imus) Sar/mat(icus) max(imus)
Dacicus max(imus) pon(tifex) / max(imus) trib(unicia) potest(ate) III imp(erator)

---

[73]   CIL III 318; FRENCH 1980, 710. 712; FRENCH 1981, 71. 76. 83.
[74]   Wie massiv Rom auf die Verkehrsinfrastruktur in den unterworfenen Gebieten setzte, zeigt nicht
       nur das lange Zögern, bis Rom selbst eingriff. Besonders interessant ist es, wenn die Vertreter Roms
       auf eben jenes Straßennetz nicht zurückgreifen konnten. Markant ist das Verhalten des Tiberius in
       Germanien, der im Zuge seiner Feldzüge der Jahre 11/12 laut Vell. 2,120,2 zur besseren Kontrolle des
       Raumes erst einmal *limites* in die dichten Wälder schlagen ließ. Nur wenn die notwendige Verkehrs-
       infrastruktur nicht vorhanden war, wurden die römischen Funktionsträger in einem Maße aktiv,
       dass sie auch in den literarischen Quellen auftauchten. Zum Vergleich: Ähnliche Aussagen wie jene
       zu Tiberius in Germanien sucht man in Caesars Gallischem Krieg vergeblich. Er konnte sich bei
       seinem Eroberungszug auf ein funktionsfähiges Wegenetz stützen.
[75]   Die Miliarien sind bei RATHMANN 2003, 229, 233f. zusammengestellt.
[76]   RATHMANN 2003, 204–209.

VI / <<C(aius) Iulius Verus Maximus no/bilissimus Caes(ar)>> princeps / iuventu-
tis Germ(anicus) max(imus) Sar/mat(icus) max(imus) Dacicus max(imus) / viam a
Karthagine us/que ad fines Numidiae / provinciae longa incuria / corruptam adque
dilap/sam restituerunt / LXX.

CIL V 8003:
Ti(berius)   Claudius   Caesar / Augustus   German(icus) / pont(ifex)   max(imus)
trib(unicia) pot(estate) VI / co(n)s(ul) desig(natus) IIII imp(erator) XI p(ater)
p(atriae) / viam Claudiam Augustam / quam Drusus pater Alpibus / bello patefactis
derexserat(!) / munit a flumine Pado at (!) / flumen Danvuium per / m(ilia) p(as-
suum) CC[CL].

Mit einiger Wahrscheinlichkeit gehören auch die sog. Itinerar-Meilensteine in diese
Gruppe.[77] Diese sind aber wohl weniger Zeugnisse von Bau- oder Ausbauaktionen als
vielmehr von Vermessungstätigkeiten, die aber letztlich auch dem Feld der Straßenadministration zu zurechnen sind.

Aber es gibt noch eine zweite Gruppe an Miliarien, die sicher auf kaiserlich initiierten
Straßenbau hinweisen. Helmut HALFMANN hat in seiner Studie über die kaiserlichen
Reisen zeigen können, wie und in welchem Umfang im Vorfeld von Reisen oder Feldzügen des Princeps die entsprechenden Routen ausgebaut oder zumindest instandgesetzt
wurden. Hierhinter kann als planende Instanz nur die Reichsleitung in Rom vermutet
werden.[78] Weitere Studien zum Straßenwesen konnten das Bild von HALFMANN stützen
und ausdifferenzieren.[79] Das markanteste Beispiel sind sicherlich die Meilensteinsetzungen im Kontext des Straßenbaus unter Septimius Severus im Konflikt mit Clodius Albi-
nus. Um seine pannonischen Truppen nach Gallien führen zu können, hatte Severus die
entsprechenden Straßen für den Durchmarsch seiner Legionen ertüchtigen und zum Teil
im Nachgang nochmals ausbessern lassen.[80] Vergleichbar sind vielleicht noch die Aktivitäten Traians im Zusammenhang mit der Eroberung Arabiens.[81]

Was insgesamt überrascht, ist der Umstand, dass die Einflussnahme des Princeps jeweils
kausal erschlossen werden muss. Kein Historiograph und keine Inschrift weisen den Kaiser
als direkten Auftraggeber aus. Er erscheint auf Meilensteinen lediglich in einer Nominativ-
titulatur ohne weitere inhaltliche Zusätze. Womöglich reichte die Kombination von *cura*
viarum und *imperium maius* aus, um ihn als obersten Auftraggeber zu identifizieren. Wenn
man sich allerdings überlegt, wie epigraphisch auskunftsfreudig Römer generell in den Städten waren, verwundert der Befund jedoch sehr. Aus methodischer Sicht erschwert diese
Beobachtung den Umgang und die Interpretationsmöglichkeit von Miliarien als Quellengat-

---

[77] KOLB 2007, 170–178.
[78] Vgl. SHA Alex. 45,2; HALFMANN 1986, 321.
[79] RATHMANN 2003, 71–75 (mit weiterer Literatur).
[80] INSTINSKY 1938; RATHMANN 2003, 82f.
[81] PEKÁRY 1968, 140f.; GRAF 1995.

tung. Offenbar muss jeder Einzelfall geprüft werden, um zwischen dediziertem Meilenstein oder Miliarium als Zeichen tatsächlichen Straßenbaus unterscheiden zu können.

Lediglich ein Fall ist m.W. bekannt, in dem der Kaiser selbst als Auftraggeber unmittelbar auf dem Stein erscheint.[82] Das Beispiel stammt aus Numidien von der Via Nova. Die Straßenanleger der Straße zwischen Cirta und Rusicade hatten sich offenbar aufgrund der ungünstigen Topographie, also wegen der hohen Kosten für den Straßenunterhalt, an Hadrian gewandt:[83]

> *Ex auctoritate / Imp(eratoris) Caesaris / Traiani Hadr/an(i) Aug(usti) pontes / viae novae Rusi/cadensis r(es) p(ublica) Cir/tensium sua pec/unia fecit Sex(to) Iulio / Maiore leg(ato) Aug(usti) / leg(ionis) III Aug(ustae) pr(o) pr(aetore).*[84]

Jedoch scheint mir der Umstand, dass hier finanzielle Aspekte und der Sonderfall der cirtenischen Konföderation die zentralen Faktoren sind, darauf hinzuweisen, dass wir hier eher die Ausnahme von der Regel vor uns haben.[85] Erst wenn es vor Ort massive Probleme gab, wurde der Kaiser unmittelbar eingeschaltet. Der Briefwechsel zwischen Plinius und Traian vermittelt uns hiervon schlaglichtartig ein Bild. Der ebenfalls auf dem numidischen Meilenstein genannte Sex. Iulius Maior hatte m. E. die Funktion, für die korrekte Umsetzung der kaiserlichen Direktive zu sorgen.

5. Fazit

Zusammenfassend lässt sich festhalten, dass der Princeps beim Bau und Ausbau des Straßenwesens zwar durchaus aktiv wurde, dass jedoch nicht hinter jeder durch Meilensteinsetzung belegten Baumaßnahme vorschnell der Kaiser angenommen werden darf, wie es in der älteren Forschung oft der Fall war. Wenn uns nicht eines Tages ein ganzes Statthalterarchiv oder ein dem Briefwechsel zwischen Plinius und Traian vergleichbares Quellenkorpus in die Hände fällt, aus dem wir Verwaltungsabläufe auf dem Gebiet der Reichsstraßenadministration besser als bisher rekonstruieren können, müssen wir nach wie vor stets im Einzelfall prüfen, ob wir hinter einer Meilensteinserie eine Direktive der Reichsspitze vermuten können. Diese Arbeiten können jedoch erst nach Abschluss von CIL XVII wirklich befriedigend betrieben werde.

Doch etwas kann bereits zum jetzigen Zeitpunkt gesagt werden: Einen ‚Masterplan‘ für die Infrastruktur im Reich hatte der Kaiser nicht. Oft sind die belegbaren Straßen-

---

[82] Vgl. PEKÁRY 1968, 78f.

[83] Einen ähnlichen Fall haben wir vielleicht noch mit einer Meilensteinserie für Hadrian aus Pannonien (CIL III 4618. 4641. 4649. 11322. 11325; AE 1973, 428). Diese tragen alle ein Genitivformular, ein *ex auctoritate* wäre womöglich zu ergänzen.

[84] CIL VIII 10296.

[85] Hinweise auf Finanzierungsmodalitäten von Reichsstraßen sind auf Miliarien sehr selten. Ein weiterer Beleg ist IGR IV 1206. 1251 aus Thyateira in der Provinz Asia.

bauaktionen Einzelmaßnahmen, durch persönlich Kenntnisse, familiäre Beziehungen, Kriegszüge oder Reisen provoziert. Eine neuzeitlich anmutende Planung von Straßen zur konsequenten Erschließung des Reiches am so genannten grünen Tisch in Rom ist schon deshalb unwahrscheinlich, weil keine Karten des Großraums im politischen Entscheidungsprozess genutzt wurden. Auch hierin zeigt sich der römische Herrscher offenbar als ein Erbe des persischen.

Bibliographie

ALFÖLDY 1991 = G. ALFÖLDY, Augustus und die Inschriften: Tradition und Innovation. Die Geburt der imperialen Epigraphik, *Gymnasium* 98, 1991, 289–324.

BECHER 1949 = W. BECHER, Parasanges, RE XVIII.4, 1949, 1375.

BENDER 1978 = H. BENDER, Römischer Reiseverkehr. Cursus publicus und Privatreisen, Stuttgart 1978.

BERGIER 1736 = N. BERGIER, Histoire des grands chemins de l'Empire romain, 2 Bde., Brüssel 1736[3].

BESNIER/CHAPOT 1917 = M. BESNIER/V. CHAPOT, *via* (Rome), DS 5, 1917, 781–817.

BLEICKEN 1982 = J. BLEICKEN, Zum Regierungsstil des römischen Kaisers. Eine Antwort auf Fergus Millar, Wiesbaden 1982.

BONCQUET 1987 = J. BONCQUET, Diodorus Siculus (II, 1–34) over Mesopotamië. Een historische kommentaar, Brüssel 1987.

BORGER 1982–85 = R. BORGER, Historische Texte in akkadischer Sprache, in: O. KAISER (Hg.), Texte aus der Umwelt des Alten Testaments I: Rechts- und Wirtschaftsurkunden. Historisch-chronologische Texte, Gütersloh 1982–85, 354–410.

BRIANT 2012 = P. BRIANT, From the Indus to the Mediterranean: The Administrative Organization and Logistics of the Great Roads of the Achaemenid Empire, in: S.E. ALCOCK/J. BODEL/R.J.A. TALBERT (Hg.), Highways, Byways, and Road Systems in the Pre-Modern World, Chichester 2012, 185–201.

BRODERSEN 2003 = K. BRODERSEN, Terra Cognita. Studien zur römischen Raumerfassung, Hildesheim/ New York 2003[2].

BROUGHTON 1986 = T.R.S. BROUGHTON, The Magistrates of the Roman Republic, Vol. 3: Supplement, New York 1986.

CALDER 1925 = W.M. CALDER, The Royal Road in Herodotus, CR 39, 1925, 7–11.

CHEVALLIER 1997 = R. CHEVALLIER, Les voies romaines, Paris 1997.

CÜPPERS 1967 = H. CÜPPERS, Vorrömische und römische Brücken über die Mosel, *Germania* 45, 1967, 60–69.

ECK 1979 = W. ECK, Die staatliche Organisation Italiens in der hohen Kaiserzeit, München 1979.

ECK 1992 = W. ECK, *Cura viarum* und *cura operum publicum* als kollegiale Ämter im frühen Prinzipat, *Klio* 74, 1992, 237–245, ND in: W. ECK, Die Verwaltung des Römischen Reiches in der hohen Kaiserzeit I, hg. v. R. FREI-STOLBA und M.A. SPEIDEL, Basel 1995, 281–293.

ECK 1994 = W. ECK, Die Bedeutung der claudischen Regierungszeit für die administrative Entwicklung des römischen Reiches, in: V. STROCKA (Hg.), Die Regierungszeit des Kaisers Claudius (41–54 n. Chr.). Umbruch oder Episode?, Mainz 1994, 23–34.

ECK 1995 = W. ECK, Die Administration der italischen Straßen: Das Beispiel der via Appia, in: S. QUILICI GIGLI (Hg.), La Via Appia. Quaderni del Centro di Storio per l'Archeologia Etrusco-Italica 18, Rom 1990, 29–39, ND mit einem Nachtrag in: W. ECK, Die Verwaltung des Römischen Reiches in der hohen Kaiserzeit I, hg. von R. FREI-STOLBA und M.A. SPEIDEL, Basel 1995, 295–313.

EDZARD 1980 = D.O. EDZARD, Itinerare, Reallexikon der Assyriologie und vorderasiatischen Archäologie 5, 1980, 216–220.

FAIST 2001 = B. FAIST, Der Fernhandel des assyrischen Reiches zwischen dem 14. und dem 11. Jahrhundert vor Christus, Münster 2001.

FORBES 1934 = R.J. FORBES, Notes on the History of Ancient Roads and their Construction, Amsterdam 1934.

FORBES 1965 = R.J. FORBES, Studies in Ancient Technology, Bd. 1, Leiden 1965.

FORSHAW 1976/77 = L.H.S. FORSHAW, The Memnonian Road, *CW* 70, 1976/77, 454.

FRENCH 1980 = D.H. FRENCH, The Roman Road-System of Asia Minor, ANRW II 7.2, 1980, 698–729.

FRENCH 1981 = D.H. FRENCH, Roman Roads and Milestones of Asia Minor I: The Pilgrim's Road, Oxford 1981.

FRENCH 1997 = D.H. FRENCH, Pre- and Early-Roman Roads in Asia Minor, *Arkeoloji Dergisi* 5, 1997, 189–196.

FRIEDLÄNDER 1922 = L. FRIEDLÄNDER, Darstellungen aus der Sittengeschichte Roms in der Zeit von Augustus bis zum Ausgang der Antonine, Bd. 1, hg. v. G. WISSOWA, Leipzig 1922[10].

GALLIAZZO 1994 = V. GALLIAZZO, I ponti romani, Vol 1: Esperienze preromane, storia, analisi architettonica e tipologica, ornamenti, rapporti con l'urbanistica, significato, Canova 1994.

GAUTIER 1693 = H. GAUTIER, Traité de la construction des chemins, Toulouse 1693.

GHEDINI/ROSADA 1997 = F. GHEDINI/G. ROSADA (Hg.), *Via per montes excisa*. Strade in galleria e passaggi sotterranei nell'Italia romana, Rom 1997.

GRAEFF 2004 = J.-P. GRAEFF, Die Straßen Ägyptens, Hamburg 2004.

GRAF 1994 = D.F. GRAF, The Persian Royal Road System, *Archaemenid History* 8, 1994, 167–189.

GRAF 1995 = D.F. GRAF, The *Via Nova Traiana* in Arabia Petraea, in: J.H. HUMPHREY (Hg.), The Roman and Byzantine Near East: Some Recent Archaeological Research, Ann Arbor 1995, 241–267.

GRENIER 1934 = A. GRENIER, Manuel d'archéologie gallo-romaine II. L'archéologie du sol: Les routes, Paris 1934.

GREWE 1998 = K. GREWE, Licht am Ende des Tunnels. Planung und Trassierung im antiken Tunnelbau, Mainz 1998.

GREWE 2013 = K. GREWE, Streckenmessung im antiken Aquädukt- und Straßenbau, in: K. GEUS/M. RATHMANN (Hg.), Vermessung der Oikumene, Berlin/Boston 2013, 119–135.

HALFMANN 1986 = H. HALFMANN, *Itinera principum*. Geschichte und Typologie der Kaiserreisen im Römischen Reich, Stuttgart 1986.

HALLOCK 1969 = T. HALLOCK, Persepolis Fortification Tablets, Chicago 1969.

HALLOCK 1978 = T. HALLOCK, Selected Fortification Texts, *Cahiers de la Délégation Archéologique Française en Iran* 8, 1978, 109–136.

HÄNGER 2007 = C. HÄNGER, Die Karte des Agrippa, in: RATHMANN 2007, 135–142.

HARTENSTEIN 2011 = F. HARTENSTEIN, Die Babylonische Weltkarte, in: Ch. MARKSCHIES/I. REICHLE/J. BRÜNING u. a. (Hg.), Atlas der Weltbilder, Berlin 2011, 12–21.

HEINZ 2003 = W. HEINZ, Reisewege der Antike. Unterwegs im Römischen Reich, Stuttgart 2003.

HEIL 2014 = M. HEIL, Senatoren auf Dienstreise, in: E. OLSHAUSEN/P. SCHOLZ u.a. (Hg.), Mobilität in den Kulturen der antiken Mittelmeerwelt, Stuttgart [im Druck, erscheint 2014].

HERZIG 1974 = H.E. HERZIG, Probleme des römischen Straßenwesens: Untersuchung zu Geschichte und Recht, ANRW II 1, 1974, 593–648.

HINRICHS 1976 = F.T. HINRICHS, Der römische Straßenbau zur Zeit der Gracchen, *Historia* 16, 1967, 162–176.

HULTSCH 1882 = F. HULTSCH, Griechische und römische Metrologie, Berlin 1882[2].

INSTINSKY 1938 = H.U. INSTINSKY, Septimius Severus und der Ausbau des raetischen Straßennetzes, *Klio* 31, 1938, 33–50.

ISAAC/ROLL 1982 = B.H. ISAAC/I. ROLL, Roman Roads in Judaea, Vol. 1: The Scythopolis-Legio Road, Oxford 1982.

Jacques/Scheid 1998 = F. Jacques/J. Scheid, Rom und das Reich in der Hohen Kaiserzeit (44 v. Chr. –
260 n. Chr.), Bd. 1: Die Struktur des Reiches, [dt.] Stuttgart/Leipzig 1998.

Jursa 1995 = M. Jursa, Von Vermessung und Straßen, *Archiv Orientální* 63, 1995, 153–158.

Kessler 1980 = K. Kessler, Untersuchung zur historischen Topographie Nordmesopotamiens, Wiesbaden 1980.

Kessler 1997 = K. Kessel, Royal Roads and Other Questions of the Neo-Assyrian Communication
System, in: S. Parpola/R.M. Whiting (Hg.), Assyria 1995. Proceedings of the 10th Anniversary
Symposium of the Neo-Assyrian Text Corpus Projekt, Helsinki 1997, 129–136.

Kessler 1999 = K. Kessler, Königsstraße, DNP 6, 1999, 625–626.

Kienast 1999 = D. Kienast, Augustus. Princeps und Monarch, Darmstadt 1999[3].

Kissel 2002a = T. Kissel, *Veluti naturae ipsius dominus*. Straßen und Brücken als Ausdruck des römischen Herrschaftsanspruchs über die Natur, AW 33, 2002, 143–152.

Kissel 2002b = T. Kissel, Roadbuilding as a *munus publicum*, in: P. Erdkamp (Hg.), The Roman Army
and the Economy, Amsterdam 2002, 127–160.

Kissel 2004 = T. Kissel, Wider die Natur. Straßen erobern die Landschaft, in: Alle Wege führen nach
Rom. Internat. Römerstraßenkolloquium Bonn, hg. vom Landschaftsverband Rheinland, Pulheim
2004, 249–264.

Klaffenbach 1954 = G. Klaffenbach, Die Astynomeninschrift von Pergamon, Berlin 1954.

Kleiss 1981 = W. Kleiss, Ein Abschnitt der achaemenidischen Königsstraße von Pasargadae und Persepolis nach Susa, bei Naqsh-i Rustan, *MDAI(I)* 14, 1981, 45–54.

Klinkott 2007 = H. Klinkott, Der „Oberste Anweiser der Straße des Pharao Xerxes", in: R.
Rollinger/A. Luther/J. Wiesehöfer (Hg.), Getrennte Wege? Kommunikation, Raum und Wahrnehmung in der alten Welt, Frankfurt a. M. 2007, 425–453.

Koch 1986 = H. Koch, Die achämenidische Poststrasse von Persepolis nach Susa, *MDAI(I)* 19, 1986,
133–147.

Kolb 2000 = A. Kolb, Transport und Nachrichtentransfer im Römischen Reich, Berlin 2000.

Kolb 2007 = A. Kolb, Raumwahrnehmung und Raumerschließung durch römische Straßen, in: Rathmann 2007, 169–180.

Kolb 2011/12 = A. Kolb, The Conception and Practice of Roman Rule: the Example of Transport Infrastructure, *Geographia Antiqua* 20/21, 2011/12 (2013), 53–69.

Kolb 2013a = A. Kolb, Die Erfassung und Vermessung der Welt bei den Römern, in: K. Geus/M. Rathmann (Hg.), Vermessung der Oikumene, Berlin/Boston 2013, 107–118.

Kolb 2013b = A. Kolb, Antike Strassenverzeichnisse – Wissensspeicher und Medien geographischer
Raumerschließung, in: D. Boschung/Th. Greub/J. Hammerstaedt (Hg.), Geographische Kenntnisse und ihre konkreten Ausformungen, München 2013, 192–221.

Koukouli-Chrysanthaki 2001 = C. Koukouli-Chrysanthaki, A propos des voies de communication du royaume de Macédoine, in: R. Frei-Stolba/K. Gex (Hg.), Recherches récentes sur le monde
hellénistique, Bern u. a. 2001, 53–64.

Lendle 1987 = O. Lendle, Herodot 5.52/53 über die 'persische Königsstraße', *WJA* 13, 1987, 25–35.

Levi 1938 = D. Levi, Le grandi strade romane in Asia, Rom 1938.

Lewis 1978 = D.M. Lewis, The Seleucid Inscription, in: D. Stronach (Hg.), Pasargadae. A Report on the
Excavations Conducted by the British Institute of Persian Studies from 1961 to 1963, Oxford 1978, 159–
161.

Levick 1990 = B. Levick, Claudius, New Haven/London 1990.

Lintott 1993 = A.W. Lintott, Imperium Romanum. Politics and Administration, London 1993.

Lohmann 2002 = H. Lohmann, Straßen IV: Griechenland, DNP 12.2, 2002, 1132–1134.

McEwan 1984 = G.J.P. McEwan, Late Babylonian Texts in the Ashmolean Museum, Oxford 1984.

Millar 1992 = F. Millar, The Emperor in the Roman World (31 BC - AD 337), London 1992[2].

MILLER 1916 = K. MILLER, Itineraria Romana. Römische Reisewege an der Hand der Tabula Peutingeriana, Stuttgart 1916.

MITTENHUBER 2009 = F. MITTENHUBER, Karten und Kartenüberlieferung, in: A. STÜCKELBERGER/F. MITTENHUBER (Hg.), Klaudios Ptolemaios: Handbuch der Geographie. Ergänzungsband mit einer Edition des Kanons bedeutender Städte, Basel 2009, 34–108.

MOMIGLIANO 1961 = A. MOMIGLIANO, Claudius. The Emperor and his Achievement, Cambridge 1961[2].

NÖLDEKE 1907 = T. NÖLDEKE, Zu Hirschfeld, Meilensteine, *Zeitschrift für Assyriologie und Vorderasiatische Archäologie* 20, 1907, 453–456.

OLMSTEAD 1923 = A.T. OLMSTEAD, History of Assyria, New York/London 1923.

PEKÁRY 1968 = Th. PEKÁRY, Untersuchungen zu den römischen Reichsstraßen, Bonn 1968.

PIGANIOL 1962 = A. PIGANIOL, Les Documents Cadastraux de la Colonie Romaine d'Orange, Paris 1962.

QUILICI/QUILICI GIGLI 1994 = L. QUILICI/S. QUILICI GIGLI (Hg.), Strade romane. Percorsi e infrastrutture, Rom 1994.

QUILICI/QUILICI GIGLI/CERA 1996 = L. QUILICI/S. QUILICI GIGLI/G. CERA (Hg.), Strade romane: ponti e viadotti, Rom 1996.

RADKE 1973 = G. RADKE, *Viae publicae Romanae*, RE Suppl. XIII, 1973, 1417–1686.

RATHMANN 2003 = M. RATHMANN, Untersuchungen zu den Reichsstraßen in den westlichen Provinzen des Imperium Romanum, Mainz 2003.

RATHMANN 2004 = M. RATHMANN, Städte und die Verwaltung der Reichsstraßen, in: R. FREI-STOLBA (Hg.), Siedlung und Verkehr im römischen Reich. Römerstraßen zwischen Herrschaftssicherung und Landschaftsprägung, Bern u. a. 2004, 163–226.

RATHMANN 2006 = M. RATHMANN, Statthalter und die Verwaltung der Reichsstraßen in der Kaiserzeit, in: A. KOLB (Hg.), Herrschaftsstrukturen und Herrschaftspraxis. Konzepte, Prinzipien und Strategien der Administration im römischen Kaiserreich, Berlin 2006, 201–259.

RATHMANN 2007 = M. RATHMANN (Hg.), Wahrnehmung und Erfassung geographischer Räume in der Antike, Mainz 2007.

RATHMANN 2011/12 = M. RATHMANN, Neue Perspektiven zur Tabula Peutingeriana, *Geographia Antiqua* 20/21, 2011/12 (2013), 83–102.

RATHMANN 2013 = M. RATHMANN, Geographie in der Antike. Überlieferte Fakten, bekannte Fragen, neue Perspektiven, in: D. BOSCHUNG/Th. GREUB/J. HAMMERSTAEDT (Hg.), Geographische Kenntnisse und ihre konkreten Ausformungen, München 2013, 11–49.

RATHMANN 2014 = M. RATHMANN, Orientierungshilfen von antiken Reisenden in Bild und Wort, in: E. OLSHAUSEN/P. SCHOLZ u.a. (Hg.), Mobilität in den Kulturen der antiken Mittelmeerwelt, Stuttgart [in Druck, erscheint 2014].

RÖLLING 1995 = W. RÖLLIG, Historical Geography: Past and Present, in: M. LIVERANI (Hg.), Neo Assyrian Geography, Rom 1995, 117–125.

SABA 2012 = S. SABA, The Astynomoi Law of Pergamon, Mainz 2012.

SAGGS 1975 = H.W.F. SAGGS, Historical Texts and Fragments of Sargon II. of Assyria, 1. „The Assur Charta", *Iraq* 37, 1975, 11–20.

ŞAHIN/ADAK 2007 = S. ŞAHIN/M. ADAK (Hg.), *Stadiasmus Patarensis. Itinera Romana Provinciae Lyciae*, Istanbul 2007.

SALWAY 2007 = B. SALWAY, The Perceptions and Description of Space in Roman Itineraries, in: RATHMANN 2007, 181–209.

SAN NICOLO 1951 = M. SAN NICOLO, Babylonische Rechtsurkunden des ausgehenden 8. und des 7. Jh. v Chr., München 1951.

SCHNEIDER 1991 = H. SCHNEIDER, Die Gaben des Prometheus. Technik im antiken Mittelmeerraum zwischen 750 v. Chr. und 500 n. Chr., in: D. HÄGERMANN/H. SCHNEIDER (Hg.), Landbau und Handwerk 750 v. Chr. bis 1000 n. Chr., Berlin 1991 17–313.

SCHNEIDER 1982 = H.-C. SCHNEIDER, Altstraßenforschung, Darmstadt 1982.

SCHNEIDER 1935 = K. SCHNEIDER, *Miliarium*, RE Suppl. VI, 1935, 395–431.

SCHWARZ 2005 = H. SCHWARZ, Handel, in: H. H. SCHMITT/E. VOGT (Hg.), Lexikon des Hellenismus, Wiesbaden 2005, 378–384.

SEIBERT 1985 = J. SEIBERT, Die Eroberung des Perserreiches durch Alexander den Großen auf kartographischer Grundlage. TAVO B 68, Wiesbaden 1985.

SEIBERT 2002 = J. SEIBERT, Unterwegs auf den Straßen Persiens zur Zeit der Achämeniden, *Iranistik* 1, 2002, 7–40.

SONNABEND 2005 = H. SONNABEND, Römerstraßen als Element von Herrschaft und infrastruktureller Erschließung eroberter Räume, in: Alle Wege führen nach Rom. Internat. Römerstraßenkolloquium Bonn, hg. vom Landschaftsverband Rheinland, Pulheim 2004, 243–248.

SPEIDEL 2004 = M.A. SPEIDEL, Heer und Strassen – *Militares viae*, in: R. FREI-STOLBA (Hg.), Siedlung und Verkehr im Römischen Reich. Römerstraßen zwischen Herrschaftssicherung und Landschaftsprägung, Bern u. a. 2004, 331–344.

TALBERT 2010 = R.J.A. TALBERT, Rome's World. The Peutinger Map Reconsidered, Cambridge 2010.

VOGT 1942 = J. VOGT, Raumauffassung und Raumordnung in der römischen Politik, in: H. BERVE (Hg.), Das neue Bild der Antike, Bd. 2, Rom/Leipzig 1942, 100–132.

WALSER 1980 = G. WALSER, Die Straßenbautätigkeit von Kaiser Claudius, *Historia* 29, 1980, 438–462.

WALSER 1981 = G. WALSER, Bemerkungen zu den gallisch-germanischen Meilensteinen, *ZPE* 43, 1981, 385–402.

WEBER 2012 = E. WEBER, Ein neues Buch und das Datierungsproblem der Tabula Peutingeriana, *Tyche* 27, 2012, 209–216.

WIESEHÖFER 1993 = J. WIESEHÖFER, Das antike Persien. Von 550 v. Chr. bis 650 n. Chr., Zürich 1993.

WIESEHÖFER 2007 = J. WIESEHÖFER, Ein König erschließt und imaginiert sein Imperium: Persische Reichsordnung und persische Reichsbilder zur Zeit des Dareios' I. (522–486 v. Chr.), in: RATHMANN 2007, 31–40.

WISEMAN 1970 = T.P. WISEMAN, Roman Republican Road-Building, *PBSR* 38, 1970, 122–152.

Meilensteine und Barbaren.
Die Straßenbaupolitik auf dem Balkan unter Maximinus Thrax und Gordian III.[1]

Jens Bartels

Abstract

- To date 22 milestones are known to have been erected during the reign of Gordian III. in the provinces of Moesia superior, Moesia inferior and Thracia. While for the province of Moesia superior with only two attested milestones the situation is difficult to assess and in Thracia most of the milestones seem to have been mere dedications, the evidence from the province of Moesia inferior strongly suggests a program for the systematic repair of roads. Gordian presumably continued measures initially taken by Maximinus Thrax. By thereby repairing the infrastructure needed for the supply of the army stationed at the Danube frontier, the imperial administration seems to have reacted to the damages caused in the Dobrudja by the invasions of the early thirties of the second century AD.

- In den Provinzen Moesia superior, Moesia inferior und Thracia lassen sich bisher 22 Meilensteine nachweisen, die dort unter der Regierung Gordians III. errichtet wurden. Während die Situation in der Moesia superior angesichts nur zweier belegter Meilensteine schwer einzuschätzen und in der Thracia zumindest mit einem hohen Anteil bloßer Meilenstein-Dedikationen zu rechnen ist, gibt es in der Provinz Moesia inferior deutliche Anzeichen für ein systematisches Straßen-Reparatur-Programm. Vermutlich setzte Gordian III. hier unter Maximinus Thrax begonnene Maßnahmen fort. Insgesamt entsteht der Eindruck, dass die Reichszentrale auf die durch die Invasionen der frühen 230er Jahre in der Dobrudscha entstandenen Schäden reagierte und vor allem die für die Nachschublinien der Grenztruppen relevante Infrastruktur systematisch instandsetzte.

1. Einleitung

Im Sommer 238 n. Chr. kam mit dem 12 bis 13 Jahre alten Gordian III. ein halbes Kind auf den Thron, das – zumindest nach der antiken Tradition – als großer Heilsbringer begrüßt wurde. Die Regierungszeit des neuen Kaisers dauerte jedoch gerade mal sechs Jahre, da er bereits 244 n. Chr. während seines Feldzuges gegen die persischen Sassaniden ums Leben kam.[2] Was heute noch an Informationen über diese sechs Jahre zur Verfügung

---

[1]   Für Hilfe, Hinweise und Kritik danke ich A. Kolb und A. Willi.

[2]   Vgl. allgemein zu Gordian und seiner Regierungszeit die Überblicke bei LORIOT 1975, 724–777; GEHRKE 1997; DRINKWATER 2005, 33–36; HUTTNER 2008, 179–188 sowie – mit Vorsicht zu benutzen – HERRMANN 2013. Zur Chronologie des Machtantritts s. PEACHIN 1989.

steht, ist überaus mager. Am ausführlichsten ist unter den literarischen Quellen wohl noch die chronisch unzuverlässige Historia Augusta. Daneben gibt es nur die knappen und oft ebenfalls unzuverlässigen Abrisse spätantiker Epitomatoren und byzantinischer Historiker.[3] Um so wichtiger sind die Erkenntnisse, die sich mit Hilfe der Spuren erzielen lassen, die Gordians Regierungstätigkeit in juristischen, numismatischen, papyrologischen und epigraphischen Quellen hinterlassen hat. Dabei sind oft nur Mosaiksteinchen zu gewinnen, die nicht immer größere Muster erkennen lassen. Der konstruktive Charakter aller auf diese Weise erzielten Ergebnisse muss hier noch mehr als sonst in der Geschichtswissenschaft bedacht werden.

In diesem Sinne möchte ich hier versuchen, über die Untersuchung der Meilensteine und der Straßenbautätigkeit in den Balkanprovinzen Moesia superior, Moesia inferior und Thracia, das lückenhafte Wissen über die Regierungszeit Gordians III. wenigstens etwas zu erweitern.[4]

Im Zentrum wird dabei die Provinz Moesia inferior stehen, deren spezifische Situation im Vergleich mit den beiden Nachbarprovinzen herausgearbeitet werden soll.

Nach einem kurzen Überblick über die Zahl und die Sprache der Inschriften auf den Meilensteinen Gordian III. (Abschnitt 2) soll im Folgenden über drei Fragenkomplexe versucht werden, durch das Medium der Meilensteine die Geschichte der drei genannten Provinzen aus einer etwas vernachlässigten Perspektive näher zu beleuchten. Diese Komplexe drehen sich um die Fragen „Wer errichtete die Meilensteine?" (Abschnitt 3), „Inwiefern bedeutete die Errichtung der Meilensteine Straßenbau?" (Abschnitt 4) und schließlich „Wieweit lässt sich eine Chronologie von Meilensteinerrichtungen und Straßenbaumaßnahmen gewinnen und was verrät dies über die Geschichte der betroffenen Provinzen?" (Abschnitt 5).

---

[3]   Vgl. allgemein zur Quellenlage für diese Zeit LORIOT 1975, 660–664; HARTMANN 2008. Zur Problematik der genannten Quellen vgl. u. a. BLECKMANN 1992; BRECHT 1999; ROHRBACHER 2002; SCHLUMBERGER 1974; SEHLMEYER 2009. Ein Kommentar zur Gordian-Vita in der HA liegt noch nicht vor. Einen Eindruck von der Zuverlässigkeit der Überlieferung der Historia Augusta zu Gordian vermitteln: BRANDT 1996; F. KOLB 1978; F. KOLB 1987, 52–140; F. KOLB 1988. Vgl. zuletzt zusammenfassend zur HA und dem 3. Jahrhundert BRANDT 2006.

[4]   Zum Straßenwesen im Westen des Reiches unter Gordian III. vgl. RATHMANN 2003, mit der Übersicht 255–257 und 258 Tafel 36.

2. Die Meilensteine Gordians im östlichen Balkan-Raum: Zahlen und Sprachen

Der östliche Balkanraum, d. h. die Provinzen Moesia superior, Moesia inferior sowie Thracia laden besonders aufgrund ihrer kulturellen Prägung zum Vergleich ein: Während Moesia superior klar lateinisch geprägt war, gehörte die Thracia zum griechischsprachigen Teil des Römischen Reiches. Die Provinz Moesia inferior war dagegen mehrheitlich lateinisch geprägt, umfasste aber im Süden und Osten auch einige griechischsprachige Poleis. Abgesehen davon haben wir es in einer Zeit zunehmender äußerer Bedrohungen mit der Moesia inferior mit einer Grenzprovinz und mit der Moesia superior und der Thracia mit Provinzen im Hinterland zu tun.

Aus diesem Raum sind bis heute 22 Meilensteine bekannt, die in der Regierungszeit Gordians aufgestellt wurden.[5] Von diesen stammen zwei aus der Provinz Moesia superior, sieben aus Moesia inferior und 13 aus Thracia.[6] Entsprechend der unterschiedlichen sprachlichen Ausrichtung dieser Provinzen sind die Miliaria aus der obermösischen Provinz in Latein und die aus Thracia in Griechisch gehalten. Die aus der nur überwiegend lateinischsprachigen Provinz Moesia inferior bedienen sich bis auf einen aus dem Gebiet der griechischsprachigen Polis Markianopolis ebenfalls des Lateinischen.

3. Wer errichtete die Meilensteine?

In der Praxis der Errichtung von Meilensteinen sind zwischen den drei hier behandelten Provinzen während der Regierungszeit Gordians Unterschiede zu beobachten.

In der Provinz Thracia wurden – wie das folgende, typische Beispiel zeigt – alle bisher bekannten Meilensteine aus der Zeit Gordians III. von den Städten errichtet:[7]

---

[5]   Zum Vergleich: Aus den gesamten westlichen Provinzen des Imperium bis einschließlich Dalmatia bzw. Africa proconsularis verzeichnet RATHMANN 2003, 255–258 79 Meilensteine Gordians; aus Kleinasien waren bis 1985 33 Meilensteine Gordians bekannt: FRENCH 1988, 451–452.

[6]   *Moesia superior*: AE 1998, 1117 und IMS VI 203.
Moesia inferior: IGBulg II 797 = KALINKA 1906, 58 Nr. 58; MIRČEV 1953, 69–70 Nr. 1; CIL III 6238 = 14459; CIL III 7606a = IScM V 98a; CIL III 7607 = IScM V 99; AE 1993, 1375; TUDOR 1956, 622 Nr. 162 in der Lesung von BARTELS/WILLI 2013.
Thracia: IGBulg III/1 1337; IGBulg III/1 1375 mit SEG 39, 1989, 646; IGBulg III/1 1384; IGBulg III/2 1705; IGBulg III/2 1706; IGBulg IV 2000 mit SEG 39, 1989, 646; IGBulg IV 2002; IGBulg IV 2013; IGBulg IV 2016 mit SEG 39, 1989, 646; IGBulg V 5515; IGBulg V 5694a; SEG 39, 1989, 667; IGBulg III/1 1069 mit SEG 39, 1989, 646.

[7]   IGBulg IV 2000 mit SEG 39, 1989, 646 (aus Lesnovo ca. 20 km ost-südöstlich von Sofia).

[ἀγαθῆι τύχηι] / ὑπὲρ ὑγίας καὶ σωτη/ρίας καὶ νείκης καὶ αἰ/ωνίου διαμονῆς / τοῦ μεγίστου καὶ / [θ]ειοτάτου Αὐτο/κράτορος Καίσαρ/ος Μάρ(κου) Ἀντωνίου Γορ[δι]/ανοῦ, ἡγεμονεύ/οντος τῆς Θρᾳκῶν / ἐπραρχείας Καττ[ί]/ου Κελέρου (sic), ἡ Σερ/δων πόλις ἀνέστη/σε τὸ μείλιον. / [εὐ]τυχῶς.

Die Poleis erscheinen jeweils am Schluss der Inschriften im Nominativ und damit als Subjekt des Satzes. Hier ist es Serdica. Zu diesem Satz gehört ein – oft auch nur gedachtes – Prädikat, das die Errichtung des Gegenstandes ausdrückte, auf dem sich die Inschrift befindet. Im vorliegenden Beispiel wurde ἀνέστη/σε tatsächlich geschrieben. Gelegentlich wird – wie hier – präzisierend noch τὸ μείλιον hinzugefügt.

Auf allen Inschriften wird zudem der Kaiser genannt. Dieser wird entweder durch den Dativ als Widmungsempfänger gekennzeichnet, durch den Akkusativ als Empfänger einer Ehrung oder erscheint – analog zu einem bei Weihinschriften häufigen Brauch – in einer Formel, die mit „Für die Gesundheit, die Rettung, den Sieg und die Ewigkeit des…" beginnt.

Neben dem Kaiser als Empfänger und der Stadt als Errichterin des Meilensteins nennen die thrakischen Inschriften aus der Regierungszeit Gordians zudem stets den Statthalter, in dessen Amtszeit der Meilenstein errichtet worden war.[8] Im vorliegenden Fall ist es Catius Celer. Diese Erwähnungen des Statthalters werden gelegentlich als Beleg dafür gedeutet, dass der Statthalter der Veranlasser der Errichtung gewesen sei.[9] Eine direkte Involvierung des Statthalters in die Errichtung der Meilensteine kann man jedoch meines Erachtens aus der Formel ἡγεμονεύοντος τῆς Θρᾳκῶν ἐπαρχείας nicht herauslesen. Der Genitivus absolutus besagt nichts anderes als dass die Errichtung erfolgte „als X Statthalter von Thrakien war". Diese Aussage hat daher eine ganz andere Qualität als die auf einigen lateinischen Meilenstein-Inschriften zu findende Formel „per (...) legatum Augusti pro praetore".[10] In solchen Inschriften erscheint der Kaiser als Bauherr, als dessen Untergebener der Statthalter den Bau ausführt. In den genannten Inschriften aus Thrakien erscheinen dagegen die Städte als Errichter der Meilensteine, die sie dem Kaiser dedizieren. Das bedeutet nicht, dass der Statthalter nicht unter Umständen Einfluss nahm, doch kann man diesen jedenfalls nicht mit den Inschriften belegen.

Dass wir es im konkreten Fall in Thrakien eher nicht mit einer provinzweiten Initiative des Statthalters zu tun haben, zeigt sich zudem daran, dass das Formular der Meilensteine lokal unterschiedlich gestaltet wurde: Pautalia und Serdica verwendeten ein Formular, das sich an der Weiheformel ὑπὲρ ὑγείας καὶ σωτηρίας καὶ νείκης καὶ αἰωνίου

---

[8] Nur auf einem Meilenstein, der in Mramor gefunden wurde, ist dieser Teil der Inschrift nicht erhalten, was aber wohl nur dem Verlust des unteren Teils der Inschrift zuzuschreiben ist: AE 1978, 727a = SEG 28, 1978, 588 = IGBulg V 6594a.

[9] Vgl. z. B. GERASIMOVA-TOMOVA/HOLLENSTEIN 1989, 50. Nicht immer klar genug unterschieden auch bei RATHMANN 2006, 201–259.

[10] Vgl. z. B. den Meilenstein Gordians aus Tomis: AE 1993, 1375.

διαμονῆς orientierte,[11] während Philippopolis und Augusta Traiana einfach den Kaiser (und seine Frau) analog zu Weihinschriften im Dativ oder analog zu Ehreninschriften im Akkusativ an den Anfang der Inschrift setzten.[12] Die Nennung des Statthalters in solchen Inschriften (sie ist ebenso in Ehren- und Weihinschriften für den Kaiser zu beobachten[13]) ist also zunächst einmal lediglich als ein Akt der Höflichkeit oder der politischen Klugheit gegenüber der gerade einflussreichsten Persönlichkeit in der Provinz zu verstehen.

Die gleiche Praxis wie in der Provinz Thracia ist in der Provinz Moesia inferior in den Poleis an oder nahe der Schwarzmeerküste zu beobachten: Auch Markianopolis und Odessos dedizierten Gordian III. Meilensteine. Trotz aller Ähnlichkeiten schlug sich offenbar die unterschiedlich lange Zugehörigkeit zur eher lateinischsprachigen Provinz Moesia inferior in der verwandten Sprache nieder: Markianopolis, das erst Ende des 2. Jahrhunderts n. Chr. von Thracia abgespalten worden war,[14] verwandte die griechische Sprache,[15] während die ebenso griechischsprachige aber schon lange zur Moesia inferior gehörige Polis Odessos die Sprache des Imperiums und des Kaisers benutzte.[16] Auch hier ist also von einer lokalen Initiative auszugehen.

In der Provinz Moesia superior gibt es eine – wenn auch schwache – Evidenz dafür, dass hier unter Gordian der Statthalter eine Rolle bei der Errichtung der Meilensteine gespielt hatte. Bisher sind aus dieser Region nur zwei Meilensteine aus der Regierungszeit Gordians III. bekannt,[17] die wohl von der Straße von Naissus über Ad Fines – Ulpiana – Scupi nach Stobi stammen.[18] Beide Steine tragen lateinische Inschriften, denen durch die Nennung des Kaisers im Dativ ebenfalls der Charakter von Dedikationen beigelegt wurde. Auf dem Meilenstein aus Katlanovo wird dabei nur Gordian erwähnt, auf dem

---

[11] Unter Gordian: IGBulg IV 2000 mit SEG 39, 1989, 646; IGBulg IV 2002 = SEG 15, 1958, 447; IGBulg IV 2013; IGBulg IV 2016 mit SEG 39, 1989, 646.

[12] Unter Gordian: IGBulg III/1 1069 mit SEG 39, 1989, 646; IGBulg III/1 1337; IGBulg III/1 1375 mit SEG 39, 1989, 646; SEG 39, 1989, 667; IGBulg III/1 1384; IGBulg III/2 1705; IGBulg III/2 1706; IGBulg V 5515 = SEG 28, 1978, 586.

[13] Vgl. z. B. IGBulg II 727 und 732 (Diskoduraterai).

[14] GEROV 1979, 224–225 und GEROV 1980, 298.

[15] IGBulg II 797 = KALINKA 1906, 58 Nr. 58 (Devnja/Markianopolis). Vgl. zu dieser Meilenstein-Inschrift und ihrer Sprache HOLLENSTEIN 1975, 26.

[16] MIRČEV 1953, 69–70 Nr. 1 (Topoli bei Varna/Odessos).

[17] AE 1998, 1117 (Kuršumlija/Ad Fines) und IMS VI 203 (Katlanovo, ca. 20 km südöstlich von Skopje/Scupi).

[18] Zu der Strecke vgl. Tab. Peut. Segment VII mit MILLER 1916, 555–558. Auf diesen Straßenverlauf verweist auch der Meilenstein CIL III 8270 aus Kačanik (ca. 30 km nordwestlich von Skopje/Scupi) der die Meilenzahl (*CC[---]*) ab dem ca. 240 Meilen entfernten Viminacium (*ab Vi[m(inacio)]*) zählt. Vgl. dazu MIRKOVIĆ 1960; Der Straßenabschnitt von Naissus bis Ulpiana lässt sich natürlich auch für die Verbindung von Naissus über Ulpiana nach Lissus reklamieren: Vgl. zu den beiden Routen zuletzt V. PETROVIĆ 2006, 268–369; V. PETROVIĆ 2008; V. PETROVIĆ 2009, 143–153 mit der älteren Literatur.

aus Kuršumlija werden dagegen Gordian und seiner Gattin Tranquillina zusammen genannt. Die Inschrift aus Kuršumlija nennt zudem auch den Statthalter L. Catius Celer. Ein eigentlicher Veranlasser der Errichtung wird dagegen auf beiden Meileninschriften nicht genannt. Dass auf dem einen dieser Miliarien der Statthalter als ausführendes Organ ([cura]n[t]e) genannt wird,[19] könnte darauf hinweisen, dass mindestens in diesem Fall die Initiative für die Errichtung der Meilensteine von Vertretern des Reiches ausging. Das Formular des Meilensteins aus Kuršumlija mit der Verwendung des Dativs und der Nennung der Augusta könnte eher dafür sprechen, dass der Statthalter aus eigener Initiative handelte.[20]

In der Provinz Moesia inferior tritt dagegen der Kaiser eindeutig selbst als Errichter der Meilensteine in Erscheinung. Zumindest in der Dobrudscha nennen ihn alle Meilensteininschriften aus seiner Regierungszeit im Nominativ als Subjekt des Satzes.[21]

Da also der Kaiser immer im Nominativ erwähnt wurde (oder werden sollte) und zudem bei den vollständigeren Meilensteinen auch ein entsprechendes Prädikat verwandt wurde, kann hier davon ausgegangen werden, dass diese Meilensteine auf Initiative der Zentralregierung errichtet wurden.[22]

Die Inschriften auf den Meilensteinen Gordians unterscheiden sich also deutlich: Im griechischsprachigen Raum steht die Polis als Aufsteller des Monuments im Vordergrund, in der Moesia superior tritt – allerdings nur in einem Beleg – der Statthalter als aufführendes Organ in Erscheinung, während schließlich in der Moesia inferior der Kaiser als Errichter mit dem Statthalter als Ausführendem im Vordergrund steht. Angesichts dieser

---

[19] So der plausible Vorschlag von P. Petrović 1997, 127 zur Deutung der von ihm in Z. 10 als NE gelesenen Buchstaben.

[20] P. Petrović 1997, 132 vermutet die Errichtung im Zusammenhang mit dem Perserfeldzug Gordians, doch muss das ebenso offen bleiben wie die Frage, ob er nur Meilensteine aufstellen oder auch die Straße instand setzen ließ. Zur Rolle von Statthaltern bei der Verwaltung der viae publicae s. Rathmann 2003, 90–104; Rathmann 2006, passim, bes. 206–220.

[21] CIL III 6238 = 14459 = Kalinka 1906, 61 Nr. 63 = Velkov 1968, 9 (Marten) [bisher stets grundlos in den Dativ gesetzt]; AE 1993, 1375 (Constanța/Tomis); Tudor 1956, 622 Nr. 162 in Lesung von Bartels/Willi 2013; der auf einem Meilenstein aus Hîrșova (CIL III 7606a = IScM V 98a) verwandte Dativ ist als Fehler anzusehen, da der Kaiser klar als Subjekt gedacht ist: Imp(eratori) Cae[s(ari)] M(arco) / Antonio / Gordi[ano] / Pio Fel[ici In]/victo A[ug(usto), p(ontifici) m(aximo)], / trib(unicia) p[ot(estate), p(atri) p(atriae)], / pr[oco(n)s(uli), pontes] et vi[as restituit pe]/r C̨ (aium) P[---] / leg(atum) A[ug(usti)] / pr(o) [pr(aetore) ---]. Neben den Inschriften, in denen dies sicher bezeugt ist, muss hierzu wohl auch noch ein weiterer bei Hîrșova gefundener Meilenstein gezählt werden, obwohl Name und wesentliche Teile der Titulatur des Kaisers nicht erhalten sind (CIL III 7607 = IScM V 99). Der Statthalter, dessen Name eradiert worden ist, kann eigentlich nur der auf anderen Meilensteinen Gordians aus Hîrșova und Constanța ausgemeißelte Statthalter C. P[[---]] bzw. C. [[---]] sein, der unter Gordian amtierte. Vgl. in diesem Sinne Doruțiu-Boilă 1968, 406 und zuletzt K. Wachtel, PIR² P 193.

[22] Vgl. allerdings die anderslautende Position bei Rathmann 2003, 126–127. Vgl. zur Problematik auch Rathmann in diesem Band.

Unterschiede drängt sich die Frage nach der Ursache dafür auf. Ein möglicher Grund könnte darin zu suchen sein, dass die Meilenstein-Errichtung in unterschiedlichem Maße mit tatsächlichen Straßenbaumaßnahmen zusammenhing.

4. Inwiefern bezeugen die Meilensteine Straßenbau?

Die Frage, inwieweit Meilensteine als Zeugnisse für Straßenbaumaßnahmen anzusehen sind, wird immer wieder diskutiert. Es ist dabei schon längst beobachtet worden, dass seit der Mitte des 1. Jahrhunderts und vor allem seit dem 3. Jahrhundert n. Chr. Meilenstein-Inschriften zunehmend den Charakter von Weih- oder Ehreninschriften haben, d. h. den Meilenstein als Weihung an den im Dativ genannten Kaiser, als Weihung für sein Wohlergehen oder als Ehrenmonument präsentieren. Es erscheint naheliegend, solche Monumente mehr als Ergebenheitsadresse an den Kaiser denn als Zeugnis für tatsächlichen Straßenbau anzusehen. In jedem Fall kann man aus der Errichtung solcher Monumente nicht automatisch auf Straßenbau schließen.[23]

Dieser Unterschied ist auch bei den Meilensteinen Gordians in der hier behandelten Region zu erkennen. Interessanter Weise korrespondieren die unterschiedlichen Formen des Meilensteinformulars dabei klar mit geographischen Räumen: Wie oben dargelegt wurden unter Gordian in der Provinz Thracia die Meilensteine stets von den Städten errichtet und zwar als Dedikation an den Kaiser oder für dessen Wohlergehen und Sieg. Das regional unterschiedliche Formular deutet auf eine lokale Initiative hin. Dass die Städte parallel zur Errichtung dieser Meilensteine auch Straßen reparierten, kann man daraus nicht folgern, aber auch nicht ausschließen. Die Meilensteine Gordians III. wurden alle in der Nähe der sogenannten „Heer-" oder „Zentralstraße" gefunden. Dabei handelt es sich um die wichtige Verbindungsstraße, die von Naissus in der Moesia superior kommend über Serdica (h. Sofia), Philippopolis (h. Plovdiv) und Hadrianopolis (h. Edirne) nach Byzantion (h. Istanbul) führte.[24] Hier könnten natürlich im Vorfeld von Gordians Perserfeldzug Instandsetzungsarbeiten angeordnet worden sein. Ebensogut kann aber auch das Wissen um den Durchzug des Kaisers die anliegenden Gemeinden zu Loyalitätsbekundungen mittels Meilensteinerrichtung motiviert haben.[25]

---

[23] Zum Aufkommen von Meilensteinen, die lediglich den Charakter von Dedikationen an den Kaiser haben vgl. NESSELHAUF 1937, 175; NESSELHAUF 1962, 82; KÖNIG 1973; HERZIG 1974, 638–640 und zuletzt RATHMANN 1999, 1158; A. KOLB 2001, 506; WITSCHEL 2002, 328–329; RATHMANN 2003, passim, bes. 120–135; A. KOLB 2004, 148–149. *Expressis verbis* in diesem Sinne zu den Meilensteinen in den Provinzen Moesia inferior und Thracia im 3. Jahrhundert HOLLENSTEIN 1975, 24 und 42.

[24] Zum Straßenverlauf vgl. u. a. Itin. Anton. 134,5–138,5, Itin. Burdig. 566,3–571,2 und Tab. Peut. Segment VII–VIII. Zur „Heerstraße" immer noch am umfassendsten JIREČEK 1877, 1–68; vgl. außerdem zuletzt: SOUSTAL 1991, 132–135 und WENDEL 2005, 108–141; NEDYALKOVA 2012b, 383 mit weiterer Literatur.

[25] TOWNSEND 1934, 90 und 121 und andere haben vorschnell aus den Meilensteinen auf ein Straßenbauprogramm geschlossen; GERASIMOVA-TOMOVA/HOLLENSTEIN 1989, 49 weisen auf die Unsicher-

Die von den entlang dieser Straße liegenden Stadtgemeinden im 3. Jahrhundert n. Chr. in großer Zahl für die verschiedenen Kaiser dieser Epoche errichteten Meilensteine erwecken Zweifel daran, dass die Aufstellung jedes Mal mit substantiellen Straßenbauarbeiten verbunden war.[26]

Auch in der Provinz Moesia superior fehlt eine klare Evidenz dafür, dass mit der Errichtung der Meilensteine Straßenbauarbeiten verbunden waren. Immerhin stammen aber beide Meilensteine wohl von derselben Straße von Naissus nach Stobi.[27] Das war – wenigstens auf dem Abschnitt zwischen Ulpianum und Stobi – keine Strecke, auf der man die Durchreise des Kaisers erwarten konnte und so wäre es denkbar, dass es tatsächlich Straßenbauarbeiten gab, bleibt aber sehr unsicher.

In der Provinz Moesia inferior sind dagegen Meilensteine Gordians bezeugt, deren Inschriften klar auf vom Kaiser angeordnete Baumaßnahmen verweisen: In einer Inschrift auf einem der bei Hîrşova (nahe dem antiken Carsium) in der Dobrudscha gefundenen Meilensteine heißt es, dass Gordian (der unter dem Einfluss der Dedikations-Meilensteine fehlerhaft im Dativ erscheint) *[pontes] et vi[as restituit]*.[28] Ebenso spricht die Inschrift auf einem bei Constanţa gefundenen Meilenstein ohne Angabe eines Objektes davon, dass Gordian etwas wiederhergestellt habe (*restituit*).[29] Hinzu kommt nun ein neu ergänzter Meilenstein, der von einem unbekannten Ort in der Dobrudscha stammt. Auch hier war in der – offenbar relativ genau dem Schema des Steins aus Constanţa entsprechenden – Inschrift wahrscheinlich die Rede davon, dass Gordian etwas wiederhergestellt habe (*[restitu]it*).[30]

In der Inschrift eines in Marten (ca. 10 km nordöstlich des antiken Sexaginta Prista) gefundenen Meilensteines hat man bisher unnötigerweise Namen und Titel Gordians im Dativ ergänzt. Die parallelen Stücke lassen es dagegen viel plausibler erscheinen, dass wir auch hier einen Meilenstein vor uns haben, der den Kaiser als Urheber baulicher Maß-

heit hin, scheinen dann aber doch von einem Bauprogramm unter Leitung der beiden Statthalter Celer und Magianus auszugehen (ebd. 49–50). Zur Aufstellung von Meilensteinen aus Anlass von Kaiserreisen u. ä. vgl. GERASIMOVA/HOLLENSTEIN 1978, 113; WITSCHEL 2002, 362 und 368; A. KOLB 2004, 149.

[26] Vgl. zu solchen Meilensteinhäufungen in anderen Regionen und den sich daraus ergebenen Folgerungen NESSELHAUF 1962, 82; A. KOLB 2001, 506 sowie A. KOLB 2004, 149.

[27] Zum Straßenverlauf s. o. Anm. 18.

[28] CIL III 7606a = IScM V 98a. Die Ergänzung ist durch die weite Verbreitung dieser Formel plausibel. Allerdings ist die Reihenfolge *vias et pontes* wie z. B. in der Inschrift CIL III 4644 (Pannonia superior) häufiger. Vgl. aber auch RIU I 252 aus der Pannonia superior mit dieser Reihenfolge sowie aus der Moesia inferior noch CIL III 12519 mit der Junktur *pontes derutos et vias conlapsas*. Vgl. auch die Übersicht über die verschiedenen Reparaturvermerke bei RATHMANN 2003, 204–209.

[29] AE 1993, 1375.

[30] BARTELS/WILLI 2013.

nahmen im Nominativ nennt. Leider ist der untere Teil der Inschrift verloren gegangen, so dass heute keine Sicherheit mehr darüber zu erzielen ist.[31]

Schließlich ist wohl ein weiterer bei Hîrşova gefundener Meilenstein aufgrund der Reste des Statthalternamens Gordian zuzuweisen, obwohl der Name des Kaisers nicht erhalten ist.[32] Ob hier ursprünglich ein Formular parallel zu dem anderen Exemplar aus Hîrşova intendiert war, aber misslang, lässt sich nicht sicher feststellen.

Hier wurde also in größerem Umfang etwas im Namen des Kaisers wiederhergestellt, das in einem Fall eindeutig als *[pontes] et vi[as]* umschrieben wird. In der Provinz Moesia inferior sind damit – anders als in den beiden anderen Provinzen – unter Gordian III. Straßenbaumaßnahmen relativ gut bezeugt.[33] Hinzu kommt, dass die Meilensteine alle aus einem relativ klar umrissenen Gebiet stammen: Sämtliche Meilensteine Gordians III. aus der Moesia inferior stammen aus der Dobrudscha: Im einzelnen stammt einer aus Marten (10 km nordöstlich Sexaginta Prista) am Südende der Dobrudscha, zwei aus Hîrşova (nahe dem antiken Carsium) an der Donau, einer aus Constanţa an der Schwarzmeerküste sowie der neu Gordian zugewiesene irgendwo aus dem Dobrudscha-Gebiet. Schließlich stammen auch die beiden Meilensteine Gordians, die durch den Dedikationscharakter ihrer Inschriften in dieser Provinz etwas aus dem Rahmen fallen, ebenfalls vom Südrand der Dobrudscha. Wie in der Provinz Thracia lässt sich bei diesen nicht mit Sicherheit sagen, ob mit der Errichtung der Meilensteine auch Straßenbauarbeiten verbunden waren.

So ergibt sich insgesamt das Bild eines kaiserlichen Straßenreparaturprogramms, das unter Gordian III. der Instandsetzung von Straßen und der (Wieder-)Errichtung von Meilensteinen galt und möglicherweise auch die beiden Poleis Markianopolis und Odessos zur Errichtung von Meilensteinen veranlasste.

5. Chronologie und historischer Kontext

Die Feststellung eines solchen Reparaturprogramms unter Gordian III. führt zu der Frage nach dessen historischem Kontext. Um diesen wenigstens in Ansätzen zu klären, erscheint zunächst ein Blick auf die Chronologie notwendig.

---

[31] CIL III 6238 = 14459 = KALINKA 1906, 61 Nr. 63 = VELKOV 1968, 9. Es wäre meines Erachtens dann zu lesen: *Imp(erator) Caes(ar) / M(arcus) An[t(onius)] Goṛ /[dianus Pius] / Fel(ix) in[v(ictus) Aug(ustus)] / v[ias --- restituit ---]*.

[32] CIL III 7607 = IScM V 99. Der Statthalter, dessen Name eradiert worden ist, kann eigentlich nur der auf den bereits genannten Meilensteinen aus Hîrşova und Constanţa ausgemeißelte Statthalter C. P[[---]] bzw. C. [[---]] sein, der unter Gordian amtierte. Zur Zuweisung an Gordian vgl. bereits DORUŢIU-BOILĂ 1968, 406 und zuletzt K. WACHTEL, PIR² P 193.

[33] Ein Analogieschluss der Art, wie von NESSELHAUF 1962, 82–84 vorgeschlagen, dass sicher bezeugter Straßenbau in Nachbarprovinzen, dies auch für Meilensteine ohne entsprechende Verweise wahrscheinlich mache, erscheint fragwürdig und wenigstens für die „Heerstraße" nicht statthaft.

Jenseits der dürftigen Nachrichten der literarischen Quellen sind hier zur Datierung der Inschriften die Kaisertitulatur (bei Gordian III. v. a. *tribunicia potestas* und Konsulate), die Erwähnung von Statthaltern und schließlich die Nennung oder das Fehlen der Augusta Tranquillina wichtige Anhaltspunkte.

Bei der Analyse der Chronologie der unter Gordian errichteten Meilensteine ergibt sich wiederum der Eindruck, dass sich die Situation in den Provinzen Thracia und Moesia superior einerseits und in der Moesia inferior andererseits unterschied. Das wird vor allem durch die Korrelation der Meilensteinerrichtung mit den Statthalteramtszeiten deutlich.

Unter dem ersten Statthalter Gordians in der Provinz Thracia, L. Vettius Iuvenis, der vermutlich in den Jahren 238/239, amtierte,[34] sind keine Meilensteinerrichtungen bezeugt.

Belegt sind diese dagegen unter den Statthaltern L. Catius Celer und T. Pomponius Magianus, die wohl in dieser Reihenfolge auf Iuvenis folgten: Da alle Inschriften, die Catius Celer erwähnen, stets Gordian alleine gelten, während diejenigen, die Pomponius Magianus erwähnen, stets Gordian und Tranquillina zusammen gewidmet wurden, muss der Amtswechsel zwischen diesen beiden Statthaltern ziemlich genau um die Hochzeit des Herrscherpaares im Mai 241 n. Chr. herum erfolgt sein.[35] Dies wird dadurch unterstützt, dass Catius Celer durch zwei relativ klar datierte Inschriften aus der Zeit zwischen

---

[34] In der Provinz Thracia wird er auf einer Weihung an Balbinus (IGBulg III/1 1510) und auf einer Weihung an Gordian als Augustus (IGBulg III/2 1564) genannt. Vettius Iuvenis war demnach sowohl vor als auch nach dem Umschwung in Rom im Sommer 238 im Amt. Aller Wahrscheinlichkeit nach wird er daher wohl erst im Frühjahr/Sommer 239 einen Nachfolger bekommen haben. Über den Zeitpunkt der Ablösung der *legati Augusti pro praetore* besitzen wir nahezu keine Informationen, da diese als Beauftragte des Kaisers gut daran taten, seine Anweisungen zu befolgen. Deutlich mehr Informationen liegen zum Amtsantritt der senatorischen Prokonsuln vor, die offenbar bei ihrem Aufbruch in die Provinz gelegentlich etwas säumig waren. So sah sich Tiberius gezwungen, einen Aufbruch der angehenden Prokonsuln vor dem 1. Juni festzulegen (Cass. Dio 57,14,5), Claudius verlegte den Zeitpunkt noch weiter nach vorne in den April (Cass. Dio 60,11,6. 17,3). Vgl. dazu grundlegend Marquardt 1881, 535 und Mommsen 1887, 255–256 sowie zuletzt Wesch-Klein 2008, 175. Mommsen hat daraus zu Recht gefolgert, dass der Amtsantritt dann in der Regel um den 1. Juli herum erfolgte: Mommsen 1887, 256. Auch wenn über die Gepflogenheiten bei den *legati Augusti* nahezu nichts bekannt ist, werden die Unterschiede wohl nicht so groß gewesen sein: Da die Termine für die Prokonsuln vermutlich von der Schifffahrtssaison beeinflusst waren (so zu Recht Wesch-Klein 2008, 175), dürfte der Spielraum dort nicht viel größer gewesen sein. Iulius Agricola erreichte Britannien jedenfalls *media iam aestate*: Tac. Agr. 18. In diese Richtung weist auch die (durch widrige Winde und Krankheit verspätete) Ankunft des Plinius in Pontus und Bithynien am 17. September (Plin. ep. 10,17a). Vettius Iuvenis wird daher wohl mindestens von Frühjahr 238 bis Frühjahr/Sommer 239 *legatus Augusti* von Thracia gewesen sein (zu Vettius Iuvenis vgl. zuletzt Dietz 1980, 251–252 und Thomasson 1984, 173 Nr. 22:56), was eine durchaus übliche Amtsdauer darstellt. Zur unterschiedlich langen, aber meist ein Jahr überschreitenden Amtsdauer der *legati Augusti* vgl. Mommsen 1887, 259; Wesch-Klein 2008, 65–66. Vgl. auch Haegemans 2010, 267, die ebenfalls erwägt, Iuvenis könnte von Pupienus und Balbinus eingesetzt worden sein.

[35] Vgl. in diesem Sinne zu den beiden Statthaltern Dietz 1980, 120–122 (Celer) bzw. 203–205 (Magianus). Zu Celer zuletzt P. Petrović 1997 und Thomasson 2009, 68 Nr. 22:057. Zu Magianus zuletzt Thomasson 1984, 174 Nr. 22:59 und L. Vidman, PIR² P 732.

10. 12. 241 und 9. 12. 242 (die fünfte *tribunicia potestas* Gordians) als *legatus Augusti* der Moesia superior nachgewiesen ist.[36]

Die Meilensteine aus der Provinz Thracia, die Gordian bzw. Gordian und Tranquillina nennen, stammen also nicht aus der Anfangszeit von Gordians Regierung, sondern wurden irgendwann in dem Zeitraum Mitte 239 bis Mitte 241 bzw. irgendwann in dem Intervall Mitte 241 bis Anfang 244 errichtet. Es liegt auf der Hand, hier einen Zusammenhang zu Gordians Aufbruch zum Perserkrieg zu sehen:[37] Dieser führte im Jahr 242 n. Chr. Gordian durch den Balkan, wo zwischenzeitlich eine Invasion der Karpen zurückgeschlagen werden musste, ehe Kaiser und Heer im Frühsommer 242 n. Chr. nach Kleinasien übersetzten.[38] Alle Meilensteine, die in Thrakien während der Regierungszeit Gordians aufgestellt wurden, sind sicher oder nahezu sicher der großen Heerstraße von Singidunum in Richtung Byzanz zuzuordnen.[39]

In denselben Zeithorizont gehören auch die beiden Meilensteine aus der Provinz Moesia superior: Auf dem Meilenstein aus Katlanovo wird nur Gordian genannt, während auf dem aus Kuršumlija Gordian und Tranquillina zusammen genannt werden. Es ist daher zu vermuten, dass der erstgenannte vor der Hochzeit im Mai 241 n. Chr. errichtet wurde,[40] während der zweite aus der Zeit nach der Hochzeit stammen müsste. Da beide Inschriften Gordians zweiten Konsulat erwähnen, den dieser im Jahr 241 n. Chr. bekleidete,[41] muss damit das *miliarium* aus Katlanovo zwischen 1. Januar und Mai 241 n. Chr. auf-

---

[36] Celer ist in der Moesia superior durch Inschriften auf einem Meilenstein und einer Statuenbasis bezeugt. Der Meilenstein, der Gordian und Tranquillina gewidmet ist (AE 1998, 1117), ist durch die fünfte *tribunicia potestas* in die Zeit vom 10. Dezember 241 bis 9. Dezember 242 n. Chr. datiert (KIENAST 1996, 195). Die Weihinschrift (IMS III/2 22 = ILJug 3, 1287) ist durch Gordians fünfte *tribunicia potestas* und die ebenfalls genannten Konsuln C. Vettius Gratus Atticus Sabinianus und C. Asinius Lepidus Praetextatus in die Zeit vom 1. Januar bis 9. Dezember 242 n. Chr. datiert. Zur Datierung der Konsuln vgl. DEGRASSI 1952, 67. Celer amtierte also mindestens seit Frühjahr/Sommer 242 n. Chr. in der Moesia superior, falls er direkt von einer Provinz zur nächsten wechselte, seit Frühjahr/Sommer 241 n. Chr.

[37] So z. B. TOWNSEND 1934, 90 und 121; GERASIMOVA-TOMOVA/HOLLENSTEIN 1989, 49–50.

[38] Den Kampf gegen die Karpen erwähnen HA Gord. 26,4–5; Petr. Patr. Frg. 8, FHG, Bd. 4, p. 186–187 = Excerpta de legationibus, vol. 1.2, p. 392 (DE BOOR). S. dazu auch BRECHT 1999, 144–145. Vgl. zur Datierung auch KIENAST 1996, 195. Zu Gordians Aufenthalt auf dem Balkan und zum Perserfeldzug vgl. außerdem u. a. LORIOT 1975, 755–757; KETTENHOFEN 1982, 19–37; HALFMANN 1986, 233; GERASIMOVA-TOMOVA/HOLLENSTEIN 1989, 49; FRANKE 1998, 1145–1146; SOMMER 2004, 37; HUTTNER 2008, 185–187 sowie die teilweise fragwürdigen Ausführungen von HERRMANN 2013, 145–155. Bereits 241 waren wohl schon Vorausabteilungen nach Osten verschoben worden: HUTTNER 2008, 185.

[39] Vgl. HOLLENSTEIN 1975, 34.

[40] Zum Datum der Hochzeit s. KIENAST 1996, 195.

[41] KIENAST 1996, 195.

gestellt worden sein.[42] Der Stein aus Kuršumlija muss dagegen wegen der dort genannten fünften *tribunicia potestas* Gordians zwischen dem 10. Dezember 241 und dem 9. Dezember 242 n. Chr. errichtet worden sein.

In der Provinz Moesia inferior ist die Rekonstruktion der Chronologie relativ kompliziert. Als einziger Statthalter auch aus literarischen Quellen bekannt ist Tullius Menophilus, der nach den Exzerpten aus Petros Patrikios' Geschichte des Römischen Reiches drei Jahre lang die Provinz verwaltet haben soll.[43] Die anderen, *C. Pe[[---]]*, Sabucius Modestus sowie Prosius Tertullianus sind nur aus Inschriften und Münzen bekannt.

Von diesen erscheinen Modestus und Tertullianus auf städtischen Münzen und Weihinschriften, die Gordian und Tranquillina zusammen abbilden oder nennen.[44] Diese beiden waren also ganz oder teilweise nach deren Hochzeit im Mai 241 n. Chr. in der Provinz tätig. Da einige der Münzen von Nicopolis ad Istrum, die Modestus nennen, Gordian und Tranquillina mit *dextrarum iunctio* zeigen, spielen diese vermutlich auf die gerade erfolgte Hochzeit an.[45] Insofern folgte in dem Zeitraum 241–244 n. Chr. wohl Tertullianus auf Modestus.[46] Tullius Menophilus hingegen wird lediglich auf Münzen und Inschriften genannt, die ausschließlich Gordian allein gelten. Seine Amtszeit muss also spätestens im Frühjahr 241 n. Chr. geendet haben.[47] Da *C. Pe[[---]]* wohl schon im Jahr 238 n. Chr. abgelöst wurde,[48] gehört Menophilus in den Zeitraum 238/239–241 n. Chr.

---

[42] Die *tribunicia potestas* Gordians, von der nur noch die Zahl *III* zu erkennen ist, sollte also wohl ursprünglich *IIII* lauten. Diese dauerte vom 10. Dezember 240 bis zum 9. Dezember 241 (vgl. KIENAST 1996, 195). Der vierte Strich wurde offenbar vom Steinmetz vergessen.

[43] Petr. Patr. Frg. 8, FHG, Bd. 4, p. 186–187 = Excerpta de legationibus, vol. 1.2, p. 392 (DE BOOR). Vgl. dazu auch BRECHT 1999, 144–145.

[44] Tertullianus: BMC, Gr III 40 Nr. 90–91; PICK 1898, 317–321 Nr. 1172–1192; SNG Copenhagen 6, Nr. 260–261; SNG Budapest 3, Nr. 269–272; SNG Hunterian Museum 1, Nr. 1006 (Gordian und Tranquillina auf Münzen aus Markianopolis); Modestus: PICK 1898, 516 Nr. 2096 mit Picks Kommentar ad locum; SNG Copenhagen 6, Nr. 286–290; SNG Hunterian Museum 1, Nr. 988–991 (alle Nikopolis).

[45] PICK 1898, 516 Nr. 2096.

[46] Zu Sabucius Modestus und Prosius Tertullianus und dieser chronologischen Einordnung vgl. u. a. PICK 1891, 40; 55; STEIN 1940, 100–101 (Modestus) und 101 (Tertullianus); DIETZ 1980, 208 (Tertullianus) und 229 (Modestus) sowie zuletzt THOMASSON 2009, 55 Nr. 20:133 (Modestus). Zu den beiden Personen siehe auch K.-P. JOHNE, PIR² P 1015 sowie K. WACHTEL, PIR² S 5. Zum Gentilnamen des Modestus siehe DÖNMEZ-ÖZTÜRK/ HAENSCH/ÖZTÜRK/WEISS 2008, 247–251.

[47] Zu Tullius Menophilus und seiner zeitlichen Ansetzung vgl. DIETZ 1980, 233–245; BRECHT 1999, 145; J. HEINRICHS, PIR² T 387; THOMASSON 2009, 55 Nr. 20:131. DIETZ 1980, 241 hat zu Recht festgestellt, dass der bei Petros Patrikios Frg. 8 angegebene Dreijahreszeitraum nicht zu wörtlich verstanden werden darf.

[48] So unter anderem TOWNSEND 1934, 120–121. Vgl. zu *C. Pe[[---]]* und seiner zeitlichen Ansetzung vor allem die ausführliche Diskussion bei DIETZ 1980, 196–197 und 237–240 mit der älteren Literatur. Dietz geht von einer Ablösung verbunden mit Gnadenverlust und *memoria damnata* noch im Jahr 238 aus (DIETZ 1980, 19, 240). Dafür spricht vor allem, dass in den während seiner Statthalterschaft errichteten Meilensteinen noch kein Konsulat Gordians erwähnt wird. Dass in Nikopolis und Markianopolis keine Münzen mit seinem Namen geprägt wurden, spricht zudem für eine eher kürzere Statthalterschaft.

Alle Meilensteine Gordians aus der Moesia inferior, in deren Inschriften die Erwähnung des Statthalters erhalten ist, scheinen unter *C. Pe[[---]]* errichtet worden zu sein.[49] Damit fiele das Reparaturprogramm Gordians in das erste Jahr seiner Herrschaft.[50]

Dieser frühe Zeitpunkt lädt ein, nach der Beziehung dieses Reparaturprogramms zur Regierungszeit des bekanntermaßen straßenbauwütigen Kaisers Maximinus zu fragen.[51]

Tatsächlich sind in der Provinz Moesia inferior auch sieben Meilensteine des Maximinus belegt, die überwiegend ebenfalls in der Dobrudscha gefunden wurden: Von diesen wurde einer in Hîrşova an der Donau, zwei nahe der Schwarzmeerküste bei Istria und bei Corbu (ca. 30 km nördlich von Constanţa) sowie je einer in Mănăstirea Saun (nahe Niculiţel, ca. 30 km westlich von Tulcea), in Slava Rusă (ca. 40 km süd-südwestlich von Tulcea), in Alcek (ca. 25 km nordwestlich von Dobrič) und in Mečka (Gemeinde Ivanovo, ca. 15 km südwestlich von Ruse) entdeckt.[52] Keiner von diesen wurde *in situ* gefunden und entsprechend können sie nur mit einer gewissen Wahrscheinlichkeit bestimmten Straßen zugeordnet werden. Die beiden Stücke von der Schwarzmeerküste gehörten vielleicht zu der gut bezeugten Straße, die von Tomis kommend nach Norden in Richtung Donau führte.[53] Nahe Hîrşova befindet sich zwar das antike Carsium, das an der sogenannten „Donaustraße" lag, doch kann der Meilenstein wie die anderen von dort nicht mit Sicherheit einer Straße zugewiesen werden: Sie stammen alle von einem türkischen Friedhof, wo sie wohl als Grabmäler wieder verwendet worden waren.[54] Die sehr unterschiedlichen Meilenzahlen lassen vermuten, dass diese Meilensteine aus einem weiteren Umfeld und wohl von mehreren Straßen herbeigeholt wurden.[55]

Die beiden Meilensteine von Mănăstirea Saun und Slava Rusă könnten zu einer Straße gehören, die von der Donaustraße bei Noviodunum abzweigte und dann am heutigen Niculiţel vorbei über Idiba (h. Slava Rusă) nach Istria führte.[56]

---

[49] AE 1993, 1375 aus Constanţa sowie CIL III 7606a (= IScM V 98a) aus Hîrşova. Wegen des eradierten Statthalters *C. Pe[---]* – der Kaisername ist verloren – wohl auch CIL III 7607 (= IScM V 99), ebenfalls aus Hîrşova.

[50] Christol 1997, 95 schreibt diese Reparaturen fälschlich Tullius Menophilus zu, was seit Dietz 1980, 233–245 ausgeschlossen werden kann.

[51] Zu den Straßenbauten des Maximinus vgl. u. a. Bersanetti 1940, 23–36; Bellezza 1964, 138–141; Loriot 1975, 681–682 und zuletzt Gehrke 1997, 204; Huttner 2008, 166; Haegemans 2010, 69–73. Einen aktuellen Überblick über die belegten Meilensteine mit Inschriften in den westlichen Provinzen bis einschließlich Dalmatia bietet Rathmann 2003, 250–255, einen über die in Kleinasien gefundenen French 1988, 448–449.

[52] CIL III 7605 = IScM V 97 (Hîrşova); AE 1974, 572 (Istria); CIL III 14462 = IScM I 321 (Corbu); IScM V 250 bis (Mănăstirea Saun); CIL III 7612 = IScM V 223 (Slava Rusă); AE 2001, 1736 (Alcek); Škorpil 1914, 91 (Mečka bei Ruse).

[53] Itin. Anton. 227,1–228,3 = p. 33 (Cuntz); Tab. Peut. Segment VIII–IX. Vgl. dazu Miller 1916, 510 mit Karte 157. Siehe außerdem Poulter 2000.

[54] Vgl. zum Fundort Hîrşova und den dort gefundenen Meilensteinen Doruţiu-Boilă 1980, 120, 122–129.

[55] IScM V 96: 10 Meilen; IScM V 98: 2 Meilen; IScM V 100: 18 Meilen.

[56] Vgl. zum ungefähren Straßenverlauf etwa die Karte von Gostar 1969 oder von Poulter 2000.

Der Meilenstein, der beim heutigen Alcek gefunden wurde, gehört, da er von Palmatae zählte, sicher zu der Straße von Markianopolis nach Durostorum (h. Silistra).[57] Der Meilenstein aus Mečka, südwestlich von Sexaginta Prista (h. Ruse), wird dagegen wohl von der Donaustraße stammen.

Nicht bei allen diesen Meilensteinen ist sicher, dass sie im Zusammenhang mit Straßenreparaturen und auf Initiative des Kaisers errichtet wurden. Immerhin erscheinen der Kaiser und sein Sohn bei zweien im Nominativ mit der Tätigkeitsangabe *restituerunt* und bei zwei weiteren im Nominativ mit den Objekten, die wiederhergestellt wurden (*miliaria, pontes, vias*).[58] Der fünfte ist Kaiser und Sohn dediziert, nennt aber den Statthalter als ausführendes Organ, der auch aus den vorgenannten Meilensteinen schon als Ausführender belegt ist.[59]

Insgesamt ergibt sich aber doch der Eindruck, dass diese Reparaturarbeiten unter Maximinus Thrax Straßenverbindungen galten, die für die Versorgung und möglicherweise auch für die zügige zahlenmäßige Verstärkung der Stützpunkte an der Donaugrenze wichtig waren.[60] Am deutlichsten scheint dies bei der Straße zu sein, die von der Provinzhaupt- und Hafenstadt Tomis über Istria und Ibida nach Noviodunum im Norden führte und der vier Meilensteine des Maximinus zugewiesen werden können.[61] In ähnlicher Weise stellte die Straße von Durostorum über Markianopolis nach Odessos eine Verbindung von der Donaugrenze zur Schwarzmeerküste her. Allerdings ist von dieser Route bisher nur der Meilenstein von Alcek bekannt, der sich auch nur als Dedikation an Augustus und Caesar präsentiert. Bei dem Meilenstein vom türkischen Friedhof in Hîrşova wäre angesichts dieses Befundes ebenfalls denkbar, dass er von einer Straße Tomis – Carsium stammte, doch kann er ebenso gut von Reparaturen an der Donaustraße stammen. Dass auch an dieser unter Maximinus Reparaturen durchgeführt wurden, belegt der Stein aus Mečka bei Ruse.[62]

Vergleicht man nun die Fundorte der Meilensteine Gordians mit denen des Maximinus, so fällt auf, dass die Meilensteine des ersteren meist in der Nähe von solchen des letzteren gefunden wurden: östlich von Sexaginta Prista unweit des in Mečka entdeckten der aus Marten, zwei Exemplare ebenfalls in Hîrşova und schließlich ein Meilenstein in Tomis.

---

[57] AE 1979, 543 = AE 2001, 1736. Die Verbindung Markianopolis – Durostorum bezeugen: Tab. Peut. Segment VIII-IX; vgl. dazu MILLER 1916, 587–588 und zuletzt TORBATOV 2000. Zum ungefähren Straßenverlauf vgl. auch die Karte von POULTER 2000 und NEDYALKOVA 2012a, 235–236.

[58] CIL III 14462 = IScM I 321 und CIL III 7605 = IScM V 97 bzw. CIL III 7612 = IScM V 223 und AE 1974, 572 = IScM I 320.

[59] ŠKORPIL 1914, 91 mit der Lesung hinten im Anhang 2 (Nr. 6).

[60] Vgl. schon die Überlegungen von TORBATOV 2000, 60 zu einem strategischen Gesamtkonzept römischer „supply lines" zu den Legionslagern an der unteren Donau.

[61] IScM V 250 bis (Mănăstirea Saun); CIL III 7612 = IScM V 223 (Slava Rusă); AE 1974, 572 (Istria); CIL III 14462 = IScM I 321 (Corbu). Die letzten drei davon verweisen alle eindeutig auf Reparaturen.

[62] ŠKORPIL 1914, 91.

Dieser Befund führt zu der Vermutung, dass das Reparaturprogramm Gordians im Wesentlichen eine Fortsetzung eines zuvor unter Maximinus Thrax begonnenen Unternehmens war. Jenseits der Arbeiten an der Donaustraße östlich von Sexaginta Prista ist dabei nicht mit Sicherheit zu sagen, welchen Straßen diese Arbeiten galten. Sowohl bei den Meilensteinen aus Hîrşova als auch bei denen aus Tomis ist stets mit einer Verschleppung zu rechnen. Orientiert man sich an unserer Überlegung, dass die Reparaturen unter Maximinus vor allem den Verbindungsstraßen zwischen Küste und Donau galten, dann erscheint es denkbar, dass unter Gordian vor allem an der Straße Tomis – Carsium gebaut wurde. Allerdings bleibt es genauso möglich, dass Reparaturen sowohl an der Donau- als auch an der Küstenstraße durchgeführt wurden. Für ersteres spricht vielleicht die Tatsache, dass sich die Poleis Markianopolis und Odessos offenbar von dem kaiserlichen Reparaturprogramm angespornt fühlten, an der ebenfalls von der Küste in Richtung Donau führenden Straße Meilensteine zu errichten.

Zur Hypothese, dass unter Gordian ein Reparaturprogramm des Maximinus Thrax fortgesetzt wurde, passt die Beobachtung, dass die Meilensteininschriften des Maximinus eher in die zweite Hälfte von dessen Herrschaft fallen,[63] während die Gordians vermutlich eher in die Frühzeit von dessen Herrschaft zu datieren sind: Unter dem wohl in das Amtsjahr 235/236 n. Chr. gehörenden Statthalter Domitius Antigonus sind keine Meilensteininschriften bezeugt. Dagegen sind unter dem Statthalter Flavius Lucilianus Meilensteine bezeugt, die auch Maximinus' Sohn Maximus als Caesar nennen und daher frühestens ins Jahr 236 n. Chr. datiert werden können.[64] Schließlich sind außerdem vier Meilensteine bekannt, deren Inschriften für Vater und Sohn auch die Siegestitel Germanicus, Dacicus und Sarmaticus nennen und die daher aus dem Jahr 237 n. Chr. stammen müssen.[65] Wenn schließlich die Ziffer *IIII* auf dem Meilenstein aus Alcek tatsächlich auf die *tribunicia potestas* des Maximinus zu beziehen wäre, dann wäre dieser Meilenstein sogar erst zwischen 10. Dezember 237 und dem Frühjahr 238 errichtet worden.[66] Wie bereits oben ausgeführt, sind die Straßenreparaturen unter Gordian mit dem Statthalter *C. Pe[[---]]* zu verbinden, dessen Amtszeit sicher in die Zeit vor 241 n. Chr. und wahrscheinlich in das Jahr 238 n. Chr. gehört.

Ob dieses Straßenreparaturprogramm mit den in dieser Zeit einsetzenden Invasionen von Karpen, Goten und anderen zusammenhängt, ist schwer zu sagen. Die nicht sehr zuverlässige Historia Augusta berichtet, dass unter Pupienus und Balbinus die Karpen nach Moesia eingefallen seien, Istria zerstört worden sei und dies der Beginn der Skythen-

---

[63] Vgl. schon HOLLENSTEIN 1979, 43.

[64] CIL III 7605 = IScM V 97 (Hîrşova); CIL III 14462 = IScM I 321 (Corbu); AE 1979, 543 = AE 2001, 1736 (Alcek).

[65] CIL III 7612 = IScM V 223 (Slava Rusă); IScM V 250 bis (Mănăstirea Saun); AE 1974, 572 (Istria); ŠKORPIL 1914, 91 (Mečka bei Ruse). Zur Annahme dieser Siegestitel wohl Ende 236 n. Chr. siehe KIENAST 1996, 184.

[66] So plausibel HOLLENSTEIN 1979, 43 mit Verweis auf ähnliche Fehler in CIL XIII 8953 und 8954 und den Kommentar von O. HIRSCHFELD ad locum.

kriege gewesen sei, wie Dexippus berichtet habe.[67] Man hat längst festgestellt, dass Istria 238 n. Chr. sicher nicht zerstört worden ist.[68] Diese Erkenntnis verbunden mit dem zunehmenden Eindruck, dass die Historia Augusta Dexipp hier allenfalls indirekt benutzte, legt den Verdacht nahe, dass entweder das ganze Ereignis falsch datiert wurde oder aber vorgefundene Berichte missverstanden wurden. Dass es Plünderungszüge von Stämmen nördlich der Donau in das Gebiet der Provinz Moesia inferior gab, erscheint sicher. So bezeugt eine Inschrift aus Durostorum (h. Silistra), dass eine unbekannte Person im Jahr 238 n. Chr. (unter den eponymen Konsuln Fulvius Pius und Pontius Proculus Pontianus) aus der Gefangenschaft bei den Barbaren freigekommen war.[69] Dass diese Person bereits im Jahr 238 n. Chr. frei kam, lässt es als möglich erscheinen, dass der Plünderungszug, bei dem sie in Gefangenschaft geriet, schon das Jahr 237 n. Chr. gehört. Es wäre also denkbar, dass es bereits seit dem Abzug von Vexillationen erst für den Parther- und dann für den Germanenkrieg des Severus Alexander (und dann des Maximinus) immer wieder zu kleineren Plünderungszügen über die Donau kam. Interessanterweise wird in dem bei Petros Patrikios überlieferten Bericht über die Politik des gordianischen Statthalters Tullius Menophilus davon ausgegangen, dass es bereits Verabredungen über Subsidien-Zahlungen zum Fernhalten der Goten gäbe, während die Karpen durch das Taktieren hingehalten würden. Das würde bedeuten, dass frühere Plünderungszüge der Goten den Anlass dazu gegeben hatten, durch diese Zahlungen weitere Plünderungen zu verhindern. Die Historia Augusta erwähnt für das Frühjahr 238 n. Chr. dagegen nur Angriffe der Karpen, so dass die Angriffe der Goten schon weiter zurückliegen müssten, wenn man diesen Quellen vertrauen schenken will. Möglicherweise sind solche früheren Plünderungszüge auch in der Nachricht Herodians über die Sorgen der Soldaten des Severus Alexander im Orient über die Situation in ihren Heimatregionen mitgedacht.[70] Wenn dem so wäre, wäre es denkbar, dass das Reparaturprogramm des Maximinus, das dann von Gordian fortgesetzt wurde, der längerfristigen Bekämpfung dieser Plünderungszüge dienen sollte.[71]

Vergleicht man also die unter Gordian III. errichteten Meilensteine in den drei hier untersuchten Provinzen, ergeben sich auffällige Unterschiede. Die Situation in der Moesia superior ist angesichts nur zweier Meilensteine schwer einzuschätzen. In der Provinz Thracia ist vor allem die Errichtung von Meilensteinen erkennbar. Diese Errichtung der Meilensteine scheint wohl am ehesten mit dem Bedürfnis der dortigen Poleis zu erklären,

---

[67] HA Max. et Balb. 16,3: *Sub his pugnatum est a Carpis contra Moesos. Fuit et Scyt\<h\>ici belli princip\<i\>um, fuit et Histriae excidium eo tempore, ut autem Dexippus, dicit, Histricae civitatis.*

[68] So meines Wissens zuerst PICK 1898, 147 und 155 auf Basis der Münzen ebd. 178–179 Nr. 524–530 (Gordian und Tranquillina oder diese alleine, also frühestens 241 n. Chr. geprägt); vgl. zuletzt auch BRANDT 1996, 238–239.

[69] CIL III 12455 = KALINKA 1906, 189 Nr. 220. Zur Datierung der Konsuln siehe DEGRASSI 1952, 66.

[70] Herod. 6,7,2–3. So auch ALFÖLDI 1967, 315. Die Passage wird allerdings traditionell – wenn auch nicht zwingend – auf die Grenzregionen in Süddeutschland, Österreich und Ungarn bezogen: Vgl. z. B. LIPPOLD 1991, 233–235 mit der älteren Literatur.

[71] Vgl. auch ALFÖLDI 1967, 315 und DRINKWATER 2005, 30, die vermuten, Maximinus Thrax habe für 238 n. Chr. einen Gegenangriff auf die Goten geplant.

dem in die Region reisenden Kaiser ihre Loyalität zu versichern. Dabei kann natürlich nicht ausgeschlossen werden, dass parallel dazu auch gelegentlich Straßen ausgebessert wurden.

In der Provinz Moesia inferior bezeugen die Meilensteine dagegen das Bemühen der Reichszentrale die offenbar überholungsbedürftige Verkehrsinfrastruktur in der Dobrudscha in Stand zu setzen. Das diesbezügliche Handeln Gordians scheint an entsprechende Maßnahmen bereits unter der Herrschaft des Maximinus Thrax anzuknüpfen.

Neben der Donaustraße standen dabei offenbar vor allem die Straßen im Zentrum des Interesses, die von der Schwarzmeerküste an die Donau führten. Es ging also um Verkehrswege, die eine strategische Bedeutung für die Versorgung der Grenzfestungen und für Truppenverschiebungen hatten.

In den 30er Jahren des 3. Jahrhunderts n. Chr. scheint also ein bewusstes Engagement der Reichszentrale feststellbar, die offenbar von militärstrategischen Gesichtspunkten geleitet in die Verkehrsinfrastruktur einer bedrohten Grenzprovinz investierte.

Anhang 1: **Übersicht über die Statthalter der Provinzen Moesia superior, Moesia inferior und Thracia von Maximinus Thrax bis Gordian III.**

	Moesia superior	Moesia inferior	Thracia
235	unbekannt	Domitius Antigonus	D. Simonius Proculus Iulianus?
236	unbekannt	Domitius Antigonus Flavius Lucilianus?	D. Simonius Proculus Iulianus T. Clodius Saturninus Fidus
237	unbekannt	Flavius Lucilianus	T. Clodius Saturninus Fidus? T. Vibius Gallus
238	unbekannt	Flavius Lucilianus? C. Pe[[---]] Tullius Menophilus?	T. Vibius Gallus? L. Vettius Iuvenis
239	unbekannt	Tullius Menophilus	L. Vettius Iuvenis L. Catius Celer
240	L. Catius Celer?	Tullius Menophilus Sabucius Modestus?	L. Catius Celer
241	L. Catius Celer	Tullius Menophilus? Sabucius Modestus	L. Catius Celer Pomponius Magianus
242	L. Catius Celer	Sabucius Modestus? Prosius Tertullianus?	Pomponius Magianus
243	unbekannt	Sabucius Modestus? Prosius Tertullianus	Pomponius Magianus
244	Severianus	Prosius Tertullianus	Pomponius Magianus?

Anhang 2: Die Meilensteine Gordians III. und des Maximinus Thrax in der Provinz Moesia inferior

A) Die Meilensteine Gordians:

1. Neulesung BARTELS/WILLI 2013 zu TUDOR 1956, 622 Nr. 162 (unbek. Ort in Dobrudscha):

Im[p(erator) Caes(ar)] / M(arcus) [Antoni]us / Go[rdianu]s / piu[s felix] / in[victus] / Au[g(ustus) restitu]/it (?) [per - - -] / [- - - - - -] / M(?)[- - -].

2. CIL III 7606a = IScM V 98a (Hîrşova/Carsium):

Imp(eratori) Cae[s(ari)] M. / Antonio / Gordi[ano] / Pio Fel[ici in]/victo A[ug(usto) p(ontifici) m(aximo)] / trib(unicia) p[ot(estate) p(atri) p(atriae)] / pr[oco(n)s(uli) pontes] / et vi[as restituit pe]/r C. P[[[e ---]]] / leg(atum) A[ug(usti)] / pr(o) [pr(aetore)].

3. CIL III 7607 = IScM V 99 (Hîrşova/Carsium):

[- - - - - - (Gordian) - - - - - - tri]/b(unicia) pot(estate) p(atri) p(atriae) pr/oco(n) s(uli) C(aio) Pe[[---]]/[[- - - - - -]] / [[- - - - - -]] / leg(ato) / Aug(usti) pr(o) pr(aetore) / m(ilia) p(assuum).

4. AE 1993, 1375 (Constanţa/Tomis):

Imp(erator) Caes(ar) / M(arcus) Antonius / Gordianus / Pius Felix / Invictus / Aug(ustus) restitu/it per C[[---]] / [[------]] / [[------]] / leg(atum) pr(o) pr(aetore) m(ilia) p(assuum).

5. CIL III 6238 = 14459 = KALINKA 1906, 61 Nr. 63 = VELKOV 1968, 9 (in der von mir vorgeschlagenen Auflösung) (Marten):

Imp(erator) Caes(ar) / M(arcus) An[t(onius)] Gor/[dianus Pius] / Fel(ix) in[v(ictus) Aug(ustus)] / v[ias --- restituit ---].

6. IGBulg II 797 = Kalinka 1906, 58 Nr. 58 (Devnja/Markianopolis):

Τῷ θειοτάτῳ Αὐ/τοκράτορι Μά(ρκῳ) Ἀντω/νίῳ Γορδιανῷ ἡ / πόλις · ἡ Μαρκιανο/πολειτῶν ἐν τοῖς / ἰδίοις ὅροις.

7. MIRČEV 1953, 69–70 Nr. 1 (Topoli bei Varna/Odessos):

Imp(eratori) Caes(ari) / M(arco) Antonio / Gordiano / civitas / Odessita/norum / m(ilia) p(assuum) / V.

B) Die Meilensteine des Maximinus Thrax:

1. IScM V 250 bis (Mănăstirea Saun)

[Imp(eratori) Caes(ari)] / [[[C(aio) Iulio Vero]]] / [[[Maximino]]] / Pio Felici in/ victo Aug(usto) / [Germ(anico) max(imo)] / Dacico ma[x(imo)] / S[ar]mat(ico) ma/x(imo) trib(unicia) pot(estate) / III co(n)s(uli) p(atri) p(atriae) et / [[[C(aio) Iulio Vero]]] / [[[Maximo]]] no/[bilissimo] / [Caesari, G]erm(anico) / [max(imo)] Dacico / [max(imo)], Sarm(atico) / [max(imo) ---].[72]

2. CIL III 7612 = IScM V 223 (Slava Rusă)

[Imp(erator)] Ç̣ aes(ar) C(aius) [[[Iul(ius)]]] / [[[Verus Maximi]]]/[[[nus]]] P(ius) F(elix) Aug(ustus) Ge/rṃanicus maximus / Dacicus maximus / Sarmaticus max(i) m/us pontifex maxi/mus tribunicia / p(otestate) III imp(erator) V co(n)s(ul) pr[o]/ co(n)s(ul) et [[[C(aius) Iul(ius) Verus]]] / [[[Maximus nobilis]]]/simus Caes(ar) Ger(manicus) ma/ximus Sarm(aticus) maxim/us filius eiu[s] mi/[liari]a nova et vi/ [as et po]nt(es) disruṭ/[as per ---].[73]

3. AE 1974, 572 = IScM I 320 (Istria)

[Imp(erator) Caes(ar) C(aius) Iulius] / [Verus Maximinus] / [P(ius) F(elix) Aug-(ustus) Ger(manicus) max(imus) Dac(icus)] / [max(imus) Sar(maticus) max(imus) trib(unicia) p(otestate)] / [III imp(erator) V co(n)s(ul) proco(n)s(ul)] / [et C(aius) Iulius Verus] / [Maximus nobilis(simus)] / [C]aes(ar) Ger(manicus) max(imus) Dac(icus) / max(imus) Sar(maticus) max(imus) fil(ius) / eius m(i)ll[i]aria / nova pon[tes dis]/[r]u[tas ---].[74]

4. CIL III 14462 = IScM I 321 (Corbu)

[Imp(erator) Caes(ar) C(aius) Iul(ius)] / [Verus Maximinus Pi]/us Fel(ix) Invictus / Aug(ustus) et C(aius) Iul(ius) Verus / Maximus nobi/lissimus Caes(ar) / restitue-runt / per Fl(avium) Lucilia/num leg(atum) / pr(o) pr(aetore) / milia p(assuum) C.

5. CIL III 7605 = IScM V 97 (Hîrşova)

[Imp(erator) C]aes(ar) [C(aius) Iul(ius)] / [Ve]rụ[s] Ṃ[aximi]/[nus] P(ius) F(elix) Invi/ctus Aug(ustus) et C(aius) [I]/[u]l(ius) Verus Maxi/[m]us nobilissi/[mu]s Caes(ar) res/tituerunt / per Fl(avium) Lucill/[ia]num leg(atum) / pr(o) [p]r(aetore) [m(ilia)] p(assuum).[75]

---

[72] Text von IScM V 250 bis nach Zeichnung und Fotos dort korrigiert.

[73] Text von IScM V 223 nach Zeichnung und Fotos dort korrigiert.

[74] IScM I 320 hat in den letzten zwei Zeilen *nova pon[i iusse]/[r]u[nt per ---]*. Mir erscheint es wahrscheinlicher, dass dasselbe Formular wie in IScM V 223 intendiert war, *et vias et* aber vom Steinmetz versehentlich ausgelassen wurde.

[75] Text von IScM V 97 nach Zeichnung und Fotos dort korrigiert

6. Škorpil 1914, 91 (Lesung und Ergänzung Bartels nach dem Foto Tafel XXV) (Mečka bei Ruse)

[Imp(eratori) Caes(ari) C(aio) Iulio Vero]
[Maximino Pio Fel(ici) in]-
[victo Aug(usto) Germ(anico)] max(imo) Dac(ico)
[et max(imo) C(aio) Iul(io) Vero] Max(i)mo
[no]biliss(imo) Caesar(i) c[ur?]
[ante?] Fl(avio) Luciliano
leg(ato) Aug(usti) pr(o) pr(aetore).[76]

7. AE 1979, 543 = AE 2001, 1736 (Alcek)

Imp(eratori) Ca[es(ari) C(aio) Iuli/[o] V[ero] Maximino / [pi]o fel(ici) Aug(usto) Germ(anico) / [ma]x(imo) S[ar]m(atico) max(imo) p[o]/[ntif(ico) ma]x(imo) trib(unicia) po/[test(ate) co(n)]s(uli) IIII / [p(atri) p(atriae)] e[t C(aio) Iu]lio Ve/ro M[aximo] nobi/li[ssimo] Caes(ari) fi/l[io eiu]s. / A Palmatis m(ilia) [p(assuum)] / II[I ?].

---

[76] Škorpil: *[------] / [---]max. no / [---]biliss. Caesar / [---] Fl. Luciliano / [---] leg. aug. pr. pr.* Unterstrichene Buchstabenreste offenbar von Škorpil gelesen, aber auf dem Foto nicht zu erkennen.

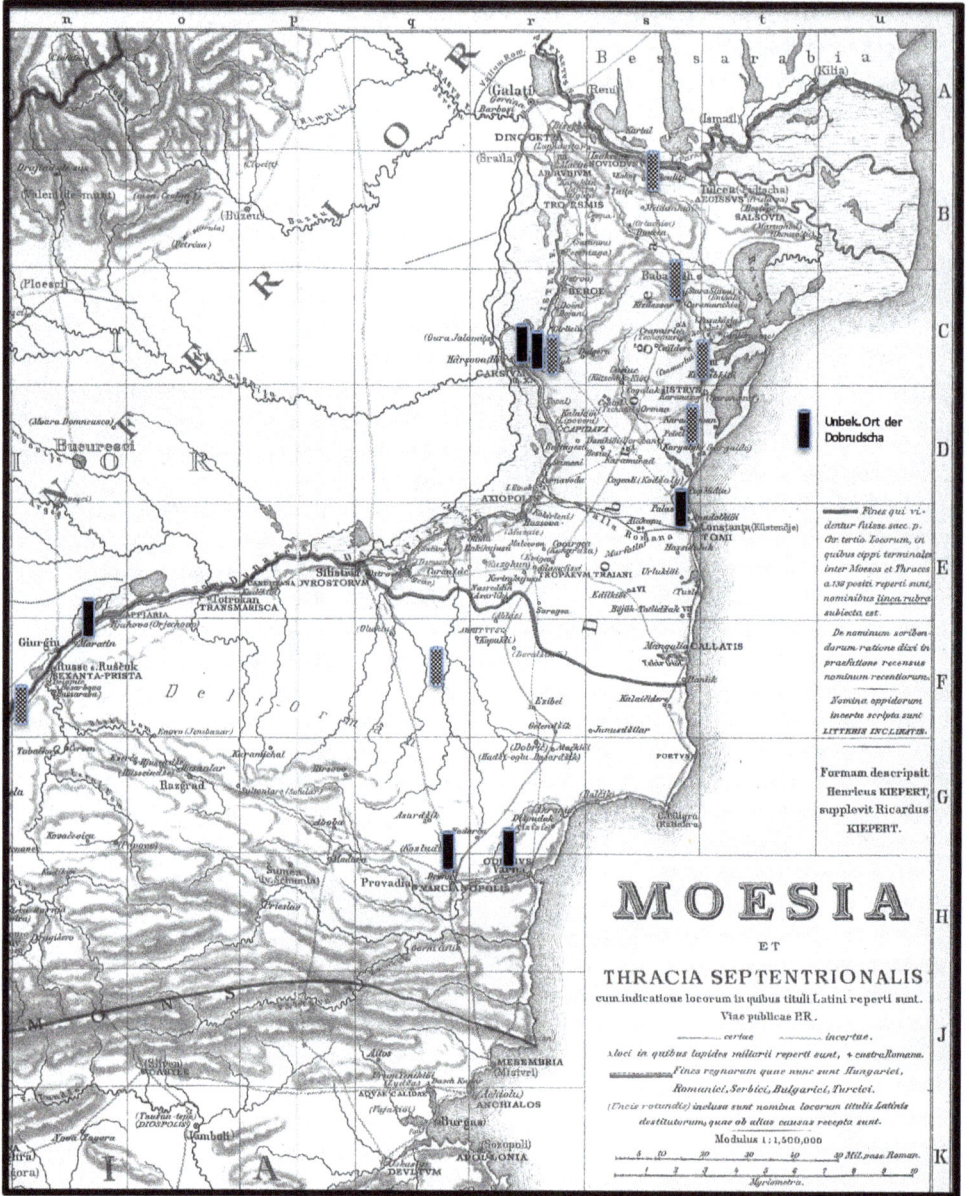

Karte der Dobrudscha mit den Meilensteinen Gordians III. (schwarz) und des Maximinus Thrax (Schachmuster). Ausschnitt aus Th. MOMMSEN/O. HIRSCHFELD/A. DOMASZEWSKI (Hg.), Corpus Inscriptionum Latinarum, vol. III, supplementum, pars posterior, Berlin 1902, tabula IV. Bearbeitet von J. Bartels.

Bibliographie

ALFÖLDI 1967 = A. ALFÖLDI, Studien zur Geschichte der Weltkrise des 3. Jahrhunderts nach Christus, Darmstadt 1967.

BARTELS/WILLI 2013 = J. BARTELS/A. WILLI, Co[mmodu]s oder Go[rdianu]s? Neulesung eines Meilensteins aus der Provinz Moesia inferior, ZPE 187, 2013, 302–304.

BELLEZZA 1964 = A. BELLEZZA, Massimino il Trace, Genova 1964.

BERSANETTI 1940 = G.M. BERSANETTI, Studi sull'imperatore Massimino il Trace, Rom 1940.

BLECKMANN 1992 = B. BLECKMANN, Die Reichskrise des III. Jahrhunderts in der spätantiken und byzantinischen Geschichtsschreibung, München 1992.

BRANDT 1996 = H. BRANDT, Ein Kommentar zur vita Maximi et Balbini der Historia Augusta, Bonn 1996.

BRANDT 2006 = H. BRANDT, Facts and Fictions – Die Historia Augusta und das 3. Jahrhundert, in: K.-P. JOHNE/Th. GERHARDT/U. HARTMANN (Hg.), Deleto paene imperio Romano, Stuttgart 2006, 11–23.

BRECHT 1999 = S. BRECHT, Die römische Reichskrise von ihrem Ausbruch bis zu ihrem Höhepunkt in der Darstellung byzantinischer Autoren, Rahden (Westf.) 1999.

CHRISTOL 1997 = M. CHRISTOL, L'empire romain du IIIe siècle. Histoire politique, Paris 1997.

DEGRASSI 1952 = A. DEGRASSI, I fasti consolari dell'impero romano dal 30 avanti Cristo al 613 dopo Cristo, Rom 1952.

DIETZ 1980 = K. DIETZ, Senatus contra principem. Untersuchungen zur senatorischen Opposition gegen Kaiser Maximinus Thrax, München 1980.

DÖNMEZ-ÖZTÜRK/HAENSCH/ÖZTÜRK/WEISS 2008 = F. DÖNMEZ-ÖZTÜRK/R. HAENSCH/H.S. ÖZTÜRK/ P. WEISS, Aus dem Pera Museum (Istanbul): Weitere Gewichte mit Nennung von Statthaltern von Pontus et Bithynia, Chiron 38, 2008, 243–259.

DORUŢIU-BOILĂ 1968 = E. DORUŢIU-BOILĂ, Über einige Statthalter von Moesia inferior, Dacia n. s. 12, 1968, 395–408.

DORUŢIU-BOILĂ 1980 = E. DORUŢIU-BOILĂ, Inscriptiones Scythiae Minoris, vol. V, Bukarest 1980.

DRINKWATER 2005 = J. DRINKWATER, Maximinus to Diocletian and the ‚Crisis', in: A.K. BOWMAN/ P. GARNSEY/Av. CAMERON (Hg.), The Cambridge Ancient History, vol. XII²: The Crisis of Empire, A.D. 193–337, Cambridge 2005, 28–66.

FRANKE 1998 = Th. FRANKE, Imp(erator) Caes(ar) M. Antonius G(ordianus) Aug(ustus) (G(ordian) III), DNP 4 (1998) 1145–1146.

FRENCH 1988 = D. FRENCH, Roman Roads and Milestones of Asia Minor, Fasc. 2: An Interim Catalogue of Milestones, 2 Bde., Oxford 1988.

GEHRKE 1997 = H.-J. GEHRKE, Gordian III., in: M. CLAUSS (Hg.), Die römischen Kaiser, München 1997, 202–209.

GERASIMOVA/HOLLENSTEIN 1978 = V. GERASIMOVA/L. HOLLENSTEIN, Neue Meilensteine aus Bulgarien, Epigraphica 40, 1978, 91–121.

GERASIMOVA-TOMOVA/HOLLENSTEIN 1989 = V. GERASIMOVA-TOMOVA/L. HOLLENSTEIN, Drei unpublizierte Meilensteine aus Bulgarien, in: H.E. HERZIG/R. FREI-STOLBA (Hg.), Labor omnibus unus. Gerold Walser zum 70. Geburtstag dargebracht von Freunden, Kollegen und Schülern, Stuttgart 1989, 45–58.

GEROV 1979 = B. GEROV, Die Grenzen der römischen Provinz Thracia bis zur Gründung des aurelianischen Dakien, ANRW II 7/1, 1979, 212–240.

GEROV 1980 = B. GEROV, Marcianopolis im Lichte der archäologischen, epigraphischen und numismatischen Materialien und Forschungen, in: DERS., Beiträge zur Geschichte der römischen Provinzen Mösien und Thrakien, Amsterdam 1980, 289–312.

GOSTAR 1969 = N. GOSTAR u. a., Tabula Imperii Romani, L 35: Romula – Durostorum – Tomis, Bukarest 1969.

HAEGEMANS 2010 = K. HAEGEMANS, Imperial Authority and Dissent. The Roman Empire in AD 235–238, Leuven u. a. 2010.

HALFMANN 1986 = H. HALFMANN, *Itinera principum*. Geschichte und Typologie der Kaiserreisen im Römischen Reich, Stuttgart 1986.

HARTMANN 2008 = U. HARTMANN u. a., Quellen, in: K.-P. JOHNE u. a. (Hg.), Die Zeit der Soldatenkaiser, Bd. 1, Berlin 2008, 15–123.

HERRMANN = K. HERRMANN, Gordian III. Kaiser einer Umbruchszeit, Speyer 2013.

HERZIG 1974 = H.E. HERZIG, Probleme des römischen Straßenwesens: Untersuchungen zu Geschichte und Recht, ANRW II 1, 1974, 593–648.

HOLLENSTEIN 1975 = L. HOLLENSTEIN, Zu den Meilensteinen der römischen Provinzen Thracia und Moesia inferior, in: Recherches de géographie historique (Studia Balcanica 10), Sofia 1975, 23–42.

HOLLENSTEIN 1979 = L. HOLLENSTEIN, За две милиарни клони от Долна Мизия, *Археология* 21.2, 1979, 42–46.

HUTTNER 2008 = U. HUTTNER, Von Maximinus Thrax bis Aemilianus, in: K.-P. JOHNE u. a. (Hg.), Die Zeit der Soldatenkaiser, Bd. 1, Berlin 2008, 161–221, 179–188.

IVANOV 2012 = R.T. IVANOV (Hg.), *Tabula Imperii Romani*, K 35/2: Philippopolis, Sofia 2012.

JIREČEK 1877 = C.J. JIREČEK, Die Heerstrasse von Belgrad nach Constantinopel und die Balkanpässe. Eine historisch-geographische Studie, Prag 1877 (ND Amsterdam 1967).

KALINKA 1906 = E. KALINKA, Antike Denkmäler in Bulgarien, Wien 1906.

KETTENHOFEN 1982 = E. KETTENHOFEN, Die römisch-persischen Kriege des 3. Jahrhunderts n. Chr., Wiesbaden 1982.

KIENAST 1996 = D. KIENAST, Römische Kaisertabelle, Darmstadt 1996[2].

KÖNIG 1973 = I. KÖNIG, Zur Dedikation römischer Meilensteine. Digesta 43,7,2; 50,10,3. 4, *Chiron* 3, 1973, 419–427.

A. KOLB 2001 = A. KOLB, Meile und Meilenstein, RGA[2] 19, 2001, 505–507.

A. KOLB 2004 = A. KOLB, Römische Meilensteine: Stand der Forschung, in: R. FREI-STOLBA (Hg.), Siedlung und Verkehr im Römischen Reich, Bern 2004, 135–155.

F. KOLB 1978 = F. KOLB, Zu SHA Gd. 7,4–8,4 und 8,6, in: J. STRAUB (Hg.), Bonner Historia-Augusta-Colloquium 1975–1976, Bonn 1978, 141–145.

F. KOLB 1987 = F. KOLB, Untersuchungen zur Historia Augusta, Bonn 1987.

F. KOLB 1988 = F. KOLB, La discendenza dei Gordiani. Fizione e storicità nella Historia Augusta, *AFLM* 31, 1988, 69–85.

LIPPOLD 1991 = A. LIPPOLD, Kommentar zur *vita Maximini duo* der Historia Augusta, Bonn 1991.

LORIOT 1975 = X. LORIOT, Les premières années de la grande crise du IIIe siècle: De l'avènement de Maximin le Thrace (235) à la mort de Gordien III (244), ANRW II 2, 1975, 657–787.

MARQUARDT 1881 = J. MARQUARDT, Römische Staatsverwaltung, Bd. 1, Leipzig 1881[2].

MILLER 1916 = K. MILLER, *Itineraria Romana*, Stuttgart 1916.

MIRKOVIĆ 1960 = M. MIRKOVIĆ, Римски пут Naissus – Scupi и станице Ad Fines, *ŽAnt* 10, 1960, 249–257.

MIRČEV 1953 = М. Мирчев, Латински епиграфски паметници от Черноморието, *Известия на Археологическото дружество в гр. Сталин [= Варна]* IX, 1953, 69–80.

MOMMSEN 1887 = Th. MOMMSEN, Römisches Staatsrecht, Bd. 2.1, Leipzig 1887[3].

NEDYALKOVA 2012a = T. NEDYALKOVA, Moesia inferior (province), in: IVANOV 2012, 232–237.

NEDYALKOVA 2012b = T. NEDYALKOVA, Thracia (province), in: IVANOV 2012, 377–388.

NESSELHAUF 1937 = H. NESSELHAUF, Zu den Funden neuer Leugensteine in Obergermanien, *Germania* 21, 1937, 173–175.

NESSELHAUF 1962 = H. NESSELHAUF, Ein Leugenstein des Kaisers Victorinus, *Badische Fundberichte* 22, 1962, 79–84.

PEACHIN 1989 = M. PEACHIN, Once More A.D. 238, *Athenaeum* 67, 1989, 594–604.

P. Petrović 1997 = P. Petrović, L. Catius Celer, in: M. Mirković (Hg.), Mélanges d'histoire et d'épigraphie et d'histoire offerts à Fanoula Papazoglou, Belgrad 1997, 125–135.

V. Petrović 2006 = V.P. Petrović, Une nouvelle borne milliaire découverte sur la voie romaine Naissus – Lissus, *Старинар* 56, 2006, 367–376.

V. Petrović 2008 = V.P. Petrović, The Roman Road Naissus-Lissus: the Shortest Connection between Rome and the Danubian Limes, *Archaeologia Bulgarica* 12.1, 2008, 31–40.

V. Petrović 2009 = V.P. Petrović, Les documents écrits relatifs aux voies de communication en Mésie Supérieure, *Classica et Christiana* 4.2, 2009, 137–171.

Pick 1891 = B. Pick, Inedita der Sammlung Mandl in Budapest, *Numismatische Zeitschrift* 23, 1891, 29–79.

Pick 1898 = B. Pick, Die antiken Münzen Nord-Griechenlands 1: Dacien und Moesien, Erster Halbband, Berlin 1898 (ND Sala Bolognese 1977).

Poulter 2000 = A.G. Poulter, Moesia Inferior, in: R. J. A. Talbert (Hg.), Barrington Atlas of the Greek and Roman World, Princeton 2000, Karte 22.

Rathmann 1999 = M. Rathmann, Meilensteine, DNP 7 (1999) 1156–1158.

Rathmann 2003 = M. Rathmann, Untersuchungen zu den Reichsstraßen in den westlichen Provinzen des Imperium Romanum, Mainz 2003.

Rathmann 2006 = M. Rathmann, Die Statthalter und die Verwaltung der Reichsstraßen in der Kaiserzeit, in: A. Kolb (Hg.), Herrschaftsstrukturen und Herrschaftspraxis, Berlin 2006, 201–259.

Rohrbacher 2002 = D. Rohrbacher, The Historians of Late Antiquity, London/New York 2002.

Škorpil 1914 = К. Шкорил, Описъ на старинитѣ по течението на рѣка Русенски Ломѣ, Sofia 1914.

Schlummberger 1974 = J. Schlumberger, Die Epitome de Caesaribus. Untersuchungen zur heidnischen Geschichtsschreibung des 4. Jahrhunderts n. Chr., München 1974.

Sehlmeyer 2009 = M. Sehlmeyer, Geschichtsbilder für Pagane und Christen. Res Romanae in den spätantiken Brevarien, Berlin/New York 2009.

Sommer 2004 = M. Sommer, Die Soldatenkaiser, Darmstadt 2004.

Soustal 1991 = P. Soustal, *Tabula Imperii Byzantini* 6: Thrakien, Wien 1991.

Stein 1940 = A. Stein, Die Legaten von Moesien, Budapest 1940.

Thomasson 1984 = B. Thomasson, *Laterculi praesidum*, vol. I, Göteborg 1984.

Thomasson 2009 = B.E. Thomasson, *Laterculi praesidum*, vol. I, Göteborg 2009[2].

Torbatov 2000 = S. Torbatov, The Roman Road Durostorum – Marcianopolis, *Archaeologia Bulgarica* 4, 2000, 59–72.

Townsend 1934 = P.W. Townsend, The Administration of Gordian III, *YClS* 4, 1934, 59–132.

Tudor 1956 = D. Tudor, Inscripţii romane inedite din oltenia şi dobrogea, *Materiale şi cercetări arheologice* 2, 1956, 561–624.

Velkov 1968 = В. Велков, Епиграфски приноси към историята на Русе и Русенско през римската епоха, *Известия на Народния музей – Русе* 3, 1968, 3–10.

Wendel 2005 = M. Wendel, Karasura III: Die Verkehrsanbindung in frühbyzantinischer Zeit (4.-8. Jh. n. Chr.), Langenweißbach 2005.

Wesch-Klein 2008 = G. Wesch-Klein, Provincia, Berlin u. a. 2008.

Witschel 2002 = Ch. Witschel, Meilensteine als historische Quelle? Das Beispiel Aquileia, *Chiron* 32, 2002, 325–392.

Horse-Breeding for the *Cursus Publicus* in the Later Roman Empire

Stephen Mitchell

Abstract

▬ Horses and mules were an essential requirement of the Roman state, notably for military purposes and for the transport system, the *cursus publicus*. Many of the needs of the state transport system depended on requisitioning from the provincial populations. This paper argues that by the later empire, from the third to the sixth century, the state often took direct responsibility for providing mounts for couriers and travelling officials, by maintaining imperial breeding ranches, which supplied horses and mules to the post-stations of the transport network.

▬ Der römische Staat hatte einen erheblichen Bedarf an Pferden und Maultieren, besonders für militärische Zwecke und für das Transport-System, den *cursus publicus*. Ein Großteil des Bedarfs für den staatlichen Transport wurde durch Requirierung von der Provinz-Bevölkerung gewonnen.
Hier wird die Meinung vertreten, dass der römische Staat im Zeitraum vom 3. bis zum 6. Jahrhundert n. Chr. oft auch die direkte Verantwortung für die Beschaffung von Reittieren für Kuriere und reisende Offizielle übernahm. Er tat dies, indem er kaiserliche Gestüte unterhielt, die die Wechselstationen des Transport-Netzes mit Pferden und Maultieren versorgten.

The prime force that maintained the mobility and ensured the communications of the Roman imperial state was horse or mule power. The Roman empire needed horses or mules in enormous numbers: for the *cursus publicus*; for shows, circuses and horse-races; and, above all, for the army. This paper is an attempt to answer the question whether the state actively engaged in horse-breeding to meet the needs of the *cursus publicus*, especially during the later empire, and in particular to establish whether the supply of mounts derived from studs or ranches owned by the state. Anne KOLB's authoritative analysis of the *cursus publicus*, on which I rely for almost all the material discussed here, comes to a clear negative conclusion: 'Auch wenn die Zug- und Reittiere sowie auch die Wagen des *cursus publicus* in den Quellen als *animalia publica* oder *fiscalia* (bzw. *reda fiscalis*) bezeichnet sind, so darf diese Begrifflichkeit nicht darüber hinwegtäuschen, dass die Ausstattung der Reisenden mit Transporttieren und Wagen in der Spätantike gleichfalls vollständig zu Lasten der Bevölkerung ging.[1] In other words the principle and practice of requisitioning

---

[1] KOLB 2000, 130.

animals and carriages for state transport from local populations, which is clearly set out in the Tiberian requisitioning edict from Sagalassus,[2] continued to form the basis for supplying the state transport system through late antiquity.

The Roman jurists of the third century indicate in general terms that provision for the transport service (*praestatio angariorum*), as well as the duty to provide hospitality (*recipiendi hospitis necessitas*), was part of the *patrimoniale munus*, a liturgy imposed on all property owners.[3] Arcadius Charisius indicates that provision for the *cursus publicus* was a personal liturgy, a *personale munus*,[4] and specified that these obligations involved the provision of the full range of transport animals, from which only military personnel or veterans could be freed.[5] *Patrimoniarum autem munera duplicia sunt. Nam quaedam ex his muneribus possessionibus sive patrimoniis indicuntur, veluti agminales equi vel mulae et angariae atque veredi.*[6]

These passages, at first sight, support the view that at the end of the third century AD animals needed for the transport service were procured by systematic requisitioning from land-owners. However, this conclusion is based on the theoretical propositions of the jurists in their treatises about the application of Roman law,[7] not from actual practice or even from specific imperial rulings, notably the numerous regulations applied by governors, praetorian prefects or other Roman authorities of the fourth and fifth centuries, which were collected in the Theodosian Code. It is clear that the provision of animals and other requirements for state transport were a general obligation on the population, but not necessarily that all the state's transport needs were obtained in this way.

In fact the conclusion that the *cursus publicus* depended entirely on requisitioning appears paradoxical in the light of three considerations. The first is the colossal and increasing importance of transport within the empire, which could not have functioned at any level without its communications system. Could the state really have relied on even a systematic and well-organised requisitioning system to ensure a regular and adequate supply of high-quality animals, especially for the *cursus velox*, the rapid transmission of messages, officials and military officers? Requisitioning, however efficient, distanced the state from the actual production of the animals that it needed. Second, horse-rearing was

---

[2] Mitchell 1976 (SEG 26, 1976/77, 1392; AE 1976, 653).

[3] Paulus, Dig. 50,5,10,2 is a Severan ruling which allowed remission from these requirements only to soldiers and to professors of the liberal arts. According to Hermogenian, writing under the tetrarchy, these were *munera, quae rei propriae cohaerent, de quibus neque liberi neque aetas nec merita militiae nec ullum aliud privilegium iure truibuit excusationem ut sit praediorum collati viae sternendae angariorumve exhibitio, hospitis suscipiendi munus* (Dig. 50,5,11).

[4] Dig. 50,4,18,4: *Cursus vehicularis sollicitudo, item angariarum praebitio personale munus est.*

[5] Dig. 50,2,18,29.

[6] Dig. 50,4,18,21.

[7] Arcadius Charisius was writing in his *Liber singularis de muneribus civilibus.*

an expensive business, traditionally associated with the richer classes in all parts of the ancient world, and yet it was members of these classes in the later Roman empire who were dispensed from the *sordidum munus* of providing for the state *angaria*.[8] It seems unlikely that the humbler members of society, who certainly did suffer from the abusive requisitioning of oxen, fodder and other requirements for the system, were actually responsible for the provision of its prime asset, high-quality horses and mules. The third consideration concerns the nature of the actual animals that the state required. In antiquity, as today, horses and mules come in many different varieties, and possess different qualities. Some breeds were clearly suitable for traction, others as pack-animals. Mules, sired by ass stallions from breeding mares, were the mainstay of the service, used mostly for pulling carts. Pliny noted the difference between these and mules sired by horses on female asses, which were notably slow and stubborn.[9] These less tractable beasts were generally used as pack-animals.[10] Likewise, a horse that was fit for battle service had different qualities from an animal to be used for a post rider or as a cart-horse. Specialist breeds were suited to particular forms of service. Varro pointed out that different qualities were needed in horses required for the transport postal system, for the circus arena and the race course, for breeding, and for military service.[11] Was it really possible to obtain suitable mounts for any of the state's needs by means of imposing requisitions on local populations?

There are, on the other hand, good reasons for thinking that the state took the initiative in breeding its own animals, especially for its priority needs. Apart from ensuring that the most important routes of the empire effectively linked the imperial centres, provincial capitals and major military encampments with one another, there will have been economic arguments for doing so. Horse and mule breeding was a highly lucrative business. In the late republic and early empire a number of major land-owners, notably the family of the future emperor Vespasian, made fortunes from supplying mules to the Roman state for military purposes.[12] The key evidence is a passage of Aulus Gellius, describing the activities of the late republican senator P. Ventidius, who as a young men was forced to

---

[8]   KOLB 2000, 133 citing Cod. Theod. 11,16,15 (AD 382): *sordidorum vero munerum talis exceptio sit, ut patrimoniis dignitatum superius digestarum nec conficiendi pollinis cura mandetur aut panis excoctio aut obsequium pistrini nec paraveredorum huiusmodi viris aut parangariarum praebitio mandetur, exceptis his, quibus ex more Raeticus limes includitur vel expeditionis Illyricae pro necessitate vel tempore utilitas adiuvatur.*

[9]   Plin. nat. 8,171: *Ex asino et equa mula gignitur mense XIII, animal viribus in labores eximium (…). Gignitur autem mula et ex equo et asina, sed effrenis et tarditatis indomitae. lenta omnia et e vetulis.*

[10]   ADAMS 1993; cf. KOLB 2000, 214.

[11]   DAVIES 1989, 160–161 cites Varro rust. 2,7,15: *equi quod alii sunt ad rem militarem idonei, alii ad vecturam, alii ad admissuram, alii ad cursuram, non item sunt spectandi atque habendi. Itaque peritus belli alios eligit atque alit ac docet; aliter quadrigarius ac desultor; neque idem qui vectorios facere vult ad ephippium aut ad raedam, quod qui ad rem militarem, quod ut ibi ad castra habere volunt acres, sic contra in viis habere malunt placidos.*

[12]   See MITCHELL 1976, 129 n. 156 for references; SYME 1958, reprinted in SYME 1979, 393–399; and especially LAURENCE 1999, 123–135.

make a living by procuring mules and carts, which he then hired to provincial governors, and thereby came to the attention of Julius Caesar.[13] It would be reasonable to expect that the emperors, as they acquired their own huge properties and increased their economic capacity in the course of the following centuries, would gradually assume the same role themselves.

The evidence and arguments that follow, therefore, are not designed to deny that requisitioning remained essential in providing much of the infrastructure of the service, and, as will emerge, for some of its on-going requirements, but to suggest that the state often undertook the responsibility of producing horses and mules for the rapid transport and message service.

Lactantius in 'On the deaths of the persecutors' relates a famous story relating to the emperor Constantine. In 306 a message from his father Constantius, who lay dying in York, asked that his son, who was then in attendance on Galerius Augustus, should be allowed to return to him. Constantine set out on the very evening that he received his commission:

> *Quae cum ille prospiceret, quiescente iam imperatore post cenam properavit exire sublatisque per mansiones multas omnibus equis publicis evolavit. Postridie imperator cum consulto ad medium diem usque dormisset, vocari eum iubet. Dicitur ei post cenam statim profectus. Indignari ac fremere coepit. Poscebat equos publicos, ut eum retrahi faceret. Nudatus ei cursus publicus nuntiatur. Vix lacrimas tenebat.*

'When (Constantine) saw what was planned [that Galerius intended to delay or arrest him], while the emperor was sleeping after dinner, he made haste to leave and took flight, having removed all the public horses through many post stations. On the next day the emperor, after sleeping until midday as he had planned, gave orders for him to be summoned. He was informed that he had left immediately after dinner. He began to be angry and to rage. He demanded public horses so that he might have him brought back. He was told that the cursus publicus had been denuded. He scarcely held back tears.'
(Lact. mort. pers. 24,6–7)

An earlier version of this story reports that Constantine had killed the post horses as he crossed the Alps, evading Severus in Italy, before reaching his father not in York but at Boulogne, Gesoriacum, not as late as July 306, as Lactantius' version implies, but probably

---

[13]   Gell. 15,4,3: *post, cum adolevisset, victum sibi aegre quaesisse eumque sordide invenisse comparandis mulis et vehiculis, quae magistratibus, qui sortiti provincias forent, praebenda publice conduxisset, in isto quaestu notum esse coepisse C. Caesari et cum eo profectum esse in Gallias.*

in the later months of 305.[14] How far these two accounts reflected political reality need not concern us; for present purposes both versions presuppose that the stations of the public post were furnished with the state's horses; if these were removed, or killed, the state transport system was rendered useless. There are two observations to be made here. The first and more obvious is that the elaborate state overland transport system of the Roman empire, especially designed to enable rapid travel over longer distances, depended on horse power. The second is that at the beginning of the fourth century the horses, or, perhaps better, the equids, used for these communications were themselves state property. In this respect there had probably been significant developments since the early years of the empire. Suetonius' brief account of the message system created by Augustus refers only to the young men who acted as couriers and the vehicles, which were disposed at regular intervals along the empire's military roads.[15] The bilingual requisitioning edict from Sagalassus in Pisidia, dating to the Tiberian period, stated that the city was obliged to provide carts, mules and asses for officially authorised users.[16] This state of affairs had changed by the fourth century.

The normal term used to describe these animals, whether they served to pull carts or as riding beasts, was *veredi*. The legal sources use terminology, which draws an explicit or implicit distinction between animals that belonged to the state and those that did not. Several late Roman constitutions collected in the section of the *Codex Theodosianus* that dealt with the *cursus publicus* refer to transport and pack-animals at the post-stations as the *animalia cursus publici*[17] or *animalia publica*.[18] The state's animals assigned to a par-

---

[14]   Origo Constantini 2,4: *tunc eum Galerius patri remisit. Qui ut Severum per Italiam transiens vitaret, summa festinatione veredis post se truncatis Alpes transgressus, ad patrem Constantium venit apud Bononiam, quam Galli prius Gesoriacum vocabant. Post victoriam autem Pictorum Constantius pater Eboraci mortuus est, et Constantinus omnium militum consensu Caesar creatus.* 'Then Galerius sent him back to his father. And he, as he sought to avoid Severus in transit through Italy, crossed the Alps at full speed, having hamstrung the post horses after him, and reached his father Constantius at Bononia, which the Gauls used to call Gesoriacum. After the victory over the Picts his father Constantius died at York, and Constantine was made Caesar by the consensus of all the soldiers.' For these passages see POTTER 2004, 344–5.

[15]   Suet. Aug. 49,3: *Et quo celerius ac sub manum adnuntiari cognoscique posset, quid in provincia quaque gereretur, iuvenes primo modicis intervallis per militaris vias, dehinc vehicula disposuit. Commodius id visum est, ut qui a loco idem perferunt litteras, interrogari quoque, si quid res exigant, possint.*

[16]   AE 1976, 653 (= SEG 26, 1976/77, 1392), Latin text lines 8–9: *Sagalassenos ministerium carrorum decem et mulorum totidem praestare debent ad usus necessarios transeuntium*; Greek text lines 31–2: Σαγαλασσεῖς λειτουργεῖν δεῖ μέχρι δέκα κάρρων ἕως Κορμάσων καὶ Κονάνης, νωτοφόροις δὲ ἴσοις. The edict further prescribed that two asses could be substituted for one mule.

[17]   Cod. Theod. 8,5,8 pr. (AD 357): *Evectiones ab omnibus postulentur, quacumque conspicui fuerint dignitate; non enim debet esse umquam efficax usurpatio, quae possit animalibus publici cursus inferre perniciem.*

[18]   Cod. Theod. 8,5,2 (AD 316): *Quoniam plerique nodosis et validissimus fustibus inter ipsa currendi primordia animalia publica cogunt quidquid virium habent absumere, placet, ut omnino nullus in agitando fuste utatur, (…)*; 8,5,10 (AD 357): *Nulli de cetero subiunctorio privato animalia publica pra-*

ticular station were not to be moved from it without authority.[19] These were the horses and mules of the *cursus publicus*. A law of Valens and Valentinian dating to AD 365 was intended to prevent profiteering by *tabularii* in the Italian suburbicarian diocese in the way that they demanded the provision of fodder at individual *mansiones* and *mutationes* for the animals of the *cursus publicus*.[20] The same expression, *animalia cursus publici*, appears in an inscription set up on the *via Cassia*, nine miles from Rome, between AD 379 and 383 by Valerius Anthidius, *agens vice Praeff. Praet.*, who *stabulum ne animalia cursus publici longi itineris labore diutius deperirent providit, constituit, aedificavit, dedicavit.*[21] A regulation of AD 404, which stipulated that *palatia* were not to be used by non-authorised persons, further noted that horses not belonging to the emperor were not to be accommodated in the palace stables.[22] Transport animals in private ownership were excluded.

Conversely, an alternative term, *paraveredus*, or more often the plural *paraveredi*, was used to designate animals for transport that had been additionally requisitioned either to supplement the mounts at a road station or to provide transport off the main roads.[23] Abusive requisitioning of *paraveredi* was common.[24] So, a law of Constantius II issued to the proconsul of Africa in AD 357 noted that demands for *paraveredi* were a burden on estate

ebeantur nec rei huiusmodi facultas mulionibus relinquatur, sed penitus conquiescat; 8,5,53 (AD 395): *Quia comperimus quosdam animalia publica subtraxisse, ea per inquisitionem mulionum et mancipium volumus redhiberi, (...)*; 8,5,60 (AD 400): *Animalia publica, dum longe maiore ac periniquo pretio pabula aestimantur, per mancipes adque apparitores aperte vexantur*; 15,1,35 (AD 396): *Quidquid de palatiis aut praetoriis iudicum aut horreis aut stabulis et receptaculis animalium publicorum ruina labsum fuerit, id rectorum facultatibus reparari praecipimus, (...)*; Cod. Iust. 12,50,18 (AD 400): *animalia publica, dum longe maiore at periniquo pretio pabula aestimantur per mancipes atque apparitores aperte vexantur. Ne is contingat sublimitas tua disponat, ut nequer pabula mutationibus desint, neque provinciales ultra quam iustitiae sinit ratio praegraventur.*

[19] Cod. Theod. 8,5,53 (AD 395): *Si quis vel per unam mutationem veredum superducendum esse crediderit in quadruplum superductorum animalium pretium fisci viribus inferat.*

[20] Cod. Theod. 11,1,9 (AD 365): *Tabulariorum fraudes se resecasse per suburbicarias regiones vir clarissimus Anatolius consularis missa relatione testatus est, quod pabula, quae hactenus ex eorum volunte atque arbitrio ad mutationes mansionesque singulas animalibus cursui publico deputatis repente atque improviso solebant convehi, nunc (...) certo ac denutiato tempore devehi ordinavit*; see KOLB 2000, 230–231.

[21] CIL VI 1774 (ILS 5906).

[22] Cod. Theod. 7,10,1: *equos sane non nostros ab stabulis prohiberi palatiorum supervacuum iudicamus.*

[23] See KOLB 2000, 132: 'Neben den regelmässig zu erbringenden Leistungen an Transportmitteln hatte die Bevölkerung auch die Verpflichtung, zusätzliche Wagen und Tiere (*paraveredi*, *parangariae*), die etwa auf einer Raststation nicht vorhanden oder auch abseits der Hauptstrassen erforderlich waren, den Reisenden mit gültiger *evectio* zur Verfügung zu stellen'. The normal modern German word for a horse, Pferd, is derived from *paraveredus*; see ESDERS 2009, 194. In the post-Roman sources cited in Esders' study, which illustrates the survival of transport liturgies derived from the Roman model up to the Carolingian period, the term *paraveredus* is much more frequent than *veredus*.

[24] Cod. Theod. 8,5,3 (AD 326): *Praesidibus et rationalibus ceterisque, quibus propterea res publica et annonas et alimenta pecoribus subministrat, usurpandi agminalis seu paraveredi licentia derogetur*; 8,5,6 (AD 354): *Hoc interdicto prohibemus, ne quis agminales ac paraveredos aestimet postulandos.*

holders and should be allowed only under certain conditions to the *agentes in rebus*.[25] Julian issued a law preventing either *veredi* or *paraveredi* being used for the transport of marble intended for the building or decoration of private villas,[26] and went so far as to remove the entire provision of animals for state transport, whether *veredi* or *paraveredi*, in the island of Sardinia.[27] It was essential to display a valid official permit (an *evectio*) to obtain such additional horses or oxen.[28] A law of AD 403, issued in Africa, reaffirmed this principle to protect *curiales* from having to provide animals beyond their obligations.[29] The significance of the prefix *para-* in this technical context is made particularly clear by a ruling of Julian, who was called upon to define the less commonly used term *parhippus*: the word was correctly applied to an additional animal requisitioned over and above the one or two *veredi* that had been authorised by an *evectio*.[30]

Some of the laws cited above added restrictions on *parangariae*, the requisitioning of ox-carts.[31] Legislation was introduced by Constantine that specifically exempted clerics from *munera sordida*, including the requisitioning of *parangariae*.[32] In AD 432 Valentinian III in the West, and in AD 437 Theodosius II in the East promulgated a law exempt-

---

[25]   Cod. Theod. 8,5,7 (AD 354): *Paraveredorum exactio patrimonia multorum evertit et pavit avaritiam nonnullorum. Ideoque praelata iussione nostra provinciarum rectores excellentia tua commoneat, ut, exceptis agentibus in rebus, qui ad movendum militem mitti consuerunt, quisquis alius paraveredum exegerit, non ei cedat impune, sed nec illi qui dederit.*

[26]   Cod. Theod. 8,5,15 (AD 363): *Imp. Iulianus ad Avitianum vicarium Africae. Mancipum cursus publici dispositio proconsulis forma teneatur, neque tamen sit cuiusquam tam insignis audacia, qui parangarias aut paraveredos in civitatibus ad canalem audeat commovere, quo minus marmora privatorum vehiculis provincialium transferantur, ne otiosis aedium cultibus provincialium patrimonia fortunaeque lacerentur.*

[27]   Cod. Theod. 8,5,16 (AD 362): *(Imp. Iulianus) ad Mamertinum praefectum praetorio. In provincia Sardinia, in qua nulli paene discursus veredorum seu paraveredorum necessarii esse noscuntur, ne provincialium status subruatur, memoratum cursum penitus amputari oportere.*

[28]   Cod. Theod. 8,5,59 (AD 400): *Impp. Arcadius et Honorius aa. Messalae pf. p. Si quispiam paraveredum aut parangariam non ostensa evectione, quae tamen pro publica facta sit necessitate, praesumpserit, periculo curatoris sive defensoris et principalium civitatum ad ordinarium iudicem dirigatur, singulas libras auri per singulos paraveredos vel parangarias fisci viribus illaturus*; 8,5,63 (AD 401): *Quoniam multos perspeximus illicita praesumptione paraveredos vel parangarias postulare, hac lege sancimus, ut nulli deinceps usurpandi licentia concedatur nisi in causa publica vel manifestis evectionibus destinato.*

[29]   Cod. Theod. 8,5,64: *Imppp. Arcadius, Honorius et Theodosius aaa. Septimino proconsuli Africae. Comperimus provinciales et pabula et pecuniam pro equorum cursualium sollemni ratione conferre et extrinsecus paraveredorum onere praegravari. Provinciarum igitur rectores procurent, ne umquam cursus publicus veniat in querellam et occasio deceptionis curiales animalia indebita praestare compellat.*

[30]   Cod. Theod. 8,5,14 (AD 362): *Et quamquam, quid sit parhippus, et intellegere et discernere sit proclive, tamen, ne forte interpretatio depravata aliter hoc significet, sublimitas tua noscat parhippum eum videri et habendum esse, si quis usurpato uno vel duobus veredis, quos solos evectio continebit, alterum tertiumve extra ordinem commoveat.*

[31]   See nn. 26 and 28.

[32]   Cod. Theod. 16,2,10 (AD 320, revived in 353); 16,2,14 (AD 357).

ing *decuriones* and *silentarii* from the provision of *angariae, parangariae* and *paraveredi.*[33] The omission of *veredi* from this list is significant. *Paraveredi* (horses, mules, or asses) and *parangariae* (oxen, ox-carts) were requisitioned for state purposes by officials whose transport needs exceeded normal requirements.[34] They had to be authorised by an *evectio.* *Angariae* were a sporadic but standard state requirement when it had need for the transport of heavy goods.[35] This was not a normal occurrence on the *cursus publicus.* Accordingly it was probably rare for oxen and ox-carts to be routinely housed in the *mansiones* along the main imperial roads, but these were demanded from the local population when need arose. The first law of Constantine relating to the *cursus publicus* included in the *Codex Theodosianus*, dating to AD 315 and issued in Sardinia, stated that the *stationarii* who were in charge of the post-stations should arrest official travellers who tried to commandeer local plough oxen and hand them over for punishment to the provincial governor, civic magistrates, or even the emperor himself, if their rank warranted this. Instead, if travellers in need of heavy transport found themselves at a *mansio* where no oxen were to be found, they should wait until these were procured by the officials responsible for the *cursus publicus.*[36]

Veredi, on the other hand, a term that extended to horses and, especially, mules, were the main and staple requisite for the *cursus publicus*, used by officials and state messengers. They were stabled in every *mansio* and *mutatio*, so as to be available at all times, and often without prior notice, for the state's needs. A law of Constans of AD 344 tried to outlaw illegal demands for provisions to supply both officials and soldiers, the staff based in the *mansiones*, and their animals.[37] Horses and mules were evidently stabled in some numbers at each postal station. A law of AD 378 prescribed that not more than five ani-

---

[33] Cod. Theod. 6,23,3 (AD 432), cf. 4 (437): *Illa quoque, quae prioribus indultis omissa videntur, adicienda esse censemus, ne angarias vel parangarias sive paraveredos ulla eis amplissimae praeceptionis imponat auctoritas.*

[34] See KOLB 2000, 215: 'Pferde und Ochsengespanne, die bei der Bevölkerung zusätzlich eingefordert wurden, oftmals abseits der Hauptverbindungswege, beschreiben die juristischen Quellen als *paraveredi* und *parangariae*.'

[35] See KOLB 2000, 69.

[36] Cod. Theod. 8,5,1 (AD 315): *Imp. Constantinus a. ad Constantium. Si quis iter faciens bovem non cursui destinatum, sed aratris deditum duxerit abstrahendum, per stationarios et eos, qui cursui publico praesunt, debito vigore correptus aut iudici, si praesto fuerit, offeratur aut magistratibus municipalibus competenti censura tradatur eorumque obsequio transmittatur, aut si eius fuerit dignitatis, ut nequaquam in eum deceat tali vigore consurgere, super eius nomine ad nostram clementiam referatur. Qui enim explicaverit mansionem, si forte boves non habuerit, inmorari debet, donec fuerint exhibiti ab his, qui cursus publici curam gerunt, nec culturae terrae inservientes abstrahere.*

[37] Cod. Theod. 8,10,2 (AD 344) = Cod. Iust. 12,61,2: *Praeter sollemnes et canonicas pensitationes, multa a provincialibus indignissime postulantur non modo in civitatibus singulis sedet mansionibus, dum ipsis et animalibus eorum alimoniae sine pretio administrantur.*

mals should be moved from a station in any one day.[38] A later regulation altered the figure to six.[39] The maximum number that could be taken by a *vicarius* according to a law of AD 382 was ten *veredi* or thirty *asini*. Lower figures were set for the use of transport horses by lower-ranking officials.[40]

Another regulation prescribed that a quarter of the animals at a station should be replaced in any one year.[41] Animals were protected by imperial regulations from mistreatment by their users. An early law of Constantine spelled out that it was illegal to use heavy knotted clubs to get the animals on the move. A whip or a small goad was all that was permitted.[42] The size of loads was also regulated. Just as loaded carts should not weigh more than a thousand pounds, a *veredarius* should not carry a load larger than thirty pounds on a saddle horse.[43] Later regulations permitted up to sixty pounds.[44] The stables were well staffed, and a ratio of one *mulio* to three animals was thought appropriate.[45] It is obvious that the number of animals stabled at a *mansio* or *mutatio* would have been variable, and would have corresponded to the level of official traffic on the road where the post-station stood. Symmachus wrote in a letter of AD 365 to his friend Virius Nicomachus Flavianus, who was then governing Sicily, that he would have to decide how many animals were stationed in each *mansio*, how many personnel they should have, and how much should be demanded from the local population as a tax contribution to maintain them.[46]

---

[38] Cod. Theod. 8,5,35 = Cod. Iust. 12,50,8: *A nullo umquam oppido aut frequenti civitate, mansione denique adque vico uno die ultra quinque veredorum numerus moveatur.*

[39] Cod. Theod. 8,5,40 (AD 382): *Sane ut etiam agendi itineris possit esse moderatio, seni veredi, singulae etiam raedae per dies singulos dimittantur.*

[40] Cod. Theod. 8,5,38 (AD 382?): *Proficiscente vicario triginta asini, veredi decem tantummodo moveantur.* Cod. Iust. 12,50,8 indicates that a maximum of ten animals could be taken at any one time. Cod. Theod. 8,5,49 (AD 386) set the figures for *comites* at four *veredi* and a *parhippus*, for *tribuni militum* at three *veredi*, and for *domestici, protectores* and *agentes in rebus* at two *veredi*.

[41] Cod. Theod. 8,5,34 (AD 377): *Quia in omnibus aliis provinciis veredorum pars quarta reparatur, in proconsulari provincia tantum detur, quantum necessitas postulaverit et quidquid absumptum non fuerit, hoc nec pro debito habeatur nec a provincialibus postuletur. Non dubitamus autem plus quam quartam ad reparationem necessariam non esse iumentorum.*

[42] Cod. Theod. 8,5,2 (AD 316): *Quoniam plerique nodosis et validissimis fustibus inter ipsa currendi primordia animalia publica cogunt quidquid virium habent absumere, placet, ut omnino nullus in agitando fuste utatur, sed aut virga aut certe flagro, cuius in cuspide infixus brevis aculeus pigrescentes artus innocuo titillo poterit admonere, non ut exigat tantum, quantum vires valere non possunt.*

[43] Cod. Theod. 8,5,17 (AD 364): *Vehiculis nihil ultra mille librarum mensuram patiemur imponi, ita ut veredarii sat habeant, quod his triginta libras equis vehere concessimus.* The figure of thirty pounds was reaffirmed in Cod. Theod. 8,5,28 and 8,5,30 (AD 368). Many other laws attempted to fix limits to the size of carts; see KOLB 2000, 216–218.

[44] Cod. Theod. 8,5,47 (AD 385, sixty pounds with saddle included; saddle-bags up to 35 pounds); Cod. Iust. 12,50,1 (sixty pounds); cf. KOLB 2000, 216.

[45] Cod. Theod. 8,5,34 (AD 377): *Praeterea in singulis mutationibus arbitramur ternis veredis muliones singulos posse sufficere.*

[46] Symm. epist. 2,27: *quot numero animalia conlocaris et quo apparatu instruxeris mansiones et quantum in titulis fiscalibus exercendis tua cura promoverit.*

To summarise, the evidence mostly from fourth or early fifth century legal sources, makes clear that *mansiones* and *mutationes* along the main roads of the empire contained stables which housed an appropriate quota of horses and mules to be used for pulling the carriages of the *cursus publicus* or as mounts for couriers. The animals were owned by the state, treated as a valuable resource and subject to various forms of protection, and tended by a significant number of stable lads (*muliones*) as well as military staff, the *stationarii*. Additional transport requirements could be requisitioned on an *ad hoc* basis, provided that this had been authorised by an official permit, an *evectio*.

The importance of the system as a whole to the state was beyond question. In the *Secret History*, written around AD 550, Procopius identified the *cursus publicus* as one of the key public institutions of the empire, which Justinian had debilitated. He describes how previous emperors had created the system to ensure both the secure delivery of taxes to the capital and rapid state communications. Within the distance that might be covered by a fast-moving traveller they had set up between five and eight stations, each equipped with forty horses and an appropriate number of grooms (*hippokomoi*).[47] The interpretation of these figures has given rise to some discussion, but they correspond closely enough with the reality of the system if we assume that a speedy traveller might cover forty and sixty miles per day, and thus that the way stations were normally between six and twelve miles apart, corresponding with the bulk of the evidence from the ancient itineraries. Anne KOLB collates passages from Roman sources for the distances covered by couriers in a day's travel, ranging from thirty-seven to sixty-eight miles. Walter SCHEIDEL, in preparing the ORBIS web-site, has reckoned with sixty-seven kilometres, forty-five Roman miles, for carriages of the state postal system.[48] Procopius continues with further significant details. The frequent relay stations with their stables of outstanding horses enabled the fastest couriers to cover a ten-day journey, perhaps up to 240 miles, in a single day.[49] One of Justinian's decisions that was singled out for criticism was to have reduced the provision of post-stations on all routes except the road to the Persian war front, so that there was only one station for each day's journey, and to have removed their horses and

---

[47] Prok. HA 30, 3–4: ἐς ἡμέρας ὁδὸν εὐζώνῳ ἀνδρὶ σταθμοὺς κατέστησαντο, πῇ μὲν ὄκτω, πῇ δὲ τούτων ἐλάσσους, οὐ μέντοι ἦσσον ἐκ τοῦ πλείστου ἢ κατὰ πέντε. ἵπποι δὲ ἵσταντο ἐς τεσσαράκονα ἐν στάθμῳ ἑκάστῳ. ἱπποκόμοι δὲ κατὰ λόγον τοῦ τῶν ἵππων μέτρου ἐτετάχατο ἐν πᾶσι σταθμοῖς.

[48] KOLB 2000, 323–325, referring to earlier discussions; Scheidel at http://orbis.stanford.edu/#fn18, referring to SCHEIDEL, forthcoming.

[49] Prok. HA 30,5: συχναῖς δὲ ἵππων δοκιμωτάτων ὄντων διαδοχαῖς ἐλαύνοντες ἀεὶ οἷσπερ ἐπίκειται τὸ ἔργον τοῦτο, δέκα τε, ἂν οὕτω τύχοι, ὁδὸν ἡμέρων ἀμείβοντες ἐν ἡμέρᾳ μιᾷ (...). Prok. BG 3,1,17 remarks that a day's journey corresponded to 210 stades or about twenty-four miles, and this is supported by other evidence (KOLB 2000, 315). 240 miles in a day was rather higher than the fastest journeys attested by Roman sources (see KOLB 2000, 315 and 322), but note H.B. Dewing's note to the Loeb edition of the *Secret History*, that the Pony Express in the USA on occasion recorded journeys of 250 miles per day (Loeb Procopius VI, 348–9).

supplied only a reduced number of mules or asses.[50] Moreover, local landowners in the provinces supported the system through a virtuous circle of commerce and taxation. They earned substantial incomes by selling surplus produce to the state which was used for the maintenance of the animals and their grooms, and thereby had sufficient income easily to pay their taxes.[51] Procopius reports elsewhere how these arrangements had also been corrupted and abused.[52]

Even if some of the details provided by Procopius are open to question, he surely presents the basic elements of the postal system accurately: closely placed way-stations, equipped with good mounts and adequate stable staff, who obtained provisions for men and animals from the local population. He mentioned the system in his other works. So, during the African campaign of AD 533 the overseer of the public post surrendered and handed over all the state's horses to Belisarius, who also captured one of the Vandal king's *veredarii*. Evidently the Vandals had taken over the late Roman system wholesale during their hundred-year control of the African provinces.[53]

In the sixth century the state was also involved in breeding horses. Procopius notes that the emperor Justinian owned stud farms in Thrace, from which he provided horses as a gift to Belisarius.[54] These appear to have been located near the city of Apri, where on one occasion the imperial horses were snatched away by a dissident group of Goths and Lombards in defiance of Justinian.[55] Similar horse-breeding estates in eastern Anatolia are mentioned a century later by Theophylact Simocatta.[56] These passages indicate that the state engaged directly in horse-breeding in the sixth century, and did not rely exclusively on animals purchased or requisitioned from private land-owners.

---

[50] Prok. HA 30,10: ἔπειτα δὲ κατὰ μὲν τὴν ἐπὶ Πέρσας ὁδὸν φέρουσαν τὸν δρόμον ἐπὶ σχήματος τοῦ πρόσθεν ὄντος εἴασεν εἶναι, ἐς δὲ τὴν λοιπὴν ξύμπασαν ἕω μέχρι ἐς Αἴγυπτον ἐν ἡμέρας ὁδῷ σταθμὸν ἕνα κατεστήσατο μόνον, οὐχ ἵππων μέντοι, ἀλλ' ὄνων ὀλίγων.

[51] Prok. HA 30,6–7: τοὺς γὰρ ὄντας ἐκ τοῦ περιόντος σφίσι καρποὺς ἵππων τε καὶ ἱπποκόμων τροφῆς ἕνεκα τῷ δημοσίῳ ἀνὰ πᾶν ἔτος ἀποδιδόμενοι χρήματα μεγάλα ἐφέροντο. ξυνέβαινέ τε διὰ ταῦτα τῷ δημοσίῳ δέχεσθαι μὲν ἀεὶ τοὺς ἐγκειμένους φόρους, ἀντιπαραδέχεσθαι δὲ αὐτοὺς τοῖς ἐσκομίζουσιν αὐτίκα δὴ μάλα, καὶ προσῆν τὸ γεγενῆσθαι τῇ πολιτείᾳ τὰ δέοντα. Procopius' analysis precisely anticipates Keith Hopkins' famous model for the dynamic interconnection of taxes and trade in the Roman empire, HOPKINS 1980.

[52] Prok. HA 23,11–14.

[53] Prok. BG 3,16,12: τῇ δὲ αὐτῇ ἡμέρᾳ καὶ ὁ τοῦ δημοσίου δρόμου ἐπιμελούμενος ηὐτομόλησε παραδοὺς τοὺς δημοσίους ξύμπαντας ἵππους. ξυλληφθέντα δὲ καί τινα τῶν ἐς τὰς βασιλικὰς ἀποκρίσεις ἀεὶ στελλομένων, οὓς δὴ βεριδαρίους καλοῦσι. For this and the following passages, see JONES 1964, 671 and 1278 n. 148.

[54] Prok. BV 1,12,6: βασιλεὺς ἵπποις ὅτι μάλιστα πλείστοις τὸν στρατηγὸν ἐνταῦθα ἐδωρεῖτο ἐκ τῶν βασιλικῶν ἱπποφορβίων ἃ οἱ νέμονται ἐς τὰ ἐπὶ Θράκης χωρία.

[55] Prok. BG 4,17,8: τοῖς δὲ βασιλικοῖς ἱπποφορβίοις κατατύχοντες μέγα τι χρῆμα ἐνθένδε ἐπαγόμενοι πρόσω ἐχώρουν.

[56] Theophylact 3,1: ἱπποφόρβοις τοιγαροῦν προσομιλεῖ τοῖς τὰς ἵππους τὰς στρατιωτικὰς περιβόσκουσι.

This had surely been true from a much earlier date. Rome's need for horses and mules was enormous. This paper has been concerned with only one part of these requirements, for the *cursus publicus*, but it hardly needs to be emphasised that these were exceeded by the army's need for mounts. R. W. Davies in his study of the supply of army mounts suggested that the stud farms of the later Roman period must have had their predecessors in the early empire.[57] The army took great care to acquire and train horses for military purposes, and this was done through a typically comprehensive bureaucratic procedure. The process of acquiring horses, which had to be tested and signed off (*probatus, signatus*), was as thorough, *mutatis mutandis*, as that of enlisting recruits. Davies points out that it would have been hopelessly impractical for units, or indeed for post-stations, to use their existing mounts as breeding stock.[58] This would have taken a mare and foal out of active service for three years at a time; and disturbed the unit or station by the highly disruptive presence of breeding stallions. Levies were sometimes imposed on richer civilians to provide horses for the state's military needs, as they also asked to deliver recruits for the army.[59] However, in practice, a number of imperial laws of the later empire show that demands to produce horses in response to these levies were regularly commuted to cash payments, thus exposing the system to corruption.[60] In fact it would have been improvident for the army to have relied on requisitioning to produce the required number of suitable mounts for military or other purposes, when its needs were both large and, broadly, predictable.

Such direct evidence as exists for large horse and mule-breeding ranches is to be found in the eastern empire, especially in Asia Minor. Apart from the passages of Procopius and Theophylact already cited, referring to Thrace and eastern Anatolia, the most famous region for horse-rearing in Anatolia was Cappadocia, and this included the ranches of Flavius Palmatius, located between Andabilis and the city of Tyana, which were confiscated by the emperor Valerian between AD 253 and 259 and became imperial property.[61] A way station on the fifth-century *itinerarium Burdigalense* was still known as the Villa

---

[57] Davies 1969; reprinted and revised in Davies 1989, 153–173.

[58] Davies 1989, 167–168.

[59] Cod. Theod. 6,3,2 (AD 319); 6,23,2 (AD 423); 6,26,3 (AD 382). 14 (AD 412). 15 (AD 410); 7,23,1 (AD 369); 11,18,1 (AD 412); 13,3,2 (AD 320); 13,5,15 (AD 379).

[60] Cod. Theod. 11,1,29 (AD 401); 11,17,1 (AD 367). 2 (AD 401), and 3 (AD 401), cf. Jones 1964, 625–6.

[61] The key evidence is a passage in Hesychius, offering a definition of the term 'Palmatian horses' (Hesych. s. v. Παλματίους ἔκουους): Παλματίους ἔκουους, ὁ τοῦ Παλματίου ἵππος. ὧν δὲ Παλμάτιος οὗτος ἱππεὺς παμπλούσιος διὰ τυραννίδα, περὶ οὗ φησιν ὁ ἰλλούστριος Ἡσύχιος ὁ φιλοσοφήσας τῆς Μιλησίας, ἐν τῷ πέμπτῳ χρονικῷ διαστήματι τῆς ἱστορίας ταῦτα· κατὰ τοὺς χρόνους Ουαλεριανοῦ ἐν Καισαρείᾳ τῆς Καππαδοκίας Παλμάτιός τις, οἰκίαν ὑπὲρ τὰ βασίλεια κεκτημένος, ἵππων τε ἀγέλαις καὶ τῷ ἄλλῳ πλούτῳ κομῶν, εἰς πολὺ μέρος τῶν μοναρχούντων ἐφικνούμενος, ἀσελγὴς δέ, εἴ τις ἕτερος, ὡς καὶ ὑπατικοῦ τινος Σοαίμου τοὔνομα γαμετὴν Αἰθερίαν καλουμένην ἁρπάσαι καὶ εἰς Σίδην ἐκκομίσαι. διότι προστατεύων ἐτύγχανε τῆς ἐναντίας τοῦ δήμου μοίρας. Palmatius may have been colluding with the invading Sassanian forces of Shapur during the AD 250s; cf. Mitchell 2007, 167

Palmati, and produced horses for the races in Constantinople.[62] Imperial laws issued in 371 and 396 referred to horses from these estates, as *Palmati* or *Hermogeniani*, and the later law specifies that the horses now came *de grege dominico*, from the imperial herd [63] The second name alludes to another former owner, Hermogenes. Both he and Palmatius were named and associated with one another in a local saints' life.[64]

The reputation of the estates of Palmatius and Hermogenes was doubtless due mainly to the fact that they sent top-quality race-horses to the hippodromes of Constantinople and elsewhere. But there were, of course, other horse-breeding regions, including large estates in Asia Minor, especially in Phrygia, which was famous for its horses.[65] A late Roman inscription found in the valley of Kümbet, in the Phrygian highlands north of Afyon, marked the ὅροι γυμνασί[ου] ἱππ[ικοῦ], perhaps to be translated as 'limits of the horse-run'.[66] This well-watered upland region was suited to horse-breeding, and indeed horses as well as asses or mules are frequently represented on Phrygian votive and funerary reliefs, most notably in the Upper Tembris Valley which was a major area of imperial land-holding.[67] A Persian writer of the ninth century, Ibn Khordadbeh, records that there were stables of the Byzantine emperors near Malagina on the Sangarius on the border between Bithynia and Phrgyia.[68]

An important inscription found at Gebze in Bithynia, to be identified with ancient Dakibyza, provides the only explicit link between imperial horse-breeding estates and a way-station of the *cursus publicus*. Dakibyza was one of the first road stations on the main road leading from Constantinople to the East. Procopius indeed remarked in the Secret History that Justinian had put a stop to state transport provision at this important interchange in favour of the sea route from Constantinople to Helenopolis, which lay on the opposite shore line of the gulf of Nicomedia.[69] The inscribed text, from the third century AD, is one of the most revealing documents relating to the *cursus publicus*:[70]

---

[62] Itin. Burdig. 577,6: *ibi est villa Pammati, unde veniunt equi curules.*

[63] Cod. Theod. 15,10,1 (AD 371); 10,6,1 (AD 396/7)

[64] For all the testimonia, see BERGES/NOLLÉ 2000, II, 297–304 T 1–4, and 328 T 26, who cite the hagiographic source at length.

[65] BELKE/MERSISCH 1990, 63–64.

[66] STRUBBE 1975, 241, citing the inscription published by RAMSAY 1918, 135–136.

[67] See WAELKENS 1977, 287–288 and WAELKENS 1986, 320 index s. v. Pferdezucht.

[68] Ibn Khordadbeh 102; a German version of the text is quoted by ŞAHIN 1986,160 and ŞAHIN 1999, 651 n. 21.

[69] Prok. HA 30,8: ὁ δὲ αὐτοκράτωρ οὗτος πρῶτα μὲν τὸν ἐκ Καλχηδόνος ἄχρι ἐς Δακίβιζαν καθελὼν δρόμον ἠνάγκασε πάντας ἐκ Βυζαντίου εὐθὺς ἄχρι ἐς τὴν Ἑλενούπολιν οὔτι ἐθελουσίους ναυτίλλεσθαι.

[70] TAM IV/1 39; with commentary by KEIL 1922–24 and ROBERT 1955; see the full discussion by KOLB 2000, 188–190. The name in the first line could be restored as Σ. ['Ἰού]λιος.

ἀγαθῇ τύχῃ. Μᾶρκος Στάτιος Ἰουλιανὸς καὶ Σ[. . . .-]
λιος Ῥοῦφος στρατιῶται σπείρης ἕκτης ἱππικ[ῆς]
οἱ ἐπὶ τῶν σ<τ>ατιώνων τῶν ἄκτων καὶ νουμέρων καὶ οἱ
[μ]ουλίωνες οἱ ἐπεστῶντες συνωρίᾳ εὐχαριστοῦσιν Λευ-
[κο]ύλλῳ Ἡδύος ἐπιμελητῇ κτηνῶν Καίσαρος.

The inscription reveals two soldiers of *ala VI equestris*, an auxiliary unit stationed in Bithynia,[71] who were in charge of the records and accounts of the *stationes* (that is of the *cursus publicus*), and the muleteers in charge of the *synoria* (a term whose meaning is unclear),[72] offering thanks to Lucullus, son of Hedys, who had charge of the emperor's herds.

Anne KOLB offers a full and careful discussion of this text, coming to very cautious conclusions. She leaves unresolved the question whether Lucullus should be seen as an official connected with a postal station, or whether he supervised an imperial ranch, and even questions whether the text should be connected with a post station at all.[73] This seems to be too sceptical. The mention of both *muliones* and herds in the text clearly indicate some connection to transport, and the participation of soldiers, as well as the mention of imperial property, shows that this must have been the state system. Further, although it does not always do so, *statio* was a term that regularly designated a station of the *cursus publicus*, as is particularly clear in a Sicilian inscription of AD 340: *pro beatitudine temporum dd. nn. Constanti et Constantis Aauugg. Stationem a solo fecerunt Vitrasius Orfitus et Fl. Dulcitius vv. cc.consulares p(rovinciae) S(iciliae) instante Fl. Valeriano ducenario, agente in reb. et pp. cursus publici.*[74] Most of the soldiers who served as *stationarii* in the provinces were evidently quartered in *stationes* that were usually, but not always, stations of the *cursus publicus*.[75]

ROSTOVTZEFF seems to have been the only scholar prepared to offer a firm interpretation of Lucullus' title, that he was a manager of imperial herds.[76] This too is surely correct. The inscription appears not to describe working animals in a post-station, but uses the term κτήνη, which was appropriate for grazing herds. The evidence of this Bithynian inscription should be added to the existing dossier attesting imperial horse-breeding estates in Roman and late Roman Asia Minor. The Dakibyza inscription uniquely shows the inter-

---

[71] See Plin. epist. 10,106, and IK 39, no. 145.
[72] KOLB 2000, 188 is reasonably inclined to accept the suggestion of J. Keil, who understood the term to refer to the yoking of animals, for which the Greek word συνωρίς could be applied.
[73] KOLB 2000, 188–190, concluding 'aus den angeführten Gründen ist weder für die bithynische Inschrift noch für den Papyrus aus Dura Europos der Nachweis zu erbringen, dass sie Auskunft über die personelle Struktur von staatlichen Raststationen für die Kaiserzeit liefern.'
[74] CIL X 7200 (ILS 5905).
[75] See further NÉLIS-CLÉMENT 2006.
[76] ROSTOVTZEFF 1957, 704 n. 40; cf. MITCHELL 1993, 132.

locking of the two systems, of imperial estates and the *cursus publicus*, and can be used to strengthen the reasonable supposition that animals for the latter were in many cases procured from the former. We may infer, therefore, that one of the normal expectations of imperial ranches was that they would produce *animalia publica* for the post service. These are arguments, then, for rejecting KOLB's conclusion regarding Lucullus, 'dass er die Stationen mit Zugtieren aus kaiserlichen Herden belieferte, ist unwahrscheinlich'.[77] On the contrary, Lucullus' service in delivering horses and mules for use in this important post station seems by far the most likely reason why he was honoured by the soldiers and muleteers who served there.

At least by the fourth and probably already by the early third century, the balance of the evidence is consistent with the conclusion that a substantial proportion of the *veredi*, the horses and mules used by the *cursus publicus* for the rapid transport of officials and messages, and which were technically defined as *animalia publica*, were not procured as requisitions, but were bred for the purpose on studs and ranches and estates which were predominantly in imperial ownership.[78]

Bibliography

ADAMS 1993 = J.N. ADAMS, The Generic Use of *mula* and the Status and Employment of Female Mules in the Roman World, *RhM* 136, 1993, 35–61.

BELKE/MERSICH 1990 = K. BELKE/N. MERSICH, *Tabula Imperii Byzantini* VII. Phrygien und Pisidien, Vienna 1990.

BERGES/NOLLÉ 2000 = D. BERGES/J. NOLLÉ, Tyana. Archäologisch-historische Untersuchungen zum südwestlichen Kappadokien (IK 55,1–2), 2 vol., Bonn 2000.

DAVIES 1969 = The Supply of Animals to the Roman Army and the Remount System, *Latomus* 28, 1969, 429–459.

DAVIES 1989 = R.W. DAVIES, Service in the Roman Army (edited by D. J. BREEZE and V. MAXFIELD), Edinburgh 1989.

ESDERS 2009 = S. ESDERS, „Öffentliche" Abgaben und Leistungen im Übergang von der Spätantike zum Frühmittelalter: Konzeptionen und Befunde, in: T. KÖLZER/R. SCHIEFFER (ed.), Von der Spätantike zum frühen Mittelalter. Kontinuitäten und Brüche, Konzeptionen und Befunde, Ostfildern 2009, 189–244.

HOPKINS 1980 = K. HOPKINS, Taxes and Trade in the Roman Empire (200 BC – AD 200), *JRS* 70, 1980, 101–125.

JONES 1964 = A.H.M. JONES, The Later Roman Empire 284–602. A Social, Economic and Administrative Survey, Oxford 1964.

KEIL 1922–24 = J. KEIL, Eine Inschrift aus Bithynien, *JÖAI* 21/22, 1922–1924, Beiblatt 261–270.

---

[77] KOLB 2000, 190.

[78] ROSTOVTZEFF 1957, 704 n. 40, reached a very similar conclusion: 'It is very probable that the management of the messenger-service by the state involved the organization of some state depots of horses and other draught animals at the stations. The animals were brought from the imperial estates and were state property.'

KOLB 2000 = A. KOLB, Transport und Nachrichtentransfer im römischen Reich, Berlin 2000.

LAURENCE 1999 = R. LAURENCE, The Roads of Roman Italy. Mobility and Cultural Change, London 1999.

MITCHELL 1976 = S. MITCHELL, Requisitioned Transport in the Roman Empire: a New Inscription from Pisidia, *JRS* 66, 1976, 106–131.

MITCHELL 1993 = S. MITCHELL, Anatolia. Land, Men, and Gods in Asia Minor, 2 vol., Oxford 1993.

MITCHELL 2007 = S. MITCHELL, Iranian Names and the Presence of Persians in the Religious Sanctuaries of Asia Minor, in: E. MATTHEWS (ed.), Old and New Worlds in Greek Onomastics, Oxford 2007, 151–171.

NÉLIS-CLÉMENT 2006 = J. NÉLIS-CLÉMENT, Les *stationes* comme espace et transmission du pouvoir, in: A. KOLB (Hg.), Herrschaftsstrukturen und Herrschaftspraxis. Konzepte, Prinzipien und Strategien der Administration im römischen Kaiserreich, Berlin 2006, 268–298.

POTTER 2004 = D.S. POTTER, The Roman Empire at Bay AD 180–395, London 2004.

RAMSAY 1918 = W.M. RAMSAY, The Utilisation of Old Epigraphic Copies, *JHS* 38, 1918, 124–192.

ROBERT 1955 = L. ROBERT, Inscription de Bithynie, *Hellenica* X, 1955, 46–62.

ROSTOVTZEFF 1957 = L. ROSTOVTZEFF, A Social and Economic History of the Roman Empire, Oxford 1957[2].

SCHEIDEL forthcoming = W. SCHEIDEL, The Speed of Travel in the Roman World.

STRUBBE 1975 = J. STRUBBE, A Group of Imperial Estates in Phrygia, *AncSoc* 6, 1975, 230–249.

SYME 1958 = R. SYME, Sabinus the Muleteer, *Latomus* 17, 1958, 73–80.

SYME 1979 = R. SYME, Roman Papers I, edited by E. BADIAN, Oxford 1979.

ŞAHIN 1986 = S. ŞAHIN, Studien über die Probleme der historischen Geographie des nordwestlichen Kleinasiens II. Malagina/Melagina am Sangarios, *EA* 7, 1986, 153–166.

ŞAHIN 1999 = S. ŞAHIN, Wasserbauten Justinians am unteren Sangarios in Bithynien, in: Atti del XI Congresso Internazionale di Epigrafia Greca e Latina, Roma 18–24 Settembre 1997, Roma 1999, II, 643–658.

WAELKENS 1977 = M. WAELKENS, Phrygian Votive and Tombstones as Sources of the Social and Economic Life in Roman Antiquity, *AncSoc* 8, 1977, 277–315.

WAELKENS 1986 = M. WAELKENS, Die kleinasiatischen Türsteine, Mainz 1986.

Autoren der Beiträge

1) Prof. Dr. Pascal Arnaud, Universität Lyon II, Lehrstuhl für Römische Geschichte
2) Dr. Jens Bartels, Oberassistent am Historischen Seminar der Universität Zürich
3) Prof. Dr. Francisco Beltrán Lloris, Universidad de Zaragoza, Grupo de Investigación Hiberus
4) Prof. Dr. Christopher Jones, Harvard University, Department of the Classics, George Martin Lane Professor of the Classics and of History, Emeritus
5) Dr. Christina Kokkinia, National Hellenic Research Foundation (N.H.R.F.), Institute for Greek and Roman Antiquity (K.E.R.A.), Associate Researcher
6) Prof. Dr. Anne Kolb, Lehrstuhl für Alte Geschichte am Historischen Seminar der Universität Zürich
7) Prof. Dr. Stephen Mitchell, University of Exeter, Retired Leverhulme Professor of Hellenistic Culture
8) Prof. Dr. Michael Rathmann, Universität Eichstätt, Lehrstuhl für Alte Geschichte
9) Prof. Dr. Helmuth Schneider, Universität Kassel, em. Professor für Alte Geschichte
10) Prof. Dr. Christof Schuler, Erster Direktor der Kommission für Alte Geschichte und Epigraphik des Deutschen Archäologischen Instituts (DAI) in München, apl. Prof. für Alte Geschichte des Historischen Seminars der Ludwig-Maximilians-Universität München
11) Prof. Dr. Michael A. Speidel, Universität Bern, Direktor des MAVORS Instituts für antike Militärgeschichte Basel
12) Isabella Tsigarida, M. A., Doktorandin am Historischen Seminar der Universität Zürich
13) Anna Willi, lic. phil., Doktorandin, Assistentin am Historischen Seminar der Universität Zürich

Index

von Anna Willi und Monika Pfau

Personen, Sachen, Orte

Quellen

Literarische und juristische Quellen

Inschriften und Papyri

Münzen